VDE-Schriftenreihe **167**

Zum Autor

Dipl.-Ing. (TH) **Patrick Gehlen** ist bei der Siemens AG verantwortlich für die Normungsarbeit zu den Themen Maschinensicherheit, Funktionale Sicherheit und Schutz gegen elektrischen Schlag. Er ist Delegierter in nationalen und internationalen Normungsgremien. Dipl.-Ing. (TH) Patrick Gehlen (Jahrgang 1966) hat an der Universität Liège/Belgien Elektrotechnik studiert und ist seit 1988 bei der Siemens AG tätig, seit 2000 im Applikations- und Produktmanagement mit den Schwerpunkten Funktionale Sicherheit und Maschinensicherheit. Er ist seit vielen Jahren im Unternehmen verantwortlich für die Normungsarbeit zu den Themen Maschinensicherheit, Funktionale Sicherheit und Schutz gegen elektrischen Schlag. Patrick Gehlen ist TÜV-zertifizierter Senior Safety Expert, Mitglied in verschiedenen Industrieverbänden (z. B. ZVEI, VDMA) und deutsches Mitglied in nationalen Spiegelgremien für das DIN Deutsches Institut für Normung und die DKE Deutsche Kommission Elektrotechnik Elektronik und Informationstechnik im DIN und VDE. Er ist als Delegierter in zahlreichen nationalen und internationalen Normungsgremien sowie Arbeitsgruppen tätig.

VDE-Schriftenreihe Normen verständlich 167

Sicherheit von Maschinen und Funktionale Sicherheit

DIN EN ISO 13849-1 mit den Erläuterungen zur DIN EN 62061 (VDE 0113-50) verstehen, unter Bezugnahme auf europäische Richtlinien und Risikobeurteilungen, Bewertungen zahlreicher Sicherheitsfunktionen aus der Praxis

Dipl.-Ing. (TH) Patrick Gehlen

2., neu bearbeitete und erweiterte Auflage

VDE VERLAG GMBH

ICS 13.110; 25.040; 35.240.50

Bibliografische Information der Deutschen Nationalbibliothek
Die Deutsche Nationalbibliothek verzeichnet diese Publikation in der Deutschen Nationalbibliografie; detaillierte bibliografische Daten sind im Internet über http://dnb.dnb.de abrufbar.

ISBN 978-3-8007-5300-0 (Buch)
ISBN 978-3-8007-5301-7 (E-Book)
ISSN 0506-6719

Satz: Text- und Software Service, Manuela Treindl, Fürth
Druck: Buch- und Offsetdruckerei H. Heenemann GmbH & Co. KG, Berlin
Printed in Germany 2020-08

Vorwort

Ist in der Maschinensicherheit die Funktionale Sicherheit auch mit der DIN EN 62061 (**VDE 0113-50**) umsetzbar? Viele glauben nicht, denn sonst gäbe es da nicht noch die DIN EN ISO 13849-1.

Mit diesem Buch möchte ich diese Frage beantworten und etwas anders an die Fragestellung herangehen, und ich möchte die bereits heute sehr erfolgreiche Sicherheitstechnik im Kontext der Maschinensicherheit praktisch darstellen: Die Funktionale Sicherheit auf Basis der DIN EN 62061 (**VDE 0113-50**) und auch der DIN EN ISO 13849-1 ist sehr wohl attraktiv und vielversprechend. Ihre gute Absicht wurde lediglich in der Vergangenheit verkannt und nicht so recht verstanden. Und das zu Unrecht.

Woher kommt also der schwierige Umgang mit der DIN EN 62061 (**VDE 0113-50**) heutzutage, und nebenbei erwähnt, auch mit der DIN EN ISO 13849-1? Wahrscheinlich ist es ein Missverständnis der „Normensprache“, die den Anwender leider nicht dort abgeholt hat, wo er mit seinen Problemen stand. Wahrscheinlich war die Zeit noch nicht reif: Die DIN EN 954-1 (als DIN EN ISO 13849-1:1999) ist heute noch in den Köpfen vieler Sicherheitsexperten, obwohl man zu Recht behaupten darf, dass diese Norm überholt ist und nicht mehr den Zeitgeist trifft – seit 1996 hat sich viel getan, insbesondere in einem sich so schnell entwickelnden industriellen Umfeld. Nehmen wir lediglich den hohen Anteil an Software als Beweis dafür.

Sind es „die neuen Technologien“ oder einfach nur die evolutionären, noch nicht einmal so sehr die revolutionären heutigen Lösungsansätze? Darf man mit neuartigen Komponenten und Software etwas sicher machen? Natürlich darf man – das nennt man den Stand der Technik.

Dieses Buch soll somit auch helfen manche Missverständnisse aufzulösen. Aus meiner langjährigen Beratungstätigkeit heraus und durch meine zeitgleiche Mitarbeit in internationalen ISO- und IEC-Gremien, möchte ich aus der Praxis sehr erfolgreiche Lösungen mit der DIN EN 62061 (**VDE 0113-50**) verständlich vorstellen – dabei erlaube ich mir die DIN EN ISO 13849-1 mit ins Boot zu nehmen, da beide Normen doch einander sehr ähnlich sind.

Ich möchte sogar einen Schritt weitergehen: Auf Basis der DIN EN 62061 (**VDE 0113-50**) lässt sich die DIN EN ISO 13849-1 anderes darstellen und besser erklären, weil beide Normen dasselbe Ziel haben und Experten dies international diskutiert und ebenfalls festgestellt haben.

Der Zauber der Funktionalen Sicherheit liegt in der Einfachheit der Dinge und nicht in der verschleierten Komplexität, die mancher Normen-Interpreter so gerne vermitteln möchte: Jene Menschen, die auf dem Parkett der Normung nicht einmal in Erscheinung treten und vielleicht gerade deshalb in der Öffentlichkeit mit Großveranstaltungen ihre wertvollen Dienste anbieten möchten – „Sicherheitstechnik darf eben nicht einfach einfach sein!".

Aber: Sie ist es beileibe! Weil alles logisch aufgebaut ist, ohne emotionale Botschaften. Sehr nüchtern eben – vielleicht zu nüchtern für den einen oder anderen. Das Ganze ist letztendlich immer im Kontext der grundlegenden Schutzziele der Maschinenrichtlinie zu sehen: Die Maschine soll sicher sein und kleinere oder gar tödliche Unfälle von Menschen verhindert werden. Dieses Dogma gilt selbstverständlich auch für die Funktionale Sicherheit.

Und, um *Werner von Siemens* aus dem Jahr 1880 dankbar zu zitieren:

Das Verhüten von Unfällen darf nicht als Vorschrift des Gesetzes aufgefasst werden, sondern als ein Gebot menschlicher Verpflichtung und wirtschaftlicher Vernunft!

Erlangen, April 2016 *Patrick Gehlen*

Vorwort zur 2. Auflage

Seit dem Jahr 2016 läuft die Überarbeitung der IEC 62061. Es wird dieses Jahr mit dem FDIS gerechnet, sodass man kommendes Jahr mit der Veröffentlichung der VDE 0113-50 rechnen darf. Die Arbeiten benötigen aus einem sehr einfachen Grund so viel Zeit: Die gesamte Norm wurde umstrukturiert und aus Sicht des Anwenders aufgebaut. Mit dieser Herangehensweise wurden Redundanzen aus dem normativen Teil genommen, die immer wieder zu Verwirrungen führte.

Die Begriffe sind jetzt direkt mit der ISO 12100 verbunden worden. Zum Beispiel wurde der Begriff „SRCF" durch „Sicherheitsfunktion" ersetzt. Ebenso wurde die Systemsicht vereinfacht dargestellt und der Begriff „SCS" wurde als Pendant zum SRP/CS der ISO 13849-1 eingeführt. Das hat den entscheidenden Vorteil, dass der Anwender sich mit seinen konkreten Lösungen eins zu eins wiederfindet: Eine Sicherheitsfunktion wird physikalisch durch ein SCS ausgeführt.

Weitere Änderungen und viele neue Erläuterungen wurden aufgenommen, um den Anwender mit seinen Alltagssorgen besser abholen zu können: Neue Anhänge und vereinfachte Sichtweisen als auch neue Empfehlungen machen das Thema funktionale Sicherheit transparenter, und logisch nachvollziehbarer.

Die Sprachgestaltung ist dem Maschinensektor angepasst worden, sodass das SCS als Teil der Maschinensteuerung besser verstanden wird. Kurzum: Das MT 62061 wollte eine Verbesserung der Norm erzielen, damit die Berater dieser Welt aufhören fragwürdige Interpretationen für Kleingeld unter das Volk zu bringen.

Mit den vielen praktischen Beispielen werden typische Fragen der Anwender beantwortet. Zusätzliche externe Dienstleistungen, die aus Unsicherheit bis dato beansprucht wurde, sind nicht mehr notwendig und hinfällig.

Ich persönlich freue mich auf die Neuausgabe der VDE 0113-50 als DIN EN 62061 im Jahr 2021: Funktionale Sicherheit wird dadurch ein stückweit „awesome", frei nach dem Motto „We can and we just do it because we got it now.", zu Deutsch „Wir können und wir werden es jetzt einfach tun, weil wir es verstanden haben."

Erlangen, Juli 2020 *Patrick Gehlen*

Inhalt

Vorwort 5

Vorwort zur 2. Auflage 7

1 Der Ursprung der DIN EN 62061 (VDE 0113-50) – darum musste sich etwas ändern 17
1.1 Die EG-Maschinenrichtlinie und ihre Folgen 17
1.2 Geschichte der DIN EN 954-1 – eine Norm mit Grenzen 19
1.3 Die DIN EN 61508-1 (**VDE 0803-1**):2011-02 als Grundlage zur Bewertung von elektrischen/elektronischen/programmierbaren Lösungen 20
1.4 European Project STSARCES – die EU macht Druck 21
1.5 Die Welt der Theorie und der Praxis – eine Anwendernorm ist notwendig 24
1.6 Der Anwender muss umdenken – was hindert ihn daran? 25
1.7 Zusammenführung der DIN EN 62061 (**VDE 0113-50**) und DIN EN ISO 13849-1 – längst überfällig 26

2 Moderne Maschinensicherheit – das europäische Referenzmodell und die Richtlinien 29
2.1 Das europäische Regelwerk 30
2.2 Warum grundlegende Sicherheitsanforderungen? 31
2.2.1 Wie war das noch mal mit der Haftung? 32
2.2.2 Was möchte die Europäische Kommission? 33
2.2.3 Liste der grundlegenden Sicherheits- und Gesundheitsanforderungen . . 37
2.3 Haftung – Motivation der Maschinenhersteller 48
2.4 Der Anspruch der harmonisierten Normen 49
2.5 Die Organisation und das Management – warum wiederentdeckt? 52
2.6 Risikobeurteilung – immer notwendig und doch unterschätzt 53
2.7 Die Dokumentation 55
2.8 Das Ziel vor Augen – die CE-Konformitäts- oder die CE-Einbauerklärung 56
2.9 Das CE-Kennzeichen anzubringen, aber wohin damit? 57
2.10 Der Prozess im Überblick 59
2.11 Wesentliche Veränderung 59

3 Der Begriff Sicherheitsfunktion – was ist wahr? . . . 63
3.1 Woher kommt der Begriff eigentlich? . . . 63
3.2 Was muss ich berücksichtigen? . . . 65
3.3 Wege aus der Krise . . . 67
3.4 Der Streit um die Grenzen der Sicherheitsfunktion . . . 68
3.5 Was sind keine Sicherheitsfunktionen und werden es auch nie sein? . . . 69

4 Sicherheitsfunktionen und Funktionale Sicherheit – eine sinnvolle Kombination? . . . 75
4.1 Ist Funktionale Sicherheit etwas Neues? . . . 75
4.2 Warum soll Funktionale Sicherheit dem Anwender helfen? . . . 77
4.3 Was keine Funktionale Sicherheit sein kann . . . 77
4.4 Daten und Fakten . . . 79
4.5 Die Geschichte des Sicherheitsbauteils – was wurde früher dazu gesagt? . . . 80
4.6 Worin liegt der Unterschied zwischen Sicherheitsbauteil und Sicherheitsfunktion? . . . 82
4.7 Was kein Sicherheitsbauteil sein kann, es sei denn … . . . 85
4.8 Verantwortlichkeiten – nicht alles, was glänzt und gelb ist, macht auch automatisch sicher . . . 87

5 Die Anwendernorm DIN EN 62061 (VDE 0113-50), in Verbindung mit DIN EN ISO 13849-1 . . . 91
5.1 Welche Norm ist anzuwenden: DIN EN ISO 13849-1 oder DIN EN 62061 (**VDE 0113-50**)? . . . 91
5.2 Die Zielsetzung . . . 94
5.3 Der Anwendungsbereich . . . 98
5.4 Begriffe und Abkürzungen . . . 102
5.5 Abkürzungen . . . 110
5.6 Der Begriff Ausfallrate . . . 110
5.7 Plan der Funktionalen Sicherheit – unterschätzt und doch so wertvoll . . . 113
5.8 Spezifikation der Anforderungen für sicherheitsbezogene Steuerungsfunktionen . . . 117
5.8.1 Spezifikation der funktionalen Anforderungen für sicherheitsbezogene Steuerungsfunktionen . . . 117
5.8.2 Spezifikation der Anforderungen zur Sicherheitsintegrität für sicherheitsbezogene Steuerungsfunktionen . . . 118
5.9 Entwurf und Integration des sicherheitsbezogenen elektrischen Steuerungssystems (SRECS) . . . 120

5.9.1 Vergleich zu DIN EN ISO 13849-1 120
5.9.2 Allgemeine Anforderungen 123
5.9.3 Anforderungen zum Verhalten bei Erkennung eines Fehlers 124
5.9.4 Anforderungen zur systematischen Sicherheitsintegrität 126
5.10 Entwurf des sicherheitsbezogenen elektrischen Steuerungssystems . . . 129
5.10.1 Entwurf der Systemarchitektur 131
5.10.2 Entwurf des Teilsystems (en: subsystem) 134
5.10.3 Entwurf des Teilsystemelements (en: subsystem element) 135
5.10.4 Ein exemplarisches System 136
5.10.5 Bestimmung des erreichten Sicherheitsintegritätslevels (SIL) oder Performance Level (PL) 138
5.11 Realisierung von Teilsystemen (und SRP/CS) 143
5.11.1 Anforderungen für den Entwurf 143
5.11.2 Sicherheitsparameter des Teilsystems 144
5.11.3 Auswahl geeigneter Komponenten und Geräte 145
5.11.4 Bestimmung der sicherheitsbezogenen Leistungsfähigkeit des Teilsystems 145
5.11.5 Strukturelle Einschränkungen der Sicherheitsintegrität der Hardware von Teilsystemen 146
5.11.6 Abschätzung des Anteils sicherer Ausfälle (*SFF*) 151
5.11.7 Anforderungen zur Wahrscheinlichkeit Gefahr bringender zufälliger Hardwareausfälle von Teilsystemen 153
5.12 Abschätzung der Wahrscheinlichkeit Gefahr bringender zufälliger Hardwareausfälle von Teilsystemen 155
5.12.1 Empfehlung B_{10}-Werte unter Standardbedingungen, Siemens AG 156
5.12.2 Empfehlung B_{10D}- und $MTTF_D$-Werte nach DIN EN ISO 13849-1 . . . 158
5.12.3 Basis-Teilsystemarchitekturen A bis D 160
5.13 Bestimmung des erforderlichen Sicherheitsintegritätslevels SIL – was will ich eigentlich? 170
5.14 Faktor der Ausfälle infolge gemeinsamer Ursache β (CCF-Faktor) . . . 174
5.15 Benutzerinformationen des sicherheitsbezogenen elektrischen Steuerungssystems (SRECS) 178
5.16 Validierung des Steuerungssystems 179
5.17 Modifikation 180
5.18 Dokumentation eines SRECS 181
5.19 Leitfaden für den Entwurf eines sicherheitsbezogenen Steuerungssystems (SRECS) 183
5.20 Ein Beispiel zur praktischen Vorgehensweise 185
5.21 Vereinfachte Vorgehensweise mit B_{10D}, $MTTF_D$ und erreichbarer PFH_D 196

5.21.1 Beispiel mit der vereinfachten Vorgehensweise 199
5.22 Zusammenfassung – Schritt für Schritt 201

6 Das VDMA-Einheitsblatt 66413 203
6.1 Motivation der Komponentenhersteller und Maschinenhersteller. 203
6.2 Warum erst jetzt? – ein Erklärungsversuch 204
6.3 Gerätetypen – ohne sie geht nichts mehr heute 204
6.4 Kennwerte auf Basis der Gerätetypen – Schluss mit den Diskussionen 208
6.5 Anwendung der Gerätetypen – die Praxis ist maßgebend 209
6.5.1 Anwendung Gerätetyp 1 209
6.5.2 Anwendung Gerätetyp 2 210
6.5.3 Anwendung Gerätetyp 3 212
6.5.4 Anwendung Gerätetyp 4 214
6.6 Austausch elektronischer Daten für alle lesbar – XML soll helfen. . . . 215
6.7 Erläuterungen zu einigen wichtigen Kennwerten 216

7 Typische grundlegende Architekturen 221
7.1 Architekturen im Überblick 221
7.2 Diagnosedeckungsgrad (*DC*) 222
7.3 Einkanalig ohne Testung 226
7.4 Einkanalig mit Testung 227
7.5 Zweikanalig ohne Testung 230
7.6 Zweikanalig mit geringer bis mittlerer Testung. 231
7.7 Zweikanalig mit hoher Testung 234

8 Tipps und Beispiele 237
8.1 Liste oft verwendeter Sicherheitsfunktionen 237
8.2 Allgemeine Betrachtungen 238
8.2.1 Definieren einer Sicherheitsfunktion einfach gemacht 238
8.2.2 Warum darf man mit der DIN EN 62061 (**VDE 0113-50**) „nicht elektromechanische Komponenten“ (z. B. Ventile) berechnen? 240
8.2.3 Was tun mit den Kategorien der C-Normen?. 241
8.2.4 Die Berechnungsmethode der DIN EN 62061 (**VDE 0113-50**):2016-05, Abschnitt 6.7.8.2 ist „normativ“, warum ist die der DIN EN ISO 13849-1:2016-06, Anhänge C und K dagegen nur „informativ“? 242
8.2.5 $MTTF_D$-Wert gleich PFH_D-Wert 246
8.2.6 Verschleißbehaftete Komponenten und die Kategorie 2 247
8.2.7 Was bedeutet T_1 als Proof-Test oder Lebensdauer in der Praxis? 249
8.2.8 T_{10D} und T_1, wann gilt was und warum? 251

8.2.9 Den Betätigungszyklus C (1/h) im Verhältnis zu den effektiven Betriebsstunden im Jahr umrechnen? 253
8.2.10 Bei einer einkanaligen Architektur gilt $PFH_D = (1 - DC) \cdot \lambda_D$ – Was passiert mit dem Diagnose-Testintervall T_2? 254
8.2.11 Welches erforderliche Testintervall ist für welchen SIL sinnvoll? 255
8.3 Grundsätzliche Betrachtungen – Sensorik. 257
8.3.1 Not-Halt-Befehlsgeräte – jedes für sich ist Teil einer entsprechenden „ergänzenden“ Sicherheitsfunktion 257
8.3.2 Verschleißbehaftete Komponenten haben keinen Anteil sicherer Ausfälle (*SFF*) – ob Sensor oder Aktor 258
8.3.3 SIL 2 in einer zweikanaligen Architektur ohne Diagnose (*SFF* = 80 %?) – bringt das etwas? 260
8.3.4 Muss ein Zustimmschalter als Teil einer Sicherheitsfunktion berücksichtigt werden? 261
8.3.5 PL e oder SIL 3 mit einem Positionsschalter mit getrenntem Betätiger? 262
8.3.6 Drehzahlüberwachung – wann dürfen die Geber außer Acht gelassen werden? 264
8.3.7 Stromwertüberwachung eines Motors in SIL 2 265
8.4 Grundsätzliche Betrachtungen – Aktorik. 268
8.4.1 Muss ein Antrieb (Motor) in einer Sicherheitsfunktion berücksichtigt werden? 268
8.4.2 Zwei Lastschütze an einem einzelnen sicherheitsgerichteten Ausgang mit SIL 3 269
8.4.3 Zwangsgeführte Kontaktelemente von Hilfsschützen und Spiegelkontakte von Leistungsschützen 269
8.4.4 Ist eine Überwachung von Hilfs- oder Leistungsschützen durch nicht sicherheitsgerichtete Eingangsbaugruppen möglich?. 272
8.4.5 Welcher PL oder SIL kann mit einem einzelnen Leistungsschütz erreicht werden?. 273
8.4.6 Bewerten von „Standard-Ausgangsbaugruppen“ 274
8.4.7 Bewertung von Hilfsschützen oder Koppelrelais in einer Sicherheitsfunktion. 277
8.4.8 Stern-Dreieck-Schaltung sicherheitsgerichtet bewerten 280
8.4.9 Lastfreies Schalten mit Leistungsschützen oder Hilfsschützen. 282
8.4.10 Was tun, wenn keine $MTTF_D$-Werte vorliegen? 282

9 Berechnungen von typischen Sicherheitsfunktionen 285
9.1 Sicherheitsbezogene Stoppfunktion, eingeleitet durch eine beweglichtrennende Schutzeinrichtung (Schutztür, -klappe, ...) 287

9.2 Sicherheitsbezogene Stoppfunktion, eingeleitet durch eine nicht trennende Schutzeinrichtung (Lichtvorhänge, Laserscanner, ...) 295
9.3 Handbetätigte Befehlseinrichtungen (Handsteuerung) 297
9.4 Zweihandschaltung 299
9.5 Manuelles Aufheben von Sicherheitsfunktionen 301
9.6 Einrichten, Teachen, Umrüsten, die Fehlersuche sowie für Reinigungs- oder Instandhaltungsarbeiten 303
9.7 Sichere Bewegungen 305
9.8 Sichere Positionserfassung 307
9.9 Auswahl von Steuerungs- und Betriebsarten 310
9.10 Zuhaltung einer Schutzeinrichtung 312
9.11 Funktion zum Stillsetzen im Notfall 315
9.12 SIL 1 und SIL 2 gleich SIL 3 322

10 Mal kritisch hinterfragt 327
10.1 Die Not-Halt-Funktion sinnvoll bewerten 327
10.2 Betriebsarten 332
10.3 Die Zuhaltung einer Verriegelungsreinrichtung berücksichtigen 337
10.4 Nicht alles muss berechnet werden 339
10.5 Nur sinnvolle Diagnosedeckungsgrade verwenden 341
10.6 „Standard“-Komponenten mit Vorsicht wählen 343
10.7 Ein Vergleich mit dem Anhang K der DIN EN ISO 13849-1:2016-06 lohnt sich 345
10.8 Die Einstufung des Risikos einmal anders vornehmen 350
10.9 Den Prozess als Hilfsmittel nutzen 352

11 Die Mathematik und das Warum 353
11.1 Definition der Wahrscheinlichkeit Gefahr bringender Ausfälle 353
11.1.1 Teilsystemelemente und Teilsysteme 353
11.1.2 Ausfallraten 353
11.1.3 Definition des PFH_{D} 354
11.2 Einkanalige Architektur 354
11.2.1 Annahmen 354
11.2.2 Logische Darstellung 354
11.2.3 Wahrscheinlichkeitsblockdiagramm 355
11.2.4 Berechnung 356
11.2.5 PFH_{D} der Teilsystemarchitektur C 356
11.3 Zweikanalige Architektur 356
11.3.1 Annahmen 356
11.3.2 Logische Darstellung 357

11.3.3 Wahrscheinlichkeitsblockdiagramm ... 358
11.3.4 Berechnung ... 359
11.3.5 PFH_D der Teilsystemarchitektur D ... 361
11.4 Diskussion der Ergebnisse der einkanaligen Architektur ... 361
11.4.1 Diagnosedeckungsgrad 60 % ... 361
11.4.2 Diagnosedeckungsgrad 90 % ... 362
11.4.3 Schlussfolgerung ... 363
11.5 Diskussion der Ergebnisse der zweikanaligen Architektur ... 364
11.5.1 Diagnosedeckungsgrad 60 % ... 364
11.5.2 Diagnosedeckungsgrad 90 % ... 364
11.5.3 Diagnosedeckungsgrad 99 % ... 364
11.5.4 Schlussfolgerung ... 364

12 Ausblick ... 369

13 Terminologie ... 371

14 Fachwörterbuch ... 403

Literatur ... 413

Stichwortverzeichnis ... 417

1 Der Ursprung der DIN EN 62061 (VDE 0113-50) – darum musste sich etwas ändern

1.1 Die EG-Maschinenrichtlinie und ihre Folgen

Wir schreiben das Jahr 1989. Die Geburtsstunde der „Maschinenrichtlinie". Der Begriff Maschinenrichtlinie wird umgangssprachlich verwendet: Im Umfeld der EG-Verträge wird dieser Begriff jedoch nicht eingesetzt, sondern es wird nüchtern von einer Richtlinie mit einer Bezeichnung „89/392/EWG" gesprochen.

Es kam also, wie es kommen musste: Die „Richtlinie des Rates vom 14. Juni 1989 zur Angleichung der Rechtsvorschriften der Mitgliedsstaaten für Maschinen (89/392/EWG)" wird veröffentlicht und hat weitreichende Konsequenzen.

Auszug aus der Richtlinie des Rates vom 14. Juni 1989 zur Angleichung der Rechtsvorschriften der Mitgliedsstaaten für Maschinen (89/392/EWG)

Der Rat der Europäischen Gemeinschaften

gestützt auf den Vertrag zur Gründung der Europäischen Wirtschaftsgemeinschaft, insbesondere auf Artikel 100a,
auf Vorschlag der Kommission (1),
in Zusammenarbeit mit dem Europäischen Parlament (2),
nach Stellungnahme des Wirtschafts- und Sozialausschusses (3),
in Erwägung nachstehender Gründe:

Den Mitgliedsstaaten obliegt es, auf ihrem Gebiet die Sicherheit und die Gesundheit von Personen und ggf. von Haustieren und Sachen und vor allem die der Arbeitnehmer insbesondere gegenüber **Gefahren bei der Verwendung von Maschinen** zu gewährleisten.

Die Rechtssysteme für die Verhütung von Unfällen sind in den Mitgliedsstaaten sehr unterschiedlich. Die einschlägigen zwingenden Bestimmungen, die häufig durch de facto verbindliche technische Spezifikationen und/oder freiwillige Normen ergänzt werden, haben nicht notwendigerweise ein unterschiedliches Maß an Sicherheit und Gesundheit zur Folge, stellen aber dennoch aufgrund ihrer Verschiedenheit Handelshemmnisse innerhalb der Gemeinschaft dar. Darüber hinaus weichen die innerstaatlichen Systeme des Konformitätsnachweises für Maschinen stark voneinander ab.

Die Beibehaltung oder die Verbesserung des in den Mitgliedsstaaten erreichten Sicherheitsniveaus stellt eines der Hauptziele dieser Richtlinie sowie der Sicherheit im Sinne der grundlegenden Sicherheitsanforderungen dar.

Die bestehenden innerstaatlichen Bestimmungen für Sicherheit und Gesundheit zur Verhütung von Gefahren, die von Maschinen ausgehen, müssen angeglichen werden, um den freien Verkehr mit Maschinen zu gewährleisten, ohne dass die in den einzelnen Mitgliedsstaaten bestehenden und berechtigten Schutzniveaus gesenkt werden. Die Bestimmungen dieser Richtlinie über die Konzeption und den Bau von Maschinen, die für das Bestreben nach mehr Sicherheit am Arbeitsplatz wesentlich sind, werden ergänzt durch besondere Bestimmungen über die Verhütung bestimmter Gefahren, denen die Arbeitnehmer bei der Arbeit ausgesetzt sein können, sowie durch Bestimmungen über die Organisation der Sicherheit der Arbeitnehmer am Arbeitsplatz.

Der Maschinenbausektor stellt einen wichtigen Teil des Mechaniksektors dar und ist einer der industriellen Kernbereiche in der Wirtschaft der Gemeinschaft. […]

Es folgt 1998 die Überarbeitung durch die Richtlinie 98/37/EG, die wiederum 2006 zuletzt geändert wurde und aktuell als Richtlinie 2006/42/EG verbindlich ist.

Welche Konsequenz hat diese Richtlinie 89/392/EWG für den Maschinenbausektor?

Es ergeben sich durch diese erste „Maschinenrichtlinie“ mehrere Effekte. Zum einen wird 1989 der „freie Warenverkehr“ gefördert. Dazu werden aber gleiche Sicherheitsniveaus gefordert und somit treten zwangsläufig die „grundlegenden Sicherheitsanforderungen“ für Maschinen in Erscheinung. Zum anderen erteilt die Europäische Kommission und die Europäische Freihandelszone dem CEN (französische Abkürzung für „Comité Européen de Normalisation“) das Mandat, mittels Normen grundlegende Anforderungen der EU-Richtlinie zu unterstützen. Das Prinzip der „harmonisierten Normen“ wird eingeführt.

1.2 Geschichte der DIN EN 954-1 – eine Norm mit Grenzen

1996: Die DIN EN 954-1 soll als harmonisierte Norm dem Maschinenhersteller helfen. Und das tut sie mit Erfolg.

Mit dem Titel „Sicherheit von Maschinen – Sicherheitsbezogene Teile von Steuerungen – Teil 1: Allgemeine Gestaltungsleitsätze; deutsche Fassung EN 954-1:1996“ (Englisch: „Safety of machinery – Safety-related parts of control systems – Part 1: General principles for design; German version EN 954-1:1996“) wird die DIN EN 954-1:1996 durch das DIN (Deutsches Institut für Normung e. V.) als nationale Norm veröffentlicht.

Hauptmerkmal der DIN EN 954-1 sind die Kategorien B, 1, 2, 3 und 4.

Anmerkung

Die Kategorien wurden fälschlicherweise in der Umgangssprache oft mit Steuerungskategorien bezeichnet. Inhaltlich wurde das mit dem Titel der Norm begründet, jedoch ist diese Bezeichnung nicht in der DIN EN 954-1 zu finden. Nachteil dieser Begrifflichkeit „Steuerungskategorien“ ist zudem, dass der Begriff Steuerung meistens mit einer SPS (speicherprogrammierbare Steuerung) in Verbindung gebracht, obwohl dieser Begriff in der DIN EN 954-1 technologieunabhängig zu verstehen ist.

Die Kategorien zeichnen sich durch qualitative Anforderungen aus. Qualitativ heißt: Sowohl die Qualität der Komponenten als auch die ausgewählte Struktur im Sinne einer „Architektur“ werden als sicherheitsbezogene Teile von Steuerungen betrachtet. Mit dieser Betrachtungsweise sind elektronische Lösungen jedoch nicht ausreichend beschreibbar: Je komplexer die elektronische Lösung ist, desto schwieriger wurde es, mit den Kategorien diese Art der Lösung sinnvoll zu bewerten. Die Grenzen der Norm wurden also offensichtlich, die Erstellung der IEC 61508 ist die logische Folge gewesen.

1.3 Die DIN EN 61508-1 (VDE 0803-1):2011-02 als Grundlage zur Bewertung von elektrischen/elektronischen/ programmierbaren Lösungen

Aus der Not heraus entstanden, um den Stand der Technik greifbarer zu machen. Funktionale Sicherheit sicherheitsbezogener elektrischer/elektronischer/ programmierbarer elektronischer Systeme – Teil 1: Allgemeine Anforderungen (IEC 61508-1:1998 + Corrigendum 1999); deutsche Fassung EN 61508-1:2001

Im Anwendungsbereich wird die Zielsetzung verdeutlicht: Die DIN EN 954-1 kann nicht mehr den Stand der Technik bewerten (z. B. für SPS-Steuerungen oder Software), und Hilfe wird für eine zukünftige Überarbeitung durch Betrachtung der Teile 1 bis 7 von DIN EN 61508 (**VDE 0803**):2011-02 angeboten.

Auszug aus dem Anwendungsbereich (1) der DIN EN 61508-1 (VDE 0803-1):2011-02

1.1 Diese internationale Norm behandelt diejenigen Gesichtspunkte, die zu betrachten sind, wenn elektrische/elektronische/programmierbare elektronische (E/E/PE) Systeme zur Ausführung von Sicherheitsfunktionen eingesetzt werden. Ein Hauptziel dieser Norm ist es, die Entwicklung produkt- und anwendungsspezifischer internationaler Normen durch die für ein Produkt- und Anwendungsgebiet verantwortlichen Technischen Komitees zu unterstützen. Dies wird es erlauben, alle wichtigen, mit dem Produkt oder der Anwendung verbundenen Einflussgrößen vollständig zu berücksichtigen und damit den speziellen Erfordernissen der Produktanwender und des Anwendungsgebietes nachzukommen. **Ein zweites Ziel dieser Norm ist es, die Entwicklung sicherheitsbezogener E/E/PE-Systeme zu ermöglichen, für die keine produkt- oder anwendungsspezifischen internationalen Normen bestehen.**

Hauptmerkmale der Teile 1 bis 7 von DIN EN 61508 (**VDE 0803**) sind nicht allein die Architekturen mit einer qualitativen Bewertung, sondern zusätzlich werden quantitative Aspekte eingeführt: Diese sind u. a. die Diagnosefähigkeit, die Ausfallraten und die Wahrscheinlichkeit Gefahr bringender Ausfälle.

Der Begriff der „Funktionalen Sicherheit“ wird als Synonym für diese Herangehensweise verwendet.

Anmerkung

Die Systematik als auch die verwendeten Merkmale in Teil 1 bis 7 von DIN EN 61508 (**VDE 0803**) sind grundsätzlich auch für andere Technologien verwendbar.

1.4 European Project STSARCES – die EU macht Druck

Wer wusste das?

Es handelt sich um das europäische Projekt „STandards for SAfety Related Complex Electronic Systems“ als „European Project STSARCES – Contract SMT 4CT97-2191“.

Neben zahlreichen verschiedenen Themenschwerpunkten, z. B. Software (Anhang 1 „Software engineering tasks – Case tools“), Validierung (Anhang 8 „Safety Validation of Complex Components“), wurde im Anhang 6 „Quantitative Analysis of Complex Electronic Systems using Fault Tree Analysis and Markov Modelling“ das Thema der Zuverlässigkeit von Steuerungssystem analysiert (damals durchgeführt durch die BIA[1], Deutschland).

Unter www.dguv.de/ifa/Forschung/Projektverzeichnis/BIA_5084.jsp findet sich eine sehr gute Zusammenfassung der Ergebnisse der DGUV des Anhangs 6 aus diesem europäischen Projekt:

[1] Berufsgenossenschaftliches Institut für Arbeitsschutz, heute Institut für Arbeitsschutz der Deutschen Gesetzlichen Unfallversicherung (DGUV)

Bestimmung der sicherheitsbezogenen Zuverlässigkeit von Steuerungssystemen: Entwicklung praxisgerechter Prüfverfahren – Stand 18. September 2003

Zielsetzung:

Elektronische Sicherheitseinrichtungen für Maschinen und Maschinensteuerungen mit Sicherheitsaufgaben müssen in wachsendem Umfang nach der Norm IEC 61508 „Funktionale Sicherheit elektrischer/elektronischer/programmierbar elektronischer Sicherheitssysteme" und zukünftig auch nach DIN EN 62061 (VDE 0113-50) „Sicherheit von Maschinen – Funktionale Sicherheit – Elektrische, elektronische und programmierbar elektronische Steuerungssysteme" bzw. einer Neufassung von DIN EN 954-1 „Sicherheit von Maschinen – sicherheitsbezogene Teile von Steuerungen" beurteilt werden. Anders als bei früheren Normen ist hier u. a. jeweils vorgesehen, ein quantitatives Maß für die sicherheitsbezogene Zuverlässigkeit in Form einer Wahrscheinlichkeitsgröße zu ermitteln. Dies kann z. B. die „Probability of a dangerous failure per hour" (*PFH*), ein daraus abgeleiteter „Safety Integrity Level" (SIL) oder ein besonders definierter „Performance Level" (PL) sein. Die jeweils geforderte Wahrscheinlichkeitsgröße muss aus den Eigenschaften der verwendeten Bauelemente, der inneren Struktur der Steuerung, den automatischen Abläufen und den manuellen Aktionen abgeleitet werden. Dazu muss ein mathematisches Modell entwickelt werden, das eine Fülle von Einzeldaten, z. B. Bauelementausfallraten, Schaltungstopologie, Diagnosegüte automatischer Tests (Onlinetests), Anforderungsart usw. miteinander verknüpfen kann. Prinzipiell sind Markov-Modelle sehr geeignet, jedoch werden sie bei komplexeren Steuerungen, wie sie durchaus in der Praxis vorkommen, impraktikabel groß. Bei komplexen Systemen können jedoch nur moderate Modellvergröberungen vorgenommen werden, wenn eine hohe sicherheitsbezogene Zuverlässigkeit (hoher SIL) nachgewiesen werden muss. Ziel des Projekts war es, Modellierungs- und Berechnungsverfahren zu entwickeln, die es erlauben auch komplexe Sicherheitseinrichtungen und Steuerungen mit Sicherheitsaufgaben mit ausreichender Genauigkeit und innerhalb eines akzeptablen Zeitrahmens bezüglich ihrer sicherheitsbezogenen Zuverlässigkeit zu quantifizieren. Ferner sollten weitere Erkenntnisse darüber gewonnen werden, wie Hard- und Software zweckmäßig gestaltetet bzw. optimiert werden kann, um Normforderungen bezüglich der Ausfallwahrscheinlichkeit in die gefährliche Richtung mit kostengünstigen Mitteln einzuhalten.

Aktivitäten/Methoden:

Anknüpfend an die im Rahmen des EU-Projekts STSARCES (BIA-Projekt 5076 „Quantitative Analyse von komplexen elektronischen Systemen durch den Einsatz von Fehlerbaumanalysen und Markov-Modellen“) entwickelten Verfahren zur Markov-Modellierung von Sicherheitssystemen sollten Methoden zur Vereinfachung übergroßer Markov-Modelle erarbeitet werden. Insbesondere waren Wege zu finden, eine Vielzahl parallel ablaufender Onlinetests mit rationellen Mitteln zu berücksichtigen und gleichzeitig den durch diese Tests erzielten Gewinn an sicherheitsbezogener Zuverlässigkeit rechnerisch nachzuweisen. Die angewandten Prinzipien mussten an überschaubaren Beispielen auf Plausibilität und Genauigkeit geprüft werden. An einem besonders komplizierten praktischen Fall sollte die Durchführbarkeit der Verfahren nachgewiesen werden. Parallel sollte untersucht werden, inwieweit sich als Alternativmethode stochastische Petri-Netze (Generalized Stochastic Petri Nets, GSPN) für Quantifizierungszwecke im Bereich des Maschinenschutzes eignen. Hierzu waren Modellierungstechniken für alle relevanten (d. h. die Ausfallwahrscheinlichkeit in die gefährliche Richtung beeinflussenden) Effekte zu erarbeiten. Bei allen neu entwickelten Techniken musste anhand aussagekräftiger Beispiele nachgewiesen werden, dass die erzielten Ergebnisse hinreichend genau mit den Ergebnissen bewährter Markov-Techniken übereinstimmten.

Ergebnisse:

Es konnte gezeigt werden, dass sich für einen Signalverarbeitungskanal ein mittlerer Diagnosedeckungsgrad (Average diagnostic coverage, DC_{avg}) so definieren lässt, dass er unterschiedlichen schwerpunktmäßigen Lokalisierungen des Ausfallaufdeckungsvermögens in der Kette aus Sensor, Verarbeitungseinheit und Aktor gerecht wird. Eine Vielzahl verschiedener *DC*-Verteilungen kann somit auf denselben Mittelwert zurückgeführt werden. Dadurch wird es möglich, eine Vielzahl unterschiedlich dimensionierter Systeme mit einer begrenzten Anzahl vorkalkulierter Markov-Modelle zu quantifizieren. **Auf der Basis von Markov-Modellen für einige wenige Standard-Systemarchitekturen wurde ein Diagramm zur einfachen näherungsweisen Bestimmung der *PFH* entwickelt. Bei Kenntnis der Systemarchitektur, der kanalbezogenen Mean time to failure (*MTTF*) und des mittleren Diagnosedeckungsgrads lässt sich damit die *PFH* bzw. der PL abschätzen, ohne dass eine neuerliche Markov-Modellierung erforderlich ist. Dieses Verfahren ist in den Entwurf der Norm prEN DIN EN ISO 13849-1 (geplanter Ersatz für EN 954-1) eingeflossen.** Rückwärts gelesen, erleichtert das Diagramm bei einem gegebenen erforderlichen PL die Entscheidung für ein bestimmtes technisches Design. Für das Detailproblem von mehreren überlagerten Online-Tests wurde ein Ansatz zur vereinfachten Markov-Modellierung entwickelt, der die Anzahl der benötigten Teilzustände im Modell erheblich verringert. Ein weiteres Ergebnis: Obwohl periodische Tests keine exponentiell verteilten Übergangsprozesse sind, können sie in Markov-Modellen durch solche näherungsweise dargestellt werden. Wählt man als Übergangsrate den Kehrwert des Testintervalls, so ergibt sich eine Abschätzung zur sicheren Seite. Weitere Arbeitsergebnisse beziehen sich auf den Einfluss der Anforderungsrate und der Testrate auf die *PFH*, wobei eine charakteristische Abhängigkeit von der Systemarchitektur festgestellt wurde. Es ergeben sich dadurch auch einige neue Aspekte bezüglich der Definition der *PFH*, der Modellierungstechnik und des Systemdesigns. Aufgrund der erarbeiteten Vereinfachungen wurde auf den komplexen Ansatz der Monte-Carlo-Simulation von Petri-Netzen vorläufig verzichtet. Dies wird in einem kommenden Projekt noch einmal aufgegriffen.

Weiterer Literaturhinweis: *Wray, A. M.*: The Link Between the DIN EN 954-1 and IEC 61508 Standards – The STSARCES Project, 1999 (Bericht-Nr. CI/99/1)

1.5 Die Welt der Theorie und der Praxis – eine Anwendernorm ist notwendig

*2005: Die DIN EN 62061 (**VDE 0113-50**):2005-10 wird veröffentlicht. Fehlendes Marketing und die gültige DIN EN 954-1:1996 werden zum Stolperstein.*

Bereits 2005 wird dem Hersteller einer Maschine die harmonisierte DIN EN 62061 (**VDE 0113-50**) zur Verfügung gestellt.

Die rasche Verbreitung der Norm findet dennoch nicht statt, weil die DIN EN 954-1:1997-03 nach wie vor den Status einer harmonisierten Norm hat und somit die Vermutungswirkung ausgesprochen werden kann: Warum sollte man sich von den Kategorien lösen, die keinerlei quantitative Anforderungen stellen und die neue Begrifflichkeit wie „Plan der Funktionalen Sicherheit“ oder „systematische Integrität“ nutzen?

Es kam, was kommen musste: ein Status quo, zuerst einmal.

Selbst dann, als die DIN EN 954-1:1997-03 durch die DIN EN ISO 13849-1:2007-02 in einer Übergangsfrist bis 2009 ersetzt werden sollte, wurde der Begriff „Funktionale Sicherheit“ nur zögerlich und eher misstrauisch wahrgenommen.

1.6 Der Anwender muss umdenken – was hindert ihn daran?

Die Kategorien sind doch ausreichend. Warum jetzt auch noch eine Quantifizierung?

Der nicht auf Anhieb greifbare Mehrwert durch die Funktionale Sicherheit ist das eigentliche Kernproblem, weil demgegenüber zuerst einmal ein Mehraufwand steht. Warum also ein Mehr an Aufwand betreiben, wenn das positive Ergebnis dieser Bemühungen auch noch mehr Zeit erfordert? Eine natürliche, nachvollziehbare menschliche Reaktion.

Es wurden grundsätzliche Fehler bei der Einführung der beiden Normen gemacht. Erstens wurden nicht die Schutzziele ausreichend in den Vordergrund gestellt, sodass der Leser der Normen den Bezug zur Realität vermissen musste. Zweitens wurden die quantitativen Aspekte derart hervorgehoben, dass der Eindruck entstehen musste: Die Mathematik der Wahrscheinlichkeit Gefahr bringender Ausfälle steht im Mittelpunkt aller Überlegungen. Und zu guter Letzt wurde der Begriff „Funktionale Sicherheit" und der Zusammenhang mit den Sicherheitsfunktionen nicht verständlich vermittelt: Eine endlos erscheinende Grundsatzdiskussion, was eine Sicherheitsfunktion ist und was nicht, wurde geführt, obwohl diese Diskussion bereits mit der DIN EN 954-1 hätte stattfinden müssen. Dies geschah aber niemals, weil der Begriff der Kategorie so dominierend wirkte, dass ein sinnvolles Hinterfragen in der Praxis „Von welcher Sicherheitsfunktion reden wir denn jetzt?" nie wirklich stattfand.

Das Resultat war eine Verunsicherung, die teilweise zu einer abwehrenden Haltung führte. Der Status quo wurde folglich verteidigt, bis hin zu der Forderung, die DIN EN 954-1 wieder zu harmonisieren. Nach dem Motto „Geh weg, du störst".

Zudem ist der Zustand, dass es zwei „konkurrierende" Normen gibt, die DIN EN ISO 13849-1 und die DIN EN 62061 (**VDE 0113-50**), nicht wirklich hilfreich. Im Gegenteil: Der Hersteller einer Maschine reibt sich die Augen und verliert den Glauben in das Normungssystem. Abhilfe ist zwingend erforderlich aus Sicht der Anwender – der Maschinenhersteller.

1.7 Zusammenführung der DIN EN 62061 (VDE 0113-50) und DIN EN ISO 13849-1 – längst überfällig

Aktuell gibt es mehrere wichtige Tendenzen und Bestrebungen.

Zahlen sind nicht alles auf dieser Welt

Rechnen ist doch nicht so wichtig. Konstruieren ist wichtiger.

Das Sich-Zurückbesinnen auf die qualitativen Aspekte hat mehrere Ursachen: Zum einen werden die Zahlen und Fakten im Umfeld der Wahrscheinlichkeitsbetrachtungen überbewertet. Die meisten Anwendungen, also Sicherheitsfunktionen erreichen rein rechnerisch meistens die gefordert niedrigen Wahrscheinlichkeiten Gefahr bringender Hardware-Ausfälle. Hier liegt selten das Problem der erreichbaren Sicherheitsintegrität. Im Gegenteil: Was früher eine „gute Kategorie" war, bleibt auch heute noch eine. Problematisch sind der Entwurfsprozess und die davon dann abgeleiteten technischen Schutzmaßnahmen in Gänze. Im Entwurf werden systematische Fehler gemacht, z. B.:

- Verwendung falscher Komponenten,
- Missachtung des Ruhestromprinzips.
- Das sich Fokussieren auf Sicherheitsfunktionen, die gar keine sind.
- Auswahl einer fragwürdigen Architektur bezogen auf die Applikation mit dem Ziel bestehende Lösungen schön zu reden – „das haben wir schon immer so gemacht".
- Zweikanaligkeit (Redundanz) als überdimensioniert empfinden, obwohl der Kostenmehraufwand heutzutage bei Weitem nicht mehr mit früher vergleichbar ist.
- Unterschätzung des Manipulationsgedankens von Sicherheitsfunktionen.
- Nichtbeachtung der Wartungsintervalle und der sich daraus ergebenden Sicherheitsfunktionen und organisatorischen Maßnahmen.
- Das Änderungsmanagement – ist das, was auch angedacht war, auf der Baustelle während der Inbetriebsetzung umgesetzt oder gar verändert worden?

Eine neue Norm muss her – nur gemeinsam sind wir stark

IEC und ISO werden das schaffen: Aus zwei mach eins – warum noch nicht?

Die Tatsache an sich, dass es überhaupt für den Anwender, also den Maschinenhersteller, zwei Normen zur Auswahl gibt, ist unlogisch und nicht nachvollziehbar. Dass es historische Wurzeln für diese unschöne Situation gibt, ist mittlerweile jedoch klar und auch legitim. Langfristig ist dieser Zustand aber für den Anwender nicht tragbar und bedarf einer Verbesserung. Es wird etwas Neues kommen und es kann für den Anwender nur besser werden.

Anmerkung

Das ist auch den beiden Normungsorganisationen IEC und ISO bewusst. Die gemeinsamen Arbeiten durch eine Joint Working Group zwischen IEC und ISO zur Zusammenführung der beiden Normen (nach dem Mode 5 der ISO/IEC-Regularien) wurden Ende 2015 vorerst einmal aus administrativen Gründen „ruhend“ gelegt.

Aber die beiden Arbeitsgruppen, die jeweils für die ISO 13849-1 und IEC 62061 verantwortlich sind, werden enger zusammenarbeiten, sodass die Basis für eine Zusammenführung erheblich verbessert wird: Aktuell werden beide Normen in enger Abstimmung zwischen diesen beiden Arbeitsgruppen überarbeitet, sodass inhaltliche Verbesserungen im Einklang und zum Nutzen der Anwender beider Normen gemacht werden können. Als Beispiel möchte ich hier das Thema Software und den praktischen Umgang damit erwähnen: Nur, wenn dieser Aspekt gemeinsam diskutiert und in beiden Normen verbessert wird, ist dem Anwender auch geholfen.

2 Moderne Maschinensicherheit – das europäische Referenzmodell und die Richtlinien

Die Europäische Gemeinschaft und das Prinzip der Richtlinien.

1996 wurde die aktuelle **Richtlinie 2006/42/EG des Europäischen Parlaments und des Rates vom 17. Mai 2006 über Maschinen und zur Änderung der Richtlinie 95/16/EG (Neufassung)** (kurz: **„Maschinenrichtlinie“**) mit wenigen Ausnahmen verbindlich. Sie regelt das erstmalige Inverkehrbringen und Inbetriebnehmen von Maschinen im Europäischen Wirtschaftsraum (EWR) mit einem einheitlichen Schutzniveau zur Unfallverhütung.

Sie muss in nationales Recht umgesetzt werden. In Deutschland ist dies durch das Produktsicherheitsgesetz (ProdSG) und die darauf gestützte Maschinenverordnung (9. ProdSV) umgesetzt worden. Durch die Maschinenrichtlinie sollen nicht tarifäre Handelshemmnisse in der Europäischen Union abgebaut werden. Das europäisch harmonisierte Recht verdrängt die einzelstaatlichen nationalen Bestimmungen zum Inverkehrbringen von Maschinen.

Die im Anhang I der Maschinenrichtlinie festgeschriebenen grundlegenden Sicherheits- und Gesundheitsschutzanforderungen sind einzuhalten und werden durch europäische Normen konkretisiert (z. B. durch die EN ISO 12100, EN ISO 13849-1 oder EN 62061).

Der Hersteller (oder sein Bevollmächtigter) einer Maschine muss eine Konformitätserklärung ausstellen und auf der Maschine das CE-Kennzeichen anbringen. Zu den Voraussetzungen zählen eine beim Hersteller verfügbare technische Dokumentation und die mitzuliefernde Betriebsanleitung in der bzw. den Sprache(n) des Verwendungslands.

Die EG-Richtlinien, die die Realisierung von Produkten betreffen, basieren auf Artikel 95 des EG-Vertrags, der den freien Warenverkehr regelt. Ihnen liegt ein neues, globales Konzept („New Approach“, „Global Approach“) zugrunde:

- EG-Richtlinien enthalten nur allgemeine Sicherheitsziele und legen grundlegende Sicherheitsanforderungen fest;
- technische Details können von Normungsgremien, die ein entsprechendes Mandat der EU-Kommission haben (CEN, CENELEC) in Normen festgelegt werden. Diese Normen werden im Amtsblatt der Europäischen Union gelistet und sind dadurch unter einer bestimmten Richtlinie harmonisiert. Bei Erfüllung der harmonisierten Normen gilt die Vermutung, dass die betreffenden Sicherheitsanforderungen der Richtlinien erfüllt sind;

- die Einhaltung bestimmter Normen ist nicht vom Gesetzgeber vorgeschrieben. Manchmal wird dies in Verträgen zwischen Käufer und Hersteller einer Maschine bzw. Anlage festgelegt. Aber bei Einhaltung bestimmter Normen „darf vermutet werden“, dass die betreffenden Sicherheitsziele der EG-Richtlinien erfüllt sind;
- durch die EG-Richtlinien soll ein freier Warenverkehr im europäischen Wirtschaftsraum sichergestellt werden.

2.1 Das europäische Regelwerk

Mit der Einheitlichen Europäischen Akte (EEA) wurde 1987 der EWG-Vertrag aus dem Jahr 1957 geändert und die Verwirklichung des europäischen Binnenmarkts zum 31. Dezember 1992 festgeschrieben.

Zur Verwirklichung dieses politischen Ziels werden seitdem verstärkt die Rechts- und Verwaltungsvorschriften in den verschiedensten Bereichen des Wirtschaftslebens angeglichen. Es ist das Ziel, alle technischen Handelshemmnisse abzubauen, die aufgrund unterschiedlicher technischer Forderungen der Mitgliedsstaaten für technische Erzeugnisse und deren Benutzung bestehen.

Der Rat der Europäischen Gemeinschaft hat dazu eine Reihe von EG-Richtlinien beschlossen, die von den Mitgliedsstaaten in nationales Recht umzusetzen sind. Einerseits ist ein lückenloses Richtlinienwerk im gestreckten Zeitrahmen nicht zu verwirklichen, und andererseits sind veränderte Bestimmungen nicht von einem auf den anderen Tag durchsetzbar. Deshalb sehen diese Richtlinien Übergangsregelungen vor, in denen die bisherigen nationalen Bestimmungen ebenfalls noch anwendbar sind: Verabschiedung durch das Europäische Parlament, gesetzliche Umsetzung durch die Mitgliedsstaaten und Ende der Übergangsfrist.

Maschinen fallen in den Geltungsbereich der Richtlinie 2006/42/EG, die grundlegende Sicherheits- und Gesundheitsschutzanforderungen beinhaltet: Zur Angleichung der Rechtsvorschriften der Mitgliedsstaaten für Maschinen ist die Richtlinie 89/392/EWG des Rates vom 14. Juni 1989 mehrfach in wesentlichen Punkten geändert worden, zuletzt durch die Richtlinie 93/68/EWG. Daneben sind noch andere, teilweise bereits in nationales Recht überführte EG-Richtlinien zu beachten, auf die in folgenden Abschnitten eingegangen wird.

Diese Richtlinien für Konzeption, Bau und Ausrüstung technischer Erzeugnisse wurden auf der Grundlage des Artikels 95 der Einheitlichen Europäischen Akte (EEA) erlassen, und schließen abweichende und/oder darüber hinausgehende nationale Bestimmungen aus.

Andere Richtlinien (nach Artikel 137, ehemals Artikel 118a der EEA), z. B. zum betrieblichen Arbeitsschutz und zur Nutzung von Maschinen legen Mindestanforderungen fest, die national durch Regelungen im Schutzniveau erhöht werden können. Diese zusätzlichen Maßnahmen zum verstärkten Schutz der Arbeitsbedingungen dürfen sich nicht auf die Anforderungen an Bau und Ausrüstung auswirken.

Zur Konkretisierung der Anforderungen der Richtlinien nach Artikel 95 beauftragt die EU-Kommission aufgrund ihrer „Neuen Konzeption" von 1985 das Europäische Komitee für Normung CEN (Comité Européen de Normalisation) mit der Erarbeitung harmonisierter europäischer Normen (EN) und CENELEC (Comité Européen de Normalisation Electrotechnique), die von allen Mitgliedsstaaten unverändert als nationale Normen übernommen werden müssen. Entgegenstehende oder davon abweichende nationale Normen sind zurückzuziehen.

Die in den europäischen Normen enthaltenen technischen Spezifikationen haben keinen zwingenden (obligatorischen) Charakter. Die nationalen Gremien sind jedoch verpflichtet, bei danach hergestellten Erzeugnissen, von deren Übereinstimmung mit den Anforderungen der entsprechenden Richtlinie auszugehen (Vermutungswirkung).

Diesem Normungsauftrag hat sich auch die EFTA (en: European Free Trade Association, Europäische Freihandelsassoziation – heute nur noch Island, Norwegen, die Schweiz und Liechtenstein) angeschlossen, sodass nach Ratifizierung der jeweiligen Normen im EWR ein einheitliches technisches Regelwerk besteht.

2.2 Warum grundlegende Sicherheitsanforderungen?

Das Ziel ist der Weg.

Die grundlegenden Sicherheits- und Gesundheitsschutzanforderungen des Anhangs I der Maschinenrichtlinie beziehen sich (ausführlich) auf:

- Grundsätze für die Integration der Sicherheit und Handhabung;
- Anforderungen an Steuerungen und Befehlseinrichtungen zum Ingangsetzen und Stillsetzen von Maschinen sowie bezüglich einer Störung der Energieversorgung oder des Steuerkreises;
- Schutzmaßnahmen gegen mechanische Gefahren (Stabilität, Bruchgefahr, bewegliche Teile);
- Schutzmaßnahmen gegen Gefahren durch elektrische Energie, Brand/Explosion, Strahlung, Emission von Stäuben, Gasen usw.

Der Anhang I enthält ebenso Schutzziele und Anforderungen hinsichtlich der menschengerechten Gestaltung von Maschinen, der Instandhaltung und der Benutzerinformation mit Warnung vor den Restgefahren.

2.2.1 Wie war das noch mal mit der Haftung?

Das Prinzip der verschuldensunabhängigen Haftung führt dazu, dass ein Geschädigter (Verwender oder Betreiber einer Maschine) dem *Hersteller* (einer Maschine) – umgangssprachlich *Maschinenhersteller* genannt – nur den Zusammenhang zwischen Fehler und Schaden nachweisen muss.

Das heißt, dass der Hersteller sich nicht damit entlasten kann, alles in „seiner Macht stehende" getan zu haben, um eine fehlerfreie Maschine auf den Markt zu bringen, sondern vielmehr nachweisen muss, dass der zum Zeitpunkt des *Inverkehrbringens* gültige Stand der Wissenschaft und Technik eingehalten wurde.

Hinweis

„Inverkehrbringen" gemäß New Legislative Framework heißt: „Erstmalige entgeltliche oder unentgeltliche Abgabe eines unter eine Richtlinie fallenden Produkts im Rahmen einer Geschäftstätigkeit für den Vertrieb oder Verbrauch/Verwendung im Gebiet des EWR".

Dies betrifft also auch ein innerbetriebliches Errichten einer Maschine!

Dies kann unter Anwendung von *harmonisierten Normen* (siehe Kapitel 1.4) erreicht werden, deren Einhaltung zwar hilft haftungsrechtliche Sicherheitsdefizite zu vermeiden (durch die *Vermutungswirkung*), aber keine Begründung für die Befreiung von der Haftung an sich darstellt.

Daher ist der beste Weg zur Vermeidung von Haftungsansprüchen die Verbesserung der Produktsicherheit selbst. Ein Hersteller, der über eine gute „Sicherheitsstrategie" verfügt und diese praktisch anwendet, kann Haftungsansprüche weitgehend verhindern bzw. vermeiden.

Ein zentraler Bestandteil dieser Strategie ist die konsequente Implementierung eines *CE-Konformitätsprozesses* (siehe Kapitel 2.3) und der Aufbau einer normengerechten Dokumentation im Unternehmen, entsprechend den Anforderungen der einschlägigen Richtlinien und Normen. Dadurch können eine widerrechtlich angebrachte *CE-Kennzeichnung* sowie weitreichende Folgen einer Nichtkonformität vermieden werden.

Es liegt letztlich ganz allein in der Hand des Herstellers seiner Verantwortung gerecht zu werden und die entsprechenden sinnvollen Maßnahmen einzuleiten.

2.2.2 Was möchte die Europäische Kommission?

Maschinen müssen die Anforderungen der anwendbaren europäischen Richtlinien (EG-Richtlinien) erfüllen und mit der CE-Kennzeichnung versehen werden.

Je nach Aufbau, Einsatz und Komplexität der Maschinen müssen deswegen auch die Anforderungen mehrerer Richtlinien erfüllt werden. Diese richten sich, wie in **Bild 2.1** dargestellt, in gleichem Maße an den Hersteller als auch an den Betreiber einer Maschine oder *Anlage*.

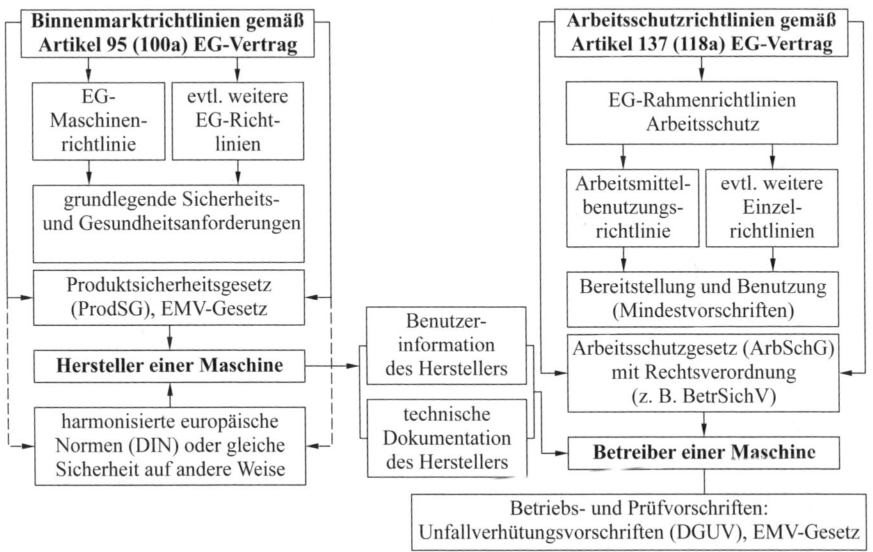

Bild 2.1 Vorschriften und Normen in Europa

Anmerkung: Der umgangssprachliche Begriff „Anlage" findet sich nicht in der Maschinenrichtlinie: In der Praxis werden darunter eine Maschine oder mehrere Maschinen im Verbund – also räumlich ausgedehnt, verstanden.

Hinweis

In der Maschinenrichtlinie stellt die „Maschine" ein „Produkt" dar, das in Verkehr gebracht wird. Der Anwendungsbereich der Maschinenrichtlinie umfasst somit eine sehr große Bandbreite von Produkten, so ist ein Rasenmäher z. B. genauso von der Maschinenrichtlinie erfasst wie ein Walzwerk.

Anmerkung

Die Anforderungen an den *Betreiber*, die in der Betriebssicherheitsverordnung definiert sind, müssen vom Betreiber zusätzlich und unabhängig von der hier beschriebenen Vorgehensweise durchgeführt werden.

Der Betreiber kann auch der Maschinenhersteller selbst sein (siehe oben), wenn der Maschinenhersteller innerbetrieblich eine Maschine in Verkehr bringt – somit intern errichtet wird.

Tabelle 2.1 zeigt einige relevante Richtlinien und die damit geforderte nationale Umsetzung.

<table>
<tr><th>Nr.</th><th>Aufgabe</th><th colspan="3">Bewertung</th></tr>
<tr><td>1</td><td>Wie ist das Produkt definiert?</td><td colspan="3">(Art des Produkts, Verwendungszweck, Einsatzbereich, …)</td></tr>
<tr><td>2</td><td>Welcher(n) EG-Richtlinie(n) unterliegt es?</td><td colspan="3">(Anwendungsprüfung; treffen mehrere Richtlinien zu, sind alle zutreffenden zu beachten!)</td></tr>
<tr><th colspan="2" rowspan="2">Richtlinie</th><th rowspan="2">Nr. der Richtlinie</th><th colspan="2">Anwendbar</th></tr>
<tr><th>Ja</th><th>Nein</th></tr>
<tr><td colspan="2">Maschinenrichtlinie</td><td>2006/42/EG</td><td></td><td></td></tr>
<tr><td colspan="2">elektromagnetische Verträglichkeit</td><td>2014/34/EU</td><td></td><td></td></tr>
<tr><td colspan="2">Niederspannungsrichtlinie</td><td>2014/35/EU</td><td></td><td></td></tr>
<tr><td colspan="2">Geräte und Schutzsysteme zur bestimmungsgemäßen Verwendung in explosionsgefährdeten Bereichen</td><td>2014/34/EU</td><td></td><td></td></tr>
<tr><td colspan="2">Druckgeräte</td><td>2014/68/EU</td><td></td><td></td></tr>
<tr><td colspan="2">einfache Druckbehälter</td><td>2014/29/EU</td><td></td><td></td></tr>
<tr><td colspan="2">Outdoor</td><td>2000/14/EG</td><td></td><td></td></tr>
<tr><td colspan="2">umweltgerechte Gestaltung energiebetriebener Produkte (Öko-Design)</td><td>2005/32/EG</td><td></td><td></td></tr>
<tr><td colspan="2">…</td><td></td><td></td><td></td></tr>
<tr><td>3</td><td>Welche grundlegenden Anforderungen ergeben sich aus der (den) Richtlinie(n)?</td><td colspan="3"></td></tr>
</table>

Tabelle 2.1 Relevante Richtlinien und deren nationale Umsetzung

In **Tabelle 2.2** und **Tabelle 2.3** werden einige wichtige Richtlinien aufgelistet, um die Umsetzung und den Anwendungsbereich zu verdeutlichen.

Richtlinie	Nr. der Richtlinie	Nationale Umsetzung
Maschinenrichtlinie	2006/42/EG	(A) MSV 2010, (CH) MaschV, (D) ProdSG, 9. ProdSV
Anwendungsbereich		
a)	Maschinen	
b)	auswechselbare Ausrüstungen	
c)	Sicherheitsbauteile	
d)	Lastaufnahmemittel	
e)	Ketten, Seile und Gurte	
f)	abnehmbare Gelenkwellen	
g)	unvollständige Maschinen	
h)	auf Fahrzeugen angebrachten Maschinen	
j)	Hochspannungsmotoren (nicht ausgeschlossene Hochspannungsausrüstung)	
Ausnahmen		
a)	Sicherheitsbauteile, die als Ersatzteile geliefert werden	
b)	Einrichtungen für die Verwendung auf Jahrmärkten und in Vergnügungsparks	
c)	für nukleare Verwendung konstruierte oder eingesetzte Maschinen	
d)	Waffen und Feuerwaffen	
e)	Beförderungsmittel land- und forstwirtschaftliche Zugmaschinen Kraftfahrzeuge und Anhänger Beförderungsmittel für die Beförderung in der Luft, auf dem Wasser und auf Schienennetzen …	
f)	Seeschiffe und bewegliche Offshoreanlagen	
g)	Maschinen für militärische Zwecke oder zur Aufrechterhaltung der öffentlichen Ordnung	
h)	Maschinen für Forschungszwecke und zur vorübergehenden Verwendung in Laboratorien	
i)	Schachtförderanlagen	
j)	Maschinen zur Beförderung von Darstellern	
k)	Haushaltsgeräte, Audio- und Videogeräte, informationstechnische Geräte, gewöhnliche Büromaschinen, Niederspannungsschaltgeräte und -steuergeräte, Elektromotoren	
l)	Schalt- und Steuergeräte, Transformatoren	

Tabelle 2.2 Die Maschinenrichtlinie

<table>
<tr><th>Richtlinie</th><th>Nr. der Richtlinie</th><th>Nationale Umsetzung</th></tr>
<tr><td>Niederspannungsrichtlinie</td><td>2014/35/EU</td><td>(A) NSpGV,
(CH) NEV, EleG, STEG,
(D) ProdSG, 1. ProdSV</td></tr>
<tr><th colspan="3">Anwendungsbereich</th></tr>
<tr><td colspan="3">Elektrische Betriebsmittel zur Verwendung bei einer Nennspannung zwischen 50 V und 1000 V für Wechselstrom und zwischen 75 V und 1 500 V für Gleichstrom.</td></tr>
<tr><th colspan="3">Ausnahmen</th></tr>
<tr><td colspan="3">Elektrische Betriebsmittel zur Verwendung in explosiver Atmosphäre, elektroradiologische Betriebsmittel.
Elektromedizinische Betriebsmittel, elektrische Teile von Personen- und Lastenaufzügen, Elektrizitätszähler, Haushaltssteckvorrichtungen, Vorrichtungen zur Stromversorgung von elektrischen Weidezäunen, Funkentstörmittel.
Spezielle elektrische Betriebsmittel, die zur Verwendung in Flugzeugen, auf Schiffen oder in Eisenbahnen bestimmt sind.</td></tr>
<tr><th>Richtlinie</th><th>Nr. der Richtlinie</th><th>Nationale Umsetzung</th></tr>
<tr><td>Elektromagnetische Verträglichkeit</td><td>2014/34/EU</td><td>(A) EMV-V,
(CH) VEMV,
(D) EMV-Gesetz</td></tr>
<tr><th colspan="3">Anwendungsbereich</th></tr>
<tr><td colspan="3">Elektrische und elektronische Apparate, Anlagen und Systeme, die elektrische oder elektronische Bauteile enthalten, elektromagnetische Störungen verursachen können oder deren Betrieb durch diese Störungen beeinträchtigt werden kann.</td></tr>
<tr><th colspan="3">Ausnahmen</th></tr>
<tr><td colspan="3">Funkanlagen und Telekommunikationsendeinrichtungen,
luftfahrttechnische Erzeugnisse,
Kraftfahrzeuge,
Funkgeräte für Funkamateure</td></tr>
<tr><th>Richtlinie</th><th>Nr. der Richtlinie</th><th>Nationale Umsetzung</th></tr>
<tr><td>Geräte und Schutzsysteme zur bestimmungsgemäßen Verwendung in explosionsgefährdeten Bereichen (ATEX)</td><td>2014/34/EU</td><td>(A) BGBl. Nr. 252/1996; ExSV 1996,
(CH) VGSEB,
(D) ProdSG, 11. ProdSV</td></tr>
<tr><th colspan="3">Anwendungsbereich</th></tr>
<tr><td colspan="3">Geräte und Schutzsysteme zur bestimmungsgemäßen Verwendung in explosionsgefährdeten Bereichen Fahrzeuge, die in explosionsgefährdeten Bereichen eingesetzt werden.</td></tr>
<tr><th colspan="3">Ausnahmen</th></tr>
<tr><td colspan="3">Medizinische Geräte zur bestimmungsgemäßen Verwendung in medizinischen Bereichen.
Geräte und Schutzsysteme, bei denen die Explosionsgefahr ausschließlich durch die Anwesenheit von Sprengstoffen oder chemisch instabilen Substanzen hervorgerufen wird.
Geräte, die zur Verwendung in häuslicher und nicht kommerzieller Umgebung vorgesehen sind.
Persönliche Schutzausrüstungen.
Seeschiffe und bewegliche Offshoreanlagen sowie die Ausrüstungen an Bord dieser Schiffe oder Anlagen.
Beförderungsmittel, d. h. Fahrzeuge und dazugehörige Anhänger, die ausschließlich für die Beförderung von Personen und Gütern bestimmt sind.</td></tr>
</table>

Tabelle 2.3 Die Niederspannungs-, EMV- und ATEX-Richtlinie

Hinweis

Die Maschinenrichtlinie erlaubt sich im Grunde andere EG-Richtlinien „einzuverleiben“: Wie muss man das einordnen?

Es bedeutet letztendlich, dass bei der Umsetzung des „New-Approach“-Konzepts oder Ansatzes der europäischen EG-Richtlinien die Maschinenrichtlinie stellvertretend für Maschinen im Sinne der Sicherstellung der grundlegenden Sicherheitsanforderungen steht.

Dies ist legitim und nachvollziehbar, da jede EG-Richtlinie grundlegende Ziele mit den erforderlichen Sicherheitsanforderungen respektive ihres Anwendungsbereichs festlegt – Niederspannung, EMV, ATEX, …

Jedoch muss die Maschinenrichtlinie die Maschine in Gänze betrachten und somit übergeordnet dem Maschinenhersteller Vorgaben machen.

Dass dies nicht jedem gefällt ist aus einem emotionalen Standpunkt nachvollziehbar. Somit ist z. B. die Niederspannungsrichtlinie immer als eine quasi Untermenge der Maschinenrichtlinie zu sehen – so schmerzhaft diese Tatsache von manchen Personenkreisen auch manchmal aufgenommen wird. Der Bayer würde sagen „Ober sticht Unter“.

Anmerkung

Die Maschinenrichtlinie beschreibt Bauteile, die zwar keine Maschine im originären Sinn darstellen, jedoch wie eine Maschine hinsichtlich der grundlegenden Sicherheitsanforderungen und Dokumentation behandelt werden, z. B. Sicherheitsbauteile.

Damit möchte die Richtlinie das Augenmerk auf kritische Bauteile lenken und somit die Anforderungen bewusst hervorheben.

2.2.3 Liste der grundlegenden Sicherheits- und Gesundheitsanforderungen

Der Anhang I der Maschinenrichtlinie als Wegweiser – denn, nur das zählt vor Gericht.

Die Erfüllung der grundlegenden Sicherheits- und Gesundheitsanforderungen ist für die Sicherheit von Maschinen zwingend notwendig.

Dabei versucht die Maschinenrichtlinie bei der Herstellung einer Maschine

- den Stand der Technik
- als auch die technischen und wirtschaftlichen Erfordernisse

zu berücksichtigen.

Bild 2.2 zeigt einen Auszug aus der Richtlinie 2006/42/EG.

9.6.2006 DE Amtsblatt der Europäischen Union L 157/35

ANHANG I

Grundlegende Sicherheits- und Gesundheitsschutzanforderungen für Konstruktion und Bau von Maschinen

ALLGEMEINE GRUNDSÄTZE

1. Der Hersteller einer Maschine oder sein Bevollmächtigter hat dafür zu sorgen, dass eine Risikobeurteilung vorgenommen wird, um die für die Maschine geltenden Sicherheits- und Gesundheitsschutzanforderungen zu ermitteln. Die Maschine muss dann unter Berücksichtigung der Ergebnisse der Risikobeurteilung konstruiert und gebaut werden.

   Bei den vorgenannten iterativen Verfahren der Risikobeurteilung und Risikominderung hat der Hersteller oder sein Bevollmächtigter

   — die Grenzen der Maschine zu bestimmen, was ihre bestimmungsgemäße Verwendung und jede vernünftigerweise vorhersehbare Fehlanwendung einschließt;

   — die Gefährdungen, die von der Maschine ausgehen können, und die damit verbundenen Gefährdungssituationen zu ermitteln;

   — die Risiken abzuschätzen unter Berücksichtigung der Schwere möglicher Verletzungen oder Gesundheitsschäden und der Wahrscheinlichkeit ihres Eintretens;

   — die Risiken zu bewerten, um zu ermitteln, ob eine Risikominderung gemäß dem Ziel dieser Richtlinie erforderlich ist;

   — die Gefährdungen auszuschalten oder durch Anwendung von Schutzmaßnahmen die mit diesen Gefährdungen verbundenen Risiken in der in Nummer 1.1.2 Buchstabe b festgelegten Rangfolge zu mindern.

2. Die mit den grundlegenden Sicherheits- und Gesundheitsschutzanforderungen verbundenen Verpflichtungen gelten nur dann, wenn an der betreffenden Maschine bei Verwendung unter den vom Hersteller oder seinem Bevollmächtigten vorgesehenen Bedingungen oder unter vorhersehbaren ungewöhnlichen Bedingungen die entsprechende Gefährdung auftritt. Die in Nummer 1.1.2 aufgeführten Grundsätze für die Integration der Sicherheit sowie die in den Nummern 1.7.3 und 1.7.4 aufgeführten Verpflichtungen in Bezug auf die Kennzeichnung der Maschine und die Betriebsanleitung gelten auf jeden Fall.

3. Die in diesem Anhang aufgeführten grundlegenden Sicherheits- und Gesundheitsschutzanforderungen sind bindend. Es kann jedoch sein, dass die damit gesetzten Ziele aufgrund des Stands der Technik nicht erreicht werden können. In diesem Fall muss die Maschine so weit wie möglich auf diese Ziele hin konstruiert und gebaut werden.

4. Dieser Anhang ist in mehrere Teile gegliedert. Der erste Teil hat einen allgemeinen Anwendungsbereich und gilt für alle Arten von Maschinen. Die weiteren Teile beziehen sich auf bestimmte spezifische Gefährdungen. Dieser Anhang ist jedoch stets in seiner Gesamtheit durchzusehen, damit die Gewissheit besteht, dass alle jeweils relevanten grundlegenden Anforderungen erfüllt werden. Bei der Konstruktion einer Maschine sind in Abhängigkeit von den Ergebnissen der Risikobeurteilung gemäß Nummer 1 der vorliegenden allgemeinen Grundsätze die Anforderungen des allgemeinen Teils und die Anforderungen eines oder mehrerer der anderen Teile zu berücksichtigen.

Bild 2.2 Auszug aus der Richtlinie 2006/42/EG

Tabelle 2.4 zeigt alle Anforderungen nach Anhang I der Richtlinie 2006/42/EG.

Nr.	Grundlegende Anforderung	Zutreffend	Erfüllt
1.1.1	Begriffsbestimmungen	ja/nein	ja/nein
1.1.2	Grundsätze für die Integration der Sicherheit		
1.1.3	Materialien und Produkte		
1.1.4	Beleuchtung		
1.1.5	Konstruktion der Maschine im Hinblick auf die Handhabung		
1.1.6	Ergonomie		
1.1.7	Bedienungsplätze		
1.1.8	Sitze		
1.2	Steuerungen und Befehlseinrichtungen		
1.2.1	Sicherheit und Zuverlässigkeit von Steuerungen		
1.2.2	Stellteile		
1.2.3	Ingangsetzen		
1.2.4	Stillsetzen		
1.2.4.1	normales Stillsetzen		
1.2.4.2	betriebsbedingtes Stillsetzen		
1.2.4.3	Stillsetzen im Notfall		
1.2.4.4	Gesamtheit von Maschinen		
1.2.5	Wahl der Steuerungs- oder Betriebsarten		
1.2.6	Störung der Energieversorgung		
1.3	Schutzmaßnahmen gegen mechanische Gefährdungen		
1.3.1	Risiko des Verlusts der Standsicherheit		
1.3.2	Bruchrisiko beim Betrieb		
1.3.3	Risiken durch herabfallende oder herausgeschleuderte Gegenstände		
1.3.4	Risiken durch Oberflächen, Kanten und Ecken		
1.3.5	Risiken durch mehrfach kombinierte Maschinen		
1.3.6	Risiken durch Änderung der Verwendungsbedingungen		
1.3.7	Risiken durch bewegliche Teile		
1.3.8	Wahl der Schutzeinrichtungen gegen Risiken durch bewegliche Teile		
1.3.8.1	bewegliche Teile der Kraftübertragung		
1.3.8.2	bewegliche Teile, die am Arbeitsprozess beteiligt sind		
1.3.9	Risiko unkontrollierter Bewegungen		

Nr.	Grundlegende Anforderung	Zutreffend	Erfüllt
1.4	Anforderungen an Schutzeinrichtungen		
1.4.1	allgemeine Anforderungen		
1.4.2	Besondere Anforderungen an trennende Schutzeinrichtungen		
1.4.2.1	feststehende trennende Schutzeinrichtungen		
1.4.2.2	bewegliche trennende Schutzeinrichtungen mit Verriegelung		
1.4.2.3	zugangsbeschränkende verstellbare Schutzeinrichtungen		
1.4.3	besondere Anforderungen an nicht trennende Schutzeinrichtungen		
1.5	Risiken durch sonstige Gefährdungen		
1.5.1	elektrische Energieversorgung		
1.5.2	statische Elektrizität		
1.5.3	nicht elektrische Energieversorgung		
1.5.4	Montagefehler		
1.5.5	extreme Temperaturen		
1.5.6	Brand		
1.5.7	Explosion		
1.5.8	Lärm		
1.5.9	Vibrationen		
1.5.10	Strahlung		
1.5.11	Strahlung von außen		
1.5.12	Laserstrahlung		
1.5.13	Emission gefährlicher Werkstoffe und Substanzen		
1.5.14	Risiko in einer Maschine eingeschlossen zu werden		
1.5.15	Ausrutsch-, Stolper- und Sturzrisiko		
1.5.16	Blitzschlag		
1.6	Instandhaltung		
1.6.1	Wartung der Maschine		
1.6.2	Zugang zu den Bedienungsständen und den Eingriffspunkten für die Instandhaltung		
1.6.3	Trennung von den Energiequellen		
1.6.4	Eingriffe des Bedienungspersonals		
1.6.5	Reinigung innen liegender Maschinenteile		

Nr.	Grundlegende Anforderung	Zutreffend	Erfüllt
1.7	Informationen		
1.7.1	Informationen und Warnhinweise an der Maschine		
1.7.1.1	Informationen und Informationseinrichtungen		
1.7.1.2	Warneinrichtungen		
1.7.2	Warnung vor Restrisiken		
1.7.3	Kennzeichnung der Maschinen		
1.7.4	Betriebsanleitung		
1.7.4.1	allgemeine Grundsätze für die Abfassung der Betriebsanleitung		
1.7.4.2	Inhalt der Betriebsanleitung		
1.7.4.3	Verkaufsprospekte		
2	zusätzliche grundlegende Sicherheits- und Gesundheitsschutz-anforderungen an bestimmte Maschinengattungen		
2.1	Nahrungsmittelmaschinen und Maschinen für kosmetische oder pharmazeutische Erzeugnisse		
2.2	handgehaltene und/oder handgeführte tragbare Maschinen		
2.2.2	tragbare Befestigungsgeräte und andere Schussgeräte		
2.3	Maschinen zur Bearbeitung von Holz und von Werkstoffen mit ähnlichen physikalischen Eigenschaften		
3	zusätzliche grundlegende Sicherheits- und Gesundheitsschutz-anforderungen zur Ausschaltung der Gefährdungen, die von der Beweglichkeit von Maschinen ausgehen		
4	zusätzliche grundlegende Sicherheits- und Gesundheitsschutz-anforderungen zur Ausschaltung der durch Hebevorgänge bedingten Gefährdungen		
5	zusätzliche grundlegende Sicherheits- und Gesundheitsschutz-anforderungen an Maschinen, die zum Einsatz unter Tage bestimmt sind		
6	zusätzliche grundlegende Sicherheits- und Gesundheitsschutz-anforderungen an Maschinen, von denen durch das Heben von Personen bedingte Gefährdungen ausgehen		

Tabelle 2.4 Anforderungen nach Anhang I der Richtlinie 2006/42/EG

Die europäischen harmonisierten Normen verweisen in ihrem Anhang ZZ auf die relevante(n) Anforderung(en) des Anhangs I der Richtlinie 2006/42/EG.

Bild 2.3 zeigt ein Beispiel eines Anhangs ZZ.

DIN EN 62061 (VDE 0113-50):2016-05
EN 62061:2005 + A1:2013 + A2:2015

Anhang ZZ
(informativ)

Zusammenhang mit grundlegenden Anforderungen von EU-Richtlinien

Diese Europäische Norm wurde unter einem Mandat erstellt, das von der Europäischen Kommission und der Europäischen Freihandelszone an CENELEC gegeben wurde. Diese Europäische Norm deckt innerhalb ihres Anwendungsbereiches die folgenden grundlegenden Anforderungen ab, die in Anhang I der EG-Richtlinie 2006/42/EG enthalten sind:

– 1.2.1

Die Übereinstimmung mit dieser Norm ist eine Möglichkeit, die Konformität mit den festgelegten grundlegenden Anforderungen der betreffenden EG-Richtlinie zu erklären.

WARNHINWEIS: Für Produkte, die in den Anwendungsbereich dieser Norm fallen, können weitere Anforderungen und weitere EG-Richtlinien anwendbar sein.

Bild 2.3 Beispiel eines Anhangs ZZ – Auszug aus der DIN EN 62061 (**VDE 0113-50**):2016-05

Hinweis

Mit der **Funktionalen Sicherheit** wird also lediglich **eine einzelne** der über 60 grundlegenden Sicherheits- und Gesundheitsschutzanforderungen der Richtlinie 2006/42/EG erfüllt:

1.2.1 Sicherheit und Zuverlässigkeit von Steuerungen

Im Anhang I der Maschinenrichtlinie finden sich zu allen Anforderungen detaillierte Angaben. Einige wichtige Anforderungen seien an dieser Stelle erwähnt.

Ingangsetzen

Das Ingangsetzen einer Maschine darf nur möglich sein:

- nach einer absichtlichen Betätigung und
- mit einer hierfür vorgesehenen Befehlseinrichtung.

Gemeint sind an dieser Stelle auch

- das Wiederingangsetzen nach einem Stillstand (dabei ist die Ursache für diesen Stillstand nicht relevant) und
- die Änderung eines Betriebszustands.

Das Wiederingangsetzen oder die Änderung eines Betriebszustands ist dann zu betrachten, wenn Personen nicht völlig gefahrlos dem ausgesetzt sind. Diese grundlegende Anforderung gilt jedoch nicht für das Wiederingangsetzen oder die Änderung des Betriebszustands bei der normalen Befehlsabfolge im Automatikbetrieb.

Wenn eine Maschine mehrere Befehlseinrichtungen zum Ingangsetzen hat und das Bedienpersonal sich deshalb gegenseitig gefährden kann, müssen zusätzliche Einrichtungen (z. B. Zustimmschalter oder Wahlschalter, die nur jeweils eine Befehlseinrichtung zum Ingangsetzen wirksam werden lassen) vorgesehen werden, damit diese Gefahr ausgeschlossen werden kann.

Das Wiederingangsetzen einer automatischen Anlage im Automatikbetrieb nach einer Abschaltung muss leicht durchführbar sein, nachdem die Sicherheitsbedingungen erfüllt sind.

Stillsetzen einer Maschine

Dieser Begriff ist für den Maschinenhersteller besonders wichtig, weil die auch Not-Halt-Einrichtungen zum Stillsetzen der Maschine von großer Bedeutung sind (in DIN EN 60204-1 (**VDE 0113-1**) wird ebenfalls dieser Begriff erläutert).

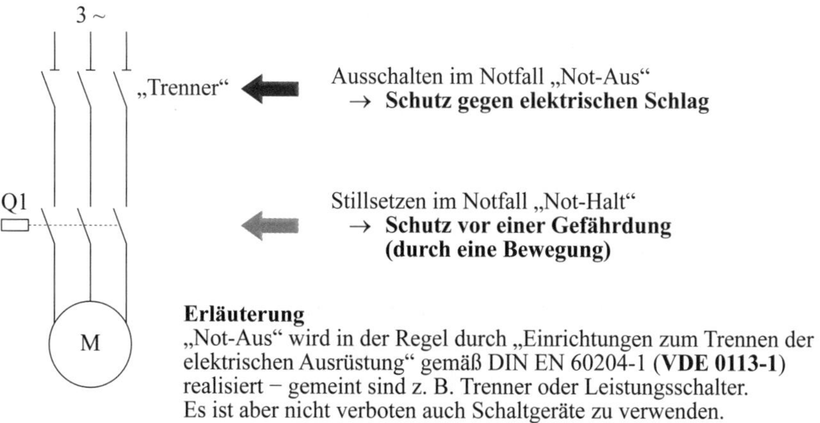

Bild 2.4 Not-Halt und Not-Aus

Auszug aus der Richtlinie 2006/42/EG

1.2.4 Stillsetzen

1.2.4.1 Normales Stillsetzen

Maschinen müssen mit einer Befehlseinrichtung zum sicheren Stillsetzen der gesamten Maschine ausgestattet sein.

Jeder Arbeitsplatz muss mit einer Befehlseinrichtung ausgestattet sein, mit dem sich entsprechend der Gefährdungslage bestimmte oder alle Funktionen der Maschine stillsetzen lassen, um die Maschine in einen sicheren Zustand zu versetzen.

Der Befehl zum Stillsetzen der Maschine muss Vorrang vor den Befehlen zum Ingangsetzen haben.

Sobald die Maschine stillgesetzt ist oder ihre gefährlichen Funktionen stillgesetzt sind, muss die Energieversorgung des betreffenden Antriebs unterbrochen werden.

1.2.4.2 Betriebsbedingtes Stillsetzen

Ist ein Stillsetzen, bei dem die Energieversorgung des Antriebs unterbrochen wird, betriebsbedingt nicht möglich, so muss der Betriebszustand der Stillsetzung überwacht und aufrechterhalten werden.

1.2.4.3 Stillsetzen im Notfall

Jede Maschine muss mit einem oder mehreren Not-Halt-Befehlsgeräten ausgerüstet sein, durch die eine unmittelbar drohende oder eintretende Gefahr vermieden werden kann.

Hiervon ausgenommen sind

- Maschinen, bei denen durch das Not-Halt-Befehlsgerät das Risiko nicht gemindert werden kann, da das Not-Halt-Befehlsgerät entweder die Zeit des Stillsetzens nicht verkürzt oder es nicht ermöglicht, besondere, wegen des Risikos erforderliche Maßnahmen zu ergreifen;
- handgehaltene und/oder handgeführte Maschinen.

Das Not-Halt-Befehlsgerät muss

- deutlich erkennbare, gut sichtbare und schnell zugängliche Stellteile haben;
- den gefährlichen Vorgang möglichst schnell zum Stillstand bringen, ohne dass dadurch zusätzliche Risiken entstehen;
- erforderlichenfalls bestimmte Sicherungsbewegungen auslösen oder ihre Auslösung zulassen.

Betriebsarten

Eine Maschine hat in der Regel verschiedene Betriebsarten, die durch eine Bedienung explizit eingeleitet und sichergestellt werden (siehe auch VDI 2854 oder ISO 11161).

In der Maschinenrichtlinie heißt es dazu:

Auszug aus der Richtlinie 2006/42/EG

1.2.5 Wahl der Steuerungs- oder Betriebsarten

Die gewählte Steuerungs- oder Betriebsart muss allen anderen Steuerungs- und Betriebsfunktionen außer dem Not-Halt übergeordnet sein. Ist die Maschine so konstruiert und gebaut, dass mehrere Steuerungs- oder Betriebsarten mit unterschiedlichen Schutzmaßnahmen und/oder Arbeitsverfahren möglich sind, so muss sie mit einem in jeder Stellung abschließbaren Steuerungs- und Betriebsartenwahlschalter ausgestattet sein. Jede Stellung des Wahlschalters muss deutlich erkennbar sein und darf nur einer Steuerungs- oder Betriebsart entsprechen.

Der Wahlschalter kann durch andere Wahleinrichtungen ersetzt werden, durch die die Nutzung bestimmter Funktionen der Maschine auf bestimmte Personenkreise beschränkt werden kann.

Ist für bestimmte Arbeiten ein Betrieb der Maschine bei geöffneter oder abgenommener trennender Schutzeinrichtung und/oder ausgeschalteter nicht trennender Schutzeinrichtung erforderlich, so sind der entsprechenden Stellung des Steuerungs- und Betriebsartenwahlschalters gleichzeitig folgende Steuerungsvorgaben zuzuordnen:

- Alle anderen Steuerungs- oder Betriebsarten sind nicht möglich;
- der Betrieb gefährlicher Funktionen ist nur möglich, solange die entsprechenden Befehlseinrichtungen betätigt werden;
- der Betrieb gefährlicher Funktionen ist nur unter geringeren Risikobedingungen möglich, und Gefährdungen, die sich aus Befehlsverkettungen ergeben, werden ausgeschaltet;
- der Betrieb gefährlicher Funktionen durch absichtliche oder unabsichtliche Einwirkung auf die Sensoren der Maschine ist nicht möglich.

Können diese vier Voraussetzungen nicht gleichzeitig erfüllt werden, so muss der Steuerungs- oder Betriebsartenwahlschalter andere Schutzmaßnahmen auslösen, die so angelegt und beschaffen sind, dass ein sicherer Arbeitsbereich gewährleistet ist.

Vom Betätigungsplatz des Wahlschalters aus müssen sich die jeweils betriebenen Maschinenteile steuern lassen.

Störungen

Störungen der Energieversorgung oder der Steuerstromkreise (z. B. Logikverarbeitung) dürfen nicht zu gefährlichen Situationen führen.

Insbesondere ist Folgendes auszuschließen:

- unbeabsichtigtes Ingangsetzen;
- Nichtausführung eines bereits erteilten Befehls zum Stillsetzen;
- Herabfallen oder Herausschleudern eines beweglichen Maschinenteils oder eines von der Maschine gehaltenen Werkstücks;
- Verhinderung des automatischen oder manuellen Stillsetzens von beweglichen Teilen jeglicher Art;
- Ausfall von Schutzeinrichtungen.

Schutzmaßnahmen gegen mechanische Gefahren

Im Anhang I der Maschinenrichtlinie werden explizit mechanische Gefahren aufgelistet, die von einer Maschine ausgehen können.

Diese müssen durch die folgenden Betrachtungen beherrscht werden:

- Stabilität;
- Bruchgefahr beim Betrieb;
- Gefahren durch herabfallende und herausgeschleuderte Gegenstände;
- Gefahren durch Oberflächen, Kanten, Ecken;
- Gefahren durch mehrfach kombinierte Maschinen;
- Gefahren durch Änderung der Drehzahl der Werkzeuge;
- Verhütung von Gefahren durch bewegliche Teile;
- Auswahl der Schutzeinrichtungen gegen Gefahren durch bewegliche Teile. An dieser Stelle wird zwischen beweglichen Teilen der Kraftübertragung oder beweglichen Teilen, die am Arbeitsprozess teilnehmen (Wirkbereich) unterschieden.

Anforderungen an Schutzeinrichtungen

Es wird hier zwischen trennenden und nicht trennenden Schutzeinrichtungen unterschieden.

Trennende Schutzeinrichtungen können feststehend sein, d. h. diese werden fest an ihrem Platz gehalten und können nur mit einem Werkzeug geöffnet werden, oder aber beweglich (Typ A oder Typ B).

Nicht trennende Schutzeinrichtungen (z. B. Lichtgitter, Zweihandbedienpult) müssen so konzipiert und in die Steuerung der Maschine integriert sein, dass keinerlei Gefahr von beweglichen Teilen ausgehen kann.

Sonstige Gefahren

Folgende weitere Gefahren müssen bei der Konzeption der Maschine ebenfalls betrachtet werden:

- Gefahren durch elektrische Energie;
- Gefahren durch statische Elektrizität;
- Gefahren durch nicht elektrische Energie;
- Gefahren durch fehlerhafte Montage;
- Gefahren durch extreme Temperaturen;
- Brandgefahr;
- Explosionsgefahr;
- Gefahren durch Lärm;
- Gefahren durch Vibrationen;
- Gefahren durch Strahlung;
- Gefahren durch Strahlung von außen;
- Gefahren durch Lasereinrichtungen;
- Gefahren durch Emission von Stäuben, Gasen usw.;
- Gefahr, in einer Maschine eingeschlossen zu bleiben;
- Sturzgefahr.

Instandhaltung

Auch für die Instandhaltung bzw. Wartung der Maschine müssen Vorsichtsmaßnahmen für den Bediener ergriffen werden:

- Zugänge zum Arbeitsplatz und zu den Eingriffspunkten, z. B. Treppen, Leitern, Arbeitsbühnen usw.;
- Trennung von den Energiequellen;
- jede Maschine muss mit Einrichtungen ausgestattet sein, mit denen sie von jeder einzelnen Energiequelle getrennt werden kann (Hauptbefehlseinrichtungen);
- Eingriffe des Bedienungspersonals;
- Reinigung der innen liegenden Teile.

Hinweise

Jede Maschine benötigt für den korrekten Betrieb aus Sicht des Betreibers

- Anzeigevorrichtungen;
- Warneinrichtungen;
- Warnung vor Restgefahren;

Eine Maschine muss mit einer eindeutigen Kennzeichnung versehen werden. Ebenso muss eine Betriebsanleitung mit der Maschine ausgeliefert werden.

2.3 Haftung – Motivation der Maschinenhersteller

Alles, was wichtig und sinnvoll erscheint – nach bestem Wissen und Gewissen.

Der CE-Konformitätsprozess gemäß dem Produktsicherheitsgesetz (ProdSG), 9. ProdSV als Maschinenverordnung in Deutschland (das ist die nationale Umsetzung der Maschinenrichtlinie) lässt sich in mehrere Phasen unterteilen und beschreibt einzelne Tätigkeiten, die vor einer CE-Kennzeichnung durchgeführt werden müssen. Der Konstrukteur der Maschine ist verantwortlich und nicht der Lieferant der elektrotechnischen Ausrüstung bzw. Komponenten.

Der folgende Ablauf bietet eine Hilfestellung zur Implementierung des CE-Konformitätsprozess:

1. Phase: Festlegung der anwendbaren Richtlinien,
2. Phase: Festlegung des Konformitätsbewertungsverfahrens,
3. Phase: Festlegung zutreffender harmonisierter Normen (Teilaspekte),
4. Phase: Sicherstellung, dass die Anforderungen erfüllt werden,
5. Phase: Erstellung der technischen Unterlagen,
6. Phase: Erstellung der Konformitätserklärung oder Einbauerklärung,
7. Phase: Anbringung der CE-Kennzeichnung,
8. Phase: Qualitätssicherung,
9. Phase: Produktbeobachtung sowie Überwachung der Einhaltung von Vorschriften und Normen.

Der CE-Konformitätsprozess betrifft den gesamten Produktlebenszyklus, so wie er in der Maschinenrichtlinie mit dem Begriff „Lebensdauer“ definiert wurde.

Anmerkung

In der Maschinenrichtlinie heißt es dazu in Anhang I, 1.1.2 „Grundsätze für die Integration der Sicherheit“:

„Die getroffenen Maßnahmen müssen darauf abzielen, Risiken während der voraussichtlichen *Lebensdauer* der Maschine zu beseitigen, einschließlich der Zeit, in der die Maschine transportiert, montiert, demontiert, außer Betrieb gesetzt und entsorgt wird.“

2.4 Der Anspruch der harmonisierten Normen

Struktur bringt Ordnung in die Normenwelt – bei ca. 600 an der Zahl, nicht ganz so einfach den Überblick zu behalten.

Die EG-Richtlinien geben nur grundlegende Sicherheits- und Gesundheitsschutzziele vor, aber keine konkreten Hinweise zur Erreichung dieser Ziele. Dieser Ansatz spiegelt sich unter dem Begriff „*New Approach*“ wider.

Zur Präzisierung der grundlegenden Anforderungen können zutreffende Normen, und insbesondere für Europa die sogenannten *harmonisierten europäischen Normen* herangezogen werden. Von diesen geht dann die sogenannte *Vermutungswirkung* aus, wenn diese zur Konstruktion der Maschine herangezogen werden, dann vermuten die Behörden, dass auch die Anforderungen der EG-Richtlinien erfüllt werden.

Da die Anwendung von Normen nicht gesetzlich vorgeschrieben ist, können die Schutzziele der EG-Richtlinien auch grundsätzlich auf andere Weise erreicht werden. Allerdings muss dabei berücksichtigt werden, dass die harmonisierten europäischen Normen den Stand der Technik widerspiegeln. Im Schadensfall wird der Nachweis der Einhaltung der EG-Richtlinien ohne deren Anwendung schwierig.

Mit anderen Worten: Der einfachste Weg zur Erfüllung der EG-Richtlinien ist die Einhaltung der darunter harmonisierten europäischen Normen. Dadurch nehmen sie einen „quasi-gesetzlichen“ Charakter an.

Wichtiger Hinweis

Ein Produkt (Maschine), das in Europa in Verkehr gebracht (verkauft) wird, muss mit einem CE-Kennzeichen versehen werden. Dieser Zwang, dass für jedes Produkt (Maschine) eine Umsetzung der EG-Richtlinien erforderlich ist, hat weltweiten Einfluss:

Andere Länder fordern oft das gleiche europäische Sicherheitsniveau für Maschinen, obwohl es in diesen Ländern in der Form nicht immer entsprechende Anforderungen gibt.

Das bedeutet auch, dass der Maschinenhersteller keinen Unterschied zwischen einer Maschine, die ins europäische Ausland verkauft wird und einer Maschine, die in ein nicht europäisches Land exportiert werden soll, machen darf.

Diese schmerzhafte Erfahrung mussten bereits einige europäische Maschinenhersteller, z. B. mit dem Export in die USA machen.

Je nach Anwendungsbereich werden die harmonisierten europäischen Normen aus Sicht der ISO in folgende Gruppen unterteilt:

- Typ-A-Normen: Sicherheitsgrundnormen,
- Typ-B-Normen: Sicherheitsfachgrundnormen,
- Typ-C-Normen: Maschinensicherheitsnormen.

Tabelle 2.5 zeigt Beispiele typischer harmonisierter Normen. Dabei gilt:

- Typ-A-Normen (Sicherheitsgrundnormen)
  enthalten Grundbegriffe, Gestaltungsleitsätze und allgemeine Aspekte, die für alle Maschinen, Geräte und Anlagen gelten (z. B. DIN EN ISO 12100);
- Typ-B-Normen (Sicherheitsfachgrundnormen)
  behandeln einen Sicherheitsaspekt oder eine Art von sicherheitsbedingten Einrichtungen, die für eine ganze Reihe von Maschinen, Geräten und Anlagen verwendet werden können. Die Typ-B-Normen werden weiter unterteilt in B1- und B2-Normen:
  - Typ-B1-Normen beziehen sich auf spezielle Sicherheitsaspekte (z. B. Sicherheitsabstände, Oberflächentemperaturen, Lärm),
  - Typ-B2-Normen beziehen sich auf sicherheitsbedingte Einrichtungen (z. B. Zweihandschaltungen, Verriegelungen, Kontaktmatten, trennende Schutzeinrichtungen);

- Typ-C-Normen (Maschinensicherheitsnormen)
  enthalten detaillierte Sicherheitsanforderungen für eine bestimmte Maschine oder Gruppe von Maschinen

Normentyp	Nummer der Norm	Titel der Norm
Typ-A-Norm Sicherheitsgrundnorm	DIN EN ISO 12100	Sicherheit von Maschinen – Risikobeurteilung
Typ-B1-Norm Sicherheitsfachgrundnormen für bestimmte Sicherheits-aspekte	DIN EN 349	Mindestabstände von Körperteilen Sicherheitsabstände untere Gliedmaßen
	DIN EN 60204-1 (**VDE 0113-1**)	Elektrische Ausrüstung von Maschinen
	DIN EN ISO 13849-1	Sicherheitsbezogene Teile von Steuerungen – Teil 1: Allgemeine Gestaltungsleitsätze
	DIN EN 62061 (**VDE 0113-50**)	Funktionale Sicherheit sicherheitsbezogener elektrischer, elektronischer und programmierbarer elektronischer Steuerungssysteme
	DIN EN ISO 13857 (EN 294, EN 811)	Sicherheitsabstände gegen das Erreichen von Gefährdungsbereichen mit den oberen und unteren Gliedmaßen
	DIN EN 13855 (EN 999)	Anordnung von Schutzeinrichtungen im Hinblick auf Annäherungsgeschwindigkeiten von Körperteilen
Typ-B2-Norm Sicherheitsfachgrundnormen für Schutzeinrichtungen	DIN EN ISO 13850	Not-Halt-Einrichtungen
	DIN EN 61496-1 (**VDE 0113-201**)	BWS
	DIN EN ISO 13851	Zweihandschaltungen
	DIN EN ISO 14119	Verriegelungseinrichtungen
	DIN EN 953	trennende Schutzeinrichtungen
	DIN EN ISO 4413	Hydraulik
Typ-C-Norm Maschinensicherheitsnormen (nur einige Beispiele von mehr als 600 harmonisierten Normen)	DIN EN 692	mechanische Pressen
	DIN EN 693	hydraulische Pressen
	DIN EN ISO 10218	Industrieroboter
	EN 12417	Bearbeitungszentren
	DIN EN ISO 23125	Drehmaschinen
	EN 201	Spritzgießmaschinen
	DIN EN ISO 11553	Laserbearbeitungsmaschinen

Tabelle 2.5 Beispiele für harmonisierte europäische Normen

Anmerkung

In einer Typ-C-Norm haben die Normensetzer eine Risikobeurteilung für einen bestimmten Maschinentyp vorweggenommen. Nichtsdestotrotz ist die Aufgabe des Herstellers die zutreffenden Normen für die Konstruktion festzulegen. Die Typ-C-Norm dient als Basis für die Durchführung der Risikobeurteilung und soll für die Konstruktion herangezogen werden. Gibt es keine Norm, müssen die zutreffenden Sicherheitsgrund- und Sicherheitsfachgrundnormen (A- und B-Norm) verwendet werden.

Durch Anwendung der harmonisierten europäischen Normen ergeben sich aus Sicht des Maschinenherstellers die in **Tabelle 2.6** gezeigten grundlegenden Aufgaben.

Nr.	Aufgabe	Bewertung
1	Gibt es einschlägige harmonisierte europäische Normen?	
2	Gibt es nationale Normen oder sonstige Spezifikationen, die neben den „harmonisierten" einschlägig sind?	
3	Gibt es ein Standardlastenheft für das Produkt?	
4	Gibt es ein Standardlastenheft oder eine Qualitätssicherungsvereinbarung für die Lieferanten?	

Tabelle 2.6 Aufgaben im Umgang mit harmonisierten europäischen Normen

Hinweis

Aufgrund einer Normenrecherche kann festgelegt werden, welche harmonisierten Normen für die Konstruktion herangezogen werden müssen, um die Vermutungswirkung zu erreichen. Diese Normen, oder auch einzelne Abschnitte daraus, können in der Risikobeurteilung referenziert, und dadurch können die Anforderungen an die Konstruktion/Entwicklung konkretisiert werden.

2.5 Die Organisation und das Management – warum wiederentdeckt?

Ging es denn bisher auch ohne?

Die internen Verfahren, Pläne und durchzuführende Prüfungen an der Hardware und Software, die zur Erfüllung der Anforderungen an die Maschine notwendig sind, müssen in der Organisation festgelegt werden. Der Hersteller muss Zuständigkeit, Verantwortung und Befugnisse hinsichtlich CE-Konformität im Unternehmen festlegen und dokumentieren.

Dies betrifft insbesondere:

- Organisation
  - Festlegen der beteiligten Stellen,
  - Festlegen der Verantwortung und Befugnisse,
  - Definition der Schnittstellen;
- Dokumentation, meistens:
  - Erstellung, Prüfung, Freigabe, Verteilung und Archivierung der technischen Unterlagen;
- Änderungsmanagement (Modifikationsverfahren);
- Software (Änderungs- und Konfigurationsmanagement).

2.6 Risikobeurteilung – immer notwendig und doch unterschätzt

Der Maschinenhersteller ist verpflichtet eine Risikobeurteilung vorzunehmen, um alle mit seiner Maschine verbundenen Gefährdungen zu identifizieren, ihre Risiken einzuschätzen und zu bewerten und die Maschine unter deren Berücksichtigung zu entwerfen und zu bauen.

Die Durchführung der Risikobeurteilung muss als konstruktionsbegleitender Prozess verstanden werden und durch Experten verschiedener Fachrichtungen durchgeführt werden.

Hinweis

Eines ist selbstredend: Die Verantwortlichkeit für eine Risikobeurteilung liegt letztendlich unter Federführung der „Mechanik-Fraktion", weil nur diese Spezialisten die Mehrzahl der Risiken beschreiben und gemeinsam im Team bewerten können – gemeinsam ein Gefährdungspotenzial an der Maschine zu ermitteln.

Dagegen ist die „Elektrotechnik-Fraktion" verantwortlich das vorgegebene Risiko mit einer steuerungstechnischen Maßnahme (einschließlich Sensorik und Aktorik) auszuwählen, zu bewerten und schlussendlich quantitativ zu bewerten: Es gilt die Anforderungen (geforderter SIL gemäß DIN EN 62061 (**VDE 0113-50**) oder PL gemäß DIN EN ISO 13849-1) in die Praxis umzusetzen.

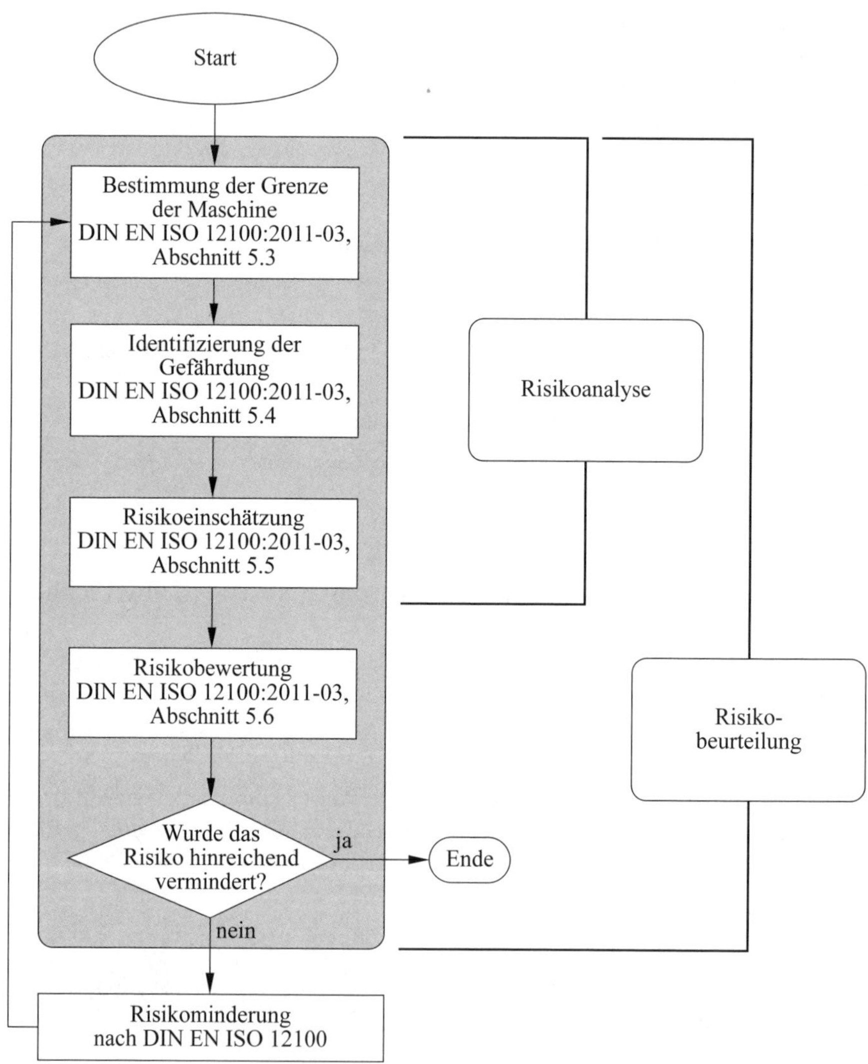

Bild 2.5 Prozess der Risikobeurteilung

Die Vorgabe der Mechanik-Fraktion mit der rhetorischen Frage „Nennen Sie mir den SIL oder PL für eine Sicherheitsfunktion" an die Elektrotechnik-Fraktion, in der Regel der Unterlieferant, ist weder sinnvoll noch zielführend: Der Auftraggeber ist der Hüter der Risikobeurteilung, nicht der Lieferant einer Teilkomponente, z. B. ein Schaltschrank mit Steuerungskomponenten.

Risikobeurteilung heißt also Teamarbeit und bedarf der Berücksichtigung einer Vielzahl von Aspekten.

Von großer Bedeutung hierbei ist auch die Erwägung und die Einbindung unabhängiger Sachverständigen mit profunder Normenkenntnis und langjähriger Branchenerfahrung, da diese Sicherheitsaspekte aus einem andern Blickwinkel betrachten und so den Herstellern zusätzliche Erkenntnisse verschaffen können.

Wichtiger Hinweis

In den maschinenspezifischen Normen (Typ-C-Normen) ist die Risikobeurteilung für eine typische Maschinenkonstruktion bereits Bestandteil der Norm. **Die Anwendung einer Typ-C-Norm entbindet den Hersteller jedoch nicht von der Pflicht, selbst eine Gesamtrisikobeurteilung durchzuführen.**

Dadurch soll verhindert werden, dass Risiken, die durch den Einsatz neuer Technologien und Verfahren entstehen, übersehen werden.

2.7 Die Dokumentation

Wehret den Anfängen – nur wer schreibt, der bleibt. Aber bitte mit Augenmaß.

Wer will schon gerne den Kopf hinhalten und vor Gericht angeklagt werden – niemand. Da der mitwirkende Mitarbeiter immer für die Sicherheit einer Maschine haften kann – und nicht der Vorgesetzte, weil der sie über ihre Rechte und Pflichten informiert hat – bleibt nur ein Ausweg aus dieser misslichen Situation: die Dokumentation.

Damit haben sie die Chance, sich zu wehren und zu beweisen, dass sie nicht „grob fahrlässig" gehandelt haben. Irren ist menschlich, nur beweisen müssen wir, dass wir uns nicht bewusst irren wollten. Also: Dokumentieren wir, warum wir was wie realisiert haben, nach besten Wissen und Gewissen.

Der Nachweis einer sorgfältigen Arbeit verbleibt immer beim Hersteller der Maschine und wird im Schadensfall auf Verlangen der Behörden (in der Regel dem Staatsanwalt) ausgehändigt. Dabei ist eine elektronische Speicherung oder Aufbewahrung der Dokumentation der Risikobeurteilung in Anbetracht des heutigen Umfangs erlaubt. Entscheidend ist, dass im Schadensfall nicht die Art der Aufbewahrung, sondern die lückenlose Darstellung der Sorgfaltspflicht, also ihrer Sorgfaltspflicht, bewiesen werden kann.

Und auch der Unterzeichner der Konformitätserklärung wird in die Pflicht genommen: Nicht der Mitarbeiter allein wird zur Rechenschaft gezogen, sondern alle Beteiligten. Das schwächste Glied aber in der Kette wird dann als Sündenbock ausgemacht: Die Dokumentation ist der einzige Freund in so einer Situation. Nur sie wird den notwendigen rechtlichen Schutz liefern, und nicht der großzügige Vorgesetzte, der die Konformitätserklärung auch noch unterschrieben hat.

Schützen sie sich einfach – mehr nicht.

Besser nicht vergessen

Nur mit der Dokumentation kann bewiesen werden, dass die grundlegenden Sicherheitsanforderungen der Maschinenrichtlinie bewusst sorgfältig berücksichtigt wurden und nicht grob fahrlässig ignoriert wurden.

Nur sie ist der Garant für eine ruhige Nacht – nicht der Vorgesetzte, der großzügig die Konformitätserklärung unterschrieben hat.

Und: Das Team hilft bei der Verteilung der Verantwortung – lieber zu zweit oder zu mehreren, als selbstsicher allein und am Ende erbärmlich verlassen und im Stich gelassen. Suchen sie sich „sichere" Freunde.

2.8 Das Ziel vor Augen – die CE-Konformitäts- oder die CE-Einbauerklärung

Jeder soll sehen, dass die Maschine sicher ist.

Grundlegende Inhalte der CE-Konformitätserklärung für („vollständige") Maschinen:

- Firmenbezeichnung, vollständige Anschrift des Herstellers und ggf. seines Bevollmächtigten;
- Name und Anschrift der Person, die bevollmächtigt ist, die technischen Unterlagen zusammenzustellen;
- allgemeine Bezeichnung der Maschine, Funktion, Modell, Typ, Seriennummer und Handelsbezeichnung;

- bei EG-Baumusterprüfung: Name Anschrift und Kennnummer der benannten Stelle;
- bei Qualitätssicherungssystem nach Anhang X: Name, Anschrift und Kennnummer der benannten Stelle;
- Ort und Datum der Erklärung;
- Angaben zum Aussteller dieser Erklärung sowie Unterschrift dieser Person.

Grundlegende Inhalte der CE-Einbauerklärung für unvollständige Maschinen:

- Firmenbezeichnung, vollständige Anschrift des Herstellers und ggf. seines Bevollmächtigten;
- Name, Anschrift des Bevollmächtigten zur Zusammenstellung der relevanten technischen Unterlagen;
- allgemeine Bezeichnung der Funktion, Modell, Typ, Seriennummer, Handelsbezeichnung;
- Erklärung, welche grundlegenden Anforderungen dieser Richtlinie zur Anwendung kommen und eingehalten werden;
- Erklärung, dass die technischen Unterlagen gemäß Anhang VII Teil B erstellt wurden, ggf., dass die unvollständige Maschine anderen einschlägigen Richtlinien entspricht;
- Verpflichtung, einzelstaatlichen Stellen auf begründetes Verlangen die speziellen Unterlagen zu der unvollständigen Maschine zu übermitteln;
- Hinweis, die unvollständige Maschine erst dann in Betrieb zu nehmen, wenn die Maschine, in die die unvollständige Maschine eingebaut werden soll, den Bestimmungen dieser Richtlinie entspricht;
- Ort und Datum der Erklärung;
- Angaben zum Aussteller dieser Erklärung sowie Unterschrift dieser Person.

2.9 Das CE-Kennzeichen anzubringen, aber wohin damit?

Gäbe es da nicht so viele Richtlinien, die das Gleiche wollen.

Die CE-Kennzeichnung wird gut sichtbar, leserlich und dauerhaft auf dem Produkt oder seinem Typenschild angebracht. Falls die Art des Produkts dies nicht zulässt oder nicht rechtfertigt, wird sie auf der Verpackung und den Begleitunterlagen angebracht, sofern die betreffende Rechtsvorschrift derartige Unterlagen vorschreibt. Die CE-Kennzeichnung wird vor dem Inverkehrbringen des Produkts angebracht.

Abhängig von den Anforderungen in den EG-Richtlinien ist die CE-Kennzeichnung mit oder ohne Kennnummer der benannten Stelle zu versehen. Die CE-Kennzeichnung besteht aus den Buchstaben „CE“ mit dem in **Bild 2.6** gezeigten Schriftbild. Bei Verkleinerung oder Vergrößerung der CE-Kennzeichnung müssen die sich aus dem abgebildeten Raster ergebenden Proportionen eingehalten werden.

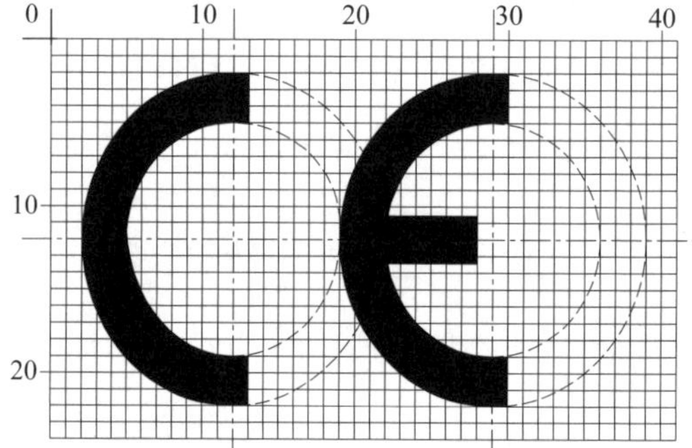

Bild 2.6 Das europäische CE-Kennzeichen

Werden in den einschlägigen Rechtsvorschriften keine genauen Abmessungen angegeben, so gilt für die CE-Kennzeichnung eine Mindesthöhe von 5 mm. Nach dem Produktsicherheitsgesetz ist es nicht zulässig, die CE-Kennzeichnung für Produkte zu verwenden, für die sie nicht durch EG-Richtlinien vorgeschrieben ist.

Wichtiger Hinweis

Eine Maschine erhält nach der Maschinenrichtlinie ein einziges CE-Kennzeichen, selbst wenn mehrere EG-Richtlinien zusätzlich berücksichtigt werden mussten – „Ober sticht Unter!“

In der Praxis aber wird gerade für die elektrische Ausrüstung – meistens stellvertretend durch einen oder mehrere Schaltschränke – zusätzlich im Schaltschrank ein „CE-Kennzeichen“ nach Niederspannungsrichtlinie unsinnigerweise gefordert. Dies basiert vorwiegend auf der Unwissenheit des Gesamtprozesses gemäß der Maschinenrichtlinie – „die Sammler-und-Jäger-Mentalität“. Entscheidend für den Maschinenhersteller ist lediglich eine durchgängige Dokumentation – und nicht das CE-Kennzeichen der elektrischen Ausrüstung für sich allein genommen.

2.10 Der Prozess im Überblick

Schritt für Schritt, dann klappt's auch mit der Sicherheit.

Der Prozess zur Integration der grundlegenden Sicherheits- und Gesundheitsanforderungen gemäß der Maschinenrichtlinie lässt sich zusammenfassend wie in **Bild 2.7** gezeigt darstellen.

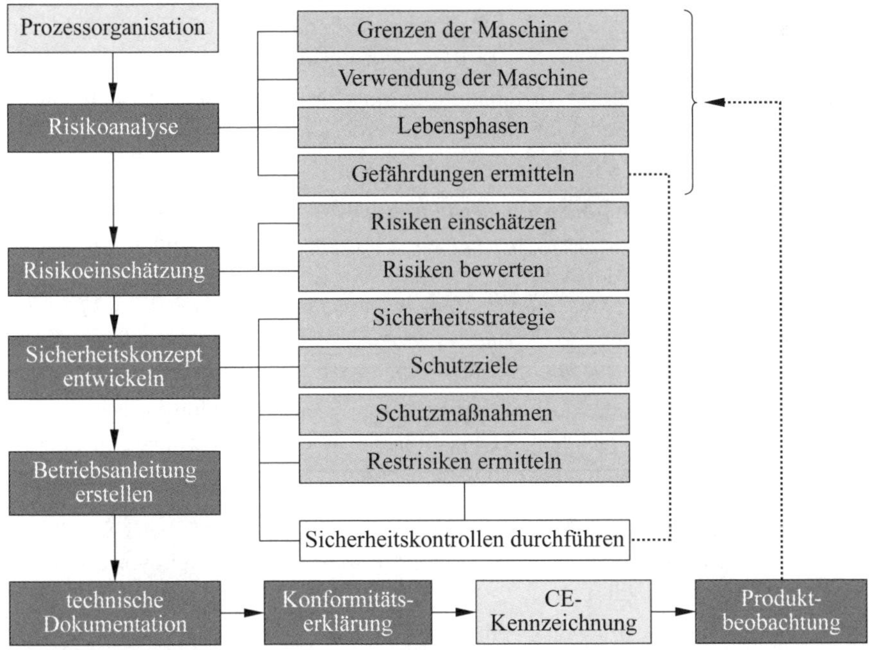

Bild 2.7 Struktur und Prozessorganisation für die CE-Kennzeichnung

2.11 Wesentliche Veränderung

Das Bundesministerium für Arbeit und Soziales (BMAS) hat am 9. April 2015 im Gemeinsamen Ministerialblatt (GMBl. 66 (2015) Nr. 10, S. 183–186) ein Interpretationspapier zu diesem Thema bekannt gegeben (IIIb5-39607-3).

Ein „gebrauchtes" Produkt, das im Vergleich zum ursprünglichen Zustand wesentlich verändert wurde, muss wie ein neues Produkt betrachtet werden. Diese Betrachtung erfolgt auf Basis der europäischen Interpretation Nr. 2.1 des „Blue Guide“ als Leitfaden für die Umsetzung der Produktvorschriften der Europäischen Union von 2016 (siehe auch (http://ec.europa.eu/DocsRoom/documents/18027).

„Ein Produkt, an dem nach seiner Inbetriebnahme erhebliche Veränderungen oder Überarbeitungen mit dem Ziel der Modifizierung seiner ursprünglichen Leistung, Verwendung oder Bauart vorgenommen worden sind, die sich wesentlich auf die Einhaltung der Harmonisierungsrechtsvorschriften der Europäischen Union auswirken, kann als neues Produkt angesehen werden. Dies ist von Fall zu Fall und insbesondere vor dem Hintergrund des Ziels der Rechtsvorschriften und der Art der Produkte im Anwendungsbereich der betreffenden Rechtsvorschrift zu entscheiden.“

Gemäß dem Leitfaden für die Anwendung der Maschinenrichtlinie 2006/42/EG muss die Maschinenrichtlinie ebenfalls betrachtet werden.

In § 72 steht dazu folgende Erläuterung:

„Darüber hinaus gilt die Maschinenrichtlinie für Maschinen, die auf gebrauchten Maschinen basieren, welche derart tief greifend umgebaut oder überholt worden sind, dass sie als neue Maschinen gelten können. Es stellt sich damit die Frage, ab wann ein Umbau einer Maschine als Bau einer neuen Maschine gilt, welche der Maschinenrichtlinie unterliegt. Es ist nicht möglich, präzise Kriterien zu formulieren, mit denen diese Frage in jedem Einzelfall beantwortet werden kann.“

Das im **Bild 2.8** dargestellte Ablaufdiagramm zeigt die Entscheidungsschritte, wann eine Veränderung eine wesentliche Veränderung darstellen kann. Grundlegend können dabei drei Anwendungsfälle unterschieden werden:

1. Es wird keine neue Gefährdung erzeugt oder es findet somit keine Erhöhung eines vorhandenen Risikos statt, sodass die Maschine nach wie vor als sicher betrachtet werden kann.
2. Trotz einer neuen erzeugten Gefährdung oder einer Erhöhung eines vorhandenen Risikos sind die bestehenden Schutzmaßnahmen vor der Änderung noch immer ausreichend, sodass die Maschine nach wie vor als sicher betrachtet werden kann.
3. Es wird eine neue Gefährdung erzeugt oder es findet eine Erhöhung eines vorhandenen Risikos statt und die bestehenden Schutzmaßnahmen sind nicht mehr ausreichend oder angemessen.

Im Fall 1 und 2 sind keine zusätzlichen Schutzmaßnahmen erforderlich. Im Fall 3 müssen die veränderten Maschinen systematisch durch eine Risikobeurteilung bewertet werden, und zwar hinsichtlich der Frage, ob eine wesentliche Veränderung stattgefunden hat. Dabei spielt der Begriff „einfache Schutzeinrichtung“ eine hilfreiche Rolle.

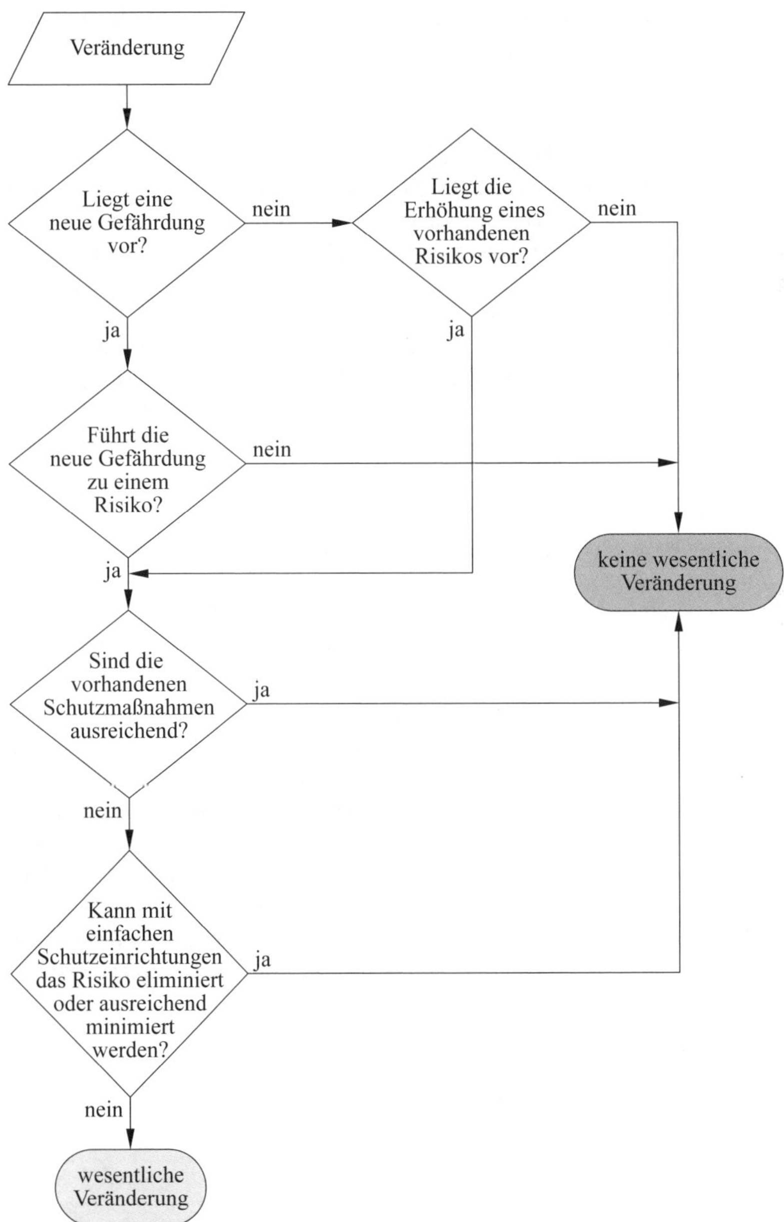

Bild 2.8 Entscheidungsschritte – wesentliche Veränderung

In der Mitteilung „*Kraus, Thomas*: Wesentliche Veränderung von Maschinen – was ist eine einfache Schutzeinrichtung?“ des Verbands Deutscher Maschinen- und Anlagenbau (VDMA) vom 24. April 2015, wird die Zielsetzung des Begriffs sehr anschaulich beschrieben:

„Im neuen Interpretationspapier wird nicht mehr auf die einfache trennende Schutzeinrichtung abgestellt, sondern auf eine einfache Schutzeinrichtung. Beim Anwender stellt sich jetzt die Frage, was ist mit dieser einfachen Schutzeinrichtung gemeint? Trennende Schutzeinrichtungen wirken im Wesentlichen unabhängig von übrigen Schutzeinrichtungen einer Maschine. Eine trennende Schutzeinrichtung wirkt insbesondere unabhängig von nicht trennenden Schutzeinrichtungen, die weitere Bestandteile des Schutzkonzepts der Maschine sein mögen. Mit der Nutzung einer trennenden Schutzeinrichtung beim Eliminieren neuer oder erhöhter Risiken einer umgebauten Maschine, die nicht vom Schutzkonzept der ursprünglichen Maschine erfasst werden, ist sichergestellt, dass das übrige Schutzkonzept nicht beeinflusst wird.

Aufgrund der technologischen Entwicklung gibt es heute nicht trennende Schutzeinrichtungen, die unabhängig vom übrigen Schutzkonzept einer Maschine wirken. Solche Lösungen werden häufig zur Nachrüstung angeboten. Diese Nachrüstlösungen sind für Betreiber interessant, die auf der Grundlage der Gefährdungsbeurteilung nach dem Arbeitsschutzgesetz Nachrüstbedarf für ihr Arbeitsmittel sehen und mit technischen Maßnahmen reagieren möchten, um das Arbeitsmittel sicherheitstechnisch für den weiteren Einsatz zu ertüchtigen.

Die technologische Entwicklung hat auch Schutzsysteme, insbesondere Steuerungen, hervorgebracht, die modular aufgebaut sind. Durch den modularen Aufbau kann das System jederzeit erweitert werden, um z. B. weitere Sensoren oder Detektionseinrichtungen, wie Lichtschranken oder Scanner, anzubringen. Diese Sensoren überwachen dann neue Gefahrenbereiche, wie sie durch einen Umbau der Maschine entstehen mögen. Eine Erweiterung solcher Schutzsysteme führt eben nicht zu unerwünschten Rückwirkungen auf das bestehende Schutzkonzept der Maschine, die umgebaut werden soll. Deshalb werden auch solche modularen Systeme von nicht trennenden Schutzeinrichtungen als ‚unabhängig wirkend‘ im Sinne des neuen Interpretationspapiers zur wesentlichen Veränderung von Maschinen betrachtet.“

3 Der Begriff Sicherheitsfunktion – was ist wahr?

An dieser Stelle kommen wir zum Kernproblem aller Diskussionen im Umfeld der Funktionalen Sicherheit. Hier scheiden sich anscheinend alle Geister, und hier beginnt das Trauma eines jeden Ingenieurs:

„Was soll das denn nun, und warum tue ich mir das eigentlich an?“ Oder: „Die Welt der Sicherheitstechnik ist alles – ein Dschungel an Interpretationen und Meinungen, aber sicherlich nicht logisch und strukturiert.“

So schlimm ist es nun auch nicht. Wenn wir den originären Begriff Sicherheitsfunktion verinnerlicht und seine Zielsetzung akzeptiert haben, dann verfliegen alle Ängste und Sorgen. Dann macht Sicherheitstechnik auf einmal auch wieder Spaß. Also lassen Sie mich auf diesen so wichtigen Begriff eingehen.

3.1 Woher kommt der Begriff eigentlich?

Die Quelle aller Überlegungen findet sich im Grunde in den *grundlegenden Sicherheits- und Gesundheitsanforderungen* der Maschinenrichtlinie, vornehmlich im Anhang I. Leider wird der Begriff erstmals im Zusammenhang mit einem „*Sicherheitsbauteil*“ verwendet. Seitens der Verfasser der Maschinenrichtlinie war das ausgesprochen unglücklich formuliert, weswegen ein potenzieller Grad an Verwirrung abzusehen war.

Außerdem wird dieser Begriff selbst in der Maschinenrichtlinie nicht explizit definiert, so wie man es von Normen gewohnt ist. Hier muss nun gesagt werden, dass die Maschinenrichtlinie sich nicht an den Techniker und Praktiker wendet, sondern eine – wie der Name schon vermuten lässt – europäische Richtlinie ist und somit einen juristischen Hintergrund hat. Diese uns sehr fremde Welt benötigt grundsätzlich Interpretationsspielräume – das müssen wir hinnehmen, sonst wären wir ja selbst Juristen.

Zu allem Übel wird der Begriff Sicherheitsfunktion in der Maschinenrichtlinie nur noch im Zusammenhang mit dem Begriff Sicherheitsbauteil verwendet, was schlichtweg unsinnig ist.

Und was nun?

Hilfe droht durch den offiziellen *Leitfaden zur Maschinenrichtlinie*! In § 184 *Sicherheit und Zuverlässigkeit von Steuerungen und Befehlseinrichtungen* werden wir endlich fündig und können dort erste Indizien herauslesen:

„Konstruktion und Bau der Steuerung und Befehlseinrichtung, die einen sicheren und zuverlässigen Maschinenbetrieb gewährleisten, sind entscheidende Faktoren, um die Sicherheit der Maschine als Ganzes zu gewährleisten. Die Bediener müssen gewährleisten können, dass die Maschine jederzeit sicher und erwartungsgemäß funktioniert. Die in Nr. 1.2.1 festgelegten Anforderungen gelten für sämtliche Teile der Steuerung und der Befehlseinrichtung, deren Störung oder Ausfall zu Gefährdungen durch unbeabsichtigtes oder unerwartetes Verhalten der Maschine führen können. Sie sind für Konstruktion und Bau der Bestandteile der ***Steuerung und Befehlseinrichtung im Zusammenhang mit Sicherheitsfunktionen*** *wie beispielsweise Zuhaltungen und Verriegelungseinrichtungen für trennende Schutzeinrichtungen, nicht trennende Schutzeinrichtungen oder Not-Halt-Steuerungen von besonderer Bedeutung, da ein Ausfall sicherheitsrelevanter Bauteile der Steuerung zu Gefahrensituationen führen kann, wenn die entsprechende Sicherheitsfunktion als nächstes aktiviert werden muss. Bestimmte Sicherheitsfunktionen können auch als Betriebsfunktionen ausgeführt sein, beispielsweise Zweihand-Ingangsetzvorrichtungen."*

Also doch! Die Sicherheitsfunktion hat irgendetwas mit (Maschinen-)Steuerungen und Gefährdungen und Funktionen zu tun, so wie der Begriff es durch den gesunden Menschenverstand auch vermuten lassen würde. Die erste Hürde ist genommen: Der Begriff macht in einem etwas präzisierten Kontext auch einen praktischen Sinn. Interessant dabei ist, dass die Maschinenrichtlinie selbst diesen Begriff nicht im Anhang I verwendet, sondern erst der Leitfaden als Interpretationshilfe der Maschinenrichtlinie hier denn direkten Bezug herstellt.

Im Leitfaden geht es aber noch weiter – warum auch immer folgt nun eine detaillierte Empfehlung zum Thema Steuerungen, die eigentlich dem *New-Approach*-Ansatz widerspricht:

„Die Möglichkeiten, mit denen diese Anforderung erfüllt wird, sind von der Art der betreffenden Steuerung sowie von den Risiken abhängig, die bei einem Ausfall auftreten können.

Hierfür können folgende Konzepte genutzt werden:

- *Ausschluss oder Verringerung der Wahrscheinlichkeit von Fehlern oder Ausfällen, welche die Sicherheitsfunktion beeinträchtigen könnten; dazu werden besonders zuverlässige Bauteile verwendet und bewährte Sicherheitsgrundsätze praktiziert, beispielsweise das Prinzip des mechanischen Zusammenspiels eines Bauteils mit einem anderen Bauteil;*
- *Verwendung von Standardbauteilen mit Kontrolle der Sicherheitsfunktionen in geeigneten Zeitabständen durch die Steuerung;*
- *redundanter Aufbau der Steuerungsbauteile, sodass ein einzelner Fehler oder Ausfall nicht zu einem Ausfall der Sicherheitsfunktion führt. Die technische Vielfalt*

der redundanten Bauteile kann ebenfalls zur Vermeidung häufiger Fehlerursachen genutzt werden; […].“

Den Schreibern des Leitfadens müssen wir aber hier unser Lob aussprechen, weil der Begriff Sicherheitsfunktion nun endlich mit konkreten physikalischen Komponenten in Verbindung gebracht wird und, was noch wertvoller ist, der Begriff wird mit Wahrscheinlichkeiten und dem Thema „*Ausfall*“ verbunden.

„*Ausfall*“! Dieser neu in Erscheinung getretene Begriff wird uns unser Leben lang begleiten – ob beim Lesen der DIN EN ISO 12100 oder bei anderen Normen im Umfeld der Funktionalen Sicherheit. Der Begriff „*Ausfall*“ stellt den Schulterschluss mit der Maschinenrichtlinie dar.

Schauen wir nun in der DIN EN ISO 12100 die Definition des Begriffs Sicherheitsfunktion nach und hoffen auf Durchgängigkeit – schließlich ist die EN ISO 12100 eine harmonisierte Norm unter der Maschinenrichtlinie! Dort steht:

3.30
Sicherheitsfunktion
Funktion einer Maschine, wobei ein Ausfall dieser Funktion zur unmittelbaren Erhöhung des Risikos (der Risiken) führen kann.

Die Funktion, der Ausfall und das Risiko, all das gemeinsam muss immer betrachtet werden.

3.2 Was muss ich berücksichtigen?

Alles, was wichtig und sinnvoll erscheint.

Wie vorher beschrieben, müssen wir uns also auf drei Aspekte konzentrieren, wenn wir die Sicherheitsfunktion verstehen, entwerfen und realisieren möchten:

- das Risiko,
- die Funktion und
- den Ausfall.

All diese Kriterien sind wichtige Aspekte und ergeben nur gemeinsam einen Sinn. Von Wertigkeit oder Hierarchie darf hier keine Rede sein – nein, vielmehr ist dieses Trio ein demokratisches Sinnbild der Sicherheitsfunktion und hilft uns der Funktionalen Sicherheit eine Daseinsberechtigung zu geben: eine „***Sicherheitstroika***“.

Das Risiko

Es steht für eine Anforderung, resultierend aus den genaueren Betrachtungen aller Risiken der Maschine im Rahmen der Risikobeurteilung der Maschine gemäß der DIN EN ISO 12100. Hiermit soll *eine einzelne, risikomindernde Maßnahme* qualitativ erfasst und bewertet werden. Das nennt man Risikoeinschätzung: Das Schadensausmaß, also der Schaden der mir zugefügt werden kann und *die Eintrittswahrscheinlichkeit* mit der dieses Risiko mir diesen Schaden auch wirklich zufügen könnte. Beispiel: „Ein Roboter oder eine sich bewegende Achse in einem Bearbeitungszentrum könnte meine Hand ernsthaft verletzen", wenn es keine Sicherheitstechnik geben würde (eine medizinische Behandlung wäre kurzfristig notwendig wegen einer Schürfwunde) – die Einstufung des Schadensausmaßes wäre hier eine „reversible Verletzung, einschließlich schwerer Fleischwunden, Stichwunden und schwerer Quetschungen". In der Funktionalen Sicherheit ist das die Anforderung, die mit den Begriffen „geforderter Performance Level" gemäß DIN EN ISO 13849-1, oder mit „geforderter Sicherheitsintegritätslevel" gemäß DIN EN 62061 (**VDE 0113-50**) umschrieben werden.

Die Funktion

Da wir ganz bewusst durch den Prozess der Risikobeurteilung auf einzelne Risiken eingehen müssen, um jedem Risiko erst gar keine Möglichkeit zu geben dem Menschen auch einen Schaden zufügen zu können, müssen wir detailliert dieses Risiko verstehen und funktional beschreiben: Wenn wir diesem Risiko jede Feindseligkeit entreißen wollen, werden wir also eine risikomindernde Maßnahme in Form einer Funktion beschreiben. Beispiel: Dem Roboter oder der sich bewegenden Achse entziehen wir jede Bewegungsmöglichkeit sobald wir diesem zu nahe kommen. Ein Lichtvorhang oder eine Schutztür können hier das auslösende, rettende Moment sein. Somit würden wir sagen: „Wenn ich die Lichtstrahlen des Lichtvorhangs unterbreche oder wenn die Schutztür geöffnet wird, dann sollen alle Bewegungen unmittelbar beendet werden."

Der Ausfall

Da jedes Risiko für sich einen Handlungsbedarf im Entwurf der Maschinen hinsichtlich der Integration der Sicherheitstechnik nach sich zieht, ist es verständlich, dass nicht jede risikomindernde Maßnahme in ihrer Umsetzung die gleiche Qualität aufweisen muss. Die Basis dafür stellt das potenzielle, zu beherrschende Risiko dar. Würde aber eine Schutzmaßnahme versagen, dann würde man sich diesem Risiko („Ursprungsrisiko") wieder aussetzen. Das heißt, der Ausfall einer Schutzmaßnahme muss auf Basis des zu erwartenden Risikos betrachtet werden oder anders formuliert:

Je höher das Risiko ist, dem ich mich aussetzen könnte (Schadensausmaß und Eintrittswahrscheinlichkeit), desto besser und sicherer müssen meine Maßnahmen sein, sodass ein Ausfall meiner Maßnahmen immer unwahrscheinlicher wird. In diesem Zusammenhang werden in der Funktionalen Sicherheit die umgangssprachlichen Begriffe „Ausfallwahrscheinlichkeit“ oder „Sicherheitsintegrität“ verwendet.

3.3 Wege aus der Krise

Es gibt diese Wege – und das auch noch, ohne sich dabei anstrengen zu müssen: der gesunde Menschenverstand und eine Portion Mut.

Grundsätzlich sind Sicherheitsfunktionen **besondere Maschinenfunktionen**, die wir mit besonderem Augenmerk erkennen und dann definieren müssen. Dabei hilft einzig und allein die Fragestellung: „Was tut mir denn wann weh, wenn ich nichts tun würde?“

In der Sprache der Normen sind das die Fragen:

- Welche *Gefahrenstelle* sehe ich als Quelle möglicher Risiken an (diese Stellen sind dann potenzielle Gefährdungen, die mit der Systematik Risiko umschrieben und eingeschätzt werden)?
- In welcher *Betriebsart* wird diese Gefahrenstelle zum realen Risiko für den Bediener einer Maschine (ist es nur während einer Wartungsarbeit an der Maschine oder ist es ganz normal während der Arbeitsschicht)?
- Wie hoch schätze ich dieses Risiko ein, das ich beherrschen möchte: Welche Anforderung stelle ich an die Sicherheitsfunktion und welche Komponenten sind daran maßgeblich beteiligt?

Es wird schnell klar, dass eine risikomindernde Maßnahme, die mit einer Sicherheitsfunktion realisiert werden soll, immer einen Auslöser haben wird, eine logische Verarbeitung benötigt, damit zum Schluss auch eine angemessene Reaktion erfolgen kann.

In manchen Bereichen der Prozessindustrie nennt man das „cause-effect“-Matrix: Ein auslösendes Ereignis führt zu einer dedizierten (definierten) Reaktion.

Dieses Bild, und nur dieses, wird helfen sich nicht zu verrennen und alles Mögliche als Sicherheitsfunktion zu definieren. Die Versuchung ist nämlich gewaltig zum Wohle aller Maschinenbediener alles und nichts zur Sicherheitsfunktion zu erheben und zu bewerten – sicher ist nun einmal sicher. Leider macht man sich damit keine wirklichen Freunde, weil man zu Recht auf Unverständnis stoßen wird und die Maschine dadurch kein bisschen sicherer gemacht wird: „*Manchmal ist weniger mehr*!“.

Sicherheitsfunktion	=	**Auslöser**	+	**Reaktion**
		– Ursache –		– Wirkung –

Bild 3.1 Aufgabe und Ziel einer Sicherheitsfunktion

In der Sprache der Steuerungstechnik benötigt man für eine praktische Umsetzung, in der Regel verschiedene Komponenten, die jeweils einem der drei „Funktionsbereiche" zugeordnet werden können:

Sicherheitsfunktion = Eingang + Logik + Ausgang

3.4 Der Streit um die Grenzen der Sicherheitsfunktion

Ein Begriff sorgt immer wieder für Unruhe – manchmal auch grenzenlos.

Mit Grenzen sind in der Sicherheitstechnik die räumlichen (also physikalischen) und zeitlichen (wie lange denn nun) gemeint. Nicht mehr und nicht weniger – wie man in der Risikobeurteilung nach DIN EN ISO 12100 sehr anschaulich nachlesen kann.

Der Begriff Sicherheitsfunktion benötigt erst recht klare Grenzen, ansonsten führen wir diesen Begriff wieder ad absurdum. Das will wirklich keiner. Wenn wir auf die ursprüngliche Definition der Sicherheitsfunktion zurückblicken, dann steht immer die Funktion in Verbindung mit einem Risiko im Vordergrund. Das heißt aber auch, dass wir nicht nur auf die Steuerungsfunktion allein schielen dürfen, sondern dass wir die Mechanik genauso im Blick behalten müssen.

Das bedeutet demnach: Alles, was Versagen könnte und mich dem Risiko wieder aussetzen würde, ist Gegenstand meiner Untersuchungen und Recherchen. Beispiel: „Wenn die Schutztür geöffnet wird, dann soll die Achse *x* sofort angehalten werden und sich nicht mehr bewegen".

Neben der elektrotechnischen Realisierung, z. B. mit einer Positionserfassung der Schutztür mittels Positionsschalter, einer Auswertung über eine sicherheitsgerichtete Steuerung und einer Reaktion durch einen sicherheitsgerichteten Frequenzumrichter ist das mechanische Umfeld genauso Teil der gesamten Sicherheitsfunktion, somit auch die Schutztür selbst. Diese muss der mechanischen Beanspruchung standhalten und dafür Sorge tragen, dass diese Positionsschalter während der Lebensdauer (Betriebszeit) der Maschine auch wirklich die Möglichkeit haben, immer dann den Abschaltbefehl zu erzeugen, wenn sie durch den Bediener geöffnet wird.

Wir reden grundsätzlich nicht nur von einer elektrotechnischen Steuerungsfunktion: Parallel dazu betrachten wir das mechanische Umfeld sehr achtsam mit.

So erhält die Sicherheitsfunktion ihre eigene räumliche Grenze. Diese Sichtweise wird später dabei helfen, das Thema Sicherheitsbauteil besser zu verstehen oder vielleicht auch nicht, da uns die Maschinenrichtlinie hier zu schaffen macht.

Umgangssprachlich tun wir oft so, als gäbe es nur die elektrotechnischen Aspekte. Aber in Wirklichkeit meinen wir in diesem Zusammenhang auch die nicht elektrotechnischen Bedingungen bzw. Gegebenheiten. Wussten Sie, dass es auch Sicherheitsfunktion gibt, die keine elektrotechnischen Komponenten benötigen, z. B. hydraulische Steuerungen? Heutzutage wird im Aufbau einer Sicherheitsfunktion meistens eine elektronische Steuerung benötigt, sodass eine ausschließlich aus nicht elektrotechnischen Komponenten bestehende Sicherheitsfunktion höchst selten anzutreffen ist. Aber es gibt sie dennoch.

3.5 Was sind keine Sicherheitsfunktionen und werden es auch nie sein?

In der DIN EN ISO 13894-1 ist eine *nicht selbsterklärende Tabelle* mit Sicherheitsfunktionen hinterlegt, die wir uns etwas genauer anschauen müssen. Aufgrund dieser, doch etwas umstrittenen Tabelle sind in der Vergangenheit zu Recht einige schwierige Diskussionen entstanden.

Sicherheitsfunktion/ Eigenschaft	Anforderung(en)		Für weitere Informationen siehe:
	Dieser Teil der ISO 13849	ISO 12100: 2010-11	
Sicherheitsbezogene Stoppfunktion, eingeleitet durch eine Schutzeinrichtung	5.2.1	3.28.8, 6.2.11.3	IEC 60204-1:2005-10, 9.2.2, 9.2.5.3, 9.2.5.5 ISO 14119, ISO 13855
manuelle Rückstellung	5.2.2	–	IEC 60204-1:2005-10, 9.2.5.3, 9.2.5.4
Start-/Wiederanlauffunktion	5.2.3	6.2.11.3, 6.2.11.4	IEC 60204-1:2005-10, 9.2.1, 9.2.5.1, 9.2.5.2, 9.2.6
lokale Steuerungsfunktion	5.2.4	6.2.11.8, 6.2.11.10	IEC 60204-1:2005-10, 10.1.5
Mutingfunktion	5.2.5	–	IEC/TS 62046:2005, 5.5
Einrichtung mit selbsttätiger Rückstellung (Tippschalter)	–	6.2.11.8	IEC 60204-1:2005-10, 9.2.6.3, 10.9

Tabelle 3.1 Liste der Sicherheitsfunktion gemäß DIN EN ISO 13849-1:2008-12, Tabellen 8 und 9

Sicherheitsfunktion/ Eigenschaft	Anforderung(en)		Für weitere Informationen siehe:
	Dieser Teil der ISO 13849	ISO 12100: 2010-11	
Zustimmfunktion	–	–	IEC 60204-1:2005-10, 9.2.6.3, 10.9
Verhindern des unerwarteten Anlaufs	–	6.2.11.4	ISO 14118, IEC 60204-1:2005-10, 5.4
Befreiung und Rettung eingeschlossener Personen	–	6.3.5.3	–
Isolations- und Energieableitungsfunktion	–	6.3.5.4	ISO 14118, IEC 60204-1:2005-10, 5.3, 6.3.1
Steuerungsfunktion und Betriebsartenwahl	–	6.2.11.8, 6.2.11.10	IEC 60204-1:2005-10, 9.2.3, 9.2.4
Beeinflussung zwischen verschiedenen sicherheitsbezogenen Teilen der Steuerungen	–	6.2.11.1 (letzter Satz)	IEC 60204-1:2005-10, 9.3.4
Überwachung der Parametrisierung der sicherheitsbezogenen Eingangswerte	4.6.4	–	–
Funktion zum Stillsetzen im Notfall	–	6.3.5.2	ISO 13850, IEC 60204-1:2005-10, 9.2.5.4
Ansprechzeit	5.2.6	–	ISO 13855:2010-05, 3.2, A.3, A.4
sicherheitsbezogene Parameter (z. B. Geschwindigkeit, Temperatur, Druck)	5.2.7	6.2.11.8	IEC 60204-1:2005-10, 7.1, 9.3.2, 9.3.4
Schwankungen, Verlust und Wiederkehr der Spannungsversorgung	5.2.8	6.2.11.8	IEC 60204-1:2005-10, 4.3, 7.1, 7.5
Anzeigen und Alarme	–	6.2.8	ISO 7731, ISO 11428, ISO 11429, ISO 61310-1, IEC 60204-1:2005-10, 10.3, 10.4 IEC 61131, IEC 62061

Tabelle 3.1 (*Fortsetzung*) Liste der Sicherheitsfunktion gemäß DIN EN ISO 13849-1:2008-12, Tabellen 8 und 9

In **Tabelle 3.1** fällt auf, dass die IEC 60204-1/DIN EN 60204-1 (**VDE 0113-1**) überdurchschnittlich referenziert wird. Diese Norm wird grundsätzlich immer für die Auslegung und Realisierung der elektrischen Ausrüstung einer Maschine benötigt. Und sie hat erst einmal mit der Begrifflichkeit Sicherheitsfunktion vornehmlich überhaupt nichts zu tun. Auch wenn in dieser Spalte der Tabelle 3.1 die Überschrift „für weitere Informationen, siehe“ steht, so stellt sich die Frage, wie man aus dem Blickwinkel der Definition einer Sicherheitsfunktion Tabelle 3.1 zu verstehen hat. Folgende Funktion könnten wohlwollend mit einer entsprechenden Funktionalität einer Sicherheitsfunktion zugeordnet werden:

- Stoppfunktion (z. B. Stillsetzen einer Gefahr bringenden Bewegung);
- manuelle Rückstellung (z. B. quittieren und verhindern eines unerwarteten Wiederanlaufs);
- Start und Wiederanlauf (der „Start“ widerspricht dem Ruhestromprinzip und diese Funktion kann verwirrend sein, es sei denn ein „unerwarteter Start“ ist damit gemeint);
- Handsteuerung (z. B. Zustimmschalter);
- Mutingfunktion (z. B. bei Lichtvorhängen);
- unerwarteter Anlauf (z. B. nach einer Stoppfunktion sicherstellen, dass eine Abschaltung aufrechterhalten wird, bis eine bewusste Handlung seitens des Bedieners erfolgt).

Alle anderen sind de facto höchstens im Umfeld einer Sicherheitsfunktion zu sehen – ohne aber für sich allein den Anspruch zu erheben, eine Sicherheitsfunktion sein zu können: z. B. manuelles Aufheben von Sicherheitsfunktionen, Schwankungen, Verlust und Wiederkehr der Energie, elektrische Ausrüstung, elektrische Versorgung, …

In der Anmerkung wird erläutert, dass eine „Not-Halt-Funktion eine ‚ergänzende‘ Sicherheitsfunktion ist“ (siehe auch dazu DIN EN ISO 12100:2011-03) – also als ergänzende Schutzmaßnahme.

Hier noch ein paar weiterführende Informationen:
Die Absicht der Normensetzer (also derjenigen, die eine Norm aktiv mitgestalten und schreiben), dass die Funktion des Not-Halts eine garantierte Qualität haben und ähnlich wie Sicherheitsfunktionen definiert und realisiert werden sollte, ist absolut richtig und wichtig – zumal in der Praxis die bestehenden Komponenten zur sicherheitsgerichteten Auswertung und Reaktion auch für die Not-Halt-Funktion genutzt werden. Ja, eine andere Realisierung wäre sicherlich empfehlenswerter – aber Aufwand und Nutzen bestimmen unser Leben.

Im Kerngedanken bleibt die Not-Halt-Funktion immer eine ergänzende Schutzmaßnahme, die deshalb auch mit dem Titel „ergänzende Sicherheitsfunktion" beschrieben werden könnte. Die *Maschinenrichtlinie* (siehe Anhang I, 1.2.4.3 Stillsetzen im Notfall) verlangt zu Recht, dass jede Maschine mindestens eine Not-Halt-Funktion haben muss. Eine risikomindernde Maßnahme im Sinne einer Sicherheitsfunktion kann dieser Not-Halt aber niemals sein, weil die Not-Halt-Funktion für ein nicht vorhersehbares Risiko (respektive einer Gefährdung, z. B. das zu bearbeitende Material) benötigt wird. Denn wenn das Risiko bekannt wäre, dann könnten konstruktive Maßnahmen ergriffen werden oder aber es würden neue Sicherheitsfunktionen entstehen. Das ist passiert aber so nicht.

Hinweis

Jede Maschine muss immer für sich allein ohne eine Not-Halt-Funktion sicher sein. Die Maschinenrichtlinie fordert, dass ein Not-Halt vorhanden sein muss. Dies ist bewusst so gewollt: Ein unvorhersehbares Ereignis kann immer auftreten, z. B. das zu bearbeitende Material verursacht eine Gefährdung, deshalb soll der Bediener für diesen Fall die Möglichkeit des Stillsetzens der Maschine haben.

Die Analyse von Tabelle 3.1 zeigt auf, wie schwierig die Definition der Sicherheitsfunktionen einer Maschine sein kann und warum an dieser Stelle in der Praxis so viele Grundsatzdiskussionen entstehen. Wie vorher beschrieben, müssen wir uns von solchen Betrachtungen lösen und auf den ursprünglichen Kerngedanken der Sicherheitsfunktion zurückziehen. Nur dann haben wir eine Chance, ansonsten geraten wir in eine Situation, die zu den absurdesten Betrachtungen führt – z. B. dass eine einfache Startfunktion der Maschine zu einer Sicherheitsfunktion deklariert wird und deshalb jede betriebliche Maschinenfunktion auch zu einer Sicherheitsfunktion mutiert.

Die Hersteller von sicherheitsgerichteten Komponenten wären dem sicherlich nicht abgeneigt – der Sicherheitstechnik tut dies aber nicht wirklich gut bzw. bei der Farbe Gelb werden alle Maschinenbauer eine Aversion entwickeln, die nicht für dieses so wichtige Thema förderlich sein kann.

In Kapitel 8.1 findet sich Tabelle 8.1, die die heute typischen vorzufindenden Sicherheitsfunktionen gruppiert aufzeigt und somit den praktischen Umgang mit dem Thema Sicherheitsfunktion eindeutiger widerspiegelt – die relevanten Abschnitte der grundlegenden Sicherheitsanforderungen der Maschinenrichtlinie wurden ebenfalls referenziert, weil diese die Schutzziele für die Funktionale Sicherheit vorgeben.

Zu erwartende Änderung in der VDE 0113-50

Das Thema der funktionalen Sicherheit muss immer im Großen und Ganzen gesehen werden.

Bild 3.2 zeigt im Kontext der elektrischen Sicherheit anhand von einigen wichtigen Begriffen, wie die Risikobeurteilung einer elektrischen Ausrüstung letztendlich

- Planer der Maschine,
- Planer der elektrischen Ausrüstung
- als auch Produkthersteller (oder Komponentenhersteller)

im gegenseitigen Zusammenspiel vereinnahmt.

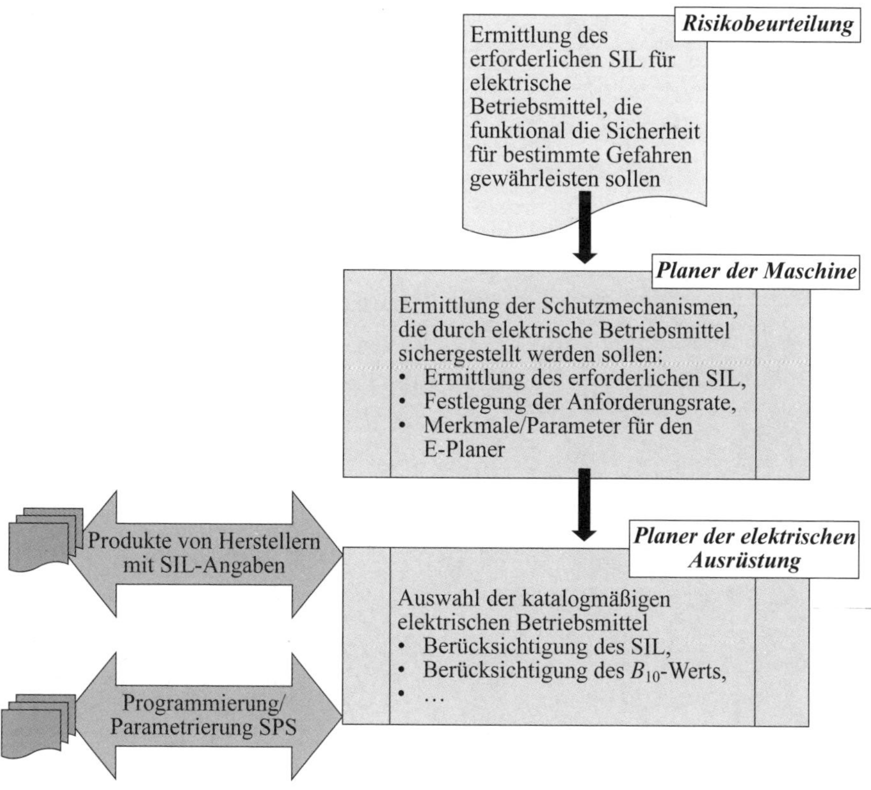

Bild 3.2 Elektrische Sicherheit und funktionale Sicherheit bedingen sich

In diesem Zusammenhang werden die Sicherheitsfunktionen gemäß DIN EN ISO 12100 ihren Platz haben – aber es wird immer wichtiger, den Bezug zwischen elektrischer Sicherheit und funktionaler Sicherheit zu machen, weil beides einander bedingt.

4 Sicherheitsfunktionen und Funktionale Sicherheit – eine sinnvolle Kombination?

4.1 Ist Funktionale Sicherheit etwas Neues?

Nein, nicht wirklich.

Und doch wird dieser Begriff als neu und bedrohlich empfunden, so als würde das Rad neu erfunden werden, und es ist schick diesen Begriff zu benutzen. Nachteil: Es hört sich sehr Deutsch an und ist kein Fremdwort.

Der Ursprung:

3.1.12
Funktionale Sicherheit (en: functional safety)

Teil der Gesamtsicherheit, bezogen auf die EUC und das EUC-Leit- oder Steuerungssystem, die von der korrekten Funktion des E/E/PE-sicherheitsbezogenen Systems, sicherheitsbezogenen Systemen anderer Technologie und externer Einrichtungen zur Risikominderung abhängt.

[DIN EN 61508-4 (**VDE 0803-4**)]

3.2.9
Funktionale Sicherheit

Teil der Sicherheit der Maschine und des Maschinensteuerungssystems, der von der korrekten Funktion des SRECS, sicherheitsbezogener Systeme anderer Technologien und externer Einrichtungen zur Risikominderung abhängt.

[DIN EN 62061 (**VDE 0113-50**)]

Die DIN EN 61508 (**VDE 0803**) ist eine *Sicherheitsgrundnorm*, d. h. sie ist zur Verwendung durch technische Komitees bei der Erstellung von Normen, nach IEC-Guide 104 und ISO/IEC-Guide 51 vorgesehen. Die IEC 61508 (**VDE 0803**) kann ebenfalls als eigenständige Norm verwendet werden.

Dagegen stellt die DIN EN 62061 (**VDE 0113-50**) eine Anwendungsnorm dar: Zielgruppe ist der Maschinenhersteller oder Integrator – der Anwender als Endverbraucher sozusagen. Ebenso ist die DIN EN ISO 13849-1 als Anwendungsnorm in diesem Zusammenhang zu sehen, obwohl der Begriff *Funktionale Sicherheit* dort nicht erwähnt wird. Vermutlich wegen der historischen Wurzeln, der DIN EN 954-1.

Es hätte ihr aber gut gestanden, wenn sie den Begriff der IEC-Welt wohlwollend übernommen hätte.

Bild 4.1 zeigt anhand des Prozesses der Risikobeurteilung den genauen Zusammenhang aus Sicht eines Maschinenherstellers, der die Sicherheit der Maschine sicherstellen möchte.

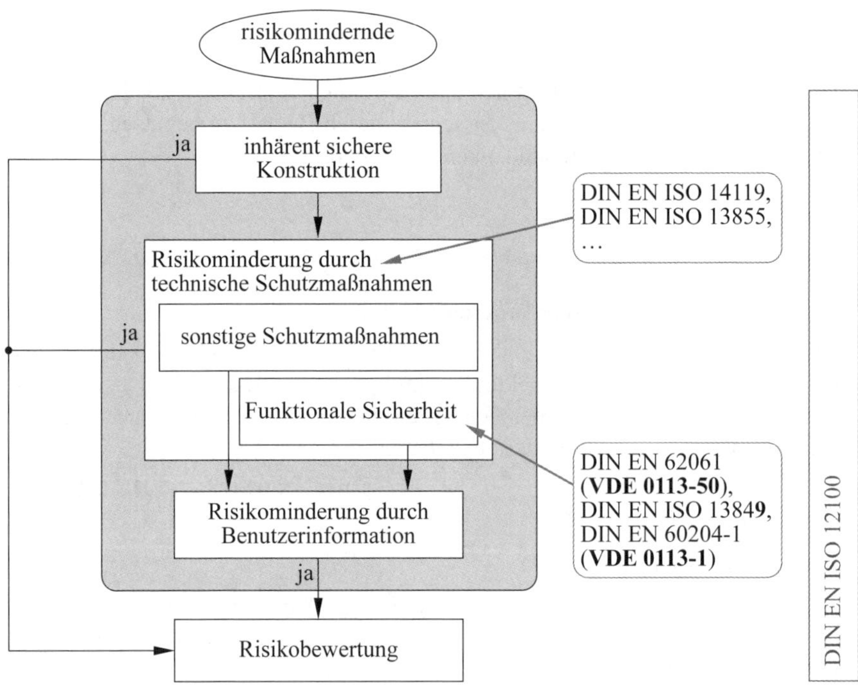

Bild 4.1 Funktionale Sicherheit im Kontext der Risikominderung

Die Motivation der Funktionalen Sicherheit ist letztendlich die Elektronik gewesen, die in den 1980er-Jahren massiv im industriellen Umfeld auf dem Vormarsch war. Die Systematik ist jedoch technologieunabhängig und orientiert sich letztendlich an den Bedürfnissen der Sicherheitsfunktionen: Die Funktionale Sicherheit reiht sich in eine logische Analyse der Risiken mit der Definition von Sicherheitsfunktionen ein. Sie ist die Umsetzung der Sicherheitsfunktionen, bezogen auf *steuerungstechnische Maßnahmen*, ob das nun einfachste Hardwareverdrahtungen sind (z. B. Schützsicherheitskombinationen) oder aber umfangreichere elektronische Lösungen mit Steuerungen (SPS) oder sonstige Technologien.

Ziel ist es, auf Basis der geforderten Sicherheitsfunktionen einer Maschine, definierte „Ursache-Wirkungs-Ketten“ aufzuspüren, um dann eine qualitative und quantitative Bewertung zu erhalten. Dabei wird der gesamte Prozess in den Vordergrund gestellt (Management der Funktionalen Sicherheit): von der Anforderung, über den Entwurf, hin bis zur endgültigen Validierung. Nur so macht auch Sicherheit einen Sinn – Sicherheitsfunktionen mithilfe der Funktionalen Sicherheit gezielt umsetzen.

Erkennbar ist, dass die Funktionale Sicherheit nur eine Untermenge im Gesamtprozess der Risikominderung darstellt. Zum Glück, denn es gibt noch mehr zu tun. Funktionale Sicherheit ist ein Baustein von vielen, der die Maschine sicher machen soll.

4.2 Warum soll Funktionale Sicherheit dem Anwender helfen?

Wenn ich die Aversion mancher Menschen sehe, dann habe ich meine Zweifel: Der Überbringer der schlechten Nachrichten wird nicht gerade geliebt. Im Gegenteil: Wenn dadurch auch noch Schwächen im System aufgedeckt werden, wird es recht ungemütlich.

Das passiert derzeit in anschaulicher Weise: „Wir haben noch nie Probleme gehabt, unsere Maschinen waren schon immer sicher, was soll das also? Und überhaupt was soll das Ganze bringen?“.

Viel. Diejenigen, die sich darauf eingelassen haben, schlafen mittlerweile sehr gut. Die Sicherheitstechnik bekommt ein konkretes Gesicht, sie wird greifbarer, lückenlos nachvollziehbar und mit Daten und Fakten unterlegt. Ob diese Daten und Fakten immer zu 100 % richtig sind, sei dahingestellt. Aber bis dato gab es keine Werte, die beruhigend wirkten. Jetzt gibt es sie, und es gibt eine klare Methodik, die sich zuerst fremd, aber zum Schluss ziemlich gut anfühlt. Das ist Funktionale Sicherheit. Das braucht die Sicherheitstechnik. Und, das zeigt Wege für neue Lösungen auf.

4.3 Was keine Funktionale Sicherheit sein kann

„Geben Sie mir bitte für die von Ihnen verwendete Schrauben der Schutzhaube den Performance Level gemäß DIN EN ISO 13849-1 bzw. den SIL gemäß DIN EN 62061 (**VDE 0113-50**).“

„Welchen $MTTF_{\mathrm{D}}$ kann ich für das Scharnier der Schutztür annehmen und welche Kategorie?“

„Welchen Betätigungszyklus muss ich für den Starttaster meiner Anlage annehmen?“

„Wie kann ich den SIL meiner Maschine bestimmen und kann ich das dann auch für die Wartung annehmen?“

„Warum geben Sie keinen Performance Level oder SIL für die elektrischen Klemmen an?“

„Muss ich einen SIL oder Performance Level für meine Maschine ermitteln, obwohl keine Gefahr von der Maschine durch die Steuerung ausgeht?“

„Warum benötige ich überhaupt ab einer Kategorie 3 eine Diagnose, wenn ich doch zwei Schütze habe? Das muss doch besser als nur ein einziges Schütz sein.“

„Wenn ich ein Ventil zweikanalig ansteuere, dann habe ich doch Kategorie 3 erreicht? So haben wir das schon immer gemacht.“

Und so weiter, und so weiter …

Diese Art von Fragen gibt es, und Sie haben diese in der ein oder anderen Form schon selbst einmal gehört. Hüten wir uns alle vor der Annahme, dass Funktionale Sicherheit die Welt der Sicherheitstechnik erobert und das Allheilmittel aller Probleme ist.

Hinweis

Die Funktionale Sicherheit darf immer nur – und das nur ausschließlich – mit einer Sicherheitsfunktion in Verbindung gebracht werden. Wenn diese Sicherheitsfunktion eindeutig definiert wurde, dann ist die Funktionale Sicherheit nur für die *steuerungstechnischen Maßnahmen* zuständig!

Beispiel: Wenn eine Schutztür verwendet wird, die beim Öffnen einen Positionsschalter betätigt und dann etwas elektrisch abschalten soll, dann enden aus Sicht der Funktionalen Sicherheit die Betrachtungen beim Positionsschalter und dem Aktor. Die Schutztür und die entsprechende Mechanik sind Teil einer „systematischen Betrachtung“ und interessieren die Funktionale Sicherheit im Sinne von Performance Level oder SIL herzlich wenig: Passen die verwendeten mechanischen Komponenten, damit diese Schutztür, auch ohne Positionsschalter überwacht, unter den Umweltbedingungen und Betätigungskräften des Maschinenbetreibers ihre grundlegende Funktion wahrnimmt? Stellt die Schutztür als eigenständiges Teil der gesamten Schutzmaßnahme sicher, dass der Abschaltbefehl durch den Positionsschalter immer erzeugt werden kann? Das sind die richtigen Fragen.

Das entdeckte Bedürfnis nach Daten und Fakten ist unverkennbar – aber leider nicht wirklich sinnvoll. Hilft es jemandem, wenn er Ausfallwahrscheinlichkeiten auf Komponenten anwenden möchte, die mit der ganzen Geschichte nichts zu tun haben.

4.4 Daten und Fakten

Woher kommt die Datenflut?

Einerseits lieben Ingenieure, Techniker und Entwickler Daten und somit auch Fakten, weil diese so greifbar und verbindlich erscheinen. Sie geben Sicherheit, ein gutes Gefühl – weg vom emotionalen Engineering hin zu den wahren Tatsachen.

Anderseits wollen die Hersteller von Komponenten die Bedürfnisse der Kunden befriedigen und ihre Ehrlichkeit und Aufgeschlossenheit damit äußern – Vertrauen erwecken. Aber eben einfach zu viel des Guten tun. Auch das ist nachvollziehbar und menschlich. Manchmal ist es auch die einfache Unwissenheit, die einen antreibt: die „Lieber-zu-viel-als-zu-wenig"-Mentalität. Und keiner traut sich dann, dem noch zu widersprechen. Eine Mischung aus allem wird wohl die aktuelle Fehlentwicklung erklären. Vielleicht auch die simple Angst, etwas falsch zu machen. So zumindest scheint es heute.

Tatsache ist: Es gibt zu viele Daten und Fakten im Dunstkreis der Funktionalen Sicherheit.

Tatsache ist: Weniger ist oft mehr, wenn man weiß warum Daten benötigt werden.

Und Tatsache ist: Es ist nicht zu spät. Das VDMA-Einheitsblatt 66413 ist ein Beispiel, das jedem Anwender und Hersteller zeigt, was wichtig und unwichtig ist. Das VDMA-Einheitsblatt 66413 wird langfristig der Datenflut Einhalt gebieten.

Wie schütze ich mich davor?

Durch Selbstbewusstsein – gestärkt durch das Wissen des VDMA-Einheitsblatts 66413.

Die Kernfrage der Funktionalen Sicherheit ist immer: Welche Sicherheitsfunktion und welche, daraus resultierenden Komponenten muss ich betrachten?

Danach benötige ich Daten, die mir helfen dieses Gebilde zu entwerfen, zu bewerten und anschließend zu validieren. Aufgabe erledigt. Nächste Sicherheitsfunktion. Mit dieser Gewissheit und den im VDMA-Einheitsblatt 66413 beschriebenen Gerätetypen schaffen wir es mit dem erforderlichen Aufwand an notwendigen Daten umzugehen, und dann auch wichtig von unwichtig zu unterscheiden.

Nehmen Sie die Gerätetypen des VDMA-Einheitsblatts her und fragen Sie sich: „Was brauche ich sonst noch für Informationen?". Keine wird die Antwort sein.

Bevor wir aber die Gerätetypen des VDMA-Einheitsblatts 66413 betrachten, möchte ich gerne die DIN EN 62061 (**VDE 0113-50**) und auch ein wenig die DIN EN ISO 13849-1 aus Anwendersicht beschreiben. Danach ergibt sich von selbst, was im VDMA-Einheitsblatt 66413 mit den Gerätetypen beschrieben wurde – oder einfach nur zusammenfassend beschrieben werden musste.

4.5 Die Geschichte des Sicherheitsbauteils – was wurde früher dazu gesagt?

Die Richtlinie 93/68/EWG (*also die erste europäische Maschinenrichtlinie*) wurde durch die Neunte Verordnung zum Gerätesicherheitsgesetz (Maschinenverordnung – 9. GSGV) vom 12. Mai 1993 (heute 9. ProdSV) in deutsches Recht umgesetzt.

Nach einigen Recherchen konnte ich ein sehr interessantes Dokument finden. Die Bundesanstalt für Arbeitsschutz und Arbeitsmedizin (BAuA) hatte bereits 1999 eine *Amtliche Mitteilung als Sonderausgabe 10 „Anwendung der Maschinenrichtlinie – Fragen und Antworten"* veröffentlicht.

Die Antworten zu den gestellten Fragen sind zwar nicht rechtsverbindlich (so muss eine Behörde das formulieren), lassen jedoch tief in die Seele der Maschinenrichtlinie blicken, und zeigen uns auch wie bereits damals, vor fast 15 Jahren, ein teils ratloses Anwenderpublikum der Richtlinie um Hilfe gerufen hatte. Versuchen wir hier einige Antworten auf unsere Frage finden: „Warum gibt es denn überhaupt den Begriff Sicherheitsbauteil?" und wie wird dieses Bauteil in Bezug zu einer Sicherheitsfunktion sehen können.

Die Antwort der Frage F. 77 möchte ich gerne hier zitieren:

> ***F. 77 Sicherheitsbauteile***
>
> ***Zu diesem Punkt gibt es zahlreiche unterschiedliche Fragen, die sich teilweise auf die allgemeine Begriffsbestimmung, teilweise auf einzelne Bauteile beziehen.***
>
> *A. 77 Hier der Versuch einer ersten Synthese:*
>
> ***1 Grundbegriffe***
>
> *1.1 „Einzeln in Verkehr gebrachte Sicherheitsbauteile" wurden vor allem deshalb in den Anwendungsbereich der Richtlinie aufgenommen, um den Maschinenbenutzern, die zur Erhöhung der Sicherheit verpflichtet sind*

(Richtlinie 89/655/EWG) und bei der Wahl der Bauteile im Allgemeinen über weniger Fachkompetenz verfügen als der Maschinenkonstrukteur, ein zuverlässiges Hilfsmittel an die Hand zu geben. Mit Ausnahme der in Anhang IV genannten Bauteile erklärt der Bauteilehersteller, ob es sich um ein Sicherheitsbauteil im Sinne der Richtlinie handelt (10. Erwägungspunkt), und liefert er Informationen über dessen Funktion.

1.2 Im Leitfaden für die nach dem neuen Konzept verfassten Richtlinie wird das „Inverkehrbringen" als „erstmalige entgeltliche oder unentgeltliche Bereitstellung eines unter die Richtlinie fallenden Produkts auf dem Gemeinschaftsmarkt für den Vertrieb und/oder die Benutzung im Gebiet der Gemeinschaft" definiert. Diese Bereitstellung umfasst die Überlassung eines Produkts, d. h. der Hersteller (bzw. sein in der Gemeinschaft niedergelassener Bevollmächtigter) übereignen oder übergeben das Produkt:

- *demjenigen, der es auf dem Markt vertreibt,*
- *dem Endbenutzer (privater oder gewerblicher Abnehmer).*

1.3 Das Sicherheitsbauteil muss eine vollständige gebrauchsfertige Einheit sein, die unmittelbar in eine Maschine eingebaut werden kann und nach ihrem Einbau Sicherheitsfunktionen übernimmt. Laut der Richtlinie führen Ausfall oder Fehlfunktion eines Sicherheitsbauteils zu einer Gefährdung „der Sicherheit oder der Gesundheit der Personen im Wirkbereich der Maschine". Da bei zahlreichen Sicherheitsbauteilen ein Ausfall jedoch keine Gefährdung der Personen im Wirkbereich der Maschine zur Folge („Fail-safe"-Prinzip) hat, ist die Formulierung der Richtlinie dahingehend zu verstehen, dass ein Ausfall oder eine Fehlfunktion die Sicherheitsfunktionen der Maschine gefährden.

Der „Versuch einer ersten Synthese" lässt schlimmes vermuten, ist aber wohl eher so zu verstehen, dass es der Komplexität des Themas geschuldet ist. Das nehmen wir so an und freuen uns über die beiden Aussagen im abgebildeten Auszug dieses Papiers – den Autoren muss an dieser Stelle ein Lob ausgesprochen werden.

Erste wichtige Aussage:

„Der Bauteilehersteller erklärt, ob es sich um ein Sicherheitsbauteil im Sinne der Richtlinie handelt."

Mit welchem Recht also dürfen Berater oder Veranstalter auf irgendwelchen Großveranstaltungen darüber diskutieren, was ein Sicherheitsbauteil ist, oder auch nicht? Der Hersteller eines solchen Bauteils ist doch hier gefordert: Das hat so keiner bis dato gesagt. Er entscheidet, was er wann wem verkaufen oder anbieten möchte – also „Inverkehrbringen“ gemäß der Sprache der Maschinenrichtlinie. Sollten Sie ein Maschinenhersteller sein, dann fragen Sie doch einfach den Komponentenlieferanten Ihres Vertrauens und reden ganz offen mit ihm über die Chancen und Risiken.

Zweite, fast noch wichtigere Aussage:

„Das Sicherheitsbauteil muss eine vollständige gebrauchsfertige Einheit sein, die unmittelbar in eine Maschine eingebaut werden kann und nach ihrem Einbau Sicherheitsfunktionen übernimmt.“

Anmerkung

Auch wenn diese Sonderausgabe 10 des Bundesministeriums sich auf die 1. Maschinenrichtlinie bezieht, so sind diese Aussagen für die aktuelle 2. Maschinenrichtlinie genauso gültig – der Ursprungsgedanke hat sich nicht geändert und im aktuellen Leitfaden zur Maschinenrichtlinie finden sich inhaltlich vergleichbare Erläuterungen.

4.6 Worin liegt der Unterschied zwischen Sicherheitsbauteil und Sicherheitsfunktion?

Die Bundesanstalt für Arbeitsschutz und Arbeitsmedizin (BAuA) beantwortet auf sehr praktische Art und Weise, diese doch sehr ernst zu nehmende Frage (Auszug aus Sonderausgabe 10 „Anwendung der Maschinenrichtlinie – Fragen und Antworten“ der BAuA):

1.5 Von CEN wurde eine Arbeitsgruppe (TGSC) ins Leben gerufen, deren Aufgabe die Klärung des Normungsbedarfs ist. Zur Erfüllung der in Anhang I der Richtlinie Punkt 1.1.2 Buchstabe b) zweiter Gedankenstrich genannten grundlegenden Anforderung schlägt diese Arbeitsgruppe vor, die Normen sollten ausgewählte Bauteile umfassen, die entsprechend der Definition unter Punkt 3.13.1 der Norm EN 292-1 eine direkte Sicherheitsfunktion abdecken:

Direkt wirkende Sicherheitsfunktionen

Diejenigen Funktionen einer Maschine, deren Fehlfunktion unmittelbar das Risiko einer Verletzung oder Gesundheitsschädigung erhöhen würde.

Es gibt zwei Kategorien direkt wirkender Sicherheitsfunktionen:

***a) Spezifische Sicherheitsfunktionen**, d. h. Sicherheitsfunktionen, die ausdrücklich auf das Sicherheitsziel ausgerichtet sind.*

Beispiele:

- *Funktion, die unbeabsichtigtes/unerwartetes Anlaufen verhindert (Verriegelung in Verbindung mit einer trennenden Schutzeinrichtung),*
- *Funktion, die die Wiederholung eines Arbeitszyklus verhindert,*
- *Zweihandschaltungsfunktion,*

***b) Sicherheitsbedingte Funktionen**, d. h. direktwirkende Sicherheitsfunktionen einer Maschine, die keine spezifischen Sicherheitsfunktionen sind.*

Beispiele:

- *Handsteuerung eines gefährlichen Mechanismus während der Einrichtphasen, wobei die Schutzeinrichtungen umgangen worden sind,*
- *Steuerung der Geschwindigkeit oder Temperatur, die die Maschine innerhalb sicherer Betriebsgrenzen hält.*

Wie aus diesen Beschreibungen ersichtlich wird, ist ein Sicherheitsbauteil ein Mittel, um eine dedizierte Sicherheitsfunktion zu übernehmen.

Wichtiger Hinweis

Mit dem Sicherheitsbauteil muss gleichzeitig die Sicherheitsfunktion, für die dieses Sicherheitsbauteil ins Leben gerufen wurde, bekannt sein. Beide gehören zusammen und sind untrennbar miteinander verknüpft! Das eine macht ohne das andere keinen Sinn.

Jetzt müssen wir nur noch über die Grenzen eines Sicherheitsbauteils reden, das eine Sicherheitsfunktion übernehmen soll. Wie wir vorher in Kapitel 2.4 festgestellt haben, wird mit dem Begriff Sicherheitsfunktion auch die räumliche Grenze (beteiligte und erforderliche Komponenten, inkl. der Mechanik) unerlässlicherweise definiert. Somit muss für ein Sicherheitsbauteil, als vollständige gebrauchsfertige Einheit (siehe Kapitel 3.1), die gesamte physikalische Wirkung als Sicherheitsfunktion betrachtet werden.

Ferner finden wir in der Sonderausgabe 10 „Anwendung der Maschinenrichtlinie – Fragen und Antworten“ der BAuA folgende Beispiele:

> *2 **Folgen***
>
> *2.1 Ein Zerstäubungssystem einer Oberflächenbehandlungsanlage ist somit kein Sicherheitsbauteil, da bei Beseitigung des Systems die Funktion der Maschine außer Kraft gesetzt wird.*
>
> *2.2 Als Sicherheitsbauteile anzusehen sind hingegen:*
>
> - *Notabschaltungsvorrichtungen,*
> - *Schutzeinrichtungen nach Anhang I Punkt 1.4,*
> - *Schutzeinrichtungen nach Anhang I Punkt 1.4.3,*
> - *Sicherheitsgurte nach Punkt 3.2.2,*
> - *Lastenkontrollvorrichtung nach Punkt 4.2.1.4,*
> - *Totmannschalter nach Punkt 5.5,*
> - *Absturzvorrichtung nach Punkt 6.4.1.*
>
> *2.3 Weniger eindeutig ist die Sachlage bei Bauteilen, die nicht einzig und allein für Sicherheitsfunktionen ausgelegt sind, d. h.:*
>
> - *Tür- oder Gehäuseriegel,*
> - *Hubbegrenzer,*
> - *die in Punkt 4.1.2.2 genannten Vorrichtungen zum Schutz vor Entgleisen.*
>
> *Es ist der Hersteller des Bauteils, der den Bauteilen eine Sicherheitsfunktion zuweist.*

Was fällt uns hier auf?

Die Beispiele sind leider nicht mehr so recht verständlich – im Gegensatz zu den bisher gemachten klaren Aussagen in der Sonderausgabe 10 „Anwendung der Maschinenrichtlinie – Fragen und Antworten“ der BAuA. Wenn wir uns die nicht erschöpfende Liste der aktuellen Maschinenrichtlinie Anhang V genauer anschauen, dann finden wir dort die gleiche verwirrende Situation vor: Es werden sowohl vollständige gebrauchsfertige Einheiten aufgezählt als auch abstrakte Beschreibungen, z. B. „Logikeinheiten zur Gewährleistung der Sicherheitsfunktionen“.

Hinweis
Historisch gesehen waren damit die Zweihandschaltungen gemeint, die erstmals in Verbindung mit einer Zweihandlogik mit elektronischen Komponenten realisiert und für gefährliche Pressenfunktionen verwendet wurden. Gleiches gilt für „Schutzeinrichtungen zur Personendetektion"; gemeint waren hier die berührungslos wirkende Schutzeinrichtung, z. B. Lichtvorhänge oder Laserscanner.

An dieser Stelle möchte ich an die Schreiber der Maschinenrichtlinie appellieren, dass bei einer Überarbeitung der Maschinenrichtlinie Folgendes berücksichtigt werden sollte:

- eine Verbesserung der Definition des Sicherheitsbauteils (mit klarerer Zielsetzung),
- eine Definition der Sicherheitsfunktion, sowie eine Abgrenzung (oder auch nicht) zum Sicherheitsbauteil.

4.7 Was kein Sicherheitsbauteil sein kann, es sei denn …

Der Schaltschrank. Unglaublich deutsch, aber wahr.

Als mich die Diskussion über den Schaltschrank und das Sicherheitsbauteil erreichte, habe ich mir zuerst die Augen gerieben und verwundert die Frage gestellt: Warum kommt jemand auf einen möglichen Zusammenhang? Warum wird dieser Zusammenhang überhaupt in irgendwelchen öffentlichen Veranstaltungen zum Thema gemacht?

Ehrlich gesagt: Ich habe keine schlüssige Antwort gefunden – außer emotionale Beweggründe. Und doch steht diese Diskussion im Raum und – meiner ganz persönlichen Meinung nach schadet diese nur der ursprünglichen Zielsetzung des Sicherheitsbauteils, die ja durchaus wertvoll ist.

Die öffentlich geführte Diskussion basiert vornehmlich auf den Versuchen über die Definition eines Sicherheitsbauteils den Schaltschrank damit in Verbindung zu bringen: Wenn ein Sicherheitsbauteil in einem Schaltschrank eingebaut wird, dann kann dieser Schaltschrank zu einem Sicherheitsbauteil – je nach Konstellation – mutieren. Das Sicherheitsbauteil vereinnahmt quasi einen Schaltschrank, der für sich nur die Aufgabe hat, das Sicherheitsbauteil vor der rauen Wirklichkeit zu schützen („Umhüllung").

Für diese originäre Aufgabe wird der Schaltschrank nun bestraft und ihm werden die Anforderungen an ein Sicherheitsbauteil übergestülpt. Dass der Schaltschrank nach wie vor nach den Anforderungen der Niederspannungsrichtlinie gebaut und geprüft wird, wird völlig ignoriert. Dass die Anwendung der Maschinenrichtlinie hier keinerlei technische Verbesserung bringt, wird genauso verschwiegen.

Daher stelle ich eine einfache Gegenfrage: Wenn die Umgebung eines Sicherheitsbauteils selbst zu einem Sicherheitsbauteil erklärt wird, dann wird doch jede Maschine, die nur ein einziges Sicherheitsbauteil beheimatet, ebenfalls zum Sicherheitsbauteil?

Beispiel: Man stelle sich eine Schutzeinrichtung zur Personendetektion vor, die an die Maschine angebaut wurde. Diese wird nun durch eine mechanische Einrichtung geschützt, die Teil der Maschinenkonstruktion ist. Wird jetzt diese Konstruktion auch zum Sicherheitsbauteil? Sicherlich nicht!

Kurz gefragt: Eine Umhüllung von einem Sicherheitsbauteil kann doch nicht selbst deshalb automatisch zum Sicherheitsbauteil werden? Und doch kann es eine Ausnahme geben: Wenn ein Hersteller eines Sicherheitsbauteils den Schaltschrank als Teil seines Sicherheitsbauteils definiert, und diese gesamte Einheit so in Verkehr bringen möchte. Dann ist dies aber die bewusste Entscheidung des Herstellers und auch sicherlich im Sinne der Richtlinie.

Wenn aber ein Hersteller eines Sicherheitsbauteils sein Sicherheitsbauteil in Verkehr bringt und der Verwender, dieses Sicherheitsbauteil in einen Schaltschrank einbaut, dann obliegt es dem Verwender zu entscheiden, wie er die Schutzziele der Niederspannungs- und der Maschinenrichtlinie erreicht. Dafür muss er aber sicherlich nicht den Schaltschrank zum Sicherheitsbauteil erklären – das interessiert den Verwender der Maschine herzlich wenig. Der hat nämlich ganz andere Probleme, als sich mit so einer theoretischen Diskussion zu beschäftigen, die zudem noch nicht einmal einen Mehrwert an Sicherheit bringt.

Im Sinne der Schutzziele der Maschinenrichtlinie wäre eine Kennzeichnung, in Form eines aussagekräftigen Symbols weitaus sinnvoller, als derart befremdende Diskussionen: Damit könnte dem Anwender oder Verwender der elektrischen Ausrüstung signalisiert werden, dass in einem Schaltschrank sicherheitsrelevante Komponenten vorhanden sind, egal welcher Natur: Also mit oder ohne Sicherheitsbauteil.

Es ist Vorsicht geboten hier: Dieser Schaltschrank darf nur von entsprechend geschulten Personal geöffnet werden, also von „Sicherheitsfachkräften“. Der in **Bild 4.2** gezeigte Vorschlag für ein Warnschild würde dieses Problem proaktiv und sinnvoll lösen: Gemeint sind hier nicht die Sicherheitsbauteile allein im Sinne der Maschinenrichtlinie, sondern alle sicherheitsrelevanten Teile.

Dieser Vorschlag basiert auf der DIN EN 60073 (**VDE 0199**):2003-05, Abschnitt 4.2.2, Tabelle 3.

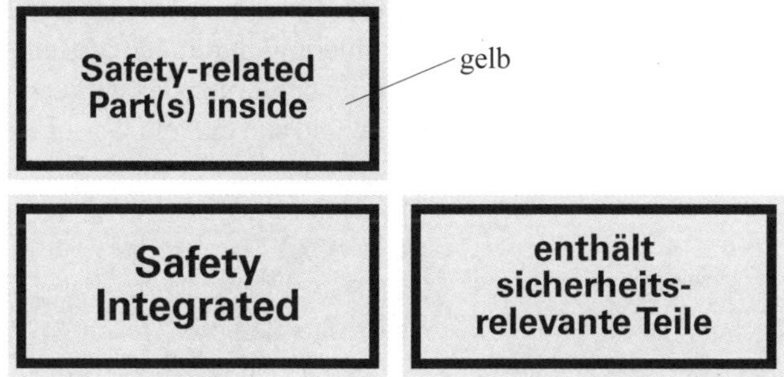

Bild 4.2 Vorschläge oder Varianten zur Kennzeichnung eines Schaltschranks mit Sicherheitstechnik, basierend auf der DIN EN 60073 (**VDE 0199**):2003-05

Übrigens:
Ein Sicherheitsbauteil ist in der Regel optisch nicht von anderen Bauteilen zu unterscheiden – es hebt sich nicht von anderen Bauteilen ab. Es ist nur verbaut worden, um dann seine Funktion wahrnehmen zu können, mit der zugesicherten Qualität.

4.8 Verantwortlichkeiten – nicht alles, was glänzt und gelb ist, macht auch automatisch sicher

Wer glaubt, mit dem Kauf eines Sicherheitsbauteils seine Maschine automatisch sicher gemacht zu haben, der kann ein böses Erwachen erleben. Das Sicherheitsbauteil wird nämlich wie eine Maschine betrachtet. Das bedeutet, dass der Verwender eines Sicherheitsbauteils sich mit der Betriebsanleitung genauestens auseinandersetzen muss und für die Integration in seine Maschine allein verantwortlich ist!

Hinweis

Der Inverkehrbringer eines Sicherheitsbauteils haftet nicht für die korrekte Verwendung seines Sicherheitsbauteils in einer Maschine. Die Haftung des Herstellers endet mit der zugesicherten Funktionalität des Sicherheitsbauteils und mit den, in der Betriebsanleitung beschriebenen Einbauhinweise und erforderlichen Umgebungsbedingungen. Für die korrekte Verwendung des Sicherheitsbauteils in der Maschine ist allein der Verwender (in der Regel der Maschinenhersteller) des Sicherheitsbauteils zuständig.

Die Verantwortlichkeit wird umso deutlicher, wenn wir z. B. ein Sicherheitsbauteil betrachten, das eine Parametrierung oder gar Programmierung durch den Maschinenhersteller für seine Applikation benötigt. Beispiel: Eine berührungslos wirkende Schutzeinrichtung, z. B. Laserscanner, benötigt ein Schutzfeld und ggf. ein Warnfeld, abgestimmt auf die zu überwachende Umgebung.

Wichtiger Hinweis

Der Hersteller des Sicherheitsbauteils liefert die entsprechende Software Umgebung (also Möglichkeiten), mit der der Maschinenbauer eine Parametrierung des Sicherheitsbauteils, auf seine spezifische Applikation bezogen, vornehmen kann.

Erst wenn der Maschinenbauer eine Parametrierung vorgenommen hat, ist das Sicherheitsbauteil bereit eine Sicherheitsfunktion zu übernehmen – für diese grundsätzliche Fähigkeit haftet der Hersteller des Sicherheitsbauteils. Der Maschinenbauer haftet für die eigentliche korrekte Verwendung, mittels der durchgeführten Parametrierung oder Programmierung.

Bietet dann ein Sicherheitsbauteil einen Vorteil? Vielleicht. Aber wahrscheinlich nicht wirklich, da beispielsweise elektronische Sicherheitsbauteile, unabhängig von der Diskussion Sicherheitsbauteil ja oder nein, die Anforderungen der relevanten harmonisierten Normen der Maschinenrichtlinie erfüllen.

Ob sich mit dem Begriff Sicherheitsbauteil der Hersteller einer Komponente oder Bauteils zum Zeitpunkt des Inverkehrbringens von anderen Herstellern differenzieren oder (qualitativ) hervorheben kann, ist fraglich – dahinter verbirgt sich wahrscheinlich eher ein Geschäftsmodell des Herstellers, um die Sicherheitstechnik salonfähiger und attraktiver zu machen.

Vorsicht

Tatsache ist aber auch, dass eine große Gefahr darin besteht, dass der Käufer eines Sicherheitsbauteils blind der zugesicherten Funktionalität vertraut, nicht mehr die Anforderungen aus der Betriebsanleitung beachtet und somit sogar das Gegenteil erreicht wird: Das Sicherheitsbauteil wird nicht korrekt verwendet! Die Maschine wird unsicher.

Diese Fälle gibt es bereits heute nachweislich und zeigen einen gefährlichen Trend: blindes Vertrauen und kein Bewusstsein mehr.

Die Verantwortlichkeiten sind in **Bild 4.3** schematisch dargestellt.

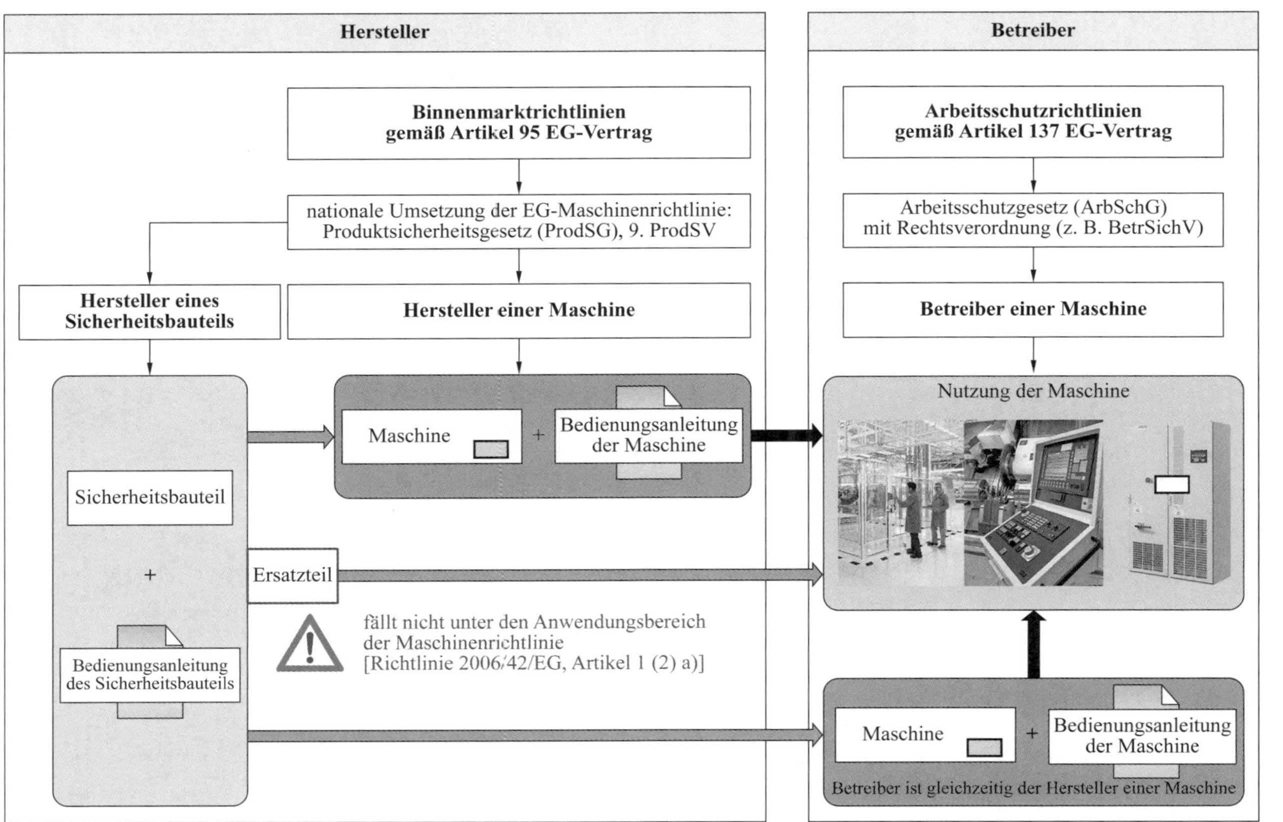

Bild 4.3 Verantwortlichkeiten und Sicherheitsbauteil

5 Die Anwendernorm DIN EN 62061 (VDE 0113-50), in Verbindung mit DIN EN ISO 13849-1

Sicherheit von Maschinen – Funktionale Sicherheit sicherheitsbezogener elektrischer, elektronischer und programmierbarer elektronischer Steuerungssysteme.

5.1 Welche Norm ist anzuwenden: DIN EN ISO 13849-1 oder DIN EN 62061 (VDE 0113-50)?

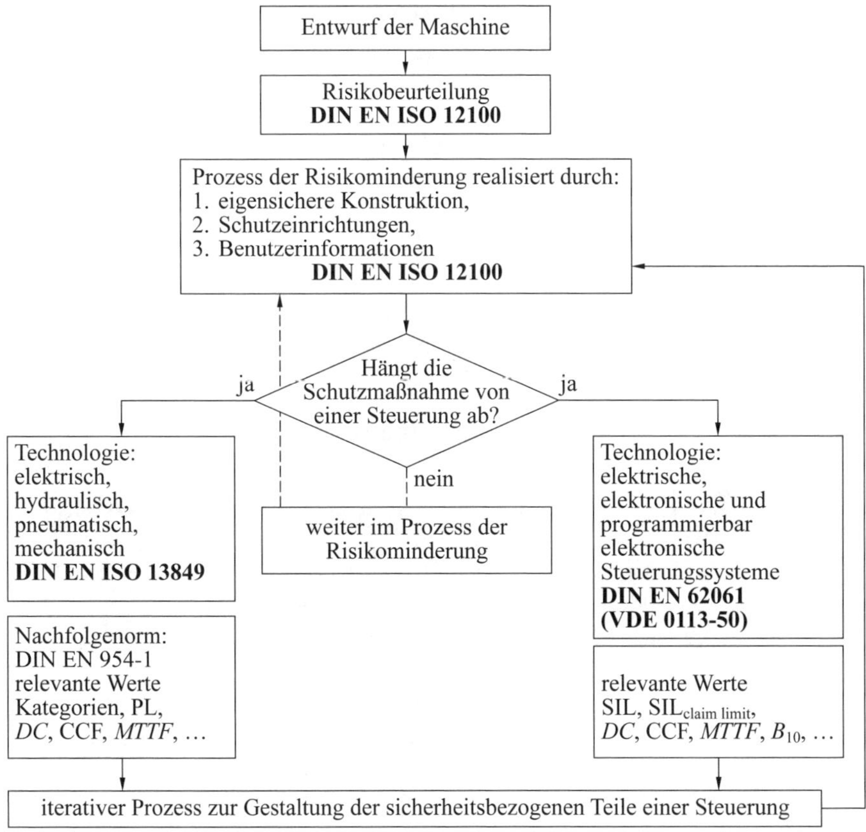

Bild 5.1 Funktionale Sicherheit – zwei Normen

Und? Welche Vorliebe haben Sie? Hört sich seltsam an, aber es ist wirklich so: Wenn ich die Kategorien der DIN EN 954-1 kenne, dann werde ich auch die Nachfolgenorm DIN EN ISO 13849-1 verwenden. Logisch. Wer will schon etwas von Architekturen hören, wenn es Kategorien gibt?

Dass die DIN EN 62061 (**VDE 0113-50**) nichts anderes macht als Kategorien als einkanalige und zweikanalige Architekturen zu umschreiben, ist dem Leser der Norm aufgefallen. Würde man diese dann auch noch mit dem Begriff Kategorie in Verbindung bringen, dann würden sich alle Bedenken in Luft auflösen. Dies geschah leider zu selten und somit lebt der Mythos der Kategorie DIN EN 954-1 weiter.

Einige Menschen haben schon erkannt, dass das kein Kriterium sein darf. Und viele haben erkannt, dass die Grundsätze der Funktionalen Sicherheit der DIN EN 62061 (**VDE 0113-50**) sehr wohl auch für andere Technologien verwendbar sind – der Anwendungsbereich verdeutlicht dies (**Bild 5.2**).

Lassen Sie uns die in **Tabelle 5.1** gezeigte Gegenüberstellung machen und entscheiden Sie selbst wie wichtig der Begriff der „Kategorien" noch ist.

„[...]

- *legt keine Anforderungen für die Leistungsfähigkeit von nicht elektrischen (z. B. hydraulischen, pneumatischen) Steuerungselementen für Maschinen fest;*

Anmerkung 4: Obwohl die Anforderungen in dieser Norm spezifisch für elektrische Steuerungssysteme sind, kann der festgelegte Rahmen und die Methodologie für sicherheitsbezogene Teile von Steuerungssystemen anwendbar sein, die andere Technologien verwenden. [...]"

Bild 5.2 Anwendungsbereich der DIN EN 62061 (**VDE 0113-50**)

DIN EN ISO 13849-1	**DIN EN 62061 (VDE 0113-50)**			**DIN EN ISO 13849-1**
Kategorie	**Fehlertoleranz der Hardware 0 = einkanalig 1 = zweikanalig**	$SFF = DC_{avg}$	**Maximal erreichbarer SIL**	**Maximal erreichbarer PL**
1	0	< 60 %	SIL 1	PL c
2	0	60 % … 90 %	SIL 1/2	PL c/d
3	1	< 60 %	SIL 1	PL c
	1	60 % … 90 %	SIL 2	PL d
4	1	> 90 %	SIL 3	PL e

Tabelle 5.1 Vereinfachte sinnvolle Anwendung und Zuordnung von Kategorien zu PL und SIL

Eine Kategorie 2-Anwendung mit einem erreichbaren PL d oder SIL 2 ist mit Vorsicht zu genießen. Kategorie 4 verlangt immer einen Diagnosedeckungsgrad $DC > 99$ % (±5 %). Da Kategorie 3 bis 90 % (±5 %) definiert ist, macht die Vereinfachung $DC > 90$ % für Kategorie 4 Sinn.

In der Praxis gibt es aus Anwendersicht nur 60 %, 90 % oder 99 % oder mehr. Die ±5 %-Aussage wirkt nicht wirklich beruhigend – sie verwirrt den Anwender eher. Aber in der DIN EN ISO 13849-1 ist diese Aussage, unter bestimmten Rahmenbedingungen, sehr wohl nachvollziehbar.

Wie nah beide Normen aber tatsächlich schon heute zu einander stehen, lässt sich wie folgt darstellen und erklären. Im Grunde soll immer eine Sicherheitsfunktion physikalisch abgebildet werden, um dann hinsichtlich ihrer Zuverlässigkeit bewertet werden zu können – das Ursache/Wirkung-Prinzip.

Die Architekturen sind Kategorien

Der Begriff „Fehlertoleranz der Hardware“ in DIN EN 62061 (**VDE 0113-50**) entspricht dem Ansatz der Kategorie der DIN EN ISO 13849-1: Dabei stellt sich die einfache und grundlegende Frage, ob eine einkanalige oder zweikanalige Architektur als technische Realisierung den gewünschten Erfolg bringt. Tabelle 5.1 zeigt vereinfacht die elementaren Zusammenhänge.

Das Teilsystem ist ein SRP/CS

Wenn bei Anwendung der DIN EN ISO 13849-1 eine Sicherheitsfunktion in mehrere SRP/CS unterteilt wird, dann entspricht das genau der Vorgehensweise in DIN EN 62061 (**VDE 0113-50**):

Erfassen (Ursache)	+	Auswerten (Logik)	+	Reagieren (Wirkung)
$\text{Teilsystem}_{\text{Erfassen}}$	+	$\text{Teilsystem}_{\text{Logik}}$	+	$\text{Teilsystem}_{\text{Wirkung}}$
SRP/CS_{I}	+	SRP/CS_{L}	+	SRP/CS_{O}

Dabei stellt sich für jedes einzelne Teilsystem oder SRP/CS die Frage der ausgesuchten Architektur oder Kategorie und der erreichbaren Sicherheitsintegrität. Es verwirrt somit, wenn man von einer Kategorie oder Architektur für eine Sicherheitsfunktion spricht. In der Praxis werden meistens drei Teilsysteme oder SRP/CS verwendet und die Frage der Kategorie oder Architektur bezieht sich dann auf diese einzelnen Teilsysteme oder SRP/CS.

Das SRECS (System) ist die Sicherheitsfunktion

Mehrere Teilsysteme oder SRP/CS zusammen bilden die physikalische Abbildung der Sicherheitsfunktion und werden mit dem Begriff SRECS in DIN EN 62061 (**VDE 0113-50**) umschrieben. Die eigentliche Funktion (oder Funktionalität) eines SRECS wird als SRCF in DIN EN 62061 (**VDE 0113-50**) bezeichnet. Diese beiden Begriffe kennt DIN EN ISO 13849-1 nicht, weil ausschließlich immer von der Sicherheitsfunktion gesprochen wird.

DIN EN 62061 (**VDE 0113-50**) legt Wert auf eine funktionale Beschreibung bzw. Aufteilung einer Sicherheitsfunktion (darum auch SRCF), um dann im nächsten Schritt erst die Sicherheitsfunktion physikalisch abbilden zu können. Das Versagen eines Teilsystems führt dazu, dass auch das SRECS (System) versagen wird, und somit auch die Sicherheitsfunktion. Dieser „hierarchische" Ansatz erlaubt eine klare Aufteilung der Sicherheitsfunktion: Von einem System zu einzelnen Teilsystemen, die alle eine entscheidende Rolle spielen.

Diesen Zwischenschritt kennt DIN EN ISO 13849-1 nicht und verwendet deshalb nur den Begriff Sicherheitsfunktion: Es kann sogar ein einzelnes SRP/CS eine Sicherheitsfunktion abbilden. Aber genau diese Möglichkeit verwirrt den Anwender, weil es keine eindeutige Zuordnung mehr zwischen dem auslösenden Ereignis und der eingeleiteten Reaktion gibt, und dadurch die Bewertung der realisierten Lösung schwierig wird.

5.2 Die Zielsetzung

Diese Norm ist eine Anwendungsnorm, die den technologischen Fortschritt nicht einschränken oder gar verhindern möchte. Sie kann nicht alle Anforderungen beinhalten die dem Schutz des Menschen vor Gefahren dienen (z. B. nicht elektrische Verriegelungen, …). Als ein Ergebnis der Automatisierung, der Forderung nach gesteigerter Produktion und reduziertem körperlichen Aufwand des Benutzers, spielen elektrische Steuerungssysteme von Maschinen eine zunehmend wichtige Rolle in der Maschinengesamtsicherheit. Weiterhin verwenden die Steuerungssysteme selbst eine zunehmend komplexe elektronische Technologie.

In der Einleitung der Norm heißt es demnach:

Auszug aus der DIN EN 62061 (VDE 0113-50):2016-05

Es gibt viele Situationen an Maschinen, wo SRECS als Teil der vorgesehenen Sicherheitsmaßnahmen benutzt werden, um eine Minderung des Risikos zu erreichen.

Ein typischer Fall ist die Verwendung einer verriegelten trennenden Schutzeinrichtung, die, wenn geöffnet, um Zugang zum Gefährdungsbereich zu ermöglichen, dem elektrischen Steuerungssystem signalisiert, die gefährliche Maschinenbewegung zu stoppen. Ebenso trägt in der Automatisierung das elektrische Steuerungssystem, das verwendet wird, um den korrekten Betrieb des Maschinenprozesses zu erreichen, oft zur Sicherheit bei, indem es die mit den Gefährdungen, die direkt von Ausfällen des Steuerungssystems herrühren, verbundenen Risiken verringert.

Diese Norm stellt eine Methodologie und Anforderungen bereit, um:

- den erforderlichen Sicherheitsintegritätslevel für jede sicherheitsbezogene Steuerungsfunktion, die vom SRECS auszuführen ist, zu bestimmen;
- den Entwurf des SRECS in Angemessenheit zu der (den) bestimmten sicherheitsbezogenen Steuerungsfunktion(en) zu ermöglichen;
- in Übereinstimmung mit DIN EN ISO 13849-1 entworfene sicherheitsbezogene Teilsysteme zu integrieren;
- das SRECS zu validieren.

[...]

Diese Norm ist zur Verwendung innerhalb des Gesamtrahmens der in DIN EN ISO 12100 beschriebenen systematischen Risikominderung und in Verbindung mit einer Risikobeurteilung gemäß den in DIN EN ISO 12100 beschriebenen Prinzipien vorgesehen. Eine zur Festlegung des Sicherheitsintegritätslevels (SIL) vorgeschlagene Methodologie ist im informativen Anhang A enthalten.

[...]

Zu erwartende Änderung in der VDE 0113-50

<u>Zielgruppe Maschinenbauer, als Hersteller oder Integrator</u>

Diese internationale Norm ist für die Verwendung durch Maschinenkonstrukteure, Steuerungshersteller und Integratoren, sowie andere Personen bestimmt, die an der Spezifikation, dem Entwurf und der Validierung eines SCS beteiligt sind. Sie legt einen Ansatz fest und enthält Anforderungen zur Erreichung der erforderlichen Leistungsfähigkeit und erleichtert die Spezifikation der Sicherheitsfunktionen, mit denen die Risikominderung erreicht werden soll.

Dieses Dokument bietet einen Maschinensektor spezifischen Rahmen für die funktionale Sicherheit eines SCS von Maschinen. Es deckt nur die Aspekte des Sicherheitslebenszyklus ab, die sich auf die Zuordnung von Sicherheitsanforderungen bis hin zur Validierung der Sicherheit beziehen. Es werden Anforderungen an Informationen für den sicheren Einsatz von SCS von Maschinen gestellt, die auch für spätere Phasen des Lebenszyklus eines SCS relevant sein können.

This international Standard is intended for use by machinery designers, control system manufacturers and integrators, and others involved in the specification, design and validation of an SCS. It sets out an approach and provides requirements to achieve the necessary performance and facilitates the specification of the safety functions intended to achieve the risk reduction.

This document provides a machine sector specific framework for functional safety of an SCS of machines. It only covers those aspects of the safety lifecycle that are related to safety requirements allocation through to safety validation. Requirements are provided for information for safe use of SCS of machines that can also be relevant to later phases of the lifecycle of an SCS.

<u>Sektornorm der IEC 61508 und harmonisiert unter der Maschinenrichtlinie</u>

Die IEC 61508 ist nicht unter der Maschinenrichtlinie gelistet. Das ist und war auch nicht ihr Anspruch. Sie ist eine „safety publication".

Aber die IEC 61508 hat die Philosophie der EN 954-1:1996 (die im Jahr 1999 in die ISO 13849.1:1999 umbenannt wurde) grundsätzlich im Sinne

1. von Vorgehensweise und Architekturbewertungen zur Realisierung von Sicherheitsfunktionen,
2. als Basis für eine neue deterministische und systematische Betrachtungsweise,
3. für komplexe elektronische Komponenten

übernommen.

Die IEC 62061 ihrerseits hat die Methodik von der IEC 61508 (oft spricht man von ihrer Mutternorm) übernommen, und den Bedürfnissen der Maschinensicherheit angepasst: sie ist also eine Sektornorm.

Da die IEC 62061 eine internationale Norm ist – die EN IEC 62061 stellt die europäische Fassung durch CENELEC dar, die zur Harmonisierung unter der Maschinenrichtlinie herangezogen wird –, findet sich keine Aussage zu diesem Thema Harmonisierung.

In Europa genießt sie aber den Status einer harmonisierten Norm als DIN EN 62061.

Mit ihr kann also im Rahmen der Anwendung der DIN EN ISO 12100 eine Vermutungswirkung zur Erfüllung der grundlegenden Anforderungen hinsichtlich „Entwurf von Sicherheitsfunktion mit einem Steuerungssystem" der Maschinenrichtlinie ausgesprochen werden. Dies findet sich in der deutschen Fassung der VDE 0113-50 in dem Vorwort A1 und dem europäischen Vorwort A2 wieder.

Die Zielsetzung der DIN EN ISO 13849-1 ist grundsätzlich dieselbe:

Auszug aus der DIN EN ISO 13849-1:2016-06

Als Teil einer Gesamtrisikominderung an einer Maschine wird ein Konstrukteur oft Maßnahmen durch die Anwendung von Schutzeinrichtungen zur Risikoreduzierung ergreifen, die eine oder mehrere Sicherheitsfunktionen verwenden.

Teile einer Maschinensteuerung, die Sicherheitsfunktionen liefern sollen, werden sicherheitsbezogene Teile einer Steuerung (SRP/CS) genannt, und diese Teile können entweder aus Hardware und Software bestehen und separater oder integraler Bestandteil der Maschinensteuerung sein. Zusätzlich zur Bereitstellung von Sicherheitsfunktionen kann ein SRP/CS auch Betriebsfunktionen liefern (z. B. eine Zweihandsteuerung zum Start eines Prozesses).

Die Fähigkeit sicherheitsbezogener Teile von Steuerungen, eine Sicherheitsfunktion unter vorhersehbaren Bedingungen auszuführen, wird einer von fünf Stufen zugeordnet, den sogenannten Performance Level (PL). Diese Performance Level werden definiert in Form der Wahrscheinlichkeit eines Gefahr bringenden Ausfalls je Stunde.

Die Wahrscheinlichkeit eines Gefahr bringenden Ausfalls der Sicherheitsfunktion hängt von mehreren Faktoren ab, einschließlich der Hardware- und Softwarestruktur, dem Umfang der Fehler-Detektionsmechanismen [Diagnosedeckungsgrad (*DC*)], der Zuverlässigkeit von Bauteilen [mittlere Zeit bis zum Gefahr bringenden Ausfall ($MTTF_D$), den Ausfällen infolge gemeinsamer Ursache (CCF)], dem Gestaltungsprozess, der Belastung im Betrieb, den Umgebungsbedingungen und den betrieblichen Einsatzbedingungen.

Um den Konstrukteur zu unterstützen und als Hilfe zur Bestimmung des erreichten PL, stellt diese Norm eine Methode auf Basis einer Kategorisierung von Strukturen nach speziellen Entwurfskriterien und spezifiziertem Verhalten bei Fehlerbedingungen bereit. Diese Kategorien werden einer von fünf Stufen zugeordnet, genannt Kategorien B, 1, 2, 3 und 4.

Die Performance Level und Kategorien können angewendet werden für sicherheitsbezogene Teile von Steuerungen, wie:

- nicht trennende Schutzeinrichtungen (z. B. Zweihandschaltungen, Verriegelungseinrichtungen), berührungslos wirkende Schutzeinrichtungen (z. B. Lichtschranken), druckempfindliche Schutzeinrichtungen,
- Steuerungsbaugruppen (z. B. die Logik für Steuerungsfunktionen, Datenverarbeitung, Überwachung usw.) und
- Leistungsschaltelemente (z. B. Relais, Ventile usw.)

als auch Sicherheitsfunktionen ausführende Steuerungen in allen Arten von Maschinen – von einfachen (z. B. einer kleinen Küchenmaschine oder automatischen Türen und Toren) bis zu einer Fertigungsanlage (z. B. Verpackungsmaschinen, Druckmaschinen, Pressen).

[...]

Wenn beide Normen die gleiche Zielsetzung verfolgen, warum gibt es dann beide Normen?

Das europäische Projekt STSARCES ist der Grund (siehe Kapitel 1). Komplexe Elektronik war nicht mehr bewertbar mit der DIN EN 954-1. Mit der Normenreihe IEC 61508 (Erstellung 1999) wurde ein Hilfsmittel geschaffen, das eine Bewertung erstmals erlaubte.

Die Anwendungsnorm DIN EN 62061 (**VDE 0113-50**) war die logische Konsequenz für den Anwender (Maschinenhersteller). Da die IEC-Normen Anforderungen an elektrotechnische Aspekte stellt, ist die Formulierung der Zielsetzung in DIN EN 62061 (**VDE 0113-50**) nachvollziehbar – quasi als Geschäftsauftrag. Im Grunde dürfte DIN EN ISO 13849-1 diese elektrotechnischen Aspekte nicht betrachten, weil das die Hoheitsaufgabe der IEC ist. Nun gab es aber die DIN EN 954-1:1997-03 und ein potenzieller Konflikt war damit vorprogrammiert. Dies findet sich im Anwendungsbereich beider Normen wieder.

5.3 Der Anwendungsbereich

Diese Norm dient der praktischen Anwendung der Funktionalen Sicherheit. Sie soll also dem Anwender helfen den technologischen Fortschritt zu nutzen:

Auszug aus der DIN EN 62061 (VDE 0113-50):2016-05

Diese Norm ist eine Anwendungsnorm und ist nicht dazu gedacht, den technologischen Fortschritt zu begrenzen oder zu behindern. Sie umfasst nicht alle Anforderungen (z. B. Verwendung von Schutzeinrichtungen, nicht elektrische Verriegelung oder nicht elektrische Steuerung), die notwendig sind oder durch andere Normen oder Vorschriften gefordert werden, um Personen vor Gefährdungen zu schützen. Jede Art von Maschine besitzt eigene Anforderungen, die erfüllt werden müssen, um für ausreichende Sicherheit zu sorgen.

Die DIN EN 62061 (**VDE 0113-50**)

- betrachtet nur die Anforderungen der Funktionalen Sicherheit, mit dem Ziel, das Risiko der gesundheitlichen Schäden für Personen zu reduzieren, die von Maschinen oder bei deren Betreiben entstehen;
- beschränkt sich auf Risiken, die durch Gefahren direkt durch die Maschine entstehen, oder eine Gruppe von zusammenarbeitenden Maschinen;
- bestimmt nicht die Anforderungen an die Performance (Leistungsfähigkeit) von „nicht elektrischen Steuerungselementen";
- betrachtet keine elektrischen Gefahren, die durch elektrische Steuerung selbst entstehen (z. B. elektrischer Schlag, siehe DIN EN 60204-1 (**VDE 0113-1**)).

Die DIN EN ISO 13849-1 umschreibt die Funktionale Sicherheit auf Basis der sicherheitsbezogenen Teile von Steuerungen (SRP/CS) und das als „technologieunabhängigen" Ansatz. Dabei finden sich in DIN EN ISO 13849-2 lediglich in den informativen Anhängen „technologiebezogene" Informationen zu verschiedenen Komponenten, die in einem SRP/CS verwendet werden.

Der Ansatz in DIN EN 62061 (**VDE 0113-50**) ist im Kern aber genauso „technologieunabhängig".

Auszug aus der DIN EN ISO 13849-1:2016-06

Dieser Teil der ISO 13849 stellt Sicherheitsanforderungen und einen Leitfaden für die Prinzipien der Gestaltung und Integration sicherheitsbezogener Teile von Steuerungen (SRP/CS) bereit, einschließlich der Entwicklung von Software. Für diese Teile der SRP/CS werden Eigenschaften, einschließlich des Performance Levels, festgelegt, die zur Ausführung der entsprechenden Sicherheitsfunktionen erforderlich sind. Er ist anzuwenden auf SRP/CS aller Arten von Maschinen, ungeachtet der verwendeten Technologie und Energie (elektrisch, hydraulisch, pneumatisch, mechanisch usw.).

Er legt nicht fest, welche Sicherheitsfunktionen oder Performance Level für einen speziellen Fall verwendet werden.

Dieser Teil der ISO 13849 stellt spezielle Anforderungen für SRP/CS mit programmierbar elektronischen Systemen bereit.

Er stellt keine speziellen Anforderungen an den Entwurf von Produkten, die Teile von SRP/CS sind. Trotzdem können die angegebenen Prinzipien, wie Kategorien oder Performance Level, verwendet werden.

[...]

Tabelle 5.2 zeigt die Struktur der Abschnitte in DIN EN 62061 (**VDE 0113-50**): 2016-05.

Abschnitt	**Ziel**
4: Management der Funktionalen Sicherheit (en: safety plan)	Spezifikation der Managementaktivitäten und technischer Aktivitäten, die für das Erreichen der erforderlichen funktionalen Sicherheit des SRECS notwendig sind.
5: Anforderungen zur Spezifikation der sicherheitsbezogenen Steuerungsfunktionen	Festlegung der Verfahren zur Spezifikation der Anforderungen für sicherheitsbezogene Steuerungsfunktionen. Diese Anforderungen werden ausgedrückt in Form der Spezifikation der funktionalen Anforderungen und der Spezifikation der Anforderungen zur Sicherheitsintegrität.
6: Entwurf und Integration des sicherheitsbezogenen elektrischen Steuerungssystems	Spezifikation der Auswahlkriterien und/oder der Verfahren für Entwurf und Implementierung des SRECS, um die Anforderungen zur funktionalen Sicherheit zu erfüllen. Dies schließt ein: • Auswahl der Systemarchitektur, • Auswahl der sicherheitsbezogenen Hardware und Software, • Entwurf der Hardware und Software, • Verifikation, dass die entworfene Hardware und Software die Anforderungen zur funktionalen Sicherheit erfüllen.
7: Benutzerinformationen für die Maschine	Spezifikation der Anforderungen für die Benutzerinformationen des SRECS, die mit der Maschine geliefert werden müssen. Dies schließt ein: • Bereitstellung der Benutzeranleitung und der Verfahren, • Bereitstellung der Instandhaltungsanleitung und der Verfahren.
8: Validierung des sicherheitsbezogenen elektrischen Steuerungssystems	Spezifikation der Anforderungen für den auf das SRECS anzuwendenden Validierungsprozess. Dies schließt Inspektion und Test des SRECS ein, um sicherzustellen, dass es die in der Spezifikation der Sicherheitsanforderungen festgelegten Anforderungen erreicht.
9: Modifikation des sicherheitsbezogenen elektrischen Steuerungssystems	Spezifikation der Anforderungen für das Modifikationsverfahren, das bei Modifikation des SRECS angewendet werden muss. Dies schließt ein: • Modifikationen an irgendeinem SRECS werden geeignet geplant und vor der Ausführung überprüft, • die Spezifikation der SRECS-Sicherheitsanforderungen wird eingehalten, nachdem irgendwelche Modifikationen ausgeführt worden sind.

Tabelle 5.2 Übersicht und Ziele der DIN EN 62061 (**VDE 0113-50**)
Quelle: DIN EN 62061 (**VDE 0113-50**):2016-05, Tabelle 2

Die DIN EN ISO 13849-1 weist eine etwas andere Struktur auf (**Tabelle 5.3**).

Abschnitt	**Kurzbeschreibung der Zielsetzung**
4: Gestaltungsaspekte	Sicherheitsziele in der Gestaltung; Strategie der Risikominderung; Bestimmung des erforderlichen Performance Levels (PL_r); Entwicklung des SRP/CS; Bewertung des erreichten Performance Levels PL und die Beziehung zum SIL; Software-Sicherheitsanforderungen; Verifikation, dass der erreichte PL den PL_r erfüllt; ergonomische Aspekte der Gestaltung
5: Sicherheitsfunktionen	Spezifikation der Sicherheitsfunktionen; nähere Angaben über die Sicherheitsfunktionen
6: Die Kategorien und deren Beziehung zur $MTTF_D$ jedes Kanals, DC_{avg} und CCF	Spezifikation der Kategorien; Kombination von SRP/CS, um einen Gesamt-PL zu erreichen
7: Berücksichtigung von Fehlern, Fehlerausschluss	Fehlerbetrachtungen und Fehlerausschlüsse; Referenz auf DIN EN ISO 13849-2
8: Validierung	Validierungsprozess mit Referenz auf DIN EN ISO 13849-2
9: Instandhaltung	Vorbeugende Instandhaltung oder Instandsetzung falls erforderlich

Tabelle 5.3 Struktur der DIN EN ISO 13849-1:2016-06

Zu erwartende Änderung in der VDE 0113-50

Das Inhaltsverzeichnis zeigt schon, dass sich die Struktur der Norm nach dem Bedürfnis des Anwenders gerichtet hat:

Einleitung
1 Anwendungsbereich
2 Normative Verweisungen
3 Begriffe und Abkürzungen
4 Management der Funktionalen Sicherheit
5 Risikobeurteilung
6 Entwurf eines SCS
7 Entwurf und Entwicklung eines Teilsystems
8 Software
9 Validierung
10 Dokumentation

Anhang A (informativ) *Bestimmung der erforderlichen Sicherheitsintegrität*

Anhang B (informativ) *Beispiel einer SCS-Entwurfsmethodik*

Anhang C (informativ) *Beispiele für* $MTTF_D$*-Werte einzelner Komponenten*

Anhang D (leer)

Anhang E (informativ) *Beispiele für Diagnosedeckungsgrade*

Anhang F (informativ) *Methodik zur Abschätzung der Anfälligkeit für Ausfälle gemeinsamer Ursache (CCF)*

Anhang G (informativ) *Leitfaden für die Software-Level 1*

Anhang H (informativ) *Beispiele für Sicherheitsfunktionen*

Anhang I (informativ) *Vereinfachte Ansätze zur Bewertung des PFH-Werts eines Teilsystems*

Anhang I (informativ) *Unabhängigkeit für Überprüfungen und Test-/Verifizierungs-/Validierungsaktivitäten*

5.4 Begriffe und Abkürzungen

Alle relevanten Definitionen und Begriffe finden sich im Abschnitt Terminologie. Trotz alledem sollen einige wenige hier erläutert werden.

Betriebsart mit hoher Anforderungsrate oder kontinuierlicher Anforderung (en: high demand or continuous mode) (DIN EN 62061 (VDE 0113-50))

Betriebsart, in der die Häufigkeit von Anforderungen an ein SRECS mehr als ein Mal pro Jahr beträgt oder die Häufigkeit der Anforderungen größer als die doppelte Häufigkeit des Proof-Tests ist.

Anforderungsrate (r_d**) (DIN EN ISO 13849-1)**

Häufigkeit je Zeiteinheit von Anforderungen an eine sicherheitsbezogene Reaktion eines SRP/CS.

Ausfall (en: failure) (DIN EN 62061 (VDE 0113-50))

Beendigung der Fähigkeit eines SRECS, eines Teilsystems oder eines Teilsystemelements, eine geforderte Funktion zu auszuführen.

Ausfall (DIN EN ISO 13849-1)

Beendigung der Fähigkeit einer Einheit, eine geforderte Funktion zu erfüllen.

Ausfall infolge gemeinsamer Ursache CCF (en: common cause failure) (DIN EN 62061 (VDE 0113-50))

Ausfall, der das Ergebnis eines oder mehrerer Ereignisse ist, die gleichzeitig Ausfälle von zwei oder mehreren getrennten Kanälen in einem mehrkanaligen Teilsystem (redundante Architektur) verursachen und zu einem Ausfall eines SRECS führen.

Ausfall infolge gemeinsamer Ursache CCF (DIN EN ISO 13849-1)

Ausfälle verschiedener Einheiten aufgrund eines einzelnen Ereignisses, wobei diese Ausfälle nicht auf gegenseitiger Ursache beruhen.

Diagnosedeckungsgrad (en: diagnostic coverage): $\lambda_{DD}/\lambda_{D,total}$ in % (DIN EN 62061 (VDE 0113-50))

Verminderung der Wahrscheinlichkeit Gefahr bringender Hardwareausfälle, die aus der Ausführung der automatischen Diagnosetests resultiert (abgeleitet aus IEC 61508-4:2010-04, Abschnitt 3.8.6):

- λ_{DD} ist die Ausfallrate erkannter gefährlicher Ausfälle und
- $\lambda_{D,total}$ die Ausfallrate aller Gefahr bringender Ausfälle.

Eine Diagnosedeckungsgrad größer 0 % ist nur dann möglich, wenn eine dedizierte Fehlerreaktion eingeleitet wird – ohne Fehlerreaktion keine Diagnose.

Diagnosedeckungsgrad in % (DIN EN ISO 13849-1)

Maß für die Wirksamkeit der Diagnose, die bestimmt werden kann als Verhältnis der Ausfallrate der bemerkten gefährlichen Ausfälle und Ausfallrate der gesamten gefährlichen Ausfälle.

Fehler (en: fault) (DIN EN 62061 (VDE 0113-50))

Anormale Bedingung, die eine Verminderung oder den Verlust der Fähigkeit eines SRECS, eines Teilsystems oder eines Teilsystemelements verursachen kann, eine geforderte Funktion auszuführen.

Fehler (DIN EN ISO 13849-1)

Zustand einer Einheit, charakterisiert durch die Unfähigkeit, eine geforderte Funktion auszuführen, ausgenommen der Unfähigkeit während vorbeugender Wartung oder anderer geplanter Handlungen, oder aufgrund des Fehlens externer Mittel.

Funktionale Sicherheit (DIN EN 62061 (VDE 0113-50))

Teil der Sicherheit der Maschine und des Maschinensteuerungssystems, der von der korrekten Funktion des SRECS, sicherheitsbezogener Systeme anderer Technologie und externer Einrichtungen zur Risikominderung abhängt. Anmerkung: Diese Norm betrachtet nur den Teil der Funktionalen Sicherheit, der von der korrekten Funktion des SRECS in Maschinenanwendungen abhängt. Der ISO/IEC-Guide 51 definiert Sicherheit als Freiheit von unvertretbaren Risiken.

Gebrauchsdauer (DIN EN 62061 (VDE 0113-50))

Die Lebenserwartungszeit einer Komponente, die für eine Sicherheitsfunktion benötigt wird. Hiermit ist auch der Zeitraum gemeint, in dem die Qualität der Sicherheitsfunktion bzw. die Ausfallrate oder Wahrscheinlichkeit Gefahr bringender Ausfälle gewährleistet wird.

Gebrauchsdauer T_M (en: mission time) (DIN EN ISO 13849-1)

Zeitraum, der die vorgegebene Verwendung der SRP/CS abdeckt.

Zu erwartende Änderung in der VDE 0113-50

Diese Statistik ist nicht unendlich gültig

Im Englischen wird der Begriff „useful lifetime“ verwendet: Die Gebrauchsdauer (als Verwendungs- bzw. Nutzungsdauer) ist eine sehr wichtige Aussage, die zu jeder Komponente benötigt wird. Nur während dieser Zeit sind die sicherheitsbezogenen Kennwerte, wie $MTTF_D$, B_{10}-Werte und PFH-(PFH_D-)Werte gültig.

B_{10D} und T_{10D} hängen voneinander ab

Wenn der Wert B_{10D} (Anzahl Schaltspiele) erreicht wird, dann nennt man T_{10D} die Zeit (in Jahren bzw. in Stunden) die benötigt wurde, um diesen B_{10D}-Wert zu erreichen.

Beispiel:

B_{10D} = 365; mit 1 Mal pro Tag ein Schaltspiel ergibt, dass

T_{10D} = 365/(1 Mal pro Tag) Tage = 1 Jahr = 8 760 h,

siehe Abschnitt 7.3.4.2, „Beziehung der relevanten Parameter“ und Formel (11) der Norm.

Warum 20 Jahre? Wegen der mutigen Sichtweise der ISO 13849-1, Anhang K

Weil die typische Nutzung einer Maschine mit 20 Jahren angenommen werden kann, und weil die ISO 13849-1 im Anhang K die Berechnungen der verschiedenen Architekturen, also Kategorie 1 bis 4, mit einem Markov-Modell gemacht hat und dazu ein Betrachtungszeitraum von x Jahren benötigte. Deshalb 20 Jahre, die nicht begründbar sind, aber mittlerweile gesetzt sind bzw. sich eingebürgert haben. Manche wünschen sich sogar 30 Jahre.

T_1 ist das Pendant für die Ermittlung des *PFH*-Werts

Da die Modellierung bei der VDE 0113-50 nicht so starr an eine fest definierte Zeit gebunden ist, ist auf Basis der Nomenklatur der IEC 61508, der Begriff oder die Abkürzung T_1 verwendet worden.

Da dieser Term zunächst erst einmal wegen des zu berechnenden *PFH*-Werts eines Teilsystems benötigt wird, wurde dieser zunächst als nicht würdig für eine eigenständige Definition erachtet. Mit dem Nachteil, dass zur Nutzungsdauer keine Aussage offensichtlich seitens der Norm nicht gemacht wurde. Was wiederum nicht stimmt, aber versteckt und nicht offensichtlich auffindbar war.

Jetzt wurde der Begriff Nutzungsdauer bewusst aufgenommen, um dem Anwender darauf hinzuweisen, dass es keine unendliche Liebe zur Maschine geben wird – auch sie muss einmal das Zeitliche segnen.

T_M (ISO 13849-1) = T_1 (IEC 62061) ≈ 20 Jahre = 175 200 (20 · 8 760) h.

Und wann läuft die Zeit für Komponenten? Sofort ab Werk, wie das Baujahr eines Autos. Einfach akzeptieren ist die gesündeste Strategie – alles andere wird haarig. Wer daheim hortet, hat einen Nachteil, weil die Uhr weiter tickt. Ganz so schlimm ist es nicht, aber eine Begründung zu finden, warum die Zeit im Lager stillsteht, ist nicht einfach und pauschal nicht klug.

Gefahr bringender Ausfall (DIN EN 62061 (VDE 0113-50))

Beendigung der Fähigkeit eines SRECS, eines Teilsystems oder eines Teilsystemelements, eine geforderte Funktion zu auszuführen.

Gefahr bringender Ausfall (DIN EN ISO 13849-1)

Ausfall, der das Potenzial hat, das SRP/CS in einen gefährlichen Zustand oder eine Fehlfunktion zu bringen.

Kategorie (DIN EN ISO 13849-1)

Einstufung der sicherheitsbezogenen Teile einer Steuerung bezüglich ihres Widerstands gegen Fehler und ihres nachfolgenden Verhaltens bei einem Fehler, das erreicht wird durch die Struktur der Anordnung der Teile, der Fehlererkennung und/ oder ihrer Zuverlässigkeit.

Zu erwartende Änderung in der VDE 0113-50

3.2.2
Maschinen-Steuerungssystem
System, das auf Eingangssignale von der Maschine und/oder von einer Bedienungsperson reagiert und Ausgangssignale erzeugt, die bewirken, dass die Maschine in der gewünschten Weise arbeitet.

Machine control system
System that responds to input signals from the machinery and/or from an operator and generates output signals causing the machinery to operate in the desired manner.
Note 1 to entry: The machine control system includes input devices and final elements.
[Source: IEC 61508-4:2010, 3.3.3, modified – The term defined has been changed]

„Maschinensteuerung" = „Maschinen-Steuerungssystem"
= nicht-sicherheitsbezogene + sicherheitsbezogene Steuerung

Das Schwierige an dem sperrigen Begriff „Maschinen-Steuerungssystem" ist, dass dieser im Alltag nicht verwendet wird.

In der Praxis wird von Maschinensteuerung oder kurz Steuerung gesprochen. Gemeint ist damit die Automatisierung einer Maschine, die seit den 1980er-Jahren durch eine sog. SPS (speicherprogrammierbar Steuerung) realisiert wird, wie z. B. Simatic von Siemens (zuerst Simatic-S3, dann Simatic-S5 und Simatic-S7).

Maschinen-Steuerungssystem = Standard Steuerung + Sicherheitssteuerung

Steuerungen können:

1. programmierbar (die klassische SPS),
2. parametrierbar mittels Software (z. B. ASI – Actor Sensor Interface, Frequenzumrichter) oder
3. parametrierbar mittels Hardware-Verdrahtung (z. B. Sicherheitsschaltgeräte)

sein.

Aus Sicht der VDE 0113-50 ist der Begriff „Maschinen-Steuerungssystem" die Gesamtheit aller Steuerungen in einer Maschine, ganz gleich,

4. ob das jetzt eine oder mehrere Standard-Steuerungen sind und eine oder mehrere Sicherheitssteuerungen, oder
5. eine Steuerung, die sowohl Standard als auch sicherheitsbezogene Funktionen übernimmt, z. B. die Simatic-Reihe.

Die VDE 0113-50 kennt nur das System als Automatisierung, in welcher Kombinatorik auch immer – es wird nur noch in sicherheitsbezogen und nicht sicherheitsbezogen unterteilt.

Mittlere Zeit bis zum Ausfall *MTTF* (en: mean time to failure (*MTTF*)) (DIN EN 62061 (VDE 0113-50))

Erwartung der mittleren Zeit bis zum Ausfall.

Mittlere Zeit bis zum Gefahr bringenden Ausfall $MTTF_D$ (DIN EN ISO 13849-1)

Erwartungswert der mittleren Zeit bis zum Gefahr bringenden Ausfall.

Performance Level PL (DIN EN ISO 13849-1)

Diskreter Level, der die Fähigkeit von sicherheitsbezogenen Teilen einer Steuerung spezifiziert, eine Sicherheitsfunktion unter vorhersehbaren Bedingungen auszuführen.

Proof-Test (DIN EN 62061 (VDE 0113-50))

Prüfung, die Fehler oder eine Verschlechterung in einem SRECS und seinen Teilsystemen erkennen kann, sodass, falls notwendig, das SRECS und seine Teilsysteme in einen „Wie-neu-Zustand" oder so nah wie praktisch möglich diesen Zustand entsprechend, wiederhergestellt werden können automatische zyklische Überwachung der Funktionsfähigkeit der Bauteile durch zyklische Testung. In Kapitel 8 wird der genaue Zusammenhang detailliert erklärt.

Sicherheitsintegrität (DIN EN 62061 (VDE 0113-50))

Wahrscheinlichkeit, dass ein sicherheitsbezogenes elektrisches Steuerungssystem die erforderlichen Sicherheitsfunktionen unter allen festgelegten Bedingungen innerhalb eines festgelegten Zeitraums zufriedenstellend ausführt (abgeleitet aus IEC 61508-4:2010-04, Abschnitt 3.5.2). Anmerkung: Gemeint ist nicht ausschließlich die Wahrscheinlichkeit Gefahr bringender Hardwareausfälle, sondern die Wahrscheinlichkeit im allgemeinen Sinn.

Sicherheitsintegritätslevel (SIL) (DIN EN 62061 (VDE 0113-50))

Diskrete Stufe (eine von drei möglichen) zur Festlegung der Anforderungen zur Sicherheitsintegrität der Sicherheitsfunktionen, die SRECS zugeordnet werden, wobei der Sicherheitsintegritätslevel 3 den höchsten und der Sicherheitsintegritätslevel 1 den niedrigsten Sicherheitsintegritätslevel darstellt (abgeleitet aus IEC 61508-4:2010-04, Abschnitt 3.5.6).

Sicherheitsbezogenes Teil einer Steuerung SRP/CS (en: safety-related of a control system) (DIN EN ISO 13849-1)

Teil einer Steuerung, das auf sicherheitsbezogene Eingangssignale reagiert und sicherheitsbezogene Ausgangssignale erzeugt.

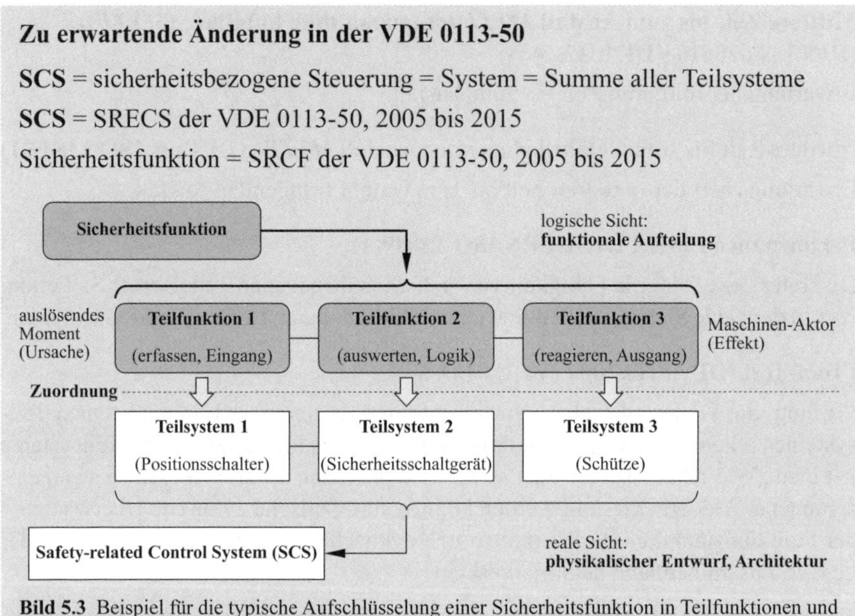

Zu erwartende Änderung in der VDE 0113-50

SCS = sicherheitsbezogene Steuerung = System = Summe aller Teilsysteme

SCS = SRECS der VDE 0113-50, 2005 bis 2015

Sicherheitsfunktion = SRCF der VDE 0113-50, 2005 bis 2015

Bild 5.3 Beispiel für die typische Aufschlüsselung einer Sicherheitsfunktion in Teilfunktionen und Zuweisung zu Teilsystemen
(E DIN EN 62061 (**VDE 0113-50**):2017-10, Bild 4 (Entwurf))

SILCL, SIL-Anspruchsgrenze (en: SIL Claim Limit) (DIN EN 62061 (VDE 0113-50))

Maximaler SIL, der für ein SRECS-Teilsystem in Bezug auf strukturelle Einschränkungen und systematische Sicherheitsintegrität beansprucht werden kann.

SRECS (en: safety-related electrical control system) (DIN EN 62061 (VDE 0113-50))

Sicherheitsbezogenes elektrisches Steuerungssystem einer Maschine, dessen Ausfall zu einer unmittelbaren Erhöhung des Risikos (der Risiken) führt. Ein SRECS schließt alle Teile eines elektrischen Steuerungssystems ein, deren Ausfall zu einer Reduzierung oder einem Verlust der Funktionalen Sicherheit führen kann: Gemeint sind damit alle steuerungstechnischen Komponenten, die Teil der Sicherheitsfunktion sind.

Systematischer Ausfall (DIN EN 62061 (VDE 0113-50))

Ausfall, der eindeutig mit einer bestimmten Ursache in Beziehung steht, die nur durch eine Änderung des Entwurfs oder des Fertigungsprozesses, der Betriebsverfahren, der Dokumentation oder anderer relevanter Faktoren beseitigt werden kann (abgeleitet aus IEC 61508-4, 3.6.6).

Systematischer Ausfall (DIN EN ISO 13849-1)

Ausfall mit deterministischem Bezug zu einer bestimmten Ursache, der nur durch Änderung der Gestaltung oder des Herstellungsprozesses, Betriebsverfahren, Dokumentation oder zugehörenden Faktoren, beseitigt werden kann.

T_1 (kleinere Wert von Proof-Test oder Gebrauchsdauer) in h (DIN EN 62061 (VDE 0113-50))

Dieser Wert wird nicht im Abschnitt der Begriffe und Abkürzungen erläutert. Jedoch findet sich in Abschnitt 6.7.8.2.1 der DIN EN 62061 (**VDE 0113-50**):2016-05: „… T_1 der kleinere Wert des Intervalls für den Proof-Test oder der Gebrauchsdauer …“. Im Kapitel 8 wird der genaue Zusammenhang detailliert erklärt.

T_2 Diagnose-Testintervall in h (DIN EN 62061 (VDE 0113-50))

Zur Aufdeckung möglicher Hardwarefehler. Dies entspricht bei elektromechanischen Komponenten in der Regel dem Betätigungsintervall. Beispiel: T_2 = 175 200 entspricht 20 Jahren (mit 24 h und 365 Tage pro Jahr).

Teilsystem (en: subsystem) (DIN EN 62061 (VDE 0113-50))

Einheit, bestehend aus einem oder mehreren Elementen (Teilsystemelementen), die ein in sich geschlossenes Sicherheitssystem darstellt, z. B. eine Auswerteeinheit oder zwei Positionsschalter. Ein Teilsystem der DIN EN 62061 (**VDE 0113-50**) entspricht einem SRP/CS der DIN EN ISO 13849-1.

Testrate (r_t) (DIN EN ISO 13849-1)

Häufigkeit der automatischen Tests, um Fehler in einem SRP/CS zu bemerken, Kehrwert des Diagnose-Testintervalls.

5.5 Abkürzungen

Die folgenden Abkürzungen werden verwendet:

β	Faktor der Ausfälle infolge gemeinsamer Ursache, CCF-Faktor
CCF	Ausfall infolge gemeinsamer Ursache
DC	Diagnosedeckungsgrad
E/A	Eingang/Ausgang
E/E/PE	elektrisches/elektronisches/programmierbar elektronisches System
EMV	elektromagnetische Beeinflussung
λ	Ausfallrate bei sicheren und Gefahr bringenden Fehlern
$MTTF_{\mathrm{D}}$	mittlere Zeit bis zum Gefahr bringenden Ausfall
MTTR	mittlere Zeit bis zur Wiederherstellung
PFH_{D}	Wahrscheinlichkeit Gefahr bringender Hardwareausfälle pro Stunde
P_{TE}	Wahrscheinlichkeit von Übertragungsfehlern im System
PL	Performance Level
SFF	Anteil sicherer Ausfälle
SIL	Sicherheitsintegritätslevel
SILCL	SIL-Anspruchsgrenze
SRCF	sicherheitsbezogene Steuerungsfunktion
SRECS	sicherheitsbezogenes elektrisches Steuerungssystem
SRP/CS	sicherheitsbezogenes Teil einer Steuerung
SRS	Spezifikation der Sicherheitsanforderungen

5.6 Der Begriff Ausfallrate

Die DIN EN 62061 (**VDE 0113-50**) beschreibt mögliche Lösungsansätze, die Ausfälle einer Komponente oder Funktion erkennen oder beherrschen können, auch mit dem Ziel eine quantitative Aussage über die getroffene Lösung zu machen.

Für die Bestimmung bzw. Erfassung eines Ausfalls wird die Ausfallrate, und davon abgeleitet die Wahrscheinlichkeit Gefahr bringender Ausfälle einer Komponente oder Funktion herangezogen. Diese stellen im Grunde Zuverlässigkeitskenngrößen oder eine technische Zuverlässigkeit dar und sind für eine definierte Lebensdauer gültig.

Im nachfolgenden Abschnitt werden diese wichtigen Begriffe genauer erklärt.

Zuverlässigkeitskenngröße

Nach der DIN-Definition beschreiben die gebräuchlichen Zuverlässigkeitskenngrößen das Ausfallverhalten durch statistische Maßzahlen (Messungen) oder Wahrscheinlichkeitsaussagen. Bei elektromechanischen Komponenten (z. B. Positionsschalter, Lastschütze) werden diese statistischen Maßzahlen durch ausreichend große Stichproben aus der Gesamtheit der zu untersuchenden Komponenten ermittelt. Dies nennt man auch Lebensdauerversuche. Die Ergebnisse dieser Lebensdauerversuche werden mithilfe der technischen Statistik anschließend auf die Gesamtheit der Komponenten übertragen, siehe auch Kapitel 5.21.1 „Empfehlung B_{10}-Werte unter Standardbedingungen, Siemens AG" und Kapitel 5.21.2 „Empfehlung $B_{10\mathrm{D}}$- und $MTTF_{\mathrm{D}}$-Werte nach DIN EN ISO 13849-1".

Die Ausfallrate

Die Ausfallraten haben die Dimension 1/Zeiteinheit, z. B. 1/h.

Für Bauelemente wird auch oft der Begriff FIT (en: failures in time) verwendet. Dieser beschreibt eine Ausfallrate bezogen auf eine entsprechende „Zeitbasis" (von 10^9 h):

$1\,FIT \mathrel{\hat{=}} 10^{-9}$ h.

In der Siemens-Norm SN 29500 werden typische FIT-Werte für definierte Komponenten angegeben. Im Allgemeinen ändert sich die Ausfallrate mit dem Lebensalter. Nur für einen bestimmten Zeitraum kann von einer sogenannten *konstanten Ausfallrate* ausgegangen werden.

Anmerkung

Wenn zu einem bestimmten Zeitpunkt im Lebensalter einer Komponente diese Ausfallrate betrachtet wird, dann kann damit die Wahrscheinlichkeit eines Ausfalls dieser Komponente bestimmt werden. Die Wahrscheinlichkeit eines Ausfalls hat deshalb keine Dimension, sondern stellt ein Verhältnis dar.

Die Phase der Frühausfälle wird zum größten Teil fehlerhafte Komponenten geprägt, die während der Herstellung erkannt werden und dem Anwender letztendlich nicht zur Verfügung stehen.

Die Phase der Spätausfälle wird durch den Verschleiß der Komponenten vorwiegend bestimmt.

Die Phase mit konstanter Ausfallrate stellt die Nutzungszeit der Komponente dar. In dieser Zeit kann von einem definierten (konstanten) Ausfall der Komponenten ausgegangen werden.

Wichtiger Hinweis

Nur diese Phase der konstanten Ausfallrate wird in der sicherheitstechnischen Betrachtung berücksichtigt.

Dieser Ansatz stellt eine Worst-Case-Betrachtung dar. Denkbar wäre auch beispielsweise eine Weibull-Verteilung.

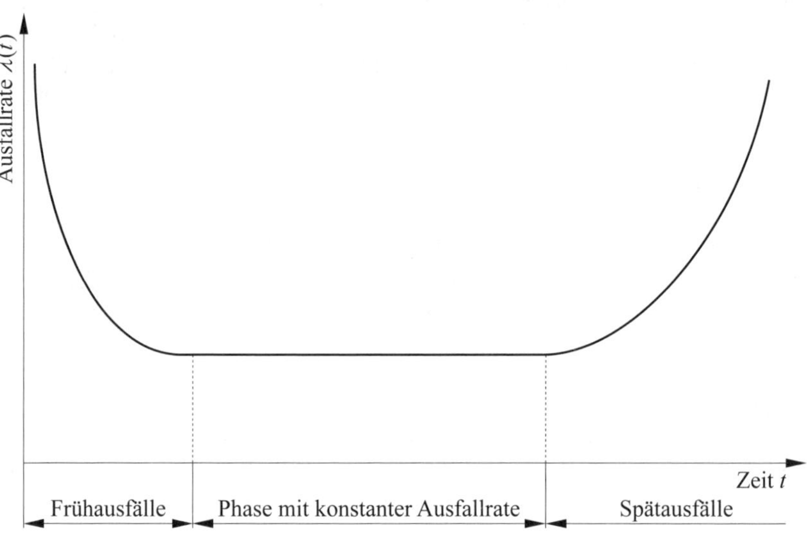

Bild 5.4 Zeitlicher Verlauf einer Ausfallrate („Badewannenkurve")

Lebensdauerverteilung

Abhängig vom Ausfallverhalten der Komponenten werden in der Regel folgende (mathematische) Verteilungen zur Bestimmung von Zuverlässigkeitskenngrößen herangezogen:

- Frühausfallverhalten (Frühausfälle): Weibull-Verteilung,
- Zufallsausfallverhalten (Phase der konstanten Ausfallrate): Exponentialverteilung,
- Verschleißausfallverhalten (Spätausfälle): Weibull-Verteilung.

Mit der Exponentialverteilung und $\lambda(t) = \text{const.}$ kann das Ausfallverhalten von Komponenten während der Betriebszeit beschrieben werden. Daraus ergibt sich eine (mathematische) Verteilungsfunktion der Ausfallwahrscheinlichkeit mit:

$F(t) = 1 - \mathrm{e}^{-\lambda t}$, mit λ als Ausfallrate.

Den Mittelwert dieser Exponentialverteilung bezeichnet man auch:

- bei nicht instandzusetzenden (irreparablen) Komponenten als mittlere Lebensdauer *MTTF* (Mean Time To Failure),
- bei instandzusetzenden (reparablen) Komponenten als mittlere Betriebsdauer zwischen zwei Ausfällen *MTBF* (Mean operating Time Between Failures).

Anmerkung

63,2 % der Komponenten fallen bis zur mittleren Lebensdauer *MTTF* aus.

Der Bezug zwischen *MTTF* und λ lässt sich wie folgt beschreiben:

$$\lambda = \frac{1}{MTTF_{\text{Jahre}} \cdot 8\,760 \, \frac{\text{Stunden}}{\text{Jahr}}}.$$

5.7 Plan der Funktionalen Sicherheit – unterschätzt und doch so wertvoll

Management für alle – kein Nachteil für den Einzelnen.

In diesem Plan (en: safety plan) sollen alle notwendigen Aktivitäten erfasst und dokumentiert werden, damit die notwendige Funktionale Sicherheit einer SRECS, also die entscheidenden Teile einer Sicherheitsfunktion, sichergestellt ist. Der Begriff „Managementaktivitäten" in der Norm meint all die Aktivitäten, die diesbezüglich sowohl technisch als auch organisatorisch einzuhalten sind.

Anmerkung

DIN EN ISO 13849-1 kennt diesen Plan der Funktionalen Sicherheit so nicht als eigenständigen Begriff, sondern beschreibt im Prozess der Validierung dieselben Aktivitäten und regelt die Details in DIN EN ISO 13849-2.

Warum sollte man das tun? Schauen wir uns dazu die Inhalte, die zu dokumentieren sind, etwas genauer an. Sinn macht das Ganze schon irgendwie:

Welche Eingangsparameter gibt es, wer ist verantwortlich dafür?

Die Verfahren und Ressourcen der relevanten Informationen für die Funktionale Sicherheit eines SRECS (z. B. Risikobeurteilung, Sicherheitsmaßnahmen bzw. Einrichtungen, verantwortliche Organisation).

Wie wird die Funktionale Sicherheit erreicht?

- Erfassen der relevanten Aktivitäten in den Abschnitten 5 bis 9 der Norm,
- Vorgehensweise zum Erreichen der festgelegten Anforderungen zur Funktionalen Sicherheit,
- Anwendungssoftware und Strategie zum Erreichen der Funktionalen Sicherheit bei Entwicklung, Integration, Verifikation und Validierung.

Wer macht was?

Verantwortliche Personen, Abteilungen oder andere Einheiten und Ressourcen für die festgelegten Aktivitäten (mit dem Ziel einer bestmöglichen „Unabhängigkeit").

Wie können die Resultate verifiziert und überprüft werden?

- Verifikationsplan
  - Zeitpunkt der Verifikation,
  - Einzelheiten zu den Personen, Abteilungen oder Einheiten, die die Verifikation ausführen müssen (mit dem Ziel einer bestmöglichen „Unabhängigkeit"),
  - Verifikationsstrategien und Verifikationstechniken,
  - Testeinrichtungen,
  - Verifikationsaktivitäten,
  - Akzeptanzkriterien,
  - verwendete Mittel zur Bewertung der Verifikationsergebnisse;
- Validierungsplan
  - Zeitpunkt der Validierung,
  - Betriebsarten der Maschine (z. B. Normalbetrieb, Einrichten),
  - Anforderungen der SRECS, die zu prüfen bzw. zu validieren sind,
  - technische Validierung Strategien (Tests),
  - Akzeptanzkriterien,
  - auszuführende Aktionen bei Nichterreichen der Akzeptanzkriterien.

Wie werden Änderungen verfolgt?

Konfigurationsmanagement, Modifikation.

Festgelegt wird also eine Strategie für ein Konfigurationsmanagement unter Berücksichtigung der relevanten organisatorischen Aspekte. Dazu gehören z. B. autorisierte Personen und interne Strukturen der Organisation.

All diese Informationen liegen bereits heute beim Hersteller von Maschinen vor.

Mit dem Plan der Funktionalen Sicherheit soll letztendlich strukturiert die Vorgehensweise bis zur endgültigen Lösung dokumentiert werden. Damit stellt eine mögliche Nachweispflicht kein Problem dar. Validierung und Verifikation werden bereits heute schon in der DIN EN ISO 13849-2 gefordert und stellen für den Anwender der DIN EN 954-1 nichts Neues dar.

Das Konfigurationsmanagement ist insofern wichtig, da Änderungen nicht mehr „unbemerkt" und daher auch nicht dokumentiert gemacht werden können. Insbesondere bei der Erstellung und Verwaltung der Anwendersoftware ist diese Systematik zwingend notwendig geworden.

Fazit

Wer bisher die DIN EN 954-1 korrekt verwendet hatte, der findet sich von allein im Plan der Funktionalen Sicherheit wieder: Das Kind hat einen Namen bekommen und orientiert sich an allen Aktivitäten, die in jedem erfolgreichen Projekt notwendig sind. Aus alt mach neu wäre die richtige Umschreibung.

Zu erwartende Änderung in der VDE 0113-50

Verifikation ist Teil der Validierung, und Validierung ist die finale Abnahme.

Wie das **Bild 5.5** eindrücklich zeigt, findet zum Schluss die Validierung der Sicherheitsfunktion statt. Alle Zwischenschritte vorher werden Verifikation genannt, d. h. es wird die jeweilige Spezifikation verifiziert als auch die Umsetzung dieser Spezifikation. Somit ist man in einem klassischen V-Modell, bei der die Prüfungen oder Tests die Verifikation darstellen.

Oder so formuliert, für jede Sicherheitsfunktion erfolgt der nachfolgende Ablauf:

1. Input (Anforderung, Spezifikation),
2. Entwurf und Umsetzung,
3. Prüfen des Entwurfs und der Umsetzung (Verifikation),
4. Output (Ergebnis, geprüfte Umsetzung der Anforderungen).

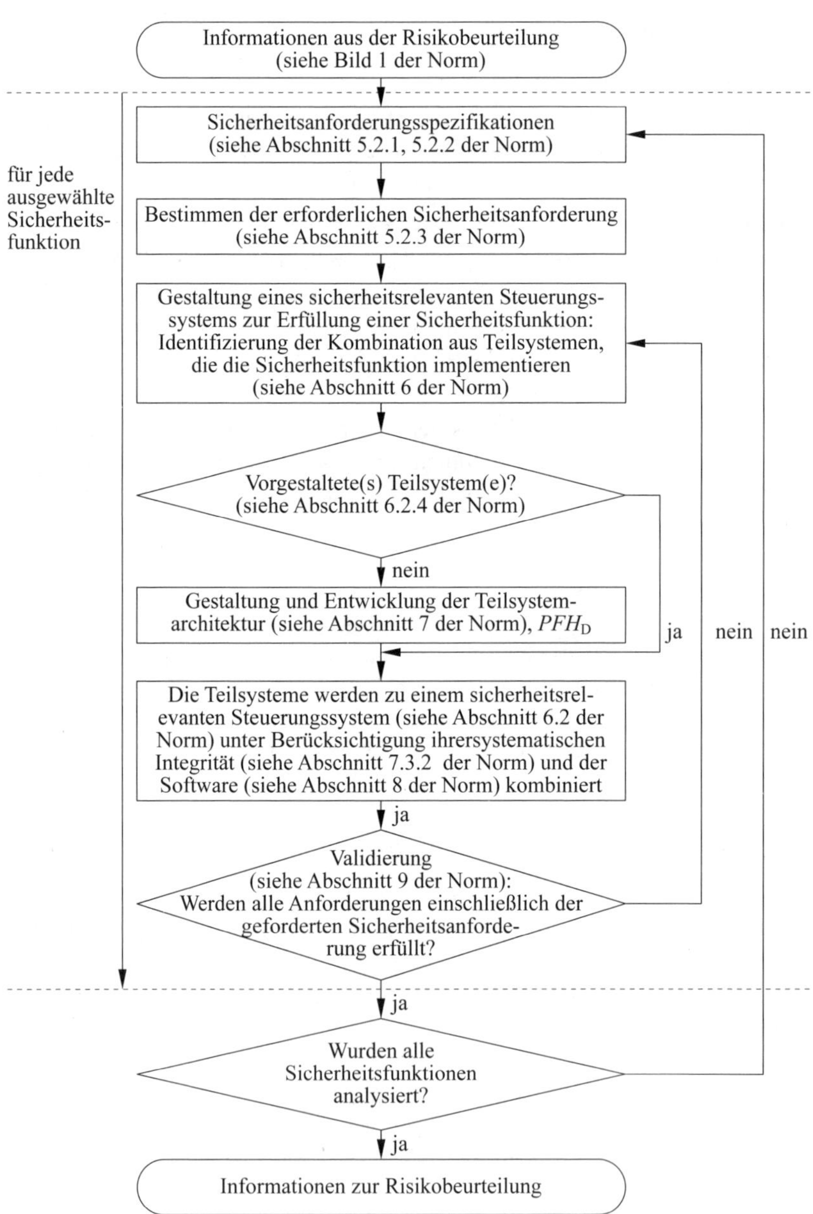

Bild 5.5 Schrittweiser Prozess zur Gestaltung des sicherheitsrelevanten Steuerungssystems nach E DIN EN 62061 (**VDE 0113-50**):2017-10, Bild 2 (Entwurf)

5.8 Spezifikation der Anforderungen für sicherheitsbezogene Steuerungsfunktionen

Bei der Spezifikation jeder sicherheitsbezogenen Steuerungsfunktion (SRCF) sind zu betrachten:

- die Spezifikation der funktionalen Anforderungen und
- die Spezifikation der Anforderungen zur Sicherheitsintegrität.

Diese müssen in der Spezifikation der Sicherheitsanforderungen (SRS, en: safety requirement specification) dokumentiert werden.

Anmerkung

Der Begriff sicherheitsbezogene Steuerungsfunktion (SRCF) kann mit der Sicherheitsfunktion hinsichtlich der eigentlichen Funktionalität gleichgesetzt werden: Das Steuerungssystem SRECS als physikalische Sicht führt letztendlich diese Steuerungsfunktion aus.

DIN EN ISO 13849-1 macht diesbezüglich keinen Unterschied und verwendet allgemein nur den Begriff Sicherheitsfunktion.

5.8.1 Spezifikation der funktionalen Anforderungen für sicherheitsbezogene Steuerungsfunktionen

Dabei merkt die Norm in Abschnitt 5.2.1.3 an:

Auszug aus der DIN EN 62061 (VDE 0113-50):2016-05

Anmerkung 1: Wo nicht elektrische Einrichtungen zur Ausführung einer Sicherheitsfunktion in Kombination mit elektrischen Mitteln beitragen, wird (werden) der (die) auf nicht elektrische Einrichtungen bezogene(n) Ausfallgrenzwert(e) im Rahmen dieser Norm nicht betrachtet. Elektrische Mittel umfassen alle Geräte oder Systeme, die auf Basis elektrischer Prinzipien arbeiten, einschließlich:

- elektromechanische Einrichtungen;
- nicht programmierbare elektronische Einrichtungen;
- programmierbare elektronische Einrichtungen.

Die Beschreibung jeder auszuführenden sicherheitsbezogenen Steuerungsfunktion muss demnach folgende Informationen beinhalten:

- die Bedingung(en) (z. B. Betriebsart) der Maschine;
- die Priorität derjenigen Funktionen, die gleichzeitig aktiv sein können und die in Widerspruch stehende Aktionen auslösen können;
- die erforderliche Reaktionszeit jeder sicherheitsbezogenen Steuerungsfunktion;
- die Schnittstelle(n) des SRECS zu anderen Maschinenkomponenten;
- die erforderliche Reaktionszeit von Eingangs- und Ausgangssignalen;
- eine Beschreibung der sicherheitsbezogenen Steuerungsfunktion;
- eine Beschreibung der Betriebsumgebung;
- Tests und alle zugehörigen Einrichtungen.

5.8.2 Spezifikation der Anforderungen zur Sicherheitsintegrität für sicherheitsbezogene Steuerungsfunktionen

Die Anforderungen für die Sicherheitsintegrität jeder sicherheitsbezogenen Steuerungsfunktion müssen aus der Risikobeurteilung abgeleitet werden. Damit soll sichergestellt werden, dass die notwendige Risikominderung erreicht werden kann.

Diese Sicherheitsintegrität wird mit einem Ausfallgrenzwert für die Wahrscheinlichkeit Gefahr bringender Ausfälle pro Stunde jeder sicherheitsbezogenen Steuerungsfunktion beschrieben. **Tabelle 5.4** zeigt die Zuordnung zwischen dem Sicherheitsintegritätslevel, dem Performance Level und dem erreichbaren Ausfallgrenzwert.

DIN EN 62061 (VDE 0113-50) geforderter SIL	**PFH_D (1/h)**	**DIN EN ISO 13849-1 geforderter PL (PL_r)**
–*)	$\geq 10^{-5}$ bis $< 10^{-4}$	a
1	$\geq 3 \cdot 10^{-6}$ bis $< 10^{-5}$	b
1	$\geq 10^{-6}$ bis $< 3 \cdot 10^{-6}$	c
2	$\geq 10^{-7}$ bis $< 10^{-6}$	d
3	$\geq 10^{-8}$ bis $< 10^{-7}$	e
*) kein vergleichbarer SIL		

Tabelle 5.4 PFH_D-Grenzwerte der Sicherheitsintegritätslevels nach DIN EN 62061 (**VDE 0113-50**): 2016-05 in Verbindung mit dem Performance Level (PL) nach DIN EN ISO 13849-1:2016-06

Anmerkung

Wenn die erforderliche Sicherheitsintegrität einer sicherheitsbezogenen Steuerungsfunktion kleiner als SIL 1 ist, dann müssen mindestens die Anforderungen von Kategorie B nach DIN EN ISO 13849-1 und die DIN EN 60204-1 (**VDE 0113-1**) erfüllt werden.

PFH_D kommt aus dem Englischen und bedeutet „Probability of Failures per Hour, Dangerous“. Diese statistischen Grenzwerte (Probabilistik) kann man sich bildhaft wie folgt vorstellen:

- **SIL 1, ein möglicher Ausfall in ca. 10 Jahren,**
- **SIL 2, ein möglicher Ausfall in ca. 100 Jahren,**
- **SIL 3, ein möglicher Ausfall in ca. 1 000 Jahren.**

Eine Anmerkung für die Mathematiker unter uns: Das Jahr hat 365 mal 24 h, also 8 760 h und somit ungefähr 10 000 h, oder $1 \cdot 10^5$ in wissenschaftlicher Schreibweise.

Ebenfalls anzumerken bleibt noch: Wenn die erforderliche Sicherheitsintegrität einer sicherheitsbezogenen Steuerungsfunktion kleiner als SIL 1 ist, dann müssen mindestens die Anforderungen von Kategorie B nach DIN EN ISO 13849-1 erfüllt werden.

Im Dunstkreis der Funktionalen Sicherheit ist auch immer die DIN EN 60204-1 (**VDE 0113-1**) zu beachten. Wenn die Anforderungen geringer als SIL 1 sind, dann treibt nur noch z. B. die DIN EN 60204-1 (**VDE 0113-1**) den Entwurf des elektrischen Steuerungssystems. Unter Sicherheitsintegrität versteht man aber nicht nur diese statistischen Werte zur Bewertung der Wahrscheinlichkeiten (quantitativen Betrachtungen), sondern auch den qualitativen Entwurf, der sich in den Strukturen und der Systematik widerspiegelt.

Leider wird oft nur das Thema Wahrscheinlichkeit in den Vordergrund gestellt. Dabei sind der strukturelle Ansatz und die gesamte systematische Integrität weitaus höher einzustufen!

Hinweis

Was hilft eine bis in die Nachkommastellen errechnete Lösung, wenn, bezogen auf die Applikation, die falschen Komponenten verwendet werden? Nichts. Leider wird diesen Zahlen mittlerweile mehr Wert beigemessen als dem gesunden Menschenverstand, dem guten alten Ingenieurdenken.

Zu erwartende Änderung in der VDE 0113-50

3.2.24
Sicherheitsintegritätslevel
SIL
Diskrete Stufe (eine von drei möglichen) zur Beschreibung der Fähigkeit, eine Sicherheitsfunktion auszuführen, wobei die Sicherheitsintegritätsstufe drei die höchste Stufe der Sicherheitsintegrität und die Sicherheitsintegritätsstufe eins die niedrigste ist.

Safety integrity level
SIL
Discrete level (one out of a possible three) for describing the capability to perform a safety function where safety integrity level three has the highest level of safety integrity and safety integrity level one has the lowest.

SIL ist das Pendant zum PL (Performance Level der DIN EN ISO 13849-1

Bezogen auf Hardwareausfälle gibt es die gleichen Grenzwerte:

SIL	Grenzwerte der *PFH*-Werte (1/h)
1	$< 10^{-5}$
2	$< 10^{-6}$
3	$< 10^{-7}$

Bezogen auf die systematische Integrität gibt es nicht dieselben Anforderungen.

5.9 Entwurf und Integration des sicherheitsbezogenen elektrischen Steuerungssystems (SRECS)

5.9.1 Vergleich zu DIN EN ISO 13849-1

Es gibt sie, diese offensichtliche Verbindung zu DIN EN ISO 13849-1:

DIN EN 62061 (VDE 0113-50)		**DIN EN ISO 13849-1**
SRECS (ein Teilsystem oder mehrere Teilsysteme)	=	ein SRP/CS oder mehrere SRP/CS

→ physikalische Darstellung einer Sicherheitsfunktion

Zu erwartende Änderung in der VDE 0113-50

3.2.18
Sicherheitsfunktion
Funktion, die von einer SCS mit einem festgelegten Sicherheitsintegritätslevel ausgeführt wird und dazu dient [vorgesehen ist], den sicheren Zustand der Maschine aufrechtzuerhalten oder eine unmittelbare Erhöhung des Risikos/der Risiken in Bezug auf ein bestimmtes gefährliches Ereignis zu verhindern.

Safety function
Function implemented by an SCS with a specified integrity level that is intended to maintain the safe condition of the machine or prevent an immediate increase of the risk(s) in respect of a specific hazardous event.
Note 1 to entry: This term is used instead of „safety-related control function (SRCF)" of IEC 62061:2015. This definition differs from ISO 12100 because this document addresses risk reduction performed by SCS.
Note 2 to entry: A safety function is typically starting with a detection and evaluation of an 'initiation event' and ending with an output causing a reaction of a 'machine actuator'.
Note 3 to entry: Parts of machine operating function(s), e.g. the reaction of a machine actuator, can also be part of safety function(s).
[Source: IEC 61508-4:2010, 3.5.1, modified – Terminology adapted to machinery, other risk reduction measures deleted, example deleted, notes added]

<u>SCS – Sicherheitsfunktion im Kontext der VDE 0133-50</u>

Dieser Begriff wird anstelle der „sicherheitsbezogenen Steuerfunktion (SRCF)" der IEC 62061:2015 durchgängig in der Norm verwendet, weil eine Unterscheidung auf Funktionsebene für den Anwender nicht sinnvoll ist, da dieser mit dem Begriff „Sicherheitsfunktion" aus der DIN EN ISO 12100 konfrontiert wird.

Da die VDE 0113-50 jedoch die Risikoreduzierung oder die risikomindernde Maßnahme mittels eines SCS behandelt, unterscheidet sich diese Definition zwangsläufig von der DIN EN ISO 12100.

Der Begriff „Sicherheitsfunktion" umfasst gemäß DIN EN ISO 12100 jede Art von risikomindernder Maßnahme, ob mit oder ohne Steuerung – nicht so die VDE 0113-50, die von einer Steuerung ausgeht, die eine Sicherheitsfunktion ausführen muss.

3.2.4
Teilsystem
Einheit des Architekturentwurfs auf oberster Ebene eines sicherheitsbezogenen [Steuerungs-]Systems, bei der ein gefährlicher Ausfall des Teilsystems zu einem gefährlichen Ausfall einer Sicherheitsfunktion führt.

3.2.5
Vorgefertigtes SCS oder Teilsystem
SCS oder Teilsystem, das die relevanten Anforderungen einer Norm für funktionale Sicherheit erfüllt.

3.2.6
Teilsystemelement
Teil eines Teilsystems, bestehend aus einer einzelnen Komponente oder einer beliebigen Gruppe von Komponenten.

3.2.4
Subsystem
Entity of the top-level architectural design of a safety-related system where a dangerous failure of the subsystem results in dangerous failure of a safety function.
Note 1 to entry: This differs from common language where „subsystem" may mean any sub-divided part of an entity, the term „subsystem" is used in this document within a strongly defined hierarchy of terminology: „subsystem" is the first level subdivision of a system. The parts resulting from further subdivision of a subsystem are called „subsystem elements".
Note 2 to entry: A complete subsystem can be made up from a number of identifiable and separate subsystem elements.
Note 3 to entry: The subsystem specification includes its role in the safety function and its interface with the other subsystems of the SCS.
Note 4 to entry: One subsystem can be part of several safety functions, e. g. the same combination of contactors can be used to de-energise a motor either in the event of detection of a person in a danger zone or also in the event of opening an interlock guard.
[Source: IEC 61508-4:2010, 3.4.4, modified – Cross references removed and notes added]

3.2.5
Pre-designed SCS or subsystem
SCS or subsystem which meets the relevant requirements of a functional safety standard.

3.2.6
Subsystem element
Part of a subsystem, comprising a single component or any group of components.
Note 1 to entry: A subsystem element may comprise hardware and software.
Note 2 to entry: Elements that are not directly necessary for the safety function are not included, but may support it (for example, filters elements, protection against over-voltage).
Note 3 to entry: A subsystem element is the lowest level of detail to consider when ensuring that the requirements of a sub-function are met.

SCS = sicherheitsbezogene Steuerung = System = Summe aller Teilsysteme

SCS = SRECS der VDE 0113-50, 2005 bis 2015

Sicherheitsfunktion = SRCF der VDE 0113-50, 2005 bis 2015

Ein Teilsystem entspricht demnach einem SRP/CS. Auch wenn die Abkürzung SRECS zunächst einmal „nur" eine elektrische Sicht beinhaltet, wobei mit elektrisch alle Komponenten gemeint sind, die eine elektrische Anbindung haben können (z. B. Positionsschalter, Schütze oder Ventile), so entspricht dies im Grunde dem Begriff SRP/CS als sicherheitsbezogenes Teil einer Steuerung: Lediglich sicherheitstechnische Lösungen (als Sicherheitsfunktionen), die nur aus pneumatischen, hydraulischen oder mechanischen Komponenten bestehen und somit keine elektrische Anbindung haben, können nicht als SRECS bezeichnet werden. Der grundsätzliche Ansatz bleibt jedoch auch für solche Lösungen gültig, es bedarf dann hier aber der Kategorien der DIN EN ISO 13849-1 und der Empfehlungen der DIN EN ISO 13849-2 damit diese Technologien sinnvoll sicherheitstechnisch bewertet werden können. Die systematische Integrität und die grundlegenden Sicherheitsprinzipien rücken bei diesen Technologien vernehmlich in den Vordergrund.

Auszug aus der DIN EN ISO 13849-1:2016-06, Abschnitt 4.4

[...] Eine Sicherheitsfunktion kann durch ein oder mehrere SRP/CS realisiert sein, und mehrere Sicherheitsfunktionen können sich ein oder mehrere SRP/CS teilen [z. B. Logikbaugruppe, Energieübertragungselement(e)]. Es ist aber auch möglich, dass ein SRP/CS Sicherheitsfunktionen und normale Steuerungsfunktionen beinhaltet. Der Konstrukteur kann jede verfügbare Technologie, einzeln oder in Kombination verwenden. Ein SRP/CS kann auch eine Betriebsfunktion bereitstellen (z. B. eine AOPD als Möglichkeit eines zyklischen Starts). [...]

5.9.2 Allgemeine Anforderungen

Ein SRECS umfasst alle Teile eines elektrischen Steuerungssystems, deren Ausfall zu einer Reduzierung oder dem Verlust der Funktionalen Sicherheit führen kann. Dies kann beides, Energie- und Steuerkreise, umfassen. Ein sicherheitsrelevantes Steuerungssystem muss so realisiert werden, dass es alle Anforderungen entsprechend dem verlangten bzw. geforderten SIL erfüllt. Ziel ist es, die Wahrscheinlichkeit sowohl systematischer als auch zufälliger Fehler, die zu einem gefährlichen Versagen der Sicherheitsfunktion führen können, ausreichend zu verringern.

Folgende Anforderungen sind zu beachten:

- die Sicherheitsintegrität der Hardware, d. h. Architektureinschränkungen (Fehlertoleranz) und Wahrscheinlichkeit zufälliger Gefahr bringender Hardwareausfälle,
- die systematische Integrität, d. h. Anforderungen zur Vermeidung und Beherrschung systematischer Fehler,
- das Systemverhalten bei Aufdecken eines Fehlers,
- der Entwurf und die Entwicklung sicherheitsbezogener Software (siehe dazu Abschnitt 6.11 der Norm).

Der Entwurf des SRECS muss sich nach den menschlichen Fähigkeiten sowie Einschränkungen richten und muss für die notwendigen Handlungen des Bedien- und Instandhaltungspersonals geeignet sein. Ebenso muss der Entwurf aller Schnittstellen der praktischen Erfahrung folgen (siehe Normenreihe DIN EN 61310-1 bis -3 (**VDE 0113-1 bis -3**)) und auf den wahrscheinlichen Ausbildungsstand oder das Bewusstsein der Benutzer abgestimmt sein.

Aus Sicht der DIN EN ISO 13849-1

Dieselben Anforderungen sind im Abschnitt 4 der DIN EN ISO 13849-1:2016-06 und in der Validierung der DIN EN ISO 13849-2 verteilt beschrieben.

5.9.3 Anforderungen zum Verhalten bei Erkennung eines Fehlers

Die Erkennung eines Gefahr bringenden Fehlers in jedem Teilsystem, das eine Fehlertoleranz der Hardware von mehr als null erfüllt – ein Fehler führt nicht zum Verlust der Sicherheitsfunktion, muss zu einer spezifizierten Fehlerreaktionsfunktion führen.

Die Spezifikation kann das „Isolieren" des fehlerhaften Bestandteils des Teilsystems vorsehen, um den sicheren Betrieb der Maschine fortzusetzen, wenn dieser fehlerhafte Bestandteil bei Ausführung der Sicherheitsfunktion repariert werden kann. Wenn die Reparatur nicht innerhalb der mittleren Zeit bis zur Wiederherstellung (MTTR) abgeschlossen ist – die in der Berechnung der Wahrscheinlichkeit eines zufälligen Hardwareausfalls angenommen –, dann muss eine zweite Fehlerreaktion eingeleitet werden, damit der sichere Zustand aufrechterhalten werden kann.

Nach dem Auftreten eines Fehlers, oder mehrerer, die die Fehlertoleranz der Hardware zu null reduzieren, muss folgende Anforderung erfüllt sein: Ehe die Gefährdung aufgrund des Fehlerbilds auftreten kann, muss eine spezifizierte Fehlerreaktion eingeleitet werden. Dabei kann zum Erreichen der erforderlichen Wahrscheinlichkeit, einen Gefahr bringenden Fehler in irgendeinem Teilsystem zu erkennen, eine

Diagnosefunktion(en) notwendig sein. Der nachfolgende Betrieb des SRECS (z. B. Freigabe des Neustarts der Maschine) darf erst wieder möglich sein, wenn der fehlerhafte Bestandteil repariert worden ist.

Wichtiger Auszug aus der DIN EN 62061 (VDE 0113-50):2016-05

6.3.2 Wenn eine (mehrere) Diagnosefunktion(en) zum Erreichen der erforderlichen Wahrscheinlichkeit eines Gefahr bringenden zufälligen Hardwareausfalls notwendig ist (sind) und das Teilsystem eine Hardwarefehlertoleranz von null besitzt, muss die Fehlererkennung und spezifizierte Fehlerreaktion ausgeführt werden, bevor die Gefährdungssituation in Bezug auf die SRCF auftreten kann.

Ausnahme zu 6.3.2: Im Falle eines Teilsystems, das eine bestimmte SRCF ausführt, bei der die Hardwarefehlertoleranz null beträgt und das Verhältnis der Diagnose-Testrate zur Anforderungsrate den Wert 100 überschreitet, muss das Diagnose-Testintervall dieses Teilsystems so gewählt sein, dass das Teilsystem die Anforderung zur Wahrscheinlichkeit eines Gefahr bringenden zufälligen Hardwareausfalls erfüllt.

Aus Sicht der DIN EN ISO 13849-1

Im Prinzip wird das Verhalten des Steuerungssystems im Fall von Fehlern über die Kategorien als vorgesehene Architekturen beschrieben: Der Begriff Fehlerreaktion wird dabei nicht verwendet, sondern lediglich umschrieben.

Bei der Kategorie 2 ist der OTE als Fehlerreaktion am offensichtlichsten.

In den Kategorien 3 und 4 wird indirekt über die folgenden Formulierungen das Verhalten bei Fehlern umschrieben:

Kategorie 3: „... Wenn immer in angemessener Weise durchführbar, muss ein einzelner Fehler bei oder vor der nächsten Anforderung der Sicherheitsfunktion erkannt werden [...].“

Kategorie 4: „... der einzelne Fehler bei oder vor der nächsten Anforderung der Sicherheitsfunktion erkannt wird, z. B. unmittelbar, beim Einschalten oder am Ende eines Maschinenzyklus ...“.

Grundsätzlich gilt, dass über die Fehlererkennung für die Kategorien 2, 3 und 4 der Verlust einer Sicherheitsfunktion vermieden werden soll. Zudem und gerade deshalb basieren die mathematischen Modelle auf der sogenannten *Einfehlersicherheit*: Es wird davon ausgegangen, dass ein Fehler „zeitnah“ erkannt wird und das System in einem sicheren Zustand geht oder verharrt, sodass ein zweiter Fehler nicht ggf. (wieder) einen unsicheren Zustand erzeugen kann.

In diesem Zusammenhang wird die Reparaturzeit (oder Reparaturrate als Kehrwert der Reparaturzeit) verwendet, als Zeitspanne zwischen der Erkennung eines Gefahr bringenden Ausfalls, entweder durch einen Online-Test oder einer offensichtlichen Fehlfunktion des Systems oder Wiederanlauf nach System-/Bauteilaustausch (siehe Kapitel 5.4).

DIN EN 62061 (**VDE 0113-50**):2016-05 beschreibt diese Reparaturzeit in Abschnitt 6.3.1 wie folgt:

„Wenn das SRECS für Reparatur während des Betriebs vorgesehen ist, darf Isolation eines fehlerhaften Bestandteils nur angewendet werden, wenn dies nicht zu einem Anstieg der Wahrscheinlichkeit eines Gefahr bringenden zufälligen Hardwareausfalls über die in der SRS festgelegte Wahrscheinlichkeit führt."

In der Praxis wird dies dadurch erreicht, dass bei einer Fehlererkennung (z. B. Diskrepanz zwischen zwei Positionsschaltern) das Steuerungssystem in den sicheren Zustand wechselt, also die Sicherheitsfunktion angefordert wurde und erst nach Eingriff des Anwenders und eines fehlerfreien Zustands wieder den Betrieb zulässt, somit also die Anforderung der Sicherheitsfunktion zurückgenommen wird.

5.9.4 Anforderungen zur systematischen Sicherheitsintegrität

Die systematische Sicherheitsintegrität bezieht sich auf das System, das Teilsysteme beinhaltet.

Anforderungen zur Vermeidung von systematischen Hardwareausfällen

Die folgenden Maßnahmen müssen angewendet werden:

- Entwurf und Implementierung des SRECS muss in Übereinstimmung mit dem Plan der Funktionalen Sicherheit (als „Projektplan") erfolgen;
- korrekte Auswahl, Kombination, Anordnungen, Zusammenbau und Installation von Teilsystemen, einschließlich Leitungsverlegung;
- Beachtung der Anwendungshinweise des Komponentenherstellers, z. B. Katalogangaben, und Anwendung bewährter Betriebspraxis (siehe auch DIN EN ISO 13849-2:2013-02, Anhang D.1);
- Verwendung von Teilsystemen, die vergleichbare Eigenschaften haben (siehe auch DIN EN ISO 13849-2:2013-02, Anhang D.1);
- das SRECS ist gemäß DIN EN 60204-1 (**VDE 0113-1**):2019-05, Abschnitt 7.2 zu „schützen".

Zusätzlich muss mindestens eine der folgenden Maßnahmen unter Berücksichtigung der Komplexität des SRECS und der SIL angewendet werden:

- Überprüfung des Hardwareentwurfs der SRECS (z. B. durch Inspektion oder „walk through"), damit Unstimmigkeiten zwischen der Spezifikation und der Implementierung festgestellt werden können;
- rechnerunterstützte Entwurfswerkzeuge zur Durchführung von Simulation oder Analyse;
- Simulation (z. B. auf Software basierendes Verhaltensmodell) zur Überprüfung der funktionalen Leistungsfähigkeit, der Dimensionierung und Wechselwirkung von Teilsystemen.

Anforderungen zur Beherrschung systematischer Fehler

Die folgenden Maßnahmen müssen angewendet werden:

- bei einer Energieabschaltung, d. h. bei Verlust der elektrischen Versorgung, muss ein sicherer Zustand der Maschine erreicht oder beibehalten werden;
- bei vorübergehender Teilsystemausfälle, z. B. ein Spannungsausfall usw. (z. B. unerwarteter Anlauf eines Motors) oder eine elektromagnetische Beeinflussung an einem einzelnen Teilsystem, dürfen nicht zu einer Gefährdungssituation führen;
- Beherrschung der Auswirkungen von Fehlern und anderer Effekte, die von einem Datenkommunikationsprozess ursächlich entstehen können (siehe DIN EN 61508-2 (**VDE 0803-2**));
- wenn an einer Schnittstelle ein Gefahr bringender Fehler auftritt, muss die Fehlerreaktion erfolgen, bevor die Gefährdung durch diesen Fehler auftreten kann. Schnittstellen sind alle Eingänge und Ausgänge der Teilsysteme und alle anderen Einheiten von Teilsystemen, die während der Integration einer Leitungsverlegung bedürfen, z. B. die Ausgangsschaltelemente eines Lichtvorhangs oder der Ausgang eines Positionsschalters einer Schutztürüberwachung.

Nachdem die Anforderungen an das sicherheitsbezogene elektrische Steuerungssystem SRECS formuliert wurden, kann damit der Entwurf gestartet werden.

Im nachfolgenden Abschnitt werden die verschiedenen Phasen beim Entwurf eines solchen SRECS beschrieben, die zum Ziel haben den gestellten Anforderungen gerecht zu werden: Es wird der Entwurfsprozess Punkt für Punkt beschrieben, damit die Vorgehensweise und die Systematik besser veranschaulicht werden kann. Anschließend wird dann auf die einzelnen Phasen des Entwurfs genauer eingegangen.

Aus Sicht der DIN EN ISO 13849-1:2016-06

Diese Anforderungen werden im Anhang G nur informativ als empfohlene Maßnahmen beschrieben: Es ist nicht wirklich nachvollziehbar, warum diese so wichtigen Aspekte nur „empfohlen" und nicht als Anforderungen normativ eingefordert werden.

Die meisten Entwurfsfehler basieren nämlich auf systematischen Fehlern. Ob das nun Hardware- oder Softwarekomponenten betrifft, ist dabei zweitrangig. In Abschnitt *4.51 Performance Level PL* wird daher eindrücklich darauf hingewiesen, dass neben den Werten wie $MTTF_D$ und *DC* als auch neben den Kategorien und Fehler gemeinsamer Ursache CCF, die systematischen Ausfälle zu berücksichtigen sind:

„Der PL der SRP/CS muss durch die Abschätzung folgender Aspekte bestimmt werden:

[...]

- *systematische Ausfälle (siehe Anhang G); [...]".*

Unter G.1 Allgemeines steht dann:

„ISO 13849-2 liefert eine umfassende Liste mit Maßnahmen gegen den systematischen Ausfall, die angewendet werden sollten, wie grundlegende Sicherheitsprinzipien und bewährte Sicherheitsprinzipien."

Diese empfohlenen Maßnahmen umfassen die gleichen Aspekte zur Vermeidung und Beherrschung von systematischen Ausfällen.

Hinweis

Normenpassagen ignorieren, da diese als „informativ" angegeben werden, ist keine kluge Entscheidung.

Der gewiefte Normenkenner sollte nicht auf die bizarre Idee kommen, einen informativen Anhang als Freibrief zu verstehen: Wenn wirtschaftlich interessant, dann werden die Maßnahmen angewendet, ansonsten eben nicht.

Prüfer und Gutachter werden sich zuerst auf einen Entwurfsfehler stürzen, und sollte dieser dann systematischer Ursache sein, ja dann zählt „informativ" leider nicht mehr, sondern es wird die einfache Frage gestellt werden: Warum ist das passiert, und war dies vorhersehbar?

Und systematische Fehler sind immer vorhersehbar – wenn man denn möchte.

5.10 Entwurf des sicherheitsbezogenen elektrischen Steuerungssystems

Der grundlegende Entwurfsprozess ist in **Bild 5.6** dargestellt und wird in den folgenden Unterkapiteln genauer betrachtet.

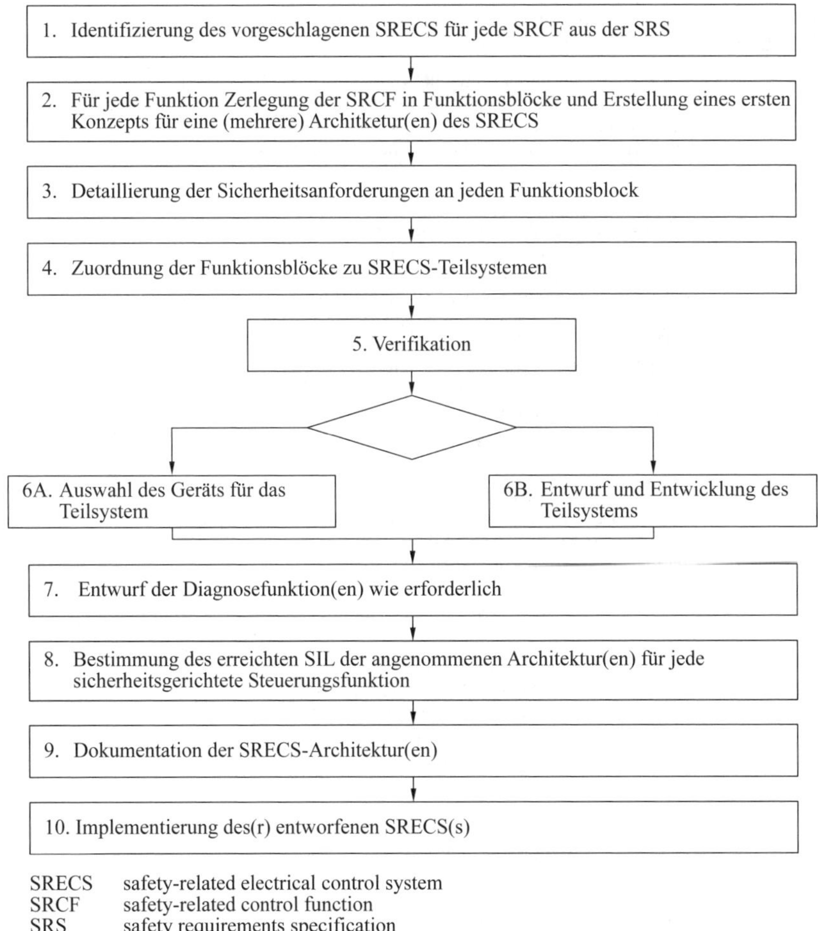

Bild 5.6 Entwurfsprozess eines SRECS nach DIN EN 62061 (**VDE 0113-50**):2016-05

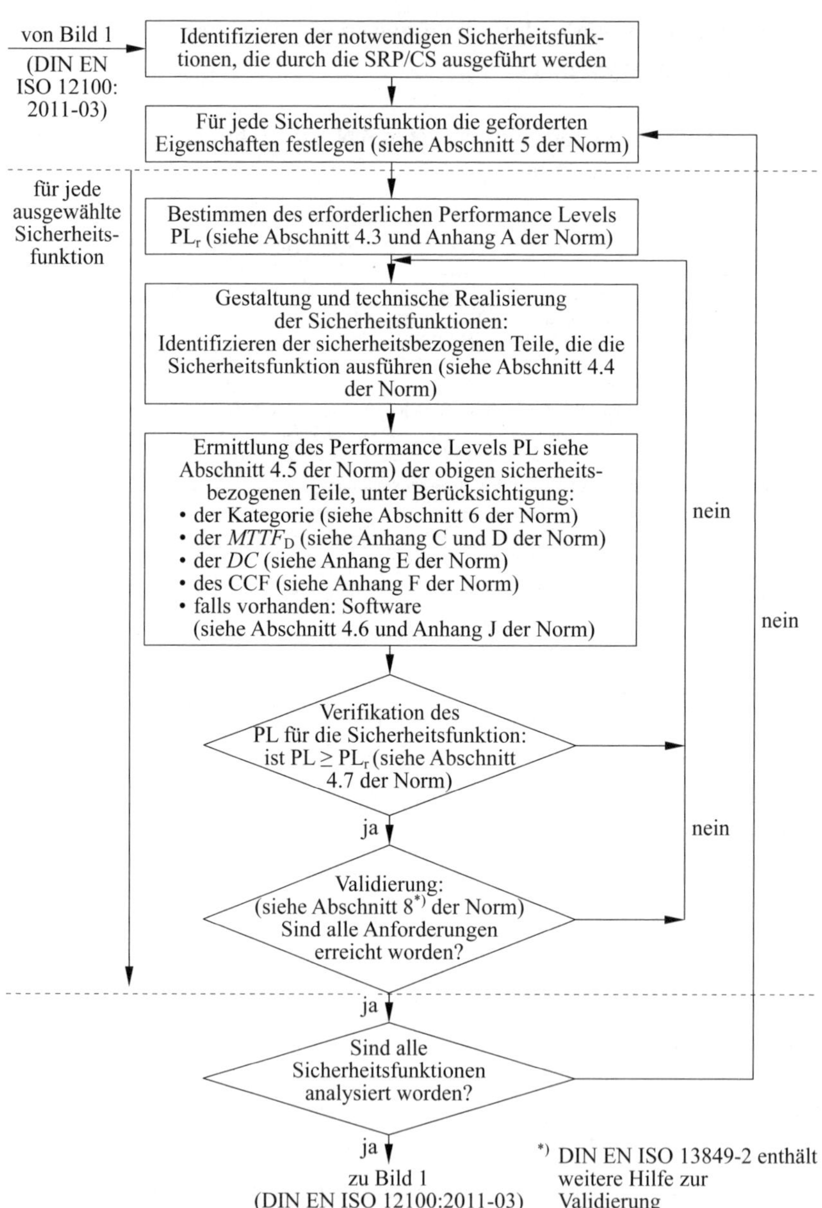

Bild 5.7 Entwurfsprozess der sicherheitsbezogenen Teile von Steuerungen (SRP/CS) nach DIN EN ISO 13849-1:2016-06, Bild 3

Aus Sicht der DIN EN ISO 13849-1

DIN EN ISO 13849-1 hat einen vergleichbaren Entwurfsprozess. Leider steht die funktionale Aufteilung der Sicherheitsfunktion nicht so im Vordergrund wie bei DIN EN 62061 (**VDE 0113-50**) (siehe Begriff Funktionsblock in Bild 5.8). Ebenso wird die Diagnosefunktion nicht explizit genannt, weil sie Teil einer Kategorie ist und dort implizit von Bedeutung ist (**Bild 5.7**).

5.10.1 Entwurf der Systemarchitektur

Die Architektur eines Steuerungssystems für eine bestimmte Sicherheitsfunktion entspricht, in ihrer logischen Struktur, der zuvor ermittelten Struktur der Sicherheitsfunktion. Zur Festlegung der realen Systemstruktur werden Funktionsblöcke der Sicherheitsfunktion bestimmten Teilsystemen zugeordnet: Eine Sicherheitsfunktion besteht somit aus einer Struktur von Funktionsblöcken. Ein oder mehrere Funktionsblöcke können dabei einem Teilsystem zugeordnet, jedoch kann ein Funktionsblock nicht mehreren Teilsystemen zugeordnet werden.

Die Teilsysteme werden dann so miteinander verschaltet, dass die durch die Funktionsstruktur vorgegebenen Verbindungen hergestellt werden. Die physikalische Verschaltung erfolgt entsprechend den Eigenschaften der gewählten Technik, z. B. durch Einzelverdrahtung (Punkt zu Punkt) oder durch Busverbindung.

Diagnosefunktionen, so wenn notwendig, werden als gesonderte Funktion betrachtet, die eine andere Struktur als die sicherheitsbezogene Steuerungsfunktion haben können.

Für weitere Sicherheitsfunktionen der Maschine oder Anlage wird ebenso verfahren (**Bild 5.8**).

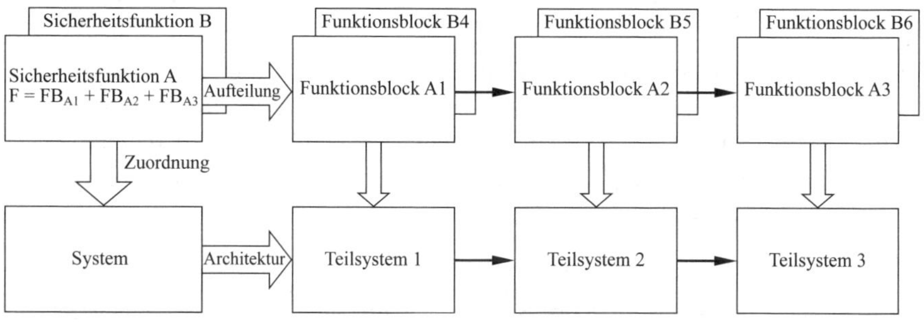

Bild 5.8 Zuordnung von Sicherheitsanforderungen der Funktionsblöcke zu Teilsystemen nach DIN EN 62061 (**VDE 0113-50**):2016-05

Zu erwartende Änderung in der VDE 0113-50

SCS = sicherheitsbezogene Steuerung = System = Summe aller Teilsysteme

SCS = SRECS der VDE 0113-50, 2005 bis 2015

Sicherheitsfunktion = SRCF der VDE 0113-50, 2005 bis 2015

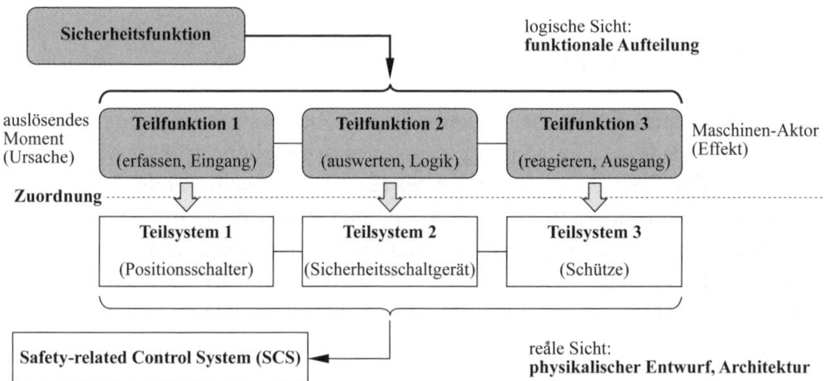

Bild 5.9 Beispiel für die typische Aufschlüsselung einer Sicherheitsfunktion in Teilfunktionen und Zuweisung zu Teilsystemen
(E DIN EN 62061 (**VDE 0113-50**):2017-10, Bild 4 (Entwurf))

Die Welt wird einfacher: Die Sicherheitsfunktion wir in Teilfunktionen aufgeteilt, die direkt Teilsystemen zugeordnet werden. Durch den Wegfall des SRCF und den direkten Bezug zur Sicherheitsfunktion mit ihren Teilfunktionen schafft es die, sich in der Überarbeitung befindende, IEC 62061 den Leser dort abzuholen, wo er sich befindet: Bei der Sicherheitsfunktion, die es gilt in eine Hardware und Software umzusetzen.

Die Redundanz vieler Anforderungen in der heutigen Ausgabe, die sich durch den Aufbau der Norm zwangsläufig ergeben musste, wird mit der neuen Ausgabe verschwinden und aus Sicht des Lesers zu einem, erhöhten Verständnis führen.

Der logische Ablauf des Entwurfs und der Integration wird sich am Inhaltsverzeichnis bereits widerspiegeln.

Dieser rote Faden fehlt der aktuellen Ausgabe noch.

Beispiel: Wenn die Schutztür geöffnet wird, dann muss über eine sicherheitsgerichtete Steuerung ein Antrieb in SLS (en: safely limited speed) übergehen. Somit ergeben sich drei Teilsysteme:

1. Die Schutztürüberwachung mittels zweier Positionsschalter.
2. Die Auswertung dieser Schutztür mittels einer sicherheitsgerichteten Steuerung.
3. Die Reaktion mit der Antriebsfunktion SLS mittels einer Antriebssteuerung gemäß DIN EN 61800-5 (**VDE 0160-105**).

International wurde eine neue Darstellung diskutiert, die in **Bild 5.10** dargestellt ist. Bild 5.10 gilt für DIN EN 62061 (**VDE 0113-50**) als auch für DIN EN ISO 13849-1. Im Vordergrund steht der maßgebliche Ansatz, eine Sicherheitsfunktion geistig erst einmal in Teilfunktionen aufzuteilen (Dekomposition): Die Funktionalität der Funktion steht hier zunächst im Fokus. Der technische Realisierungsansatz (Entwurf) soll erst danach erfolgen, damit das Prinzip jeder Sicherheitsfunktion umgesetzt wird – Ursache und Wirkung auf funktionaler Ebene als virtuelle Sicht, das wiederum als funktionale Beschreibung zusammengefasst werden kann.

Im nächsten Ansatz erst werden diese Teilfunktionen möglichen Teilsystemen oder SRP/CS zugeordnet. Der Vorteil liegt hier in einer eindeutigen und somit vereinfachten Herangehensweise eines Hardwareentwurfs: Jedes Teilsystem oder SRP/CS kann eine Teilfunktion wahrnehmen und muss diesbezüglich in den nächsten Schritten bewertet werden.

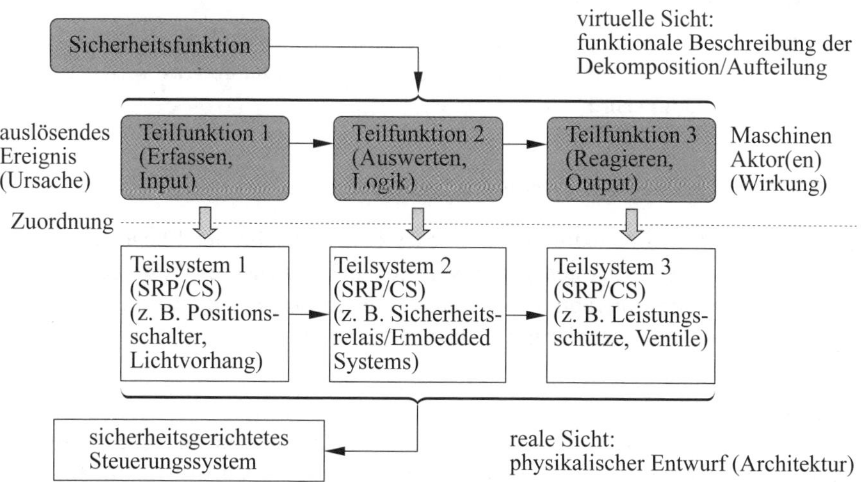

Anmerkung 1: Die Dekomposition des sicherheitsgerichteten Steuerungssystems in eine andere Anzahl von Teilsystemen ist auch möglich.
Anmerkung 2: Ein Feldbus (Kommunikation) kann Teil eines oder mehrerer Teilsysteme sein.
Anmerkung 3: Schnittstellen (z. B. Verdrahtung) Aspekte können für Teilsysteme relevant sein.

Bild 5.10 Zuordnung einer Sicherheitsfunktion zu einem sicherheitsgerichteten Steuerungssystem

In der Praxis werden meistens drei Teilsysteme verwendet: Erfassen des auslösenden Ereignisses, Auswerten mittels einer Logik und Reagieren durch Abschalten von Maschinen Aktoren bzw. Herstellen eines sicheren Zustands mit einem oder mehreren Maschinen Aktoren.

Aus Sicht der DIN EN ISO 13849-1:

Eine typische Sicherheitsfunktion wird als Blockschaltbild dargestellt, welches eine Kombination sicherheitsbezogener Teile einer Steuerung (SRP/CS) von Eingang (I), Logik (L), Ausgang (O) und Verbindungen (i_{ab}, i_{bc}) ist (**Bild 5.11**).

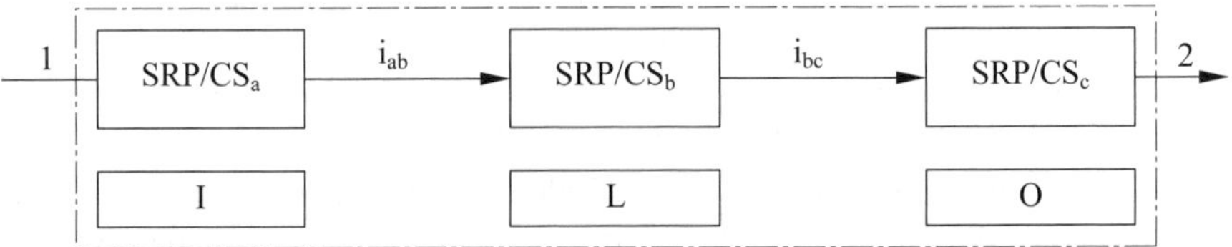

Bild 5.11 Zuordnung einer Sicherheitsfunktion als schematische Darstellung nach DIN EN ISO 13849-1:2016-06, Bild 4

> **Anmerkung**
> Eine Sicherheitsfunktion kann auch aus einem einzigen SRP/CS bestehen, das in sich dann ebenfalls drei „Blöcke" I – L – O haben kann. Das Verwirrungspotenzial ist somit sehr hoch.

5.10.2 Entwurf des Teilsystems (en: subsystem)

Das Element des Architekturentwurfs des SRECS auf oberster Ebene, wobei ein Ausfall irgendeines Teilsystems zu einem Ausfall der sicherheitsbezogenen Steuerungsfunktion führt. In Kapitel 5.11 werden die entsprechenden Anforderungen an den Entwurf und die Realisierung detailliert beschrieben.

> **Anmerkung**
> Im Unterschied zum allgemeinen Sprachgebrauch, in dem ein „Teilsystem" irgendeine unterteilte Einheit bedeuten kann, wird der Begriff „Teilsystem" in DIN EN 62061 (**VDE 0113-50**) in einer streng definierten Hierarchie der Terminologie verwendet. „Teilsystem" bedeutet die Unterteilung auf oberster Ebene. Die Teile, die aus einer weiteren Unterteilung eines Teilsystems hervorgehen, werden als „Teilsystemelemente" benannt.

DIN EN ISO 13849-1 bezeichnet ein Teilsystem als SRP/CS.

5.10.3 Entwurf des Teilsystemelements (en: subsystem element)

Das Teil eines Teilsystems, das eine einzelne Komponente oder eine Gruppe von Komponenten umfasst.

Mit diesen Strukturierungselementen können Steuerungsfunktionen nach einem eindeutigen Verfahren so strukturiert werden, dass definierte Teile der Funktion (Funktionsblöcke) bestimmten Hardwarekomponenten, den Teilsystemen, zugeordnet werden können.

Für die einzelnen Teilsysteme ergeben sich dadurch klar definierte Anforderungen, sodass sie unabhängig voneinander entworfen und realisiert werden können.

Die Architektur zur Realisierung des vollständigen Steuerungssystems ergibt sich, indem die Teilsysteme untereinander so angeordnet werden wie die Funktionsblöcke bzw. Teilfunktionen innerhalb der Funktion (logisch) angeordnet sind.

Aus Sicht der DIN EN ISO 13849-1

DIN EN ISO 13849-1 verwendet keinen expliziten Begriff für ein Teilsystemelement, sondern arbeitet mit dem Ansatz der Darstellung mittels Blockdiagramm um eine interne Struktur eines SRP/CS auf Basis der Komponenten darzustellen, die dann wiederum und letztendlich Teilsystemelemente innerhalb eines SRP/CS als Teilsystem sind.

Wenn ein SRP/CS auf Basis einer Kategorie entworfen und eine Sicherheitsfunktion auf Basis von mindestens drei SRP/CS realisiert wird (siehe Kapitel 5.10.1), dann reduziert sich die Darstellung mittels Blockdiagramm auf jedes einzelne SRP/CS.

Die Darstellung einer Sicherheitsfunktion durch ein einziges oder singuläres SRP/CS, wie in **Bild 5.12** dargestellt, ist nicht hilfreich, weil es keinen eindeutigen Bezug

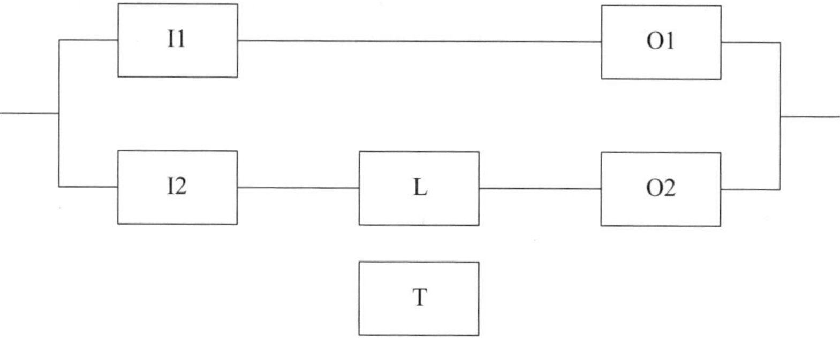

Bild 5.12 Beispiel eines sicherheitsbezogenen Blockdiagramms nach DIN EN ISO 13849-1:2016-06, Bild B.1

mehr zu den Teilfunktionen einer Sicherheitsfunktion erlaubt: Die sich anschließende Bewertung der beiden „Kanäle“ (z. B. $MTTF_D$ jedes Kanals oder DC_{avg}) wird abstrakt und nicht mehr prüfbar, und es können mathematische Effekte entstehen, die nicht so ohne Weiteres nachzuempfinden bzw. erklärbar sind.

Von einer solchen Darstellung kann in der Praxis meistens Abstand genommen werden. Die Beispiele in Kapitel 9 verdeutlichen das eindrucksvoll.

5.10.4 Ein exemplarisches System

Die Praxis erlaubt es auf eine anschauliche Art und Weise ein System zu entwerfen. Eine Schutztür soll z. B. überwacht werden, und bei Öffnen sollen sicherheitsgerichtet zwei Schütze abgeschaltet werden. Dieses sicherheitsbezogene elektrische Steuerungssystem wird (bereits heute), wie in **Bild 5.13** dargestellt realisiert.

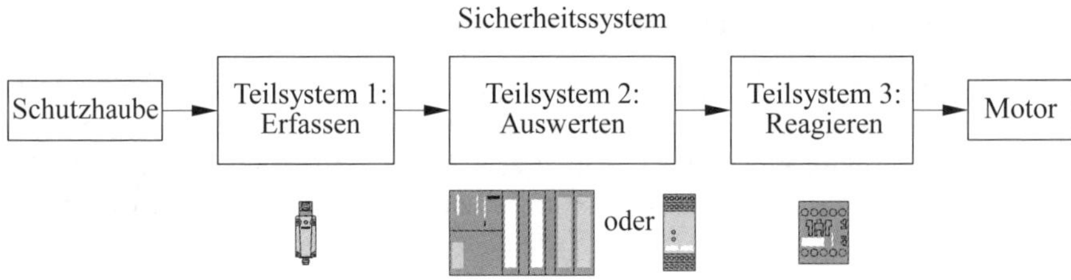

Bild 5.13 Teilsystemelemente, Teilsystem, System und SRECS nach DIN EN 62061 (**VDE 0113-50**)

Die Funktionsblöcke oder Teilfunktionen Schutztürüberwachung, Auswertung und Reaktion sind in den Teilsystemen Sensor, Auswerteeinheit und Aktor abgebildet. Die Diagnosefunktionen sind im Teilsystem Auswerten integriert.

Eine Diagnosefunktion, mit dem Ziel Fehler aufzudecken oder zu beherrschen, darf von einem benachbarten Teilsystem realisiert werden.

Beispiele, siehe **Bild 5.14**:

Das Leistungsschütz, das einen Motor elektrisch abschaltet, wird mittels der Spiegelkontakte überwacht, damit ein Verschweißen der Hauptkontakte erkannt werden kann. Dies stellt die Diagnosefunktion dar und wird mit einem Diagnosedeckungsgrad *DC* bemessen. Diese Art der Überwachung kann das Leistungsschütz selbst jedoch nicht leisten und es muss „außerhalb“ des Leistungsschützes eine Auswertung der Spiegelkontakte in Abhängigkeit der Ansteuerung des Leistungsschützes erfolgen: Diese Funktion übernimmt z. B. ein Sicherheitsrelais oder eine sicherheitsgerichtete Steuerung.

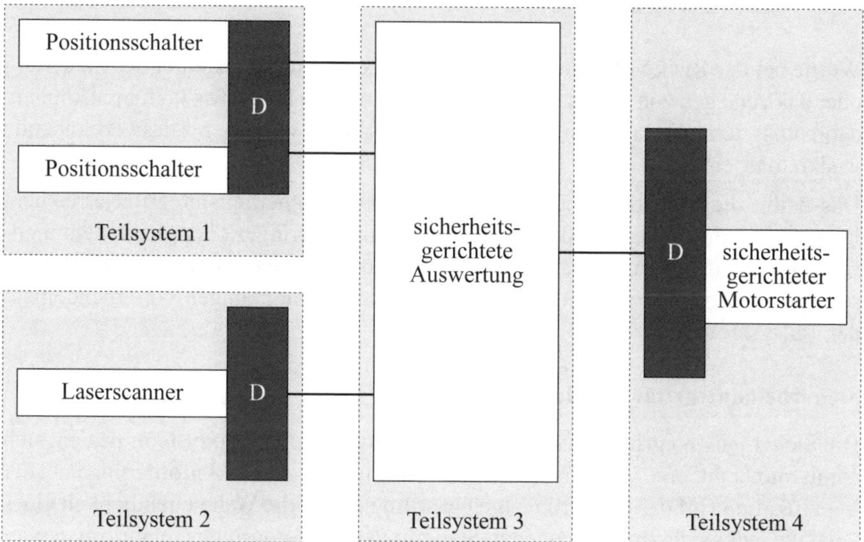

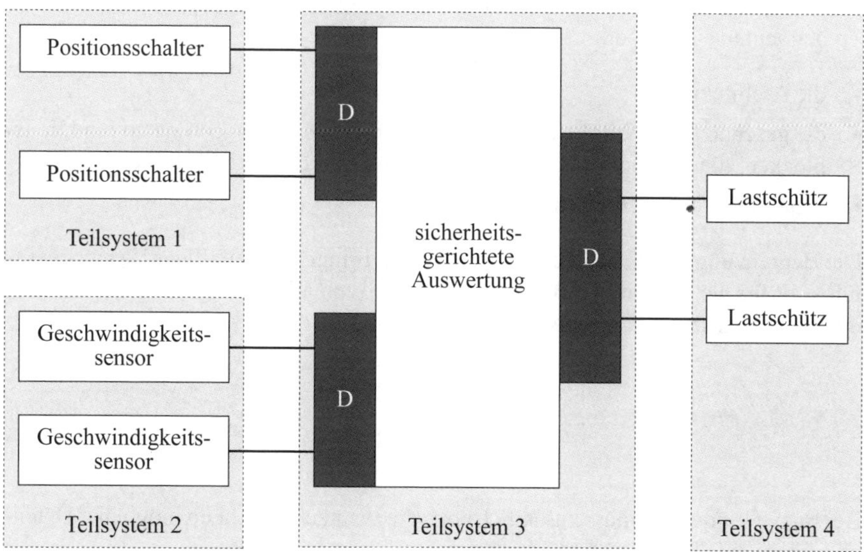

Bild 5.14 Diagnosefunktion und Teilsysteme –
a) Teilsysteme mit integrierter Diagnose, b) Teilsysteme mit „externer“ Diagnose

5.10.5 Bestimmung des erreichten Sicherheitsintegritätslevels (SIL) oder Performance Level (PL)

Wurde bei der Risikountersuchung festgestellt, dass Funktionsfehler der Steuerung oder das Versagen von Schutzabsperrungen zu einem zu hohen Risiko führen können, dann muss deren Wahrscheinlichkeit soweit verringert werden, bis das verbleibende Risiko tolerierbar ist.

Das heißt, die Steuerung muss eine ausreichende Sicherheitsintegrität erreichen. Dieser Sicherheitsintegritätslevel des SRECS muss geringer oder gleich dem niedrigsten Wert der SIL-Anspruchsgrenze für die Sicherheitsintegrität der Hardware, der systematischen Integrität und den strukturellen Einschränkungen von irgendeinem der Teilsysteme sein.

Sicherheitsintegrität der Hardware

Die Sicherheitsintegrität eines sicherheitsrelevanten Steuerungssystems bezieht sich somit immer auf eine vollständige Sicherheitsfunktion, dessen Anforderungen in der Spezifikation (für das System) festgelegt wurden. Und die Wahrscheinlichkeit eines Ausfalls jeder sicherheitsbezogenen Steuerungsfunktion infolge Gefahr bringender zufälliger Hardwareausfälle muss somit kleiner oder gleich sein, als der in der Spezifikation der Sicherheitsanforderungen festgelegten Ausfallgrenzwerts.

Zu betrachten sind dabei:

- die Architektur;
- die geschätzte Ausfallrate jedes Teilsystems mit seinen zugeordneten Funktionsblöcken, die zu einem Gefahr bringenden Ausfall des SRECS führen können;
- Ausfälle infolge gemeinsamer Ursache.

Die Begrenzung der Wahrscheinlichkeit Gefahr bringender zufälliger Hardwareausfälle gilt für die gesamte Funktion, d. h. sie darf von allen Teilsystemen zusammen nicht überschritten werden. Es gilt somit:

$$PFH_{\mathrm{D}} = PFH_{\mathrm{D},1} + \ldots + PFH_{\mathrm{D},n}.$$

Bei Busverbindungen muss zusätzlich noch die Wahrscheinlichkeit möglicher Datenübertragungsfehler (P_{TE}) addiert werden.

Anmerkung

Dieser Ansatz basiert auf dem Begriff Funktionsblock als konzeptionelle Einheit, die aus einer Aufteilung einer sicherheitsbezogenen Steuerungsfunktion auf oberster Ebene hervorgeht. Der Ausfall irgendeines Funktionsblocks führt zu einem Ausfall der sicherheitsbezogenen Steuerungsfunktion.

Strukturelle Einschränkungen

Wenn jedes einzelne Teilsystem die geforderten strukturellen Einschränkungen eines bestimmten SIL erfüllt, dann erfüllt sie das System ebenfalls. Erfüllt jedoch ein Teilsystem nur die geringeren Anforderungen eines niedrigeren SIL, dann begrenzt das den SIL, den das System erreichen kann. Man spricht deshalb vom **SIL claim limit (SILCL)** eines Teilsystems zur Beschreibung der SIL-Anspruchsgrenze.

$$SIL_{\text{System}} \leq \left(SIL_{\text{Teilsystem}}\right)_{\text{niedrigste}}.$$

Aus Sicht der DIN EN ISO 13849-1: $PL_{\text{Sicherheitsfunktion}} \leq \left(PL_{\text{SRP/CS}}\right)_{\text{niedrigste}}$.

Systematische Sicherheitsintegrität

Wie bei den strukturellen Einschränkungen beschrieben, muss auch für die systematische Sicherheitsintegrität die SIL-Anspruchsgrenze der SRECS geringer oder gleich der niedrigsten SIL-Anspruchsgrenze irgendeines Teilsystems, das an der Ausführung der sicherheitsbezogenen Steuerungsfunktion beteiligt ist, sein.

$$SIL_{\text{System}} \leq \left(SIL_{\text{Teilsystem}}\right)_{\text{niedrigste}}.$$

Aus Sicht der DIN EN ISO 13849-1: $PL_{\text{Sicherheitsfunktion}} \leq \left(PL_{\text{SRP/CS}}\right)_{\text{niedrigste}}$.

Zu erwartende Änderung in der VDE 0113-50

Der SIL, der durch das SCS erreicht werden kann, ist für jede Sicherheitsfunktion getrennt zu betrachten und ist aus dem SIL und dem *PFH* jedes Teilsystems wie folgt zu bestimmen:

- der erreichte SIL ist gleich oder kleiner als der niedrigste SIL jedes der Teilsysteme, und
- wird der SIL durch die Summe der *PFH*-Werte aller Teilsysteme gemäß Tabelle 3 der Norm begrenzt.

Bild 5.15 zeigt ein Beispiel für ein SCS mit einer Sicherheitsintegrität von SIL 2, obwohl der *PFH*-Gesamtwert für einen höheren SIL geeignet ist.

Teilsystem 1 (Erkennung, Eingabe)	**Teilsystem 2** (Auswertung, Logik)	**Teilsystem 3** (Reaktion, Ausgabe)
SIL 2 $PFH_D = 1{,}5 \cdot 10^{-8}$	SIL 3 $PFH_D = 2 \cdot 10^{-9}$	SIL 2 $PFH_D = 4 \cdot 10^{-8}$

Sicherheitsanforderung des sicherheitsrelevanten Steuerungssystems	
niedrigste Sicherheitsanforderungsstufe aller Teilsysteme:	SIL 2
Wahrscheinlichkeit eines Gefahr bringenden Hardwareausfalls:	$\sum PFH_D = 5{,}7 \cdot 10^{-8}$ (siehe Abschnitt 6.3.2.1 der Norm)
	➔ **Das SCS erreicht die Sicherheitsanforderungsstufe 2**

Bild 5.15 Beispiel für die Sicherheitsanforderung einer Sicherheitsfunktion auf der Grundlage der als ein sicherheitsrelevantes Steuerungssystem zugewiesenen Teilsysteme
(E DIN EN 62061 (**VDE 0113-50**):2017-10, Bild 5 (Entwurf))

3.2.22
Hardware-Sicherheitsintegrität
Teil der Sicherheitsintegrität eines SCS oder seiner Teilsysteme, der sich auf zufällige Hardware-Ausfälle in einem gefährlichen Ausfallmodus bezieht.

Hardware safety integrity
Part of the safety integrity of an SCS or its subsystems relating to random hardware failures in a dangerous mode of failure.
Note 1 to entry: The term relates to failures in a dangerous mode, that is, those failures of a safety-related system that would impair its safety integrity.

Note 2 to entry: Hardware safety integrity includes architectural constraints.
[Source: IEC 61508-4:2010, 3.5.7 – Terminology adapted to machinery, note 1 shortened, note 2 added]

Hardware-Sicherheitsintegrität = PFH (PFH_D)

Berechnungen der Wahrscheinlichkeit zufälliger Ausfälle, umgangssprachlich „Ausfallwahrscheinlichkeit"

- von Teilsystemen,
- von dem SCS.

Ansatz: quantitative Betrachtung mittels Ausfallraten (Lambdas oder $MTTF_D$).

Motivation: Ermittlung eines *PFH*-Werts für ein Teilsystem und das SCS.

3.2.23
Systematische Sicherheitsintegrität
Teil der Sicherheitsintegrität eines SCS oder seiner Teilsysteme in Bezug auf seine Widerstandsfähigkeit gegen systematische Ausfälle in einem gefährlichen Modus.

Systematic safety integrity
Part of the safety integrity of an SCS or its subsystems relating to its resistance to systematic failures in a dangerous mode.
Note 1 to entry: Systematic safety integrity cannot usually be quantified precisely.
Note 2 to entry: Requirements for systematic safety integrity apply to both hardware and software aspects of an SCS or its subsystems.
[Source: IEC 61508-4:2010, 3.5.6, modified – Terminology adapted to machinery, note 1 shortened, note 2 added]

Systematische Sicherheitsintegrität =
Auswahl geeigneter Produkte (Umgebungsbedingungen)

Bewertung der Software, falls relevant

- von Teilsystemelementen,
- von Teilsystemen,
- von dem SCS.

Ansatz: qualitative Betrachtung mittels systematischer Kriterien.

Motivation: Vermeidung der Verwendung von nicht geeigneten Komponenten, unter Berücksichtigung der Umweltbedingungen der Maschine.

Anmerkung

Der Sicherheitsintegritätslevel SIL eines sicherheitsbezogenen elektrischen Steuerungssystems muss spätestens bei der Validierung und Verifikation immer drei Anforderungen genügen bzw. entsprechen:

- die Sicherheitsintegrität der Hardware,
- die strukturellen Einschränkungen der Teilsysteme und des Systems,
- die systematische Sicherheitsintegrität der Teilsysteme und des Systems.

Hiermit wird letztendlich der Nachweis der Qualität des sicherheitsbezogenen elektrischen Steuerungssystems erbracht.

Aus Sicht der DIN EN ISO 13849-1

Mit dem Amendment (Berichtigung) 2015 der ISO 13849-1 wird diese Vorgehensweise ausdrücklich beschrieben, weil damit die meisten Sicherheitsfunktionen schon heute in der Praxis realisiert und bewertet werden. Der Grund ist, dass heutzutage Hersteller für fast alle auf dem Markt erhältlichen SRP/CS (als gekapselte Teilsysteme) neben dem SIL oder PL auch den PFH_D-Wert angeben. Bei selbstentwickelten SRP/CS sind diese Werte ohnehin vorhanden. Daher kann man bei der Kombination (als Reihenschaltung) von SRP/CS, die zusammen eine Sicherheitsfunktion ausführen, folgendermaßen vorgehen:

- Begrenzung durch nicht quantifizierbare Aspekte: Der Gesamt-PL ist höchstens so groß wie der niedrigste PL aller kombinierten SRP/CS und
- Begrenzung durch quantifizierbare Aspekte: Der Gesamt-PL ist höchstens so groß wie der PL, der – nach Tabelle 3 der Norm – der aufsummierten PFH_D-Wert entspricht. Der aufsummierte PFH_D-Wert wird gebildet als Summe der PFH_D-Werte aller verwendeter SRP/CS.

Damit ist das bisher in der Norm beschriebene Kombinationsverfahren nach Tabelle 11 der Norm nur noch als Ausnahme vorgesehen, falls für die kombinierten SRP/CS nur PL-Werte, aber keine PFH_D-Werte vorliegen sollten.

5.11 Realisierung von Teilsystemen (und SRP/CS)

5.11.1 Anforderungen für den Entwurf

Jedes Teilsystem muss eine für den SIL des Systems ausreichende Fehlertoleranz haben. Diese hängt davon ab, wie groß der Anteil der Fehler, die in eine sichere Richtung gehen, bezogen auf die Wahrscheinlichkeit aller möglichen Fehler des Teilsystems ist. Potenziell gefährliche Fehler eines Teilsystems, die durch Diagnose rechtzeitig aufgedeckt werden, gehören dabei zu den Fehlern, die in eine sichere Richtung gehen.

Die erlaubte Wahrscheinlichkeit des Versagens einer Sicherheitsfunktion ist durch den in der Spezifikation festgelegten SIL begrenzt. Die Gestaltung der Teilsysteme muss so erfolgen, dass die folgenden Anforderungen erfüllt werden:

- *die Sicherheitsintegrität der Hardware*, mit Betrachtung
  - der strukturellen Einschränkungen und
  - der Wahrscheinlichkeit Gefahr bringender zufälliger Hardwareausfälle;
- *die systematische Sicherheitsintegrität*, mit Betrachtung
  - der Vermeidung von Ausfällen und den Anforderungen zur Beherrschung systematischer Fehler, und
  - dem Nachweis der Betriebsbewährtheit;
- *das Verhalten des Teilsystems bei Erkennung eines Fehlers.*

Aus Sicht der DIN EN ISO 13849-1

Im Kern gibt es keinen Unterschied zu diesem Ansatz: Mit den Kategorien als vorgesehene Architekturen werden die strukturellen Einschränkungen umschrieben. Die Aufteilung der *Sicherheitsintegrität der Hardware* in strukturelle Einschränkungen und einer Wahrscheinlichkeit Gefahr bringender zufälliger Hardwareausfälle wird leider nicht derart explizit genannt, sondern ist Teil der Definition der Kategorien und des Anhang K der DIN EN ISO 13849-1:2016-06.

Eine eindeutige differenzierte Betrachtung gemäß der DIN EN 62061 (**VDE 0113-50**) bietet den fundamentalen Vorteil, dass zunächst die Qualität der ausgewählten Architektur allein als solche bewertet werden kann, ehe dann die Betrachtungen der Wahrscheinlichkeiten ins Spiel kommen: Wie bei der DIN EN 954-1 steht die Architektur als maßgebliches qualitatives Entscheidungskriterium im Vordergrund.

5.11.2 Sicherheitsparameter des Teilsystems

Für die Abschätzung der Wahrscheinlichkeit Gefahr bringender Ausfälle pro Stunde werden beim Entwurf der Teilsysteme folgende Informationen benötigt:

- die geschätzten Ausfallraten, die durch Diagnosetests erkannt und nicht erkannt werden (ungefährlich sind dabei erkannte Ausfälle);
- die Umgebungsbedingungen und die Gebrauchsdauer;
- die Anforderung bezüglich der Tests und Instandhaltung;
- der Diagnosedeckungsgrad und ggf. das Diagnose-Testintervall;

Der höchste in Anspruch zu nehmende Sicherheitsintegritätslevel wird durch

- die Abschätzung des Anteils sicherer Ausfälle *SFF* (der Ausfall eines Teilsystems kann zu einem ungefährlichem oder einem Gefahr bringenden Ausfall des SRECS führen) und
- die Fehlertoleranz der Hardware des Teilsystems

beschrieben.

Zur Vermeidung von systematischen Ausfällen müssen die Grenzen bei Anwendung des Teilsystems angegeben werden. Sollte eine digitale Kommunikation Verwendung finden, dann muss die Wahrscheinlichkeit Gefahr bringender Übertragungsfehler P_{TE} angegeben werden.

Aus Sicht der DIN EN ISO 13849-1

Der Begriff *Anteil sicherer Ausfälle SFF* ist in DIN EN ISO 13849-1 unbekannt. Vereinfacht lässt sich aber folgende Beziehung herstellen:

$$SFF_{(\mathrm{DIN\ EN\ 62061\ (\mathbf{VDE\ 0113\text{-}50}))}} \approx DC_{\mathrm{avg\ (DIN\ EN\ ISO\ 13849\text{-}1)}}.$$

Betrachtet man nun die Relevanz des DC_{avg} in DIN EN ISO 13849-1, insbesondere bei der Definition den Kategorien, so stellt man fest, dass es keinen Unterschied in der Zielsetzung gibt: Die ausgewählte Architektur (oder Kategorie) hängt maßgeblich von der Diagnose, und somit von einem DC_{avg} ab. In Kapitel 8.3 wird die Herleitung dieses Vergleichs für elektromechanische Komponenten gemacht.

5.11.3 Auswahl geeigneter Komponenten und Geräte

Ein Teilsystem, das zur Implementierung einer Sicherheitsfunktion eingesetzt werden soll, muss die geforderte Funktionalität haben und den betreffenden Anforderungen der DIN EN 62061 (**VDE 0113-50**) genügen. Mikroprozessorbasierte Teilsysteme müssen IEC 61508 für den entsprechenden SIL erfüllen.

Es können auch Geräte, die eine bestimmte Kategorie nach DIN EN ISO 13849-1 erfüllen, als Teilsysteme eingesetzt werden. Die notwendigen Anforderungen zur Integration dieser Geräte in das Entwurfskonzept der DIN EN 62061 (**VDE 0113-50**):2016-05 sind im Abschnitt 6.7 „Realisierung von Teilsystemen" der Norm beschrieben. Die einzelnen Teilsysteme müssen die in der Spezifikation geforderten Sicherheitsparameter (SILCL und PFH_D) erfüllen.

Es können auch Teilsysteme eingesetzt werden, die bestimmten Kategorien entsprechen: Auf Basis der angegebenen Kategorie können die entsprechenden Sicherheitsparameter SILCL und PFH_D bestimmt werden. Dabei wird allgemein folgende Zuordnung getroffen: Ein für SIL 1 geeignetes Teilsystem kann für Kategorie 2 eingesetzt werden und entsprechend SIL 2 für Kategorie 3 sowie SIL 3 für Kategorie 4. Werden „rechnerbasierte" (also komplexe) Teilsysteme eingesetzt, so müssen diese bestimmten bzw. geforderten SIL nach DIN EN 61508 (**VDE 0803**) erfüllen.

In vielen Fällen benötigen Geräte noch zusätzliche Fehleraufdeckungsmaßnahmen (Diagnose), um die für ihre Verwendung als Teilsystem angegebene Sicherheitsintegrität tatsächlich zu erreichen. Diese Fehleraufdeckung kann z. B. durch Zusatzgeräte (z. B. Sicherheitsrelais 3SK1) oder entsprechende Software-Diagnosebausteine in der Logikverarbeitung erfolgen. Für diesen Fall muss die Beschreibung des Geräts entsprechende Informationen enthalten. Wenn kein geeignetes Gerät zur Verfügung steht, das den Anforderungen eines so spezifizierten Teilsystems genügt, muss es aus verfügbaren Geräten zusammengesetzt werden. Das erfordert dann den nächsten Entwurfsschritt.

5.11.4 Bestimmung der sicherheitsbezogenen Leistungsfähigkeit des Teilsystems

Die sicherheitsbezogene Leistungsfähigkeit eines Teilsystems wird durch den erreichbaren SIL definiert. Das heißt, durch die strukturellen Einschränkungen eines Teilsystems wird die SIL-Anspruchsgrenze, also der max. erreichbare SIL, aufgrund der systematischen Integrität und der Wahrscheinlichkeit der Gefahr bringenden zufälligen Hardwareausfälle, bestimmt.

Aus Sicht der DIN EN ISO 13849-1

Die hier beschriebenen Anforderungen werden auch in DIN EN 13849-1 gefordert.

5.11.5 Strukturelle Einschränkungen der Sicherheitsintegrität der Hardware von Teilsystemen

Für eine sicherheitsbezogene Steuerungsfunktion ist der höchste Sicherheitsintegritätslevel, der in Anspruch genommen werden kann,

- durch die Fehlertoleranzen der Hardware und
- durch die Anteile sicherer Ausfälle der Teilsysteme, die die sicherheitsbezogene Steuerungsfunktion ausführen, begrenzt.

Tabelle 5.5 legt den höchsten Sicherheitsintegritätslevel fest, der für eine sicherheitsbezogene Steuerungsfunktion in Anspruch genommen werden kann, die ein Teilsystem verwendet.

Dabei werden die Fehlertoleranz der Hardware und der Anteil sicherer Ausfälle dieses Teilsystems betrachtet. Die in Tabelle 5.5 angegebenen strukturellen Einschränkungen müssen auf jedes Teilsystem angewendet werden.

Anteil sicherer Ausfälle (*SFF*)	**Hardwarefehlertoleranz (*HFT*) (siehe Anmerkung 1)**		
	0	**1**	**2**
< 60 %	nicht erlaubt (zu Ausnahmen siehe Anmerkung 3)	SIL 1	SIL 2
60 % bis < 90 %	SIL 1	SIL 2	SIL 3
90 % bis < 99 %	SIL 2	SIL 3	SIL 3 (Anmerkung 2)
≥ 99 %	SIL 3	SIL 3 (Anmerkung 2)	SIL 3 (Anmerkung 2)

Anmerkung 1: Eine Hardwarefehlertoleranz von *N* bedeutet, dass *N* + 1 Fehler zu einem Verlust der SRCF führen können.

Anmerkung 2: Eine SIL-4-Anspruchsgrenze wird in dieser Norm nicht betrachtet.
Zu SIL 4 siehe DIN EN 61508-1 (**VDE 0803-1**).

Anmerkung 3: Siehe Abschnitt 6.7.6.4 der Norm oder für Teilsysteme, bei denen Fehlerausschlüsse auf Fehler angewendet worden sind, die zu einem Gefahr bringenden Ausfall führen könnten, siehe Abschnitt 6.7.7 der Norm.

Tabelle 5.5 Strukturelle Einschränkungen von Teilsystemen, nach DIN EN 62061 (**VDE 0113-50**):2016-05, Tabelle 5

Anmerkung

Nullfehlertoleranz ($N = 0$) bedeutet, dass ein Fehler bereits zum Verlust der Sicherheitsfunktion führt und Einfehlertoleranz ($N = 1$), dass ein Fehler noch nicht zum Verlust der Sicherheitsfunktion führt.

Fehler dürfen ausgeschlossen werden, wenn die Wahrscheinlichkeit ihres Auftretens sehr gering ist im Verhältnis zu den Anforderungen zur Sicherheitsintegrität des Teilsystems.

Zu erwartende Änderung in der VDE 0113-50

3.2.43
Bewährte Bauteile
für eine sicherheitsbezogene Anwendung, Komponente für eine sicherheitsbezogene Anwendung, die entweder

a) in der Vergangenheit mit erfolgreichen Ergebnissen in ähnlichen sicherheitsbezogenen Anwendungen weit verbreitet waren, wie sie als bewährte Komponenten in den informativen Anhängen der ISO 13849-2 angegeben sind, oder

b) unter Anwendung von Prinzipien hergestellt und verifiziert wurden, die seine Eignung und Zuverlässigkeit für sicherheitsbezogene Anwendungen belegen. ISO 13849-2 führt eine Vielzahl von Komponenten und die Bedingungen für bestimmte Technologien auf, unter denen die Komponente als erprobt angesehen werden kann.

3.2.44
Bewährte Sicherheitsprinzipien
Prinzipien, die sich in der Vergangenheit beim Entwurf oder bei der Integration sicherheitsbezogener Steuerungssysteme als wirksam erwiesen haben, um kritische Fehler oder Ausfälle, die die Ausführung einer Sicherheitsfunktion beeinflussen können, zu vermeiden oder zu beherrschen.

3.2.43
Well-tried component
for a safety-related application, component for a safety-related application which has been either

a) widely used in the past with successful results in similar safety-related applications as given as well-tried components in the informative annexes of ISO 13849-2, or

b) made and verified using principles which demonstrate its suitability and reliability for safety -related applications. ISO 13849-2 lists a variety of components and the conditions for specific technologies under which the component can be considered well-tried.

Note 1 to entry: Newly developed components may be considered as equivalent to „well-tried“ if they fulfil the conditions of b).

Note 2 to entry: The decision to accept a particular component as being „well-tried" depends on the application, e. g. owing to the environmental influences and can be impacted by product or manufacturer changes.
Note 3 to entry: Complex electronic components (e. g. PLC, microprocessor, application-specific integrated circuit) cannot be considered as equivalent to „well tried".
Note 4 to entry: A well-tried component is not a proven in use component.

3.2.44
Well-tried safety principles
Principles that have proved effective in the design or integration of safety-related control systems in the past, to avoid or control critical faults or failures which can influence the performance of a safety function.
Note 1 to entry: Newly developed safety principles may be considered as equivalent to „well-tried" if they are verified using principles which demonstrate their suitability and reliability for safety-related applications.
Note 2 to entry: Well-tried safety principles are effective not only against random hardware failures, but also against systematic failures which may creep into the product at some point in the course of the product life cycle, e. g. faults arising during product design, integration, modification or deterioration.
Note 3 to entry: Tables A.2, B.2, C.2 and D.2 in the informative annexes of ISO 13849-2:2012 address well-tried safety principles for different technologies.
[Source: Definition derived from ISO 13849-1:2015]

<u>Altkluge Statements für den gewieften Experten der funktionalen Sicherheit – vereinfache Sichtweise für 90 % der Alltagsfälle</u>

SIL 1 tut nicht so weh:	einkanalig, zudem auch noch günstig;
SIL 2 tut sehr weh, bis hin zu unerträglich:	zweikanalig;
SIL 3 ist nur noch unerträglich:	zweikanalig.

<u>Bei DIN EN ISO 13849-1 abgeschaut – warum auch nicht, wenn für hilfreich befunden?</u>

In Abschnitt 7.5.3 „Grundlegende Anforderungen" der Norm zeigt sich die Wucht dieser Begriffe und deren Sinnhaftigkeit: Gutes Engineering, gepaart mit zuverlässigen Produkten macht Sicherheitstechnik aus – so einfach kann es sein.

<u>SIL 1 nur mit bewährten Bauteilen möglich</u>

Siehe in der Norm Abschnitt 7.4 „Architektur-Einschränkungen eines Teilsystems" und Tabelle 6, „Architektur-Einschränkungen für ein Teilsystem: max. SIL, die für ein SCS mit dem Teilsystem beansprucht werden können".

Bewährte und grundlegende Sicherheitsprinzipien sind ein Muss für jeden

Siehe in der Norm Abschnitt 7.5.3, Tabelle 7 „Überblick über die grundlegenden Anforderungen und Zusammenhänge zu grundlegenden Teilsystemarchitekturen.“

Für jede gewählte Architektur, ob ein- oder zweikanalig, gelten diese Prinzipien und sind anzuwenden. Punkt. Nicht zu verhandeln, einfach machen – das erspart einem sinnlose Diskussionen.

Deshalb gibt es eine neue Tabelle 7 in der Norm (**Tabelle 5.6** in diesem Buch), die dem Gedankengang der ISO 13849-1 sehr nahekommt und die gelebte Praxis widerspiegelt.

Grundlegende Anforderungen	**Hardware-Fehlertoleranz (*HFT*)**				**Kommentare/Beispiele**
	0		**1**		
	SFF		***SFF***		
	< 60 %	**≥ 60 %**	**< 60 %**	**≥ 60 %**	
grundlegende Sicherheitsgrundsätze	M	M	M	M	Anwendung geeigneter Werkstoffe ISO 13849-2:2012-10, Anhang A bis D
bewährte Sicherheitsgrundsätze	M	M	M	M	Positiv mechanisch verbundene Kontakte (DIN EN 60947-5-1 (**VDE 0660-200**)) ISO 13849-2:2012-10, Anhang A bis D
bewährte Sicherheitskomponenten	M	–	–	–	Schütz (DIN EN IEC 60947-4-1 (**VDE 0660-102**)) ISO 13849-2:2012-10, Anhang A bis D
CCF	nicht relevant	M	M	M	
Art der grundlegenden Teilsystemarchitektur	A	C	B	D	
M vorgeschrieben, – keine Anforderung					

Tabelle 5.6 Übersicht der grundlegenden Anforderungen und Interrelation zu grundlegenden Teilsystemarchitekturen
(angelehnt an E DIN EN 62061 (**VDE 0113-50**):2017-10, Tabelle 5 (Entwurf))

Aus Sicht der DIN EN ISO 13849-1

Der Begriff *Fehlertoleranz der Hardware* ist in DIN EN 13849-1 nicht beschrieben. Der hiermit verfolgte Ansatz der DIN EN 62061 (**VDE 0113-50**) beschreibt die qualitativen Anforderungen an die ausgewählte Architektur. Die Kategorien der

DIN EN ISO 13849-1 verfolgen dasselbe Ziel, ohne dabei aber diesen Begriff zu verwenden.

Warum aber?

Historische Gründe sind daran schuld: DIN EN 954-1 hat mit den Kategorien funktional diese Anforderungen umschrieben, weil es zu diesem Zeitpunkt den Begriff Diagnose oder Diagnosedeckungsgrad nicht gab. Dabei sind die Kategorien B und 1 einkanalige Architekturen ohne Diagnosefähigkeit, die Kategorie 2 eine einkanalige Architektur mit Diagnosefähigkeit und die Kategorien 3 und 4 zweikanalige Architekturen mit entsprechenden Diagnosefähigkeiten.

Mit der Annahme $SFF \approx DC_{avg}$ lässt sich **Tabelle 5.7** ableiten.

DC_{avg}	**Maximal erreichbarer SIL oder PL, basierend auf den vorgesehenen Architekturen**					
	einkanalig ($HFT = 0$)			**zweikanalig ($HFT = 1$)**		
	ohne Diagnose		**mit Diagnose**	**ohne Diagnose**	**mit Diagnose**	
<60 % (kein)[1]	SIL 1 PL b	SIL 1 PL c	–	SIL 1 PL c	–	–
60 % … <90 % (niedrig)	–	–	PL c SIL 1	–	PL d SIL 2	–
90 % … < 99 % (mittel)	–	–	PL d SIL 2	–	PL d SIL 2 [2]	–
≥ 99 % (hoch)	–	–	PL d SIL 2	–	–	PL e SIL 3
Kategorie Basis-Teilsystem-architektur[3]	B A	1 A	2 C	– B[4]	3 D	4 D

[1] $DC_{avg} < 60$ % wird als $DC_{avg} = 0$ % betrachtet.

[2] Erreichbarer SIL oder PL mit Kategorie 3 und DC 90 % … < 99 % (mittel) kann ein SIL oder PL höher sein (SIL 3 oder PL e), aber der PFH_D wird auf $4{,}29 \cdot 10^{-8}$ (unabhängig des $MTTF_D > 100$ Jahre) begrenzt.

[3] Die Basis-Teilsystemarchitekturen A bis D stellen eine virtuelle Sicht der ein- oder zweikanaligen Architekturen dar (mit oder ohne Diagnose) und beschreiben einen vereinfachten Ansatz zur Ermittlung des PFH_D.

[4] Eine redundante Architektur (zweikanalig) ohne jeglichen Diagnosedeckungsgrad und bei der jeder Kanal mindestens die Anforderung an die Kategorie B erfüllen ist ein SIL 1 oder PL c max. erreichbar.

Tabelle 5.7 Strukturelle Einschränkungen von Teilsystemen in Verbindung mit DIN EN 62061 (**VDE 0113-50**) und DIN EN ISO 13849-1

Die Fehlertoleranz der Hardware mit 2 (z. B. dreikanalig) ist in DIN EN ISO 13849-1 nicht vorgesehen.

Die DIN EN ISO 13849-1 zeigt im Grunde die gleichen Aussagen wie die Tabelle 5.7 mit dem **Bild 5.16**.

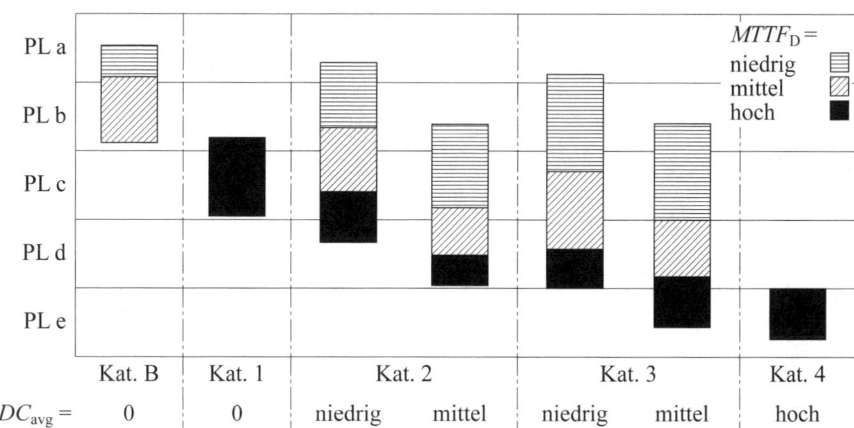

Bild 5.16 Beziehung zwischen den Kategorien DC_{avg}, $MTTF_D$ jedes Kanals und PL der DIN EN ISO 13849-1:2016-06, Bild 5

5.11.6 Abschätzung des Anteils sicherer Ausfälle (*SFF*)

Wenn ein Teilsystem in Übereinstimmung mit der ISO 13849-1:1999-11 entworfen und gemäß der DIN EN ISO 13849-2 (EN 954-2) validiert wurde, dann kann die Beziehung in Bezug auf die strukturellen Einschränkungen in Übereinstimmung mit **Tabelle 5.8** angewendet werden.

Wichtiger Hinweis

Tabelle 5.8 in diesem Buch wird in der aktuellen Fassung der Norm nicht mehr angeführt. Jedoch zeigt diese Tabelle in der Ausgabe von 2005 der DIN EN 62061 (**VDE 0113-50**) sehr anschaulich die Verbindung auch zur heutigen DIN EN ISO 13849-1.

Mit der in **Bild 5.17** gezeigten vereinfachten Darstellung kann die Beziehung zwischen den Architekturen (als Kategorien), dem Performance Level PL und dem Sicherheitsintegritätslevel SIL aufgezeigt werden.

Kategorie	**Hardwarefehlertoleranz**	***SFF***	**Maximale SIL-Anspruchsgrenze in Bezug auf strukturelle Einschränkungen**
	es wird angenommen, dass Teilsysteme mit der angegebenen Kategorie die unten angegebenen Merkmale haben		
1	0	< 60 %	siehe Anmerkung 1
2	0	60 % bis 90 %	SIL 1 (siehe Anmerkung 2)
3	1	< 60 %	SIL 1
	1	60 % bis 90 %	SIL 2
4	> 1	60 % bis 90 %	SIL 3 (siehe Anmerkung 3)
	1	> 90 %	SIL 3 (siehe Anmerkung 4)

Anmerkung 1: Für Teilsysteme, deren Anteil sicherer Ausfälle < 60 % beträgt, die aber in Übereinstimmung mit Kategorie 1 der ISO 13849-1:1999-11 entworfen und in Übereinstimmung mit DIN EN ISO 13849-2:2003-12 bestätigt sind, wird angenommen, dass sie eine SILCL von SIL 1 erreichen.

Anmerkung 2: Es wird angenommen, dass der Fall einer Kategorie 2, bei der der Anteil sicherer Ausfälle > 90 % beträgt, durch die Entwurfsanforderungen von ISO 13849-1:1999-11 nicht erreicht wird.

Anmerkung 3: Der Diagnosedeckungsgrad wird als kleiner 90 % für Teilsysteme der Kategorie 4 angenommen, bei denen mehr als eine einfache Hardwarefehlertoleranz (d. h. akkumulierte Fehler) betrachtet wird.

Anmerkung 4: Kategorie 4 erfordert einen *SFF* von mehr als 90 %, jedoch weniger als 99 %, wenn eine einfache Hardwarefehlertoleranz betrachtet wird.

Anmerkung 5: Kategorie B in Übereinstimmung mit ISO 13849-1:1999-11 wird als nicht ausreichend betrachtet, um SIL 1 zu erreichen.

Tabelle 5.8 Strukturelle Einschränkungen nach DIN EN 62061 (**VDE 0113-50**):2005-10 (zurückgezogen) mit Gegenüberstellung zu den Kategorien nach ISO 13849-1:1999-11
Quelle: DIN EN 62061 Berichtigung 2 (**VDE 0113-50 Berichtigung 2**):2009-04, Tabelle 6

Historisch

Die EN 954-1 (ISO 13849-1:1999-11) hat international zugunsten der ISO 13849-1:2006-11 Platz gemacht. 2005 bereits erschien die DIN EN 62061 (**VDE 0113-50**):2005-10 als Anwendernorm der IEC 61508:1998-12. Die probabilistischen Betrachtungen der DIN EN ISO 13849-1 sind aus dem europäischen Projekt „European Project STSARCES – Standards for Safety Related Complex Electronic Systems, Annex 6“, im Jahr 2001 hervorgegangen.

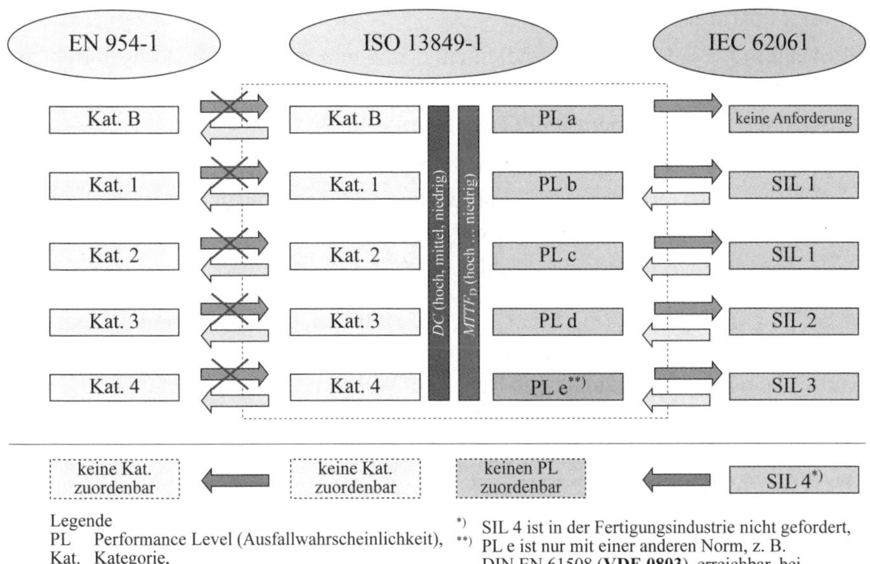

Legende
PL Performance Level (Ausfallwahrscheinlichkeit),
Kat. Kategorie,
SIL Safety Integrity Level,

*) SIL 4 ist in der Fertigungsindustrie nicht gefordert,
) PL e ist nur mit einer anderen Norm, z. B. DIN EN 61508 (VDE 0803**), erreichbar, bei Verwendung programmierbarer Geräte

Bild 5.17 Vereinfachte Gegenüberstellung, Kategorien – PL – SIL

Hinweis

Die DIN EN ISO 13849-1:2016-06 muss sich den Vorwurf gefallen lassen, dass das im Anhang K hinterlegte Markov-Modell, das im europäischen Projekt seine Wurzeln hat, nicht offengelegt wurde. Ferner trifft dieses Modell die Annahme, dass alle Komponenten in die Modellierung eingebunden werden. Werden jedoch bereits vorgeprüfte Komponenten verwendet, z. B. Sicherheitsschaltgeräte, dann ist dies nicht berücksichtigt worden. Im Detail heißt das: Insbesondere die Kategorie 2 und teilweise die Kategorie 3 weichen von Ergebnissen der DIN EN 62061 (**VDE 0113-50**) ab, die mit dem Ansatz der Teilsysteme dieses Manko grundsätzlich nicht hat (siehe dazu auch Kapitel 10.7).

5.11.7 Anforderungen zur Wahrscheinlichkeit Gefahr bringender zufälliger Hardwareausfälle von Teilsystemen

Die Wahrscheinlichkeit eines Gefahr bringenden Ausfalls muss kleiner oder gleich des festgelegten Ausfallgrenzwerts (Spezifikation der Sicherheitsanforderungen des Teilsystems) sein. Die Wahrscheinlichkeit eines Gefahr bringenden Ausfalls jedes Teilsystems muss durch folgende Betrachtungen abgeschätzt werden:

- Architektur des Teilsystems;
- Ausfallrate jedes Teilsystemelements, mit und ohne Aufdeckung durch die Diagnosetests;
- Ausfälle infolge gemeinsamer Ursache;
- Diagnosedeckungsgrad der Diagnosetests;
- Wiederholungsprüfungen zur Aufdeckung Gefahr bringender Fehler, die nicht durch die Diagnosetests erkannt werden;
- Reparaturzeiten für erkannte Fehler.

Wenn ein Teilsystem (niedriger Komplexität) in Übereinstimmung mit der ISO 13849-1:1999-11 entworfen und gemäß der ISO 13849-2 (EN 954-2) validiert wurde, dann kann die Beziehung in Bezug auf Wahrscheinlichkeit Gefahr bringenden Ausfälle in Übereinstimmung mit **Tabelle 5.9** angewendet werden.

<table>
<tr><th rowspan="2">Kategorie</th><th>Hardwarefehlertoleranz</th><th>DC</th><th rowspan="2">PFH_D-Grenzwerte (pro Stunde), die für das Teilsystem in Anspruch genommen werden können
PFH_D ($MTTF_{Teilsystem}$, T_{Test}, DC)
(siehe Anmerkung 1)</th></tr>
<tr><th colspan="2">es wird angenommen, dass Teilsysteme mit der angegebenen Kategorie die unten angegebenen Merkmale haben</th></tr>
<tr><td>1</td><td>0</td><td>0 %</td><td>vom Lieferanten anzugeben oder Verwendung von allgemeingültigen Daten
(siehe DIN EN 62061 (VDE 0113-50):2005-10, Anhang D (zurückgezogen))</td></tr>
<tr><td>2</td><td>0</td><td>60 % bis 90 %</td><td>$\geq 1 \cdot 10^{-6}$</td></tr>
<tr><td>3</td><td>1</td><td>60 % bis 90 %</td><td>$\geq 2 \cdot 10^{-7}$</td></tr>
<tr><td rowspan="2">4</td><td>> 1</td><td>60 % bis 90 %</td><td>$\geq 3 \cdot 10^{-8}$</td></tr>
<tr><td>1</td><td>> 90 %</td><td>$\geq 3 \cdot 10^{-8}$</td></tr>
<tr><td colspan="4">Anmerkung 1: Der PFH_D-Grenzwert ist eine Funktion des MTTF des Teilsystems (durch den Hersteller des Teilsystems oder aus Datenbüchern relevanter Bauteile herzuleiten), der Test/Überprüfungszykluszeit wie in der Spezifikation der Sicherheitsanforderungen festgelegt (diese Information ist auch für Validierung des Teilsystems in Übereinstimmung mit ISO 13849-2:2003-12, Abschnitt 3.5 erforderlich) und dem Diagnosedeckungsgrad wie in dieser Tabelle gezeigt (diese Werte basieren auf den Anforderungen der in ISO 13849-1:1999-11 beschriebenen Kategorien).
Anmerkung 2: Kategorie B in Übereinstimmung mit ISO 13849-1:1999-11 kann nicht als ausreichend betrachtet werden, um SIL 1 zu erreichen.</td></tr>
</table>

Tabelle 5.9 Wahrscheinlichkeit Gefahr bringender Ausfälle eines Teilsystems (Beziehung zwischen Kategorie nach DIN EN ISO 13849-1 und PFH_D nach DIN EN 62061 (**VDE 0113-50**):2005-10 (zurückgezogen)
Quelle: DIN EN 62061 Berichtigung 2 (**VDE 0113-50 Berichtigung 2**):2009-04, Tabelle 7

Wichtiger Hinweis

Tabelle 5.9 in diesem Buch wird in der aktuellen Fassung der Norm nicht mehr angeführt. Jedoch zeigt diese Tabelle in der Ausgabe von 2005 der DIN EN 62061 (**VDE 0113-50**) sehr anschaulich die Verbindung auch zur heutigen DIN EN ISO 13849-1.

5.12 Abschätzung der Wahrscheinlichkeit Gefahr bringender zufälliger Hardwareausfälle von Teilsystemen

Im Folgenden wird ein vereinfachter Ansatz zur Abschätzung der Wahrscheinlichkeit Gefahr bringender zufälliger Hardwareausfälle für einige Teilsystemarchitekturen, mit entsprechenden Formeln für einfache Teilsystemelemente niedriger Komplexität oder komplexe Teilsystemelemente, beschrieben.

Diese Formeln selbst stellen eine Vereinfachung der Zuverlässigkeitsanalyse dar und dienen dazu, Abschätzungen in die sichere Richtung machen zu können. Dabei gilt immer die Annahme, dass $(\lambda \cdot T_1) \ll 1$ ist (mit T_1 als kleinsten Wert der Gebrauchsdauer oder Wiederholungsprüfung Proof-Test).

Für die gesamte Ausfallrate gilt:

$$\lambda = \lambda_\mathrm{S} + \lambda_\mathrm{D},$$

mit λ_S Ausfallrate bei ungefährlichen und λ_D Gefahr bringender Fehler.

Die Wahrscheinlichkeit eines Gefahr bringenden Ausfalls in einer Stunde berechnet sich mit:

$$PFH_\mathrm{D} = \lambda_\mathrm{D}.$$

Ausfallrate für elektromechanische Komponenten

Die Ausfallrate λ einer elektromechanischen Komponente lässt sich vereinfacht berechnen:

$$\lambda = 0{,}1 \cdot \frac{C}{B_{10}}.$$

$$MTTF_{D} = \frac{B_{10D}}{0{,}1 \cdot n_{op}},$$ mit den Betätigungen pro Jahr n_{op}.

5.12.1 Empfehlung B_{10}-Werte unter Standardbedingungen, Siemens AG

Wegen der Vielzahl der elektromechanischen Komponenten ist es aus Anwendersicht hilfreich, diese Komponenten in Produktgruppen zusammen zu fassen. In Anlehnung an die DIN EN ISO 13849-1 und den Anhang D der zurückgezogenen DIN EN 62061 (**VDE 0113-50**):2005-10 (Ausfallarten elektrischer/elektronischen Bauteile) sind in der **Tabelle 5.10** die Standard-B_{10}-Werte und der Anteil Gefahr bringender Ausfälle gemäß der Siemens-Norm SN 31920:2016-07 der Siemens AG aufgelistet, siehe auch ergänzende Erläuterungen zu Tabelle 5.10 in diesem Kapitel.

Siemens Sirius/Sentron-Produktgruppe (elektromechanische Komponenten)	**Kontaktbelastung, Gebrauchskategorie**	**B_{10}-Wert (Schaltspiele)**	**Anteil Gefahr bringender Ausfälle**
Befehlsgeräte, Erfassungsgeräte (nur Geräte mit zwangsöffnenden Kontakten zulässig)			
• Not-Aus/Not-Halt-Befehlsgeräte, • drehentriegelt (auch mit Schloss), • zugentriegelt	1)	 100 000 30 000	 20 % 20 %
Seilzugschalter für Not-Aus/Not-Halt-Funktion	1)	1 000 000	20 %
Scharnierschalter	1)	1 000 000	20 %
Drucktaster (nicht verrastend) (mit zwangsöffnenden Kontakten)	2)	10 000 000	20 % 4)
Positionsschalter • Standard-Positionsschalter • mit getrenntem Betätiger, • mit Zuhaltung, Verriegelung durch Federkraft	 2) 1) 1)	 10 000 000 1 000 000 1 000 000	 20 % 4) 20 % 4) 20 % 4)

Tabelle 5.10 B_{10}-Werte und Anteil Gefahr bringender Ausfälle gemäß Siemens-Norm SN 31920:2016-07 der Siemens AG

Siemens Sirius/Sentron-Produktgruppe (elektromechanische Komponenten)	Kontaktbelastung, Gebrauchskategorie	B_{10}-Wert (Schaltspiele)	Anteil Gefahr bringender Ausfälle
Schaltgeräte – Schütze und Schützkombinationen (nur Geräte mit zwangsgeführten Kontakten oder Spiegelkontakten zulässig)			
Sirius-Hilfsschütze und -Hilfsschalter: • Grundgeräte, Koppelhilfsschütze, vierpolig, • Grundgeräte mit angebauten Hilfsschaltern, • elektronikgerechte Hilfsschalter, verklinkte Hilfsschütze	[3]	30 000 000 10 000 000 5 000 000	50 %
	AC-15/-14; 230 V DC-13; 24 V ($< 0{,}3 \cdot I_e$)	1 000 000	73 %
	AC-15/-14; 230 V ($< 0{,}66 \cdot I_e$)	200 000	73 %
	DC-13; 24 V ($< 0{,}66 \cdot I_e$)	300 000	73 %
Schütze/Motorstarter: • zum Schalten von Motoren (einschließlich 3TF68, 3TF69, 3TF2, 3TB, 3TC, 3TG)	[3] AC-3	10 000 000 1 000 000	50 % 73 %
Schutzgeräte			
Sirius-Leistungsschalter 3RV bis 100 A [7]		5 000 [5]	50 %
Sentron-Kompaktleistungsschalter 3VL bis 1 600 A [8] • 16 A … 400 A (3VL1 … -3VL4 …), • 315 A … 630 A (3VL5), • 800 A (3VL6), • 1 000 A … 1 600 A (3VL7 … -3VL [8]		10 000 5 000 3 000 1 500	50 %
Sentron 3WL offene Leistungsschalter [9] 3WL Baugröße I 3WL Baugröße II bis 2 500 A 3WL Baugröße II bis 3 200 A 3WL Baugröße II bis 4 000 A 3WL Baugröße III bis 6 300 A		20 000 15 000 15 000 10 000 10 000	50 %
Verbraucherabzweige sicherungslose Verbraucherabzweige 3RA1, 2 Kompaktabzweige 3RA61, 62, 64 • 12 A, • 32 A	AC-3 AC-3	1 000 000 3 000 000 [6] 2 000 000 [6]	73 % 50 %
Kompaktabzweige 3RA65 • 12 A, • 32 A	AC-3	1 500 000 [6] 1 500 000 [6]	50 %

Tabelle 5.10 (*Fortsetzung*) B_{10}-Werte und Anteil Gefahr bringender Ausfälle gemäß Siemens-Norm SN 31920:2016-07 der Siemens AG

Ergänzende Erläuterungen zu Tabelle 5.10

1) In erster Linie durch mechanischen Verschleiß begrenzt.

2) In erster Linie durch Kontaktabnutzung begrenzt.

3) Maximal erreichbare B_{10}-Werte bei Strombelastung bis max. ca. 1 % des Bemessungswerts.

4) Anteil Gefahr bringender Ausfälle: 50 % bei Verwendung des Schließerkontakts. (Es muss zusätzlich immer ein zwangsöffnender Kontakt in einer redundanten Architektur verwendet werden; eine alleinige Verwendung des Schließerkontakts ist nicht zulässig).

5) Gültig für alle Baugrößen und beachte DIN EN 60947-2 (**VDE 0660-101**), DIN EN 60947-4-1 (**VDE 0660-102**).

6) Vorläufiger Wert.

7) Vorausgesetzt wird: Die Leistungsschalter sind über einen Unterspannungsauslöser in die Sicherheitsfunktion eingebunden; max. eine energiereiche Kurzschlussabschaltung ist zulässig.

8) Vorausgesetzt wird: Die Leistungsschalter sind über einen Unterspannungsauslöser in die Sicherheitsfunktion eingebunden; Arbeiten im ungestörten Betrieb (z. B. keine schwere energiereiche Abschaltung).

9) Bei Wartung gemäß Betriebsanleitung.

Anmerkung

Es wird von Standardbedingungen während der Gebrauchsdauer der Komponenten ausgegangen. Die Empfehlungen setzen den bestimmungsgemäßen Einsatz laut Herstellerangabe voraus (z. B. Einbauvorschriften, Wartung, elektrische Nutzung, max. elektrische oder mechanische Belastung, ...).

Weitere wertvolle Hinweise finden sich in der DIN EN ISO 13849-2 und der DIN EN 62061 (**VDE 0113-50**).

5.12.2 Empfehlung B_{10D}- und $MTTF_D$-Werte nach DIN EN ISO 13849-1

In der DIN EN ISO 13849-1:2016-06 wurde im Anhang C die Tabelle C.1 überarbeitet und den Erfahrungswerten angepasst (**Tabelle 5.11**).

Bauteile (Komponenten)	**Typische Werte:** ***MTTF*** $_{\mathbf{D}}$ **(Jahre)** $\boldsymbol{B_{10D}}$ **(Schaltspiele)**
mechanische Bauteile	$MTTF_D = 150$
hydraulische Bauteile mit $n_{op} \geq 1\,000\,000$	$MTTF_D = 150$
hydraulische Bauteile mit $1\,000\,000 > n_{op} \geq 500\,000$	$MTTF_D = 300$
hydraulische Bauteile mit $500\,000 > n_{op} \geq 250\,000$	$MTTF_D = 600$
hydraulische Komponenten mit $250\,000 > n_{op}$	$MTTF_D = 1\,200$
pneumatische Bauteile	$B_{10D} = 20\,000\,000$
Relais und Hilfsschütze mit geringer Last (mechanische Belastung)	$B_{10D} = 20\,000\,000$
Relais und Hilfsschütze mit max. Belastung	$B_{10D} = 400\,000$
Näherungsschalter mit geringer Last (mechanische Belastung)	$B_{10D} = 20\,000\,000$
Näherungsschalter mit max. Belastung	$B_{10D} = 400\,000$
Schütze mit geringer Last (mechanische Belastung)	$B_{10D} = 20\,000\,000$
Schütze mit nominaler Last	$B_{10D} = 1\,300\,000$
Positionsschalter	$B_{10D} = 20\,000\,000$
Positionsschalter (mit separatem Betätiger, Zuhaltung)	$B_{10D} = 2\,000\,000$
Not-Halt-Einrichtungen	$B_{10D} = 100\,000$
Drucktaster (z. B. Zustimmungsschalter)	$B_{10D} = 100\,000$

Für die Definition und Verwendung von B_{10D}, siehe C.4.

Anmerkung 1: B_{10D} wird abgeschätzt als zweimal B_{10} (50 % gefährlicher Ausfall), wenn keine anderen Angaben vorliegen (z. B. Produktnorm).

Anmerkung 2: „Nominale Last“ oder „geringe Last“ sollten die Sicherheitsprinzipien berücksichtigen, die in DIN EN ISO 13849-2 beschrieben sind, wie Überdimensionierung des Stromnennwerts. „Geringe Last“ bedeutet z. B. 20 %.

Anmerkung 3: Not-Halt-Einrichtungen nach DIN EN 60947-5-5 (**VDE 0660-210**) und DIN EN ISO 13850 sowie Zustimmungsschalter nach DIN EN 60947-5-8 (**VDE 0660-215**) können als Teilsystem der Kategorie 1 oder Kategorie 3/4 abgeschätzt werden, je nach Anzahl der elektrischen Kontaktelemente und der Fehlererkennung im Teilsystem SRP/CS. Jedes Kontaktelement (einschließlich der mechanischen Betätigung) kann als ein Kanal mit entsprechendem B_{10D}-Wert betrachtet werden. Für Zustimmungsschalter nach DIN EN 60947-5-8 (**VDE 0660-215**) umfasst dies die Öffnungsfunktion durch Durchdrücken oder Loslassen. In einigen Fällen kann es möglich sein, dass der Maschinenhersteller einen Fehlerausschluss nach DIN EN ISO 13849-2:2013-02, Tabelle D.8, unter Berücksichtigung der jeweiligen Anwendungs- und Umgebungsbedingungen des Geräts anwenden kann.

Tabelle 5.11 DIN EN ISO 13849-1:2016-06, Tabelle C.1 – Auszug typischer B_{10D}- und $MTTF_D$-Werte

5.12.3 Basis-Teilsystemarchitekturen A bis D

Basis-Teilsystemarchitektur A: Nullfehlertoleranz ohne Diagnosefunktion

Ein Fehler führt zum Verlust der Sicherheitsfunktion. Die Wahrscheinlichkeit eines Gefahr bringenden Ausfalls des Teilsystems von n Elementen errechnet sich wie in **Bild 5.18** gezeigt.

a) DIN EN 62061 (**VDE 0113-50**)

$PFH_{\mathrm{D}} = \lambda_{\mathrm{D}} = \lambda_{\mathrm{De},1} + \ldots + \lambda_{\mathrm{De},n}.$

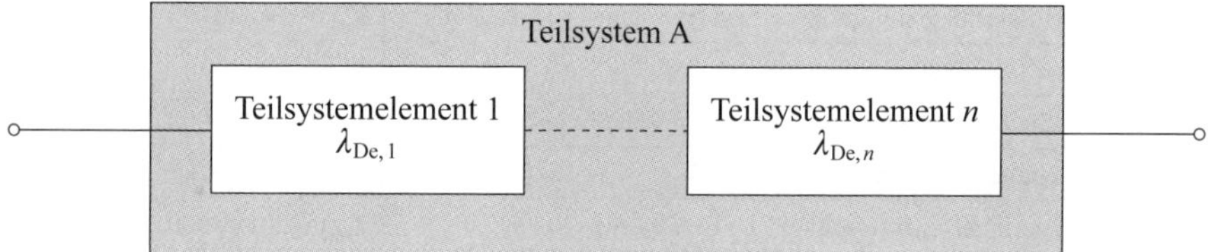

b) DIN EN ISO 13849-1

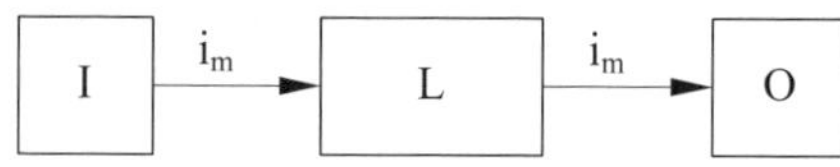

i_m Verbindungsmittel,
I Eingabeeinheit, z. B. Sensor,
L Logik,
O Ausgabeeinheit, z. B. Leistungsschütz

Bild 5.18 Logische Darstellung der Basis-Teilsystemarchitektur A – a) nach DIN EN 62061 (**VDE 0113-50**):2016-05, Bild 6, b) den Kategorien B und 1 nach DIN EN ISO 13849-1:2016-06, Bild 8 und 9

Aus Sicht der DIN EN ISO 13849-1

Die Darstellung als Kategorien B und 1 mit den Bezeichnungen I, L und O bezieht sich auf das einzelne SRP/CS, also ein Teilsystem: Gemeint ist damit die generische Darstellung, dass jedes SRP/CS oder Teilsystem für sich genommen aus einem Eingang, einer definierten Logik und einem Ausgang besteht.

Beispiel: Ein Positionsschalter erfasst eine Stellung einer Schutztür (mechanischer Eingang) und erzeugt (Logik) ein elektrisches Signal mit einem zwangsöffnenden Kontakt. Ein anderes Beispiel: Ein Leistungsschütz öffnet durch Wegnahme der anliegenden Steuerspannung (Eingang) unmittelbar (Logik) die Hauptstrombahnen (Hauptkontakte als Aktor).

Die Norm erlaubt aber auch mit dieser Art der Beschreibung die Interpretation bezogen auf eine Sicherheitsfunktion, die letztendlich aus einer Ursache (z. B. als

Sensor), einer logischen Verarbeitung (Logik) und einer Wirkung (z. B. als Leistungsschütz) besteht.

Somit ergeben sich zwei Möglichkeiten eine Sicherheitsfunktion abzubilden (**Bild 5.19**).

(1) entweder besteht die Sicherheitsfunktion aus einem einzelnen SRP/CS,
(2) oder aber die Sicherheitsfunktion wird mit drei einzelnen SRP/CS dargestellt

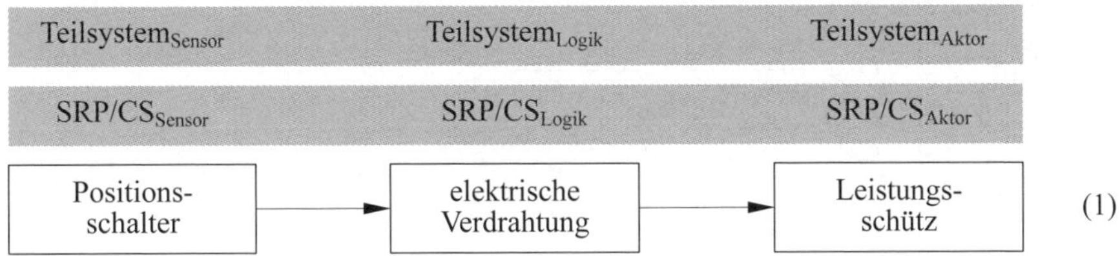

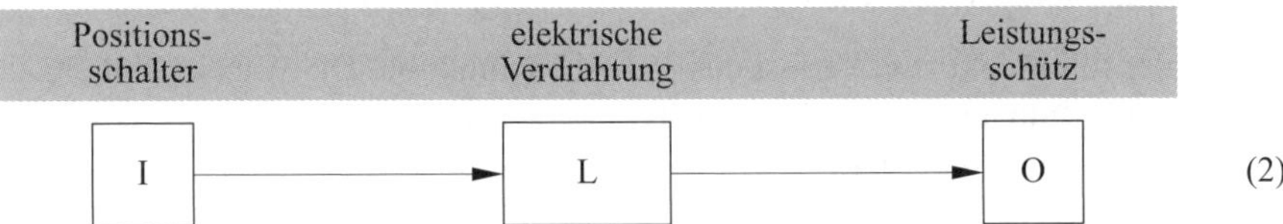

Bild 5.19 Sicherheitsfunktion mit einem einzelnen SRP/CS bzw. Teilsystem oder mit drei unterschiedlichen SRP/CS bzw. Teilsystemen als einkanalige Architekturen

Daraus ergibt sich, dass die Ermittlung des PFH_D grundsätzlich auf zwei verschiedene Arten erfolgen kann:

$$(1)\ PFH_{\text{D, Sicherheitsfunktion}} = PFH_{\text{D, Sensor}} + PFH_{\text{D, Logik}} + PFH_{\text{D, Aktor}}$$
$$= \lambda_{\text{D, Sensor}} + \lambda_{\text{D, Logik}} + \lambda_{\text{D, Aktor}}$$

$$(2)\ PFH_{\text{D, Sicherheitsfunktion}} = \lambda_{\text{D, Sicherheitsfunktion}}$$
$$= \frac{1}{MTTF_{\text{D}} \cdot 8760}$$
$$= \frac{1}{MTTF_{\text{D, I}} \cdot 8760} + \frac{1}{MTTF_{\text{D, L}} \cdot 8760} + \frac{1}{MTTF_{\text{D,O}} \cdot 8760}$$

In diesem Fall ist das Ergebnis für die Kategorien B und 1 dasselbe. Bei Verwendung der anderen Kategorien wird die Ermittlung des PFH_D für die Sicherheitsfunktion jedoch unterschiedlich sein. Diese Werte lassen sich im Anhang K der

DIN EN ISO 13849-1:2016-06 bei den Kategorien B und 1 herauslesen: Der PFH_D entspricht immer dem Kehrwert des $MTTF_D$ jedes Kanals, ist also linear abhängig von diesem Kehrwert.

Wichtige Anmerkung

Bei redundanten Architekturen der Kategorie 3 und 4 trifft die Berechnung

$$PFH_D = \lambda_D = \frac{1}{MTTF_{(\text{Jahre})} \cdot 8760 \, \frac{\text{Stunden}}{\text{Jahr}}}$$

nicht mehr zu.

Basis-Teilsystemarchitektur B: Einfehlertoleranz ohne Diagnosefunktion

Ein Fehler führt nicht zum Verlust der Sicherheitsfunktion. Die Wahrscheinlichkeit eines Gefahr bringenden Ausfalls des Teilsystems von zwei Elementen errechnet sich wie in **Bild 5.20** gezeigt.

DIN EN 62061 (**VDE 0113-50**)

$$PFH_D = \lambda_D = (1-\beta)^2 \cdot \lambda_{De,1} \cdot \lambda_{De,2} \cdot T_1 + \beta \cdot (\lambda_{De,1} + \lambda_{De,2})/2,$$

mit:

β Faktor der Ausfälle infolge gemeinsamer Ursache (0,1 – 0,05 – 0,02 – 0,01),

T_1 kleinster Wert von der Lebenserwartungszeit/Gebrauchsdauer (in der Regel 20 Jahre) oder Wiederholungsprüfung Proof-Test (in Stunden)

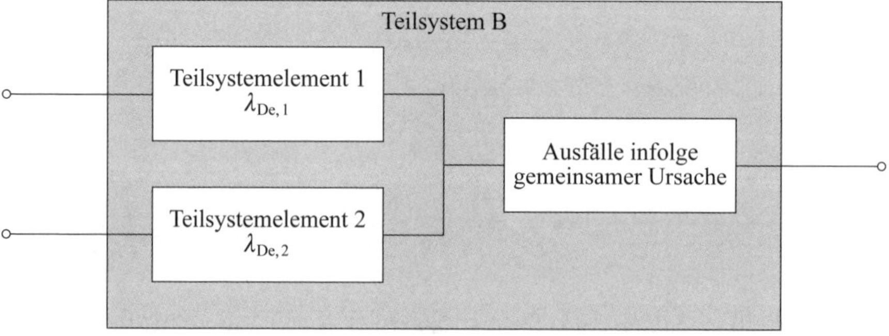

Bild 5.20 Logische Darstellung der Basis-Teilsystemarchitektur B nach DIN EN 62061 (**VDE 0113-50**):2016-05, Bild 7 und ohne vergleichbare Kategorie nach DIN EN ISO 13849-1

Aus Sicht der DIN EN ISO 13849-1

Eine zweikanalige Architektur, bei der kein Kanal eine Diagnose aufweist ist in DIN EN ISO 13849-1 derzeit nicht vorgesehen. Diese Architektur ist jedoch sinnvoll, wenn der erreichte PFH_D mit einem einzelnen Kanal nicht möglich ist. Zum Beispiel kann das mit hydraulischen oder pneumatischen Komponenten der Fall sein. Eine Redundanz wird den PFH_D mindestens um den Faktor 10 verbessern, wie die Formel des PFH_D leicht ersehen lässt, weil angenommen werden kann, dass $(1-\beta)^2 \cdot \lambda_{De,1} \cdot \lambda_{De,2} \cdot T_1 \ll \beta \cdot (\lambda_{De,1} + \lambda_{De,2})/2$ ist, kann der PFH_D mit $PFH_D = \lambda_D \approx \beta \cdot (\lambda_{De,1} + \lambda_{De,2})/2$ ermittelt werden.

Bei einer homogenen Architektur ergibt dies:

$$PFH_D = \lambda_D \approx \beta \cdot \lambda_{De,1} = \beta \cdot \lambda_{De,2} = \beta \cdot \frac{1}{MTTF_{De,1}} = \beta \cdot \frac{1}{MTTF_{De,2}}, \quad \text{mit } \beta \leq 0{,}1.$$

Aus diesem Grund wurde international eine solche Architektur zur Ermittlung eines besseren PFH_D diskutiert. Die strukturelle Einschränkung wird auf SIL 1 bzw. PL c begrenzt, siehe Fußnote 4 in Tabelle 5.7. Voraussetzung dabei ist, dass jeder der beiden Kanäle qualitativ einer Kategorie B oder 1 entspricht.

Basis-Teilsystemarchitektur C: Nullfehlertoleranz mit Diagnosefunktion

Ein Fehler führt zum Verlust der Sicherheitsfunktion. Die Wahrscheinlichkeit eines Gefahr bringenden Ausfalls des Teilsystems von *n* Elementen errechnet sich wie in **Bild 5.21** gezeigt.

Aus Sicht der DIN EN ISO 13849-1

Für Kategorie 2 gilt die Regel einer Anforderungsrate ≤ 1/100 der Testrate. Mit der Änderung DIN EN ISO 13849-1 im Jahr 2015 kann die Testung auch unmittelbar bei Anforderung der Sicherheitsfunktion erfolgen, wenn die Gesamtzeit zum Erkennen des Ausfalls und zur Überführung in einen sicheren Zustand kürzer ist als die Zeit zum Erreichen der Gefährdung. DIN EN ISO 13855 zur Berechnung von Sicherheitsabständen ist dabei zu berücksichtigen. OTE stellt eine Fehlerreaktion dar. Bisher wurde die Kategorie 2 wie folgt beschrieben:

a) DIN EN 62061 (**VDE 0113-50**)

$PFH_D = \lambda_D = \lambda_{De,1} \cdot (1 - DC_1) + \ldots + \lambda_{De,n} \cdot (1 - DC_n)$,

mit

DC Diagnosedeckungsgrad jedes Elements (0 – 0,60 – 0,90 – 0,99)

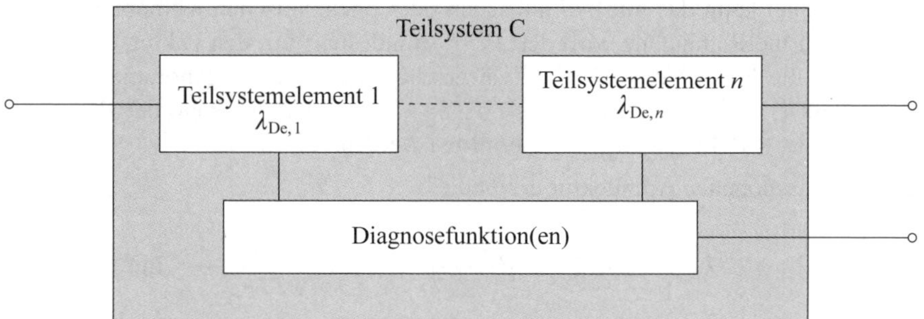

b) DIN EN ISO 13849-1

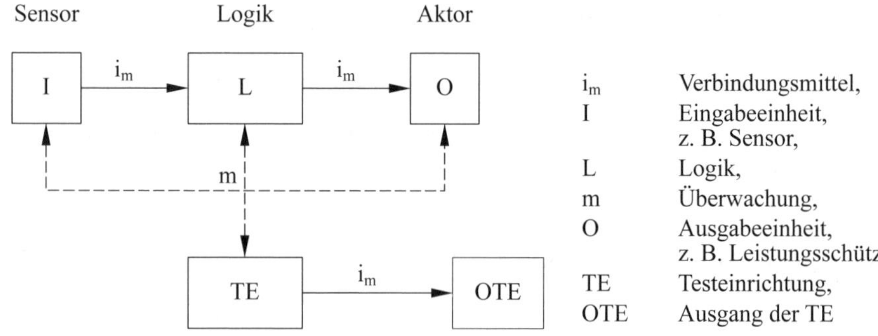

Bild 5.21 Logische Darstellung der Basis-Teilsystemarchitektur C –
a) nach DIN EN 62061 (**VDE 0113-50**):2016-05, Bild 8,
b) der Kategorie 2 nach DIN EN ISO 13849-1:2016-06, Bild 10

Auszug aus DIN EN ISO 13849-1:2016-06, Abschnitt 6.2.5

„... Die Einleitung dieses Tests kann automatisch erfolgen. Jeder Test der Sicherheitsfunktion(en) muss entweder

- den Betrieb zulassen, wenn keine Fehler erkannt wurden oder
- einen Ausgang für die Einleitung geeigneter Steuerungsmaßnahmen erzeugen, wenn ein Fehler erkannt wurde.

Wenn immer möglich, muss dieser Ausgang einen sicheren Zustand einleiten. Dieser sichere Zustand muss aufrechterhalten bleiben, bis der Fehler behoben ist. Wenn die Einleitung eines sicheren Zustands nicht möglich ist (z. B. durch Verschweißen des Kontakts eines Schaltglieds), muss der Ausgang die Warnung vor der Gefährdung bereitstellen.

Wenn die Einleitung eines sicheren Zustands nach Erkennung eines Fehlers nicht möglich ist (z. B. durch Verschweißen des Kontakts eines Schaltglieds), war es bisher in Kategorie 2 erlaubt, ‚nur' eine Warnung vor der Gefährdung bereitzustellen. ..."

Mit der Änderung der ISO 13849-1 im Jahr 2015 wird diese Fehlerreaktion präzisiert. Abhängig vom geforderten PL_r wird erklärt, wann eine Warnung überhaupt infrage kommt (siehe auch unter www.dguv.de/ifa „*Die wesentlichen Neuerungen aus 2015 im Überblick*" der IFA):

- Für PL_r a bis zu einschließlich PL_r c muss die Ausgabe (OTE) *wenn möglich* einen sicheren Zustand einleiten, der bis zur Behebung des Fehlers beibehalten wird. Wenn das Einleiten eines sicheren Zustands nicht möglich ist (z. B. durch Verschweißen der Hauptkontakte eines Leistungsschützes), kann es ausreichen, wenn der Ausgang der Testeinrichtung (OTE) nur eine Warnung bereitstellt.
- Für PL_r d *muss* der Ausgang (OTE) einen sicheren Zustand einleiten, der bis zur Behebung des Fehlers beibehalten wird. Eine Warnung ist nicht mehr ausreichend.

Zusätzlich gilt es die Qualität des Testkanals zu bewerten (siehe DIN EN ISO 13849-1: 2016-06, Abschnitt 4.5.4). Bisher wurde die $MTTF_{D,\,TE}$ der Testeinrichtung mit der $MTTF_{D,\,L}$ der Logik verglichen. Mit der Änderung der ISO 13849-1:2015-12 lautet die neue Anforderung: Für Kategorie 2 ist die $MTTF_D$ des gesamten Testkanals größer als die Hälfte der $MTTF_D$ des gesamten Funktionskanals. Diese neue Regel durfte bisher nur angewendet werden, wenn die Blöcke nicht aufgeteilt werden konnten.

Beispiel für eine Kategorie 2 mit einer Fehlerreaktion ist: Der Funktionskanal besteht aus einem Positionsschalter, einem Sicherheitsrelais und einem Leistungsschütz. Der Testkanal wird mit dem gleichen Sicherheitsrelais und einem Leistungsschalter aufgebaut – siehe auch Kapitel 8.4.5 und **Bild 5.22**.

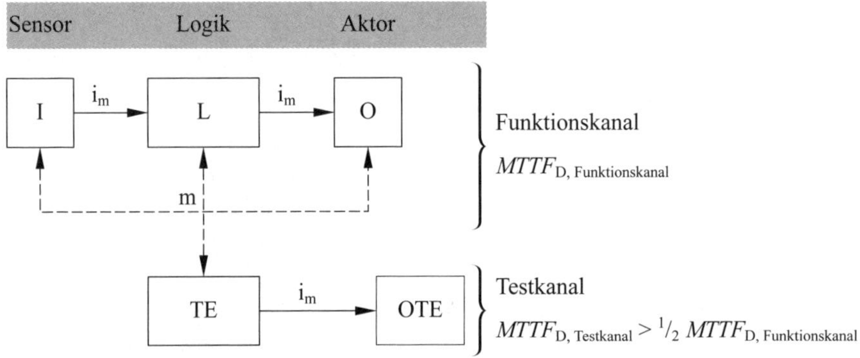

Bild 5.22 Fehlerreaktion (Testkanal) und Kategorie 2 nach DIN EN ISO 13849-1:2016-06, Bild 10

Basis-Teilsystemarchitektur D: Einfehlertoleranz mit Diagnosefunktion(en)

Ein Fehler führt nicht zum Verlust der Sicherheitsfunktion. Die Wahrscheinlichkeit eines Gefahr bringenden Ausfalls des Teilsystems von zwei Elementen errechnet sich mit:

$$PFH_D = \lambda_D = (1-\beta)^2 \cdot \left\{ \left[\lambda_{De,1} \cdot \lambda_{De,2} \cdot (DC_1 + DC_2) \cdot \frac{T_2}{2} \right] + \left[\lambda_{De,1} \cdot \lambda_{De,2} \cdot (2 - DC_1 - DC_2) \cdot \frac{T_1}{2} \right] \right\} + \frac{\beta \cdot (\lambda_{De,1} + \lambda_{De,2})}{2}$$

mit:

β Faktor der Ausfälle infolge gemeinsamer Ursache (0,1 – 0,05 – 0,02 – 0,01),

DC Diagnosedeckungsgrad jedes Elements (0 – 0,60 – 0,90 – 0,99),

T_1 kleinster Wert von der Lebenserwartungszeit/Gebrauchsdauer (in der Regel 20 Jahre) oder Wiederholungsprüfung Proof-Test (in Stunden),

T_2 Diagnose-Testintervall (in der Regel gleich dem Betätigungszyklus bei elektromechanischen Komponenten) (in Stunden)

a) DIN EN 62061 (**VDE 0113-50**)

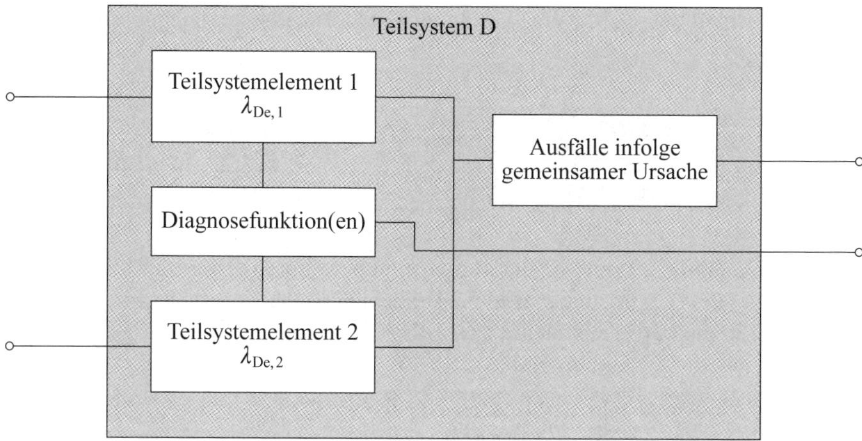

b) DIN EN ISO 13849-1

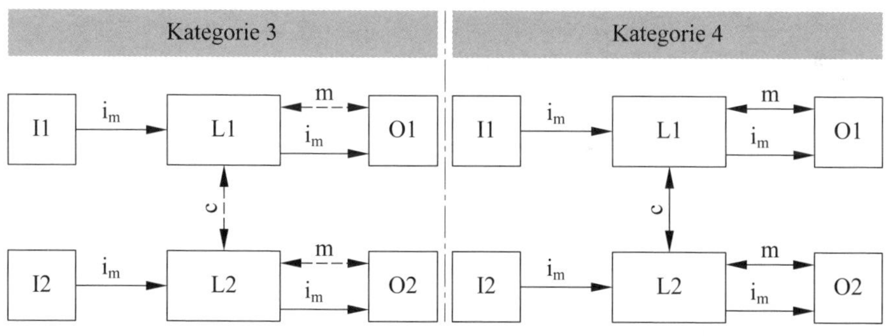

i_m	Verbindungsmittel,	I1, I2	Eingabeeinheiten, z. B. Sensor,
c	Kreuzvergleich,	L	Logik,
m	Überwachung,	O1, O2	Ausgabeeinheiten, z. B. Leistungsschütz

Die durchgezogenen Linien für die Überwachung stellen einen höheren Diagnosedeckungsgrad dar.

Bild 5.23 Logische Darstellung der Basis-Teilsystemarchitektur D –
a) nach DIN EN 62061 (**VDE 0113-50**):2016-05, Bild 9,
b) der Kategorien 3 und 4 nach DIN EN ISO 13849-1:2016-06, Bild 11 und 12

Aus Sicht der DIN EN ISO 13849-1

Der Unterschied zwischen Kategorie 3 und Kategorie 4 ist der Diagnosedeckungsgrad:

Kategorie 3 Diagnosedeckungsgrad *DC*	**Kategorie 4** Diagnosedeckungsgrad *DC*
60 % ≤ *DC* < 99 %	99 % ≤ *DC*

Dies wird in **Bild 5.23** mit den unterbrochenen bzw. durchgezogenen Linien angedeutet. In der Praxis wird, wie in **Bild 5.24** abgebildet, eine Sicherheitsfunktion durch Aufteilung in mehrere Teilsysteme bzw. SRP/CS betrachtet.

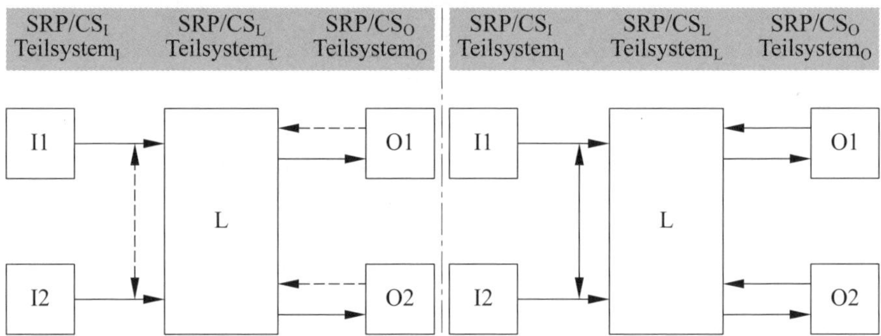

Bild 5.24 Sicherheitsfunktion mit einem einzelnen SRP/CS bzw. Teilsystem oder mit drei unterschiedlichen SRP/CS bzw. Teilsystemen für die Kategorien 3 oder 4 als zweikanalige Architekturen

Dabei stellt die Logik L eine durch einen Komponentenhersteller auf dem Markt bereitgestellte sicherheitsgerichtete Auswerteeinheit dar, für die ein PL oder SIL mit einem entsprechenden PFH_D angegeben wird.

Beispiel: Ein Sicherheitsrelais überwacht zwei Positionsschalter und schaltet bei Anforderung der Sicherheitsfunktion zwei Lastschütze ab.

Abhängig vom Diagnosedeckungsgrad werden die Teilsysteme bzw. SRP/CS$_I$ und SRP/CS$_O$ einen entsprechend erreichbaren PL bzw. SIL haben:

Der Diagnosedeckungsgrad und eine zweikanalige Architektur führen in der Regel dazu, dass die Fehlererkennung (Fehlerreaktion) darin besteht, dass bei einer Diskrepanz der Sensorsignale oder der Überwachung der Rückmeldung der einzelnen Aktoren nach Anforderung der Sicherheitsfunktion ein Wiedereinschalten verhindert wird – der sichere „abgeschaltete" Zustand (Ruhestromprinzip) wird aufrechterhalten.

Warum ist das sinnvoll und ausreichend? Das Erkennen eines ausgefallenen Kanals zum Zeitpunkt der Anforderung der Sicherheitsfunktion reicht deshalb aus, weil grundsätzlich nicht von einer Fehleranhäufung, also das gleichzeitige Versagen beider Kanäle, ausgegangen werden muss, wenn dies zeitnah erfolgt. Erst bei einer sehr niedrigen Anforderungsrate der Sicherheitsfunktion, z. B. alle sechs Monate, kann es zu einer solchen Fehleranhäufung kommen, weshalb in solchen Fällen ein Test der korrekten Funktion sich ggf. anbietet.

Anmerkung 1

Diese Basis-Teilsystemarchitekturen stellen einen vereinfachten Ansatz zur Abschätzung von Ausfallraten dar und sind nur eine von möglichen Lösungen. Sobald in einem redundanten Teilsystem zwei gleiche Teilsystemelemente eingesetzt werden, spricht man von einer „homogenen Redundanz". Damit sind die Ausfallraten als auch der Diagnosedeckungsgrad der Teilsystemelemente identisch und die Formeln vereinfachten sich nochmals. In der Praxis werden, aus Sicht der Integratoren bzw. des Herstellers von Maschinen, vor allem die Architekturen C und D angewendet.

Merkmale einer Basis-Teilsystemarchitektur C:
Einkanalige Überwachung der Teilsystemelemente, z. B. die Überwachung einer Schutztür mit einem Positionsschalter oder das Abschalten eines Motors mit einem Lastschütz.

Merkmale einer Basis-Teilsystemarchitektur D:
Zweikanalige Überwachung des Teilsystems bestehend aus zwei Teilsystemelementen, z. B. die Überwachung einer Schutztür mit zwei unabhängigen Positionsschalter oder das Abschalten eines Motors mit zwei Lastschützen.

Anmerkung 2

Heute gibt es Anwendungen, z. B. Überwachung einer Schutztür, in denen ein Positionsschalter mit Zuhaltung für eine Kategorie 3 nach DIN EN ISO 13849-1 eingesetzt wird. Der Fehlerausschluss des Bruchs des getrennten Betätigers wird durch konstruktive Maßnahmen (z. B. geschützter Einbau) begründet. Ein ähnlicher Ansatz wäre nach der DIN EN 62061 (**VDE 0113-50**) zulässig. Jedoch ist in der Norm explizit ein solcher Fehlerausschluss begrenzend bezüglich der SIL-Einschätzung: der höchst mögliche, erreichbare SIL ist der SIL 2 – siehe auch Abschnitt 5.11.6 „Abschätzung des Anteils sicherer Ausfälle (*SFF*)" der DIN EN 62061 (**VDE 0113-50**):2016-05.

Anmerkung 3

In der DIN EN 62061 (**VDE 0113-50**) werden Sicherheitsfunktionen hinsichtlich der Widerstandsfähigkeit gegenüber Fehlern betrachtet. Dies führt zu einer quantifizierten und qualitativen Abschätzung durch den Sicherheitsintegritätslevel SIL. Ein Not-Halt stellt prinzipiell keine Sicherheitsfunktion wie z. B. eine Schutztürüberwachung dar. Dies ist eine ergänzende Schutzmaßnahme (siehe Maschinenrichtlinie). In der Praxis wird jedoch auch für einen Not-Halt, seit der Anwendung der DIN EN ISO 13849-1, eine Realisierung und Bewertung wie für eine Sicherheitsfunktion durchgeführt. Nun ist ein Not-Halt-Befehlsgerät (z. B. ein roter Pilzdrucktaster) intern mechanisch immer einkanalig ausgeführt, auch wenn elektrisch zwei zwangsöffnende Kontakte verwendet werden können.

Deshalb muss, ähnlich wie bei der Betrachtung nach der DIN EN 954-1, für die Mechanik eine Art Fehlerausschluss gemacht werden, da ansonsten nur SIL 2 erreichbar wäre – siehe auch Abschnitt 5.11.6 „Abschätzung des Anteils sicherer Ausfälle (*SFF*)“ der DIN EN 62061 (**VDE 0113-50**):2016-05.

Dies könnte damit begründet werden, dass der Not-Halt eine Handlung im Notfall darstellt, somit also nicht „betriebsmäßig“ genutzt wird (nur in besagten Ausnahmefällen) und ein Versagen der Mechanik, genau zum Zeitpunkt bei der auch die eigentliche(n) Sicherheitsfunktion(en) versagen, als sehr unwahrscheinlich erachtet werden könnte. Ferner wird dieser Tatsache durch den B_{10}-Wert, und einem Anteil Gefahr bringender Ausfälle von lediglich 20 % Rechnung getragen. Die Norm macht hierzu jedoch keine konkreten Aussagen.

5.13 Bestimmung des erforderlichen Sicherheitsintegritätslevels SIL – was will ich eigentlich?

Gute Frage und viele Diskussionen. Das Team entscheidet – nicht der Einzelne.

Den Risikograph der DIN EN ISO 13849-1 hatte jeder irgendwie im Kopf. Gleichwohl wurde kritisiert: Was ist denn nun „selten bis weniger häufig“ oder „häufig bis dauernd“ und warum nur zwei Schweregrade für das Schadensausmaß? Und zugleich sind das die stärksten Kritikpunkte des so sympathisch wirkenden Risikographs. Dieser zerrissenen Beziehung trägt die DIN EN 62061 (**VDE 0113-50**) Rechnung und versucht einen gewagten Ansatz: Alle Risikoelemente der Risikoeinschätzung werden verwendet und genauer präzisiert – ein mutiger Schritt, damit die geforderte Sicherheitsintegrität ermittelt werden kann!

Schwere der Verletzung	S	Häufigkeit/ Aufenthaltsdauer	F	Möglichkeit zur Vermeidung	P
irreversible Verletzung	S2	häufig bis dauernd/ lang	F2	kaum möglich	P2
reversible Verletzung	S1	selten bis öfter/kurz	F1	möglich	P1

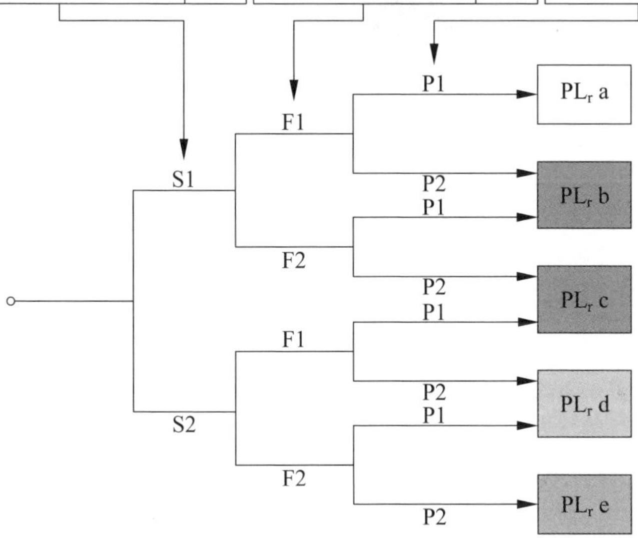

Bild 5.25 Der Risikograph gemäß DIN EN ISO 13849-1:2016-06, Bild A.1 – Lücken im System

Die Eintrittswahrscheinlichkeit wird als hoch angenommen. Mit der Berichtigung im Jahr 2015 wird die Bewertung einer niedrigen Eintrittswahrscheinlichkeit berücksichtigt: Wenn diese als niedrig eingeschätzt werden kann, dann ist eine Reduzierung um einen Performance Level möglich.

Das größte Manko dieses gewollt symmetrierten Risikographs sind die folgenden Kritikpunkte:

1. Warum nur S1 und S2? Zum Beispiel werden bei RAPEX vier Stufen empfohlen.
2. F1 und F2 bieten nicht die notwendige Flexibilität, und sind somit nicht mehr zeitgemäß.
3. Wo ist denn der Parameter der Eintrittswahrscheinlichkeit geblieben? Eine Worst-Case-Betrachtung darf nicht vorgeschrieben werden.

Ganz anders geht die DIN EN 62061 (**VDE 0113-50**) das Problem an (**Bild 5.26**).

	Risikobeurteilung und Sicherheitsmaßnahmen	Dokument Nr.: Teil:
Produkt: ____ Hersteller: ____ Datum: ____		☐ vorläufige Risikobeurteilung ☐ zwischenzeitliche Risikobeurteilung ☐ nachfolgende Risikobeurteilung

Auswirkungen	Schadens-ausmaß S	Klasse K 3–4	5–7	8–10	11–13	14–15	Häufigkeit und/oder Aufenthaltsdauer F		Eintrittswahrscheinlichkeit des Gefährdungsereignis W				Möglichkeit zur Vermeidung P	
Tod, Verlust von Auge oder Arm	4	SIL 2	SIL 2	SIL 2	SIL 3	SIL 3	≥ 1 pro h	5	häufig	5				
Permanent, Verlust von Fingern	3		AM	SIL 1	SIL 2	SIL 3	< 1 pro h bis ≥ 1 pro Tag	5	wahrscheinlich	4				
Reversibel, medizinische Behandlung	2			AM	SIL 1	SIL 2	< 1 pro Tag bis ≥ 1 pro 14 Tage	4	möglich	3			unmöglich	5
Reversibel, Erste Hilfe	1				AM	SIL 1	< 1 pro 2 Wochen bis ≥ 1 pro Jahr	3	selten	2			möglich	3
							< 1 pro Jahr	2	vernachlässigbar	1			wahrscheinlich	1

Ser. Nr.	Gefahr Nr.	Gefährdung	S	F	W	P	K	Sicherheitsmaßnahmen	sicher

Kommentare

AM = andere Maßnahmen

Bild 5.26 Die Ermittlung des geforderten SIL mit der SIL-Zuordnungstabelle gemäß DIN EN 62061 (**VDE 0113-50**):2016-05, Bild A.3

Entscheiden Sie selbst, was Ihnen am ehesten liegt. Meine Gesprächspartner haben mir sehr oft gesagt, dass dieser Ansatz bevorzugt wird, weil erwachsene Menschen im Team sehr wohl mit dieser feingranularen Aufteilung zurechtkommen – auch wenn es nicht so hübsch aussieht. Wichtig ist eine abgestimmte Einstufung des Risikos, das nachweisbar und nachvollziehbar dokumentiert wird.

Skurril wird es nur dann, wenn die Einstufung gemäß Bild 5.26 gemacht wird und die Anwendung dann nach DIN EN 13849-1 erfolgt. Da beiden Methoden als Tabelle oder Risikograph nur *informativ* sein können, mögen die Normenexperten Nachsicht mit dem Anwender haben – er sucht nur nach einem Ausweg aus seiner misslichen Lage.

Allgemeines Missverständnis

Der „Geburtsfehler“ dieser informativen Anhänge beider Normen liegt in der Tatsache, dass die DIN EN ISO 12100 sich nicht traute konkrete Anforderungen in Form eines „Risikoindex“ an die Funktionale Sicherheit zu machen, obwohl sie dies machen müsste, gemäß ihrem Anwendungsbereich. Wenn man aber weiß, dass Funktionale Sicherheit eine Domäne für sich ist, dann sei den Experten diese Zurückhaltung verziehen.

Anmerkung: „Informativ“ sind meistens Anhänge, die keinen normativen und somit verbindlichen Charakter (im Sinne von Anforderungen) haben, sondern lediglich eine Hilfestellung anbieten wollen. Leider wird seitens der Anwender kein Unterschied gemacht und diese Hilfestellung als quasi verbindlich eingestuft mangels Alternativen.

Appell

Vielleicht sollte bei der Überarbeitung der Norm dieses Bedürfnis an Freiheitsgrad ernst genommen, aufgegriffen und in der Norm verankert werden: Etwas praktikable Hilfe ist nicht verkehrt für den Anwender der Normen und kann doch auch nur informativ in einem Anhang versteckt werden.

Vorgehensweise bei der Risikoabschätzung des geforderten SIL mit der SIL-Zuordnungstabelle

Je Gefährdung wird ein Zeileneintrag im Hauptteil der Tabelle gemacht und mittels der Risikoelemente (S, F, W und P) eingestuft:

- Als erstes wird das Schadensausmaß S abgeschätzt: Damit ergibt sich die Zeile (im Kopf der Tabelle) für die grundlegende Bestimmung des SIL durch eine Einstufung in verschiedene Klassen (1, 2, 3 oder 4).
- Klasse K wird durch die Summenbildung der restlichen drei Risikoelemente (F, W und P) rechnerisch ermittelt.

Diese Risikoelemente können numerisch (im Kopf der Tabelle) abgeschätzt werden und jeweils mit „Punkten“ bewertet werden. Zum Beispiel: Wenn die Aufenthaltsdauer F mindestens ein Mal pro Stunde „≥ pro 1 h“ ist, dann werden fünf Punkte ausgewählt oder vier Punkte bei mindestens „alle zwei Wochen“: „< 1 pro Tag bis ≥ 1 pro 14 Tage“.

An dem Schnittpunkt der Zeile Schadensausmaß S mit der zutreffenden Spalte Klasse K ergibt sich der geforderte SIL für die Sicherheitsfunktion. Die heller schattierten Bereiche sind Empfehlungen, sodass andere Maßnahmen (AM) angewendet werden können. Weiterführende Erläuterungen zur Einschätzung der verschiedenen Risikoelemente finden sich im Anhang A, Methodologie zur Bestimmung erforderlicher Sicherheitsintegritätslevels (SIL), der DIN EN 62061 (**VDE 0113-50**):2016-05.

Eine erweiterte Darstellung zur Ermittlung des geforderten SIL oder PL ist in Kapitel 10.8 beschrieben.

Risikobeurteilung und Sicherheitsmaßnahmen

Dokument Nr.:
Teil:

Produkt: ______
Hersteller: ______
Datum: ______

K = 4 + 3 + 5 = 12

☐ vorläufige Risikobeurteilung
☐ zwischenzeitliche Risikobeurteilung
☐ nachfolgende Risikobeurteilung

Auswirkungen	Schadensausmaß S	Klasse K 3–4	5–7	8–10	11–13	14–15	Häufigkeit und/oder Aufenthaltsdauer F		Eintrittswahrscheinlichkeit des Gefährdungsereignis W				Möglichkeit zur Vermeidung P	
Tod, Verlust von Auge oder Arm	4	SIL 2	SIL 2	SIL 2	SIL 3	SIL 3	≥ 1 pro h	5	häufig	5				
Permanent, Verlust von Fingern	3		AM	SIL 1	SIL 2	SIL 3	< 1 pro h bis ≥ 1 pro Tag	5	wahrscheinlich	4				
Reversibel, medizinische Behandlung	2			AM	SIL 1	SIL 2	< 1 pro Tag bis ≥ 1 pro 14 Tage	4	möglich	3			unmöglich	5
Reversibel, Erste Hilfe	1				AM	SIL 1	< 1 pro 2 Wochen bis ≥ 1 pro Jahr	3	selten	2			möglich	3
							< 1 pro Jahr	2	vernachlässigbar	1			wahrscheinlich	1

Ser. Nr.	Gefahr Nr.	Gefährdung	S	F	W	P	K	Sicherheitsmaßnahmen	sicher

Kommentare

AM = andere Maßnahmen

Bild 5.27 Beispiel SIL-Zuordnung gemäß DIN EN 62061 (**VDE 0113-50**):2016-05, Anhang A

5.14 Faktor der Ausfälle infolge gemeinsamer Ursache β (CCF-Faktor)

Im Anhang F der DIN EN 62061 (**VDE 0113-50**):2016-05 wird eine Tabelle angeboten, mit der eine Einschätzung der Anfälligkeit gegenüber Ausfällen infolge gemeinsamer Ursache (CCF) bzw. der getroffenen Maßnahmen ermöglicht werden soll.

Die Punkte aus **Tabelle 5.12** werden zu einer Gesamtpunktzahl zusammengezählt. Damit ergibt sich dann aus **Tabelle 5.13** der Faktor der Ausfälle infolge gemeinsamer Ursache (β) oder kurz CCF-Faktor.

Merkmal	Referenz	Punkte
Trennung/Isolierung		
Sind SRECS-Signalleitungen für die einzelnen Kanäle an allen Stellen getrennt von anderen Kanälen geführt oder ausreichend geschützt?	1a	5
Ist die Erkennung von Signalübertragungsfehlern bei Verwendung von Informationscodierung/-decodierung ausreichend?	1b	10
Sind SRECS-Signalleitungen und elektrische Energieversorgungsleitungen an allen Stellen getrennt oder ausreichend geschützt?	2	5
Werden Teilsystemelemente als physikalisch getrennte Einheiten in eigenen lokalen Gehäusen vorgesehen, wenn sie zu einem CCF beitragen können?	3	5
Diversität/Redundanz		
Werden in dem Teilsystem verschiedene elektronische Technologien verwendet, z. B. einmal Elektronik oder programmierbare Elektronik und andererseits ein elektromechanisches Relais?	4	8
Werden in dem Teilsystem Elemente verwendet, die verschiedene physikalische Prinzipien nutzen (z. B. Erfassungselemente an einer Schutztür, die mechanische und magnetische Erfassungsverfahren verwenden)?	5	10
Werden in dem Teilsystem Elemente mit unterschiedlichem Zeitverhalten in Bezug auf funktionalen Betrieb und/oder Ausfallarten verwendet?	6	10
Haben die Teilsystemelemente ein Diagnose-Testintervall von ≤ 1 min?	7	10
Komplexität/Entwurf/Anwendung		
Ist die Querverbindung zwischen Kanälen des Teilsystems verhindert mit Ausnahme der Querverbindungen, die für Diagnosezwecke verwendet werden?	8	2
Beurteilung/Analyse		
Sind die Ergebnisse der Ausfallarten- und Auswirkungsanalyse ausgewertet worden, um Quellen von Ausfällen infolge gemeinsamer Ursache festzustellen, und sind zuvor bestimmte derartige Quellen durch den Entwurf beseitigt worden?	9	9
Werden Feldausfälle analysiert und in den Entwurfsprozess zurückgemeldet?	10	9
Kompetenz/Training		
Verstehen die Entwickler der Teilsysteme die Gründe für und Auswirkungen von Ausfällen infolge gemeinsamer Ursache?	11	4
Überwachung der Umgebungsbedingungen		
Arbeiten die Teilsystemelemente wahrscheinlich immer auch ohne äußere Überwachung der Umgebungsbedingungen innerhalb des Temperatur-, Feuchte-, Korrosions-, Staub- und Vibrationsbereiches usw. in dem es geprüft worden ist?	12	9
Ist das Teilsystem gegen die nachteiligen Einflüsse durch elektromagnetische Beeinflussung immun bis zu den einschließlich der in DIN EN 61326-3-1 (**VDE 0843-20-3-1**) festgelegten Grenzen?	13	9
Anmerkung: In dieser Tabelle ist ein alternatives Merkmal (z. B. Referenzen 1a und 1b) dort aufgeführt, wo es vorgesehen ist, dass eine Berücksichtigung des Beitrags zur Vermeidung von CCF nur für das am meisten relevante Merkmal erfolgt.		

Tabelle 5.12 CCF-Faktor gemäß DIN EN 62061 (**VDE 0113-50**):2016-05, Tabelle F.1

Gesamtpunktzahl	Faktor der Ausfälle infolge gemeinsamer Ursache (β)
≤ 35	10 % (0,1)
35 bis 65	5 % (0,05)
65 bis 85	2 % (0,02)
85 bis 100	1 % (0,01)

Tabelle 5.13 Abschätzung des CCF-Faktors (β) gemäß DIN EN 62061 (**VDE 0113-50**):2016-05, Tabelle F.2

Aus Sicht der DIN EN ISO 13849-1

Der CCF-Faktor ist als Wert wie bei der DIN EN 62061 (**VDE 0113-50**) nicht ermittelbar: Der Anhang K in DIN EN ISO 13849-1:2016-06, mit dem ein PFH_D-Wert für eine Kategorie abgeleitet werden kann, basiert grundsätzlich auf der Annahme von 2 %. Daher ist der Ansatz im Anhang F in DIN EN ISO 13849-1:2016-06 ein anderer: Hier gilt es lediglich eine Anzahl von Punkten nachzuweisen, damit davon ausgegangen werden kann, dass die Fehler gemeinsamer Ursache ausreichend betrachtet wurden.

Liegt der Wert unterhalb von 65 %, müssen weitere Maßnahmen ergriffen werden!

Nr.	Maßnahme gegen CCF	Punktezahl	Zum Beispiel durch Anwendung der
1	**Trennung/Abtrennung**		
	Physikalische Trennung zwischen den Signalpfaden: Trennung der Verdrahtung/Verrohrung, ausreichende Luft- und Kriechstrecken auf gedruckten Schaltungen	**15**	DIN EN 60204 (**VDE 0113-1**) DIN EN 60664 (**VDE 0110**)
2	**Diversität**		
	Unterschiedliche Technologien/Gestaltung oder physikalische Prinzipien werden verwendet, z. B.: der erste Kanal in programmierbarer Elektronik und der zweite Kanal fest verdrahtet, Art der Initiierung, Druck und Temperatur, Messung von Entfernung und Druck, digital und analog, Bauteile von unterschiedlichen Herstellern	**20**	

Tabelle 5.14 CCF-Faktor gemäß DIN EN ISO 13849-1:2016-06, Tabelle F.1

Nr.	Maßnahme gegen CCF	Punkte-zahl	Zum Beispiel durch Anwendung der
3	**Entwurf/Anwendung/Erfahrung**		
3.1	Schutz gegen Überspannung, Überdruck, Überstrom usw.	**15**	
3.2	Verwendung bewährter Bauteile	**5**	FMEA-Analyse
4	**Beurteilung/Analyse**		
	Sind die Ergebnisse einer Ausfallart und Effektanalyse berücksichtigt worden, um Ausfälle infolge gemeinsamer Ursache in der Entwicklung zu vermeiden?	**5**	
5	**Kompetenz/Ausbildung**		
	Sind Konstrukteure/Monteure geschult worden, um die Gründe und Auswirkungen von Ausfällen infolge gemeinsamer Ursache zu erkennen?	**5**	
6	**Umgebung**		
6.1	Schutz vor Verunreinigung und elektromagnetischer Beeinflussung (EMV) gegen CCF in Übereinstimmung mit den angemessenen Normen. Fluidische Systeme: Filtrierung des Druckmediums, Verhinderung von Schmutzeintrag, Entwässerung von Druckluft, z. B. in Übereinstimmung mit den Anforderungen des Herstellers für die Reinheit des Druckmediums. Elektrische Systeme: Wurde das System hinsichtlich elektromagnetischer Immunität geprüft, z. B. wie in zutreffenden Normen gegen CCF festgelegt? Bei kombinierten fluidischen und elektrischen Systemen sollten beide Aspekte berücksichtigt werden.	**25**	DIN EN 61326-3-1 (**VDE 0843-20-3-1**)
6.2	Andere Einflüsse Wurden alle Anforderungen hinsichtlich Unempfindlichkeit gegenüber allen relevanten Umgebungsbedingungen wie Temperatur, Schock, Vibration, Feuchte (z. B. wie in den zutreffenden Normen festgelegt) berücksichtigt?	**10**	DIN EN 60068 (**VDE 0468**)
	Gesamt	**[max. erreichbar 100]**	

Gesamtpunkte	Maßnahmen, um CCF zu vermeiden
65 oder besser	Anforderungen erreicht
kleiner als 65	Verfahren gescheitert ⇒ Auswahl zusätzlicher Maßnahmen

Tabelle 5.14 (*Fortsetzung*) CCF-Faktor gemäß DIN EN ISO 13849-1:2016-06, Tabelle F.1

5.15 Benutzerinformationen des sicherheitsbezogenen elektrischen Steuerungssystems (SRECS)

Das Ziel der Benutzerinformationen ist wie folgt in der DIN EN 62061 (**VDE 0113-50**):2016-05 beschrieben:

„Es müssen Informationen zum SRECS geliefert werden, um es dem Anwender zu ermöglichen, Verfahren zu entwickeln, um sicherzustellen, dass die erforderliche Funktionale Sicherheit des SRECS während des Gebrauchs und der Instandhaltung der Maschine erhalten bleibt."

Eine Dokumentation für die Installation, den Gebrauch und die Instandhaltung ist notwendig (wie auch die DIN EN ISO 12100 fordert). Die Inhalte können, je nach Ausprägung, Folgendes beinhalten:

- Beschreibung der Einrichtung, Installation und Montage;
- bestimmungsgemäße Verwendung, sowie vorhersehbarer Missbrauch;
- technische wie physikalische Umgebungsbedingungen;
- Übersichtsdiagramme (Blockdiagramme);
- Stromlaufpläne;
- Gebrauchsdauer oder Intervall des Proof-Tests;
- Schnittstellen und Zusammenwirken mit der elektrischen Maschinensteuerung;
- Informationen zur Programmierung;
- Anforderung an die Instandhaltung, z. B.
  - Logbuch,
  - Routineaktionen, insbesondere bei Bauteilen mit definierter Gebrauchsdauer,
  - Instandhaltung bei Fehlern oder Ausfällen,
  - Instandhaltungswerkzeug,
  - Intervall der regelmäßigen Prüfungen.

Unter regelmäßigen Prüfungen sind diejenigen funktionalen Tests zu verstehen, die notwendig sind, um den korrekten Betrieb zu bestätigen und Fehler zu erkennen.

Aus Sicht der DIN EN ISO 13849-1

Diese Benutzerinformationen werden ebenfalls in Abschnitt 11 *Benutzerinformationen* der DIN EN ISO 13849-1:2016-06 gefordert.

5.16 Validierung des Steuerungssystems

Nur wer geprüft hat, kann auch ruhig schlafen.

Der Sicherheitsintegritätslevel SIL eines sicherheitsbezogenen elektrischen Steuerungssystems muss spätestens bei der Verifikation und Validierung immer drei Anforderungen genügen bzw. entsprechen:

1. Die Sicherheitsintegrität der Hardware.
2. Die strukturellen Einschränkungen der Teilsysteme und des Systems.
3. Die systematische Sicherheitsintegrität der Teilsysteme und des Systems.

Damit wird im Grunde nur noch der Nachweis der Qualität des sicherheitsbezogenen elektrischen Steuerungssystems erbracht: Wurden die Anforderungen der Spezifikation (SRS) auch erreicht?

Die Validierung muss mit dem vorbereiteten Plan der Funktionalen Sicherheit (en: safety plan) ausgeführt werden (siehe Kapitel 5.7). Es kann jedoch sein, dass erst mit Instandsetzung diese Validierung endgültig erfolgen kann, z. B. bei der Anwendersoftware.

Jede sicherheitsbezogene Steuerungsfunktion SRCF muss getestet und/oder analysiert werden.

Diese Tests müssen in angemessener Form dokumentiert werden

- die Version des
  - verwendeten Plans zur Validierung,
  - des getesteten SRECS;
- die geprüfte (oder analysierte) SRCF;
- die verwendeten Werkzeuge und Einrichtungen;
- die Ergebnisse jedes Tests;
- Widersprüche (mit entsprechenden Maßnahmen) zwischen erwarteten und tatsächlichen Ergebnissen.

Die systematische Sicherheitsintegrität wird wie folgt validiert

- Funktionstests (bei Entwurf und Integration der Hardware und Software);
- Prüfung der Störfestigkeit;
- Tests durch Fehlereinbau bei einem Anteil sicherer Ausfälle ≥ 90 %;
- Anwendung analytischer Verfahren (je nach Komplexität SRECS);

- Anwendung testender Verfahren (je nach Komplexität der SRECS)
  - Black-Box-Tests zur Aufdeckung von Ausfällen und zur Beurteilung der Brauchbarkeit und Robustheit,
  - Tests durch Fehlereinbau bei einem Anteil sicherer Ausfälle < 90 %,
  - Tests unter „Grenzbedingungen", wenn Extremfälle beim analytischem Verfahren zur Anwendung kamen,
  - Verwendung von Felderfahrung während der Validierung.

Aus Sicht der DIN EN ISO 13849-1:2016-06

Die Validierung ist in Abschnitt 8 der Norm gefordert. Dabei werden die Anforderungen konkret in **DIN EN ISO 13849-2** beschrieben. Der Begriff des Plans der Funktionalen Sicherheit wird zwar nicht verwendet, jedoch ist die Zielsetzung im Teil 2 der DIN EN ISO 13849 mit den einzelnen Teilschritten vergleichbar.

5.17 Modifikation

Wenn während Entwurf, Integration und Validierung die SRECS verändert wird, dann soll das Modifikationsverfahren zur Anwendung kommen. Hiermit verbindet sich folgende Vorgehensweise:

- Dokumentation der Gründe der Modifikation (z. B. geänderte Spezifikation der Sicherheitsanforderungen, Bedingungen der tatsächlichen Verwendung, Erfahrungen aus Zwischenfällen/Unfällen, Modifikationen der Maschine oder ihrer Betriebsarten),
- Analyse und Dokumentation der Auswirkungen auf die Funktionale Sicherheit der SRECS,
- Entwurfsüberarbeitung ggf. aufgrund der getroffenen Modifikationen, und Änderung aller davon betroffenen Dokumentationen.

Das Konfigurationsmanagementverfahren soll jegliche Art der Modifikation begleiten, inhaltlich wie auch organisatorisch. Dieses Verfahren ist Teil des Plans der Funktionalen Sicherheit (siehe Kapitel 5.7). Daraus leitet sich dann eine chronologische Dokumentation (Logbuch) zur Änderungsverfolgung ab. Ziel ist es also, einen angemessenen Änderungskontrollprozess zu etablieren. Im Abschnitt 9.3 *Konfigurationsmanagementverfahren* der DIN EN 62061 (**VDE 0113-50**):2016-05 werden ausführlich die Anforderungen, die notwendige Dokumentation als auch die organisatorischen Maßnahmen detailliert beschrieben. Dem gewillten Leser können diese (nicht neuen) Informationen zum besseren Verständnis helfen.

Aus Sicht der DIN EN ISO 13849-1:2016-06

Die Modifikation wird explizit nur in Abschnitt 4.6.3 *Sicherheitsbezogene Anwendungssoftware (SRASW)* erwähnt. In DIN EN ISO 13849-2 wird dieser wichtige Aspekt im Rahmen der Validierung ebenfalls nicht ausdrücklich gefordert, sondern ist nur indirekt durch den Validierungsplan und die Validierungsaufzeichnung notwendig.

In der Praxis schleichen sich hier Fehler ein, weil vor Ort mal eben schnell eine Änderung vorgenommen wird, jedoch diese Änderung nicht als Modifikation automatisch dokumentiert wird.

5.18 Dokumentation eines SRECS

Die Dokumentation muss:

- so genau und knapp wie möglich sein;
- von denjenigen Personen, die sie verwenden müssen, einfach zu verstehen zu sein;
- den Zweck erfüllen, wofür sie letztendlich erstellt worden ist;
- verfügbar und leicht pflegbar sein.

Einige wichtige Informationen sollten in der Dokumentation enthalten sein (siehe auch Kapitel 5.19). **Tabelle 5.15** zeigt eine Auflistung der geforderten Informationen.

Erforderliche Informationen
Plan der funktionalen Sicherheit
Spezifikation der Anforderungen für SRCFs
Spezifikation der funktionalen Sicherheitsanforderungen für SRCFs
Spezifikation der Anforderungen zur Sicherheitsintegrität für SRCFs
SRECS-Entwurf
Strukturierter Entwurfsprozess
Dokumentation des SRECS-Entwurfs
Struktur von Funktionsblöcken
SRECS-Architektur
Spezifikation der Sicherheitsanforderungen des Teilsystems
Realisierung des Teilsystems

Tabelle 5.15 Erforderliche Informationen (Dokumentation) nach DIN EN 62061 (**VDE 0113-50**):2016-05, Tabelle 8

Erforderliche Informationen
Teilsystemarchitektur (Elemente und ihre Wechselbeziehungen)
In Anspruch genommene Fehlerausschlüsse bei der Abschätzung der Fehlertoleranz/*SFF*
Teilsystemmontage
Spezifikation der Software-Sicherheitsanforderungen
Software-basierende Parametrisierung
Einzelheiten zum Software-Konfigurationsmanagement
Angemessenheit der Softwareentwicklungswerkzeuge
Dokumentation des Anwendungsprogramms
Ergebnisse des Tests der Module der Anwendungssoftware
Ergebnisse der Integrationstests der Anwendungssoftware
Dokumentation der SRECS-Integrationstests
Dokumentation der Installation des SRECS
Dokumentation für Installation, Gebrauch und Instandhaltung
Dokumentation der Tests zur Validierung des SRECS

Tabelle 5.15 (*Fortsetzung*) Erforderliche Informationen (Dokumentation) nach DIN EN 62061 (**VDE 0113-50**):2016-05, Tabelle 8

Aus Sicht der DIN EN ISO 13849-1:2016-06

In Abschnitt 10 *Technische Dokumentation* werden vergleichbare Anforderungen gestellt.

Auszug aus DIN EN ISO 13849-1:2016-06, Abschnitt 10

Bei der Gestaltung eines SRP/CS muss deren Konstrukteur mindestens folgende Informationen über das sicherheitsbezogene Teil dokumentieren:

- die durch die SRP/CS bereitgestellte(n) Sicherheitsfunktion(en);
- die Eigenschaften jeder Sicherheitsfunktion;
- die genauen Punkte, wo die sicherheitsbezogenen Teile beginnen und enden;
- die Umgebungsbedingungen;
- den Performance Level (PL);
- die ausgewählte Kategorie oder die ausgewählten Kategorien;
- die auf die Zuverlässigkeit bezogenen Parameter ($MTTF_D$, *DC*, CCF und Einsatzdauer);

- die Maßnahmen gegen systematische Fehler;
- die verwendete Technologie oder die verwendeten Technologien;
- alle berücksichtigten sicherheitsbezogenen Fehler;
- die Begründungen für Fehlerausschlüsse (siehe DIN EN ISO 13849-2);
- die Begründung der Gestaltung, (z. B. berücksichtigte Fehler, die ausgeschlossenen Fehler);
- Softwaredokumentation;
- Maßnahmen gegen vernünftigerweise vorhersehbare Fehlanwendung.

5.19 Leitfaden für den Entwurf eines sicherheitsbezogenen Steuerungssystems (SRECS)

Ein vereinfachter Leitfaden soll zusammenfassend dem Hersteller von Maschinen helfen, die wichtigsten Teilschritte beim Entwurf eines sicherheitsbezogenen Steuerungssystems einzuhalten und die Systematik als auch die Methodik der DIN EN 62061 (**VDE 0113-50**) zu verdeutlichen (**Tabelle 5.16**).

Es versteht sich von selbst, dass wenn der geforderte Sicherheitsintegritätslevel nicht erreicht wird, ein iterativer Entwurfsprozess folgt (z. B. durch Wahl einer anderen Architektur oder anderer sicherheitsgerichteter Komponenten).

Leitfaden für den Entwurf eines sicherheitsbezogenen Steuerungssystems SRECS	
	Anmerkungen
1. Spezifikation der Anforderungen der Sicherheitsfunktion (SRS, safety requirements specification)	
• funktionale Beschreibung,	Welche Sicherheitsfunktion soll realisiert werden? Welche risikomindernden Maßnahmen wurden ausgewählt?
• geforderter Sicherheitsintegritätslevel SIL,	SIL-Bestimmung nach Anhang A der DIN EN 62061 (**VDE 0113-50**):2016-05 mit den Risikoelementen der Risikobeurteilung nach DIN EN ISO 12100
• sonstige funktionale Anforderungen	Betriebsarten, Reaktionszeit, Umgebungsbedingungen, EMV-Anforderungen

Tabelle 5.16 Vereinfachter Leitfaden – die wichtigsten Teilschritte beim Entwurf eines sicherheitsbezogenen Steuerungssystems

Leitfaden für den Entwurf eines sicherheitsbezogenen Steuerungssystems SRECS	
	Anmerkungen
2. Die Sicherheitsfunktion in logische Funktionsblöcke der sicherheitsbezogenen Steuerungsfunktion SRCF zerlegen	z. B. Erfassen (Sensoren), Auswerten (Logik) und Reagieren (Aktoren)
3. Die Funktionsblöcke in einen Architekturentwurf abbilden (prinzipielle Darstellung der Sicherheitsfunktion)	z. B. Positionserfassung mit zwei Positionsschalter für eine Schutztürüberwachung
4a. Beschreibung der Sicherheitsanforderungen für jeden Funktionsblock	
• funktionale Beschreibung,	
• geforderter Sicherheitsintegritätslevel SIL	in der Regel gleich dem SIL der gesamten Sicherheitsfunktion
4b. Architekturbeschreibung durch Auswahl der Teilsysteme mit Zuordnung zu jedem Funktionsblock	eine Basis-Teilsystemarchitektur A bis D auswählen
5. Beschreibung jedes der Teilsysteme im Detail	
• Hardwareintegrität,	*SFF*, *DC*, CCF mit β, T_1, T_2, Ausfallrate λ, PFH_D
• strukturelle Einschränkungen (der Hardwareintegrität)	Hardwarefehlertoleranz, SILCL
• systematische Sicherheitsintegrität	DIN EN ISO 13849-2, DIN EN 60204-1 (**VDE 0113-1**), Umgebungsbedingungen, Verlegung
6. Bestimmung des erreichten SIL	
• Sicherheitsintegrität der Hardware	$PFH_D = PFH_{D,1} + \ldots + PFH_{D,n}$, $10^{-4} < PFH_D < 10^{-5}$ (SIL 1), $10^{-5} < PFH_D < 10^{-6}$ (SIL 2), $PFH_D < 10^{-7}$ (SIL 3)
• strukturelle Einschränkungen	SILCL der einzelnen Teilsysteme betrachten: $SIL_{System} \leq (SIL_{Teilsystem})_{niedrigste}$
• systematische Sicherheitsintegrität	die einzelnen Teilsysteme betrachten: $SIL_{System} \leq (SIL_{Teilsystem})_{niedrigste}$
• erreichter SIL	mit den ursprünglichen Anforderungen nach der Spezifikation vergleichen

Tabelle 5.16 (*Fortsetzung*) Vereinfachter Leitfaden – die wichtigsten Teilschritte beim Entwurf eines sicherheitsbezogenen Steuerungssystems

Bei der Integration vordefinierter (oder vorgefertigten) Teilsystemen eines Herstellers (von sicherheitsgerichteten Komponenten) werden die Herstellerangaben zur Beschreibung des Teilsystems hergenommen.

Die Aussage bezüglich der Hardwareintegrität kann u. a. sein, dass das Teilsystem unter den vom Hersteller (von sicherheitsgerichteten Komponenten) angegebenen Aufbaurichtlinien und Vorgaben zur Erstellung der Software einen bestimmten SIL erreichen kann, und das mit einem vorgegebenen PFH_{D}-Wert. Dies bedeutet auch, dass durch die Auswahl eines Teilsystems, z. B. eine fehlersichere Steuerung, die Diagnosefunktion bzw. der Diagnosedeckungsgrad der benachbarten Teilsysteme implizit mit definiert wird. Es gilt also die Beschreibung und Wirkungsweise der Diagnosefähigkeit nach den Angaben des Herstellers zu betrachten.

Aus Sicht der DIN EN ISO 13849-1

Die Vorgehensweise ist grundsätzliche dieselbe wie in DIN EN 62061 (**VDE 0113-50**), auch wenn es in der Norm so explizit nicht dargestellt wird. Nach der erstellten Spezifikation der Anforderungen an die Sicherheitsfunktion ist die Aufteilung in funktionale Einheiten (Funktionsblöcke oder Teilfunktionen der eigentlichen Sicherheitsfunktion) der nächste logische Schritt. Dabei ist die Zuordnung dieser funktionalen Einheiten zu einzelnen SRP/CS mit ausgesuchten Kategorien aus Sicht der praktischen Realisierung die einfachste und nachvollziehbarste Vorgehensweise. Wer sich für ein einzelnes SRP/CS für die physikalische Abbildung der Sicherheitsfunktion entscheidet, wird sich mit der Nachvollziehbarkeit der ermittelten $MTTF_{\mathrm{D}}$ für jeden Kanal und DC_{avg} Werten schwertun. Diese Vorgehensweise ist nicht zu empfehlen, da sie in den meisten Fällen nicht notwendig ist. Im folgenden Abschnitt wird ein Anwendungsbeispiel beschrieben.

5.20 Ein Beispiel zur praktischen Vorgehensweise

In diesem Beispiel soll die Betrachtung einer Sicherheitsfunktion gemäß dem Entwurfsprozess gemacht und verdeutlicht werden. Weitere Berechnungsbeispiele sind im folgenden Abschnitt beschrieben, damit der Anwender einen Eindruck über die Methodik erlangt.

Der Entwurf einer Sicherheitsfunktion orientiert sich am Entwurfsprozess (siehe im Detail Kapitel 5.10). Diese einzelnen Schritte werden aus Sicht des Anwenders im Folgenden erläutert. Nicht alle, aber alle relevanten Betrachtungen werden gemacht, um den grundlegenden Gedanken der Vorgehensweise und der neuen Systematik zu veranschaulichen.

Anmerkung

Im nachfolgenden Beispiel ist die Referenz des entsprechenden Abschnitts der DIN EN 62061 (**VDE 0113-50**):2016-05 in Klammern [*x.y*] angegeben.

Spezifikation der Anforderungen der Sicherheitsfunktion [5.2]

Funktionale Beschreibung:

Wenn eine hintertretbare trennende Schutzeinrichtung geöffnet wird, soll ein Antrieb abgeschaltet werden. Dies geschieht im Durchschnitt vier Mal pro Stunde. Der Antrieb kann erst wieder zugeschaltet werden, wenn die Schutztür erneut geschlossen ist und über einen Taster „Ein" quittiert wird.

Geforderter Sicherheitsintegritätslevel:

SIL 3

Weitere detaillierte Funktionale Anforderungen (exemplarisch):

Betriebsart: Automatikbetrieb für das geschulte Bedienpersonal.

Reaktionszeit: Nach spätestens 100 ms muss der Abschaltbefehl (Leistungspfad) erfolgen.

Umgebungsbedingungen: sind zu beschreiben (technische Daten, …).

EMV-Anforderungen: sind zu beschreiben (z. B. „normale" Industrieumgebung).

[…]

Funktionsblöcke (FB) der Sicherheitsfunktion [6.6.2.1.1]

Folgende logische Funktionsblöcke (FB) werden ausgewählt:

FB1: Positionserfassung der Schutztür,

FB2: Auswerten der Positionserfassung, Ansteuern des Antriebs und Überwachung des Wiedereinschaltens,

FB3: Ansteuerung des Antriebs.

Architekturentwurf [6.6.2.1.2]

Die ausgewählte Architektur wird wie folgt definiert:

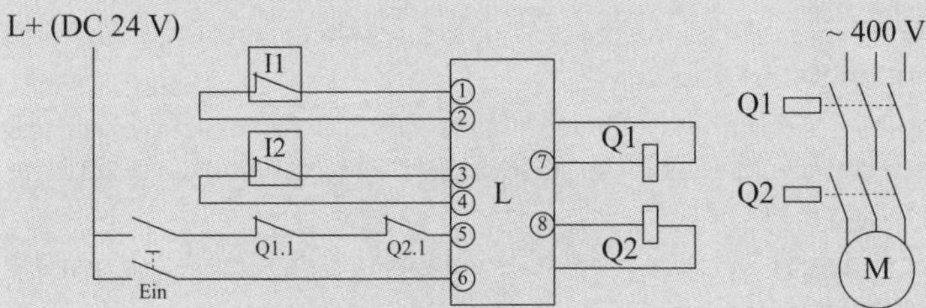

Bild 5.28 Definition der ausgewählten Architektur

Legende:

I1, I2: zwei Positionsschalter mit zwangsöffnenden Kontakten,

L: eine fehlersichere Steuerung,

Q1, Q2: zwei Lastschütze mit zwangsgeführten Kontakten (Q1.1, Q1.2),

Ein: Ein-Taster zur Wiedereinschaltung,

M: abzuschaltender Antrieb (Motor)

Allgemeine Erläuterungen:

Das sicherheitsgerichtete Abschalten des Antriebs: Die fehlersichere Steuerung L schaltet Q1 und Q2 ab (die Kontakte Q1.1 und Q1.2 schließen wieder), wenn I1 oder I2 betätigt wird. I1 oder I2 und Q1 oder Q2 können nur getestet werden, wenn eine externe Betätigung erfolgt. Die Fehleraufdeckung erfolgt durch die fehlersichere Steuerung L.

Automatikbetrieb:

Die Ausgangssituation: Q1 und Q2 sind abgeschaltet (Q1.1 und Q1.2 sind geschlossen), I1 und I2 sind nicht betätigt (Kontakte geschlossen) und der Taster „Ein" ist nicht betätigt. Das Wiedereinschalten: Q1 und Q2 werden nur angesteuert, wenn I1 und I2, Q1.1 und Q1.2 geschlossen sind und ein Signalwechsel (high-low) durch Betätigen des Tasters „Ein" von der Logik erkannt wird.

Detaillierung der Sicherheitsanforderungen jedes Funktionsblocks [6.6.2.1.6]

Die Funktionsblöcke haben definierte Anforderungen an die zu realisierende Funktion und die Sicherheitsintegrität.

FB1: Positionserfassung erfolgt mit zwei Positionsschaltern und der geforderte Sicherheitsintegritätslevel ist SIL 3.

FB2: Bei Betätigen eines Positionsschalters soll der Antrieb abgeschaltet werden, das Wiedereinschalten erst nach Drücken des Tasters „Ein“ erfolgen und der geforderte Sicherheitsintegritätslevel ist SIL 3.

FB3: Die Ansteuerung des Antriebs wird mit zwei Lastschützen realisiert, und der geforderte Sicherheitsintegritätslevel ist SIL 3.

Zuordnung der Funktionsblöcke zu den sicherheitsbezogenen Teilsystemen [6.6.2.1.3 und 6.6.2.1.7]

Jeder Funktionsblock wird in einem Teilsystem abgebildet.

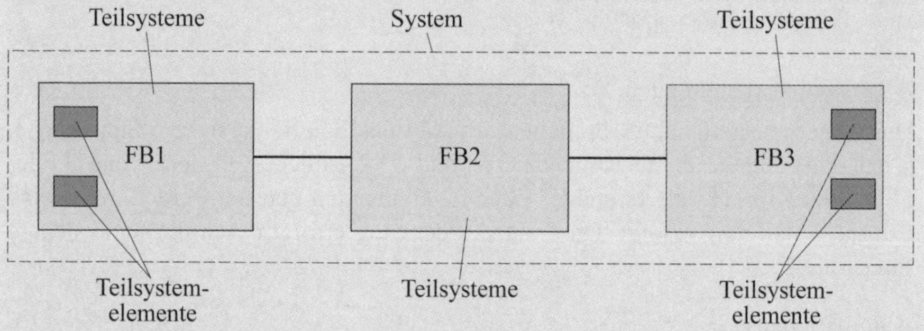

Bild 5.29 Abbildung eines Funktionsblocks in einem Teilsystem
Legende:
FB1: Teilsystem Positionsschalter I1 und I2,
FB2: Teilsystem Sicherheitsschaltgerät L, inkl. Verdrahtung (1) bis (7),
FB3: Teilsystem Lastschütz Q1 und Q2

Diese Teilsysteme müssen jetzt im Detail betrachtet und bewertet werden. Im folgenden Entwurfsschritt werden diese Betrachtungen gemacht.

Auswahl eines Geräts für ein Teilsystem [6.7.3] oder Entwurf und Entwicklung der Teilsysteme [6.7.4]

1 Teilsystem I1 und I2

1.1 Hardwareintegrität

1.1.1 Allgemeine Informationen/Eigenschaften [6.7.4.4]

Die Teilsystemelemente I1 und I2 haben folgende technische Eigenschaften:

Eigenschaften	Anmerkungen
Positionsschalter mit getrenntem Betätiger	Herstellerangabe
zwangsöffnende Kontakte	Herstellerangabe
Betriebsspannung 24 V	Herstellerangabe
Montage/Einbau/Wartungsanforderungen	Herstellerangabe
T_1 = 175 200 h (20 Jahre) (Lebenserwartungszeit)	Herstellerangabe
B_{10} = 1 000 000 [Schaltspiele]	Herstellerangabe
Betätigungszyklus C = 4 Mal pro Stunde	Anwenderangabe
Ausfallart: 20 % Gefahr bringender Ausfall	Herstellerangabe
Ausfallrate: $\lambda = 0{,}1 \cdot C / B_{10} = 4 \cdot 10^{-7}$	[6.7.8.2.1]
Gefahr bringende Ausfallrate: $\lambda_D = 0{,}2 \cdot \lambda = 8 \cdot 10^{-8}$	[6.7.8.2.1]
Verdrahtung, Diagnose: Überwachung durch Teilsystem L	Herstellerangabe

Die Hardwarefehlertoleranz des Teilsystems ist gleich 1 aufgrund der Redundanz.

1.1.2 Abschätzung des Anteils sicherer Ausfälle [6.7.7]

Durch die Redundanz der Positionsschalter kann der Ausfall eines einzelnen Positionsschalters durch das Teilsystem L jederzeit aufgedeckt werden.

Der Diagnosedeckungsgrad kann mit $DC = \lambda_{DD} / \lambda_{D,total} \geq 99$ % oder $DC \geq 0{,}99$ angenommen werden.

Der Anteil sicherer Ausfälle errechnet sich wie folgt:

$$SFF = \frac{\lambda_{DD,1} + \lambda_{DD,2}}{\lambda_{D,1} + \lambda_{D,2}} = \frac{\left(DC_1 \cdot \lambda_{D,1}\right) + \left(DC_2 \cdot \lambda_{D,2}\right)}{\lambda_{D,1} + \lambda_{D,2}} = \frac{0{,}99 \cdot \lambda_{D,1} + 0{,}99 \cdot \lambda_{D,2}}{\lambda_{D,1} + \lambda_{D,2}} \geq 0{,}99.$$

Anmerkung

Da die Gefahr bringenden Ausfallraten beider Teilsystemelemente gleich sind ($\lambda_{D,1} = \lambda_{D,2}$) und auch die entsprechenden Diagnosedeckungsgrade identisch sind, ist der $SFF = DC_1 = DC_2$.

1.1.3 Strukturelle Einschränkung des Teilsystems [6.7.6.3, Tabelle 5]

Der SIL 3 ist erreichbar, da Fehlertoleranz der Hardware 1 und $SFF \geq 99$ %. Der SIL „Claim Limit" ist SILCL = SIL 3.

Anteil sicherer Ausfälle	Fehlertoleranz der Hardware (siehe Anmerkung 1)		
	0	**1**	**2**
< 60 %	nicht erlaubt	SIL 1	SIL 2
60 % … < 90 %	SIL 1	SIL 2	SIL 3
90 % … < 99 %	SIL 2	SIL 3	SIL 3 (siehe Anmerkung 2)
≥ 99 %	SIL 3	SIL 3 (siehe Anmerkung 2)	SIL 3 (siehe Anmerkung 2)

Anmerkung 1: Eine Fehlertoleranz der Hardware von *N* bedeutet, dass *N* + 1 Fehler zu einem Verlust der Sicherheitsfunktion führen können.

Anmerkung 2: Ein SIL-4-Anspruch wird in DIN EN 62061 (**VDE 0113-50**) nicht betrachtet, da er für die Anforderungen zur Risikominderung, die normalerweise bei Maschinen anzutreffen sind, nicht relevant ist. Zu SIL 4 siehe DIN EN 61508 (**VDE 0803**).

1.1.4 Wahrscheinlichkeit Gefahr bringender zufälliger Hardwareausfälle [6.7.8.2]

Der Diagnosedeckungsgrad $DC = \lambda_{DD} / \lambda_{D,total}$ kann mit mindestens 99 % angenommen werden. Für die vereinfachte Abschätzung der Wahrscheinlichkeit zufälliger Gefahr bringender Hardwareausfälle kann die Basis-Teilsystemarchitektur D (mit einer Einfehlertoleranz und einer Diagnosefunktion) verwendet werden. Der Anteil infolge gemeinsamer Ursache CCF wird konservativ mit 10 % gewählt, weil die Verdrahtung außerhalb des Schaltschranks ist: $\beta = 0{,}1$.

Das Diagnose-Testintervall T_2 ist durch den Betätigungszyklus C definiert: Erst mit Öffnen oder Schließen der Schutztür können die Positionsschalter I1 und I2 geprüft werden: $T_2 = {}^1/_4 = 0{,}25$ h.

Damit ergibt sich eine Wahrscheinlichkeit Gefahr bringender Ausfälle für dieses Teilsystem von (siehe Berechnungsformel in Kapitel 5.12.3: $PFH_D = \lambda_D \cdot 1\ \text{h} = 8{,}01 \cdot 10^{-9}$ (dies entspricht SIL 3, d. h. $< 10^{-7}$).

1.2 Systematische Sicherheitsintegrität [6.7.9]

1.2.1 Vermeidung systematischer Fehler

Ordnungsgemäße Verwendung und Verdrahtung nach DIN EN 60204-1 (**VDE 0113-1**) und DIN EN ISO 13849-2:2013-02, Anhang D: grundlegende Sicherheitsprinzipien.

1.2.2 Beherrschung systematischer Fehler

Die Maßnahmen zur Beherrschung der Einflüsse von Spannungsänderungen, -einbrüche, sowie Unter- und Überspannung (siehe DIN EN 60204-1 (**VDE 0113-1**)) müssen betrachtet werden.

Ebenso müssen die Maßnahmen zur Beherrschung der Einflüsse der physikalischen Umgebung (Temperatur, Feuchtigkeit, Vibration, …) beachtet werden. In der DIN EN ISO 14119 werden für bewegliche Schutzeinrichtungen und für die Montage der Positionsschalter wertvolle Angaben gemacht. Generell sollen die bewährten Sicherheitsprinzipien (siehe DIN EN ISO 13849-2:2013-02, Anhang D.3) angewandt werden.

2 Teilsystem L

2.1 Hardwareintegrität

Dieses Teilsystem L stellt eine „Einheit" dar. Die Verwendung des Teilsystems richtet sich nach den Aussagen des Herstellers: alle relevanten Werte stehen dem Anwender zur Verfügung.

2.1.1 Allgemeine Informationen/Eigenschaften [6.7.4.4]

Das Teilsystem L hat folgende technische Eigenschaften:

Eigenschaften	**Anmerkungen**
sicherheitsgerichtete Steuerung, CPU SIL-3-fähig, $PFH_D < 10^{-10}$	Herstellerangabe
sicherheitsgerichtete Steuerung, Eingabebaugruppe SIL-3-fähig, $PFH_D < 10^{-10}$	Herstellerangabe
sicherheitsgerichtete Steuerung, Ausgabebaugruppe SIL-3-fähig, $PFH_D < 10^{-10}$	Herstellerangabe
Standardsteuerung, Eingabebaugruppe	Herstellerangabe
Montage/Einbau/Wartungsanforderungen	Herstellerangabe
T_1 = 175 200 h (20 Jahre) (Lebenserwartungszeit)	Herstellerangabe
Verdrahtung, Diagnose: Überwachung durch Teilsystem L	Herstellerangabe

2.2 Systematische Sicherheitsintegrität [6.7.9]

2.2.1 Vermeidung systematischer Fehler

Ordnungsgemäße Verwendung und Verdrahtung nach DIN EN 60204-1 (**VDE 0113-1**) und DIN EN ISO 13849-2:2013-02, Anhang D: grundlegende Sicherheitsprinzipien und nach Empfehlungen des Herstellers. Dies gilt auch für die Software-Implementierung.

2.2.2 Beherrschung systematischer Fehler

Die Maßnahmen zur Beherrschung der Einflüsse von Spannungsänderungen, -einbrüche, sowie Unter- und Überspannung (siehe DIN EN 60204-1 (**VDE 0113-1**)) müssen betrachtet werden. Ebenso müssen die Maßnahmen zur Beherrschung der Einflüsse der physikalischen Umgebung (Temperatur, Feuchtigkeit, Vibration, …) beachtet werden. Generell sollen die bewährten Sicherheitsprinzipien (siehe DIN EN ISO 13849-2:2013-02, Anhang D.3) angewandt werden.

2.3 Entwurf der Diagnosefunktion(en) wie erforderlich [6.8]

Mit der Software „Distributed Safety“ erfolgt die Programmierung. Die beschriebenen Diagnosefunktionen der Teilsysteme I1, I2 und O1, O2 müssen entsprechend realisiert werden.

Die Signale (5), Rückführkreis der Lastschütze und (6), „Ein“-Taster können über eine Standard-Eingabebaugruppe erfasst werden, wenn die Verarbeitung im sicherheitsrelevanten Teil erfolgt.

3 Teilsystem O1 und O2

3.1 Hardwareintegrität

3.1.1 Allgemeine Informationen/Eigenschaften [6.7.4.4]

Die Teilsystemelemente O1 und O2 haben folgende technische Eigenschaften:

Eigenschaften	Anmerkungen
Lastschütz (z. B. 3RT1015)	Herstellerangabe
zwangsgeführte Kontakte	Herstellerangabe
Bemessungssteuerspeisespannung 24 V (Ansteuerung)	Herstellerangabe
Gebrauchskategorie (z. B. AC-3) (Hauptstromkreis)	Herstellerangabe
… weitere notwendige technische Daten	Herstellerangabe
Montage/Einbau/Wartungsanforderungen	Herstellerangabe
T_1 = 175 200 h (20 Jahre) (Lebenserwartungszeit)	Herstellerangabe
B_{10} = 1 000 000 [Schaltspiele]	Herstellerangabe
Betätigungszyklus C = 4 Mal pro Stunde	Anwenderangabe
Ausfallart: ca. 73 % Gefahr bringender Ausfall	Herstellerangabe
Ausfallrate: $\lambda = 0{,}1 \cdot C / B_{10} = 4 \cdot 10^{-7}$	[6.7.8.2.1]
Gefahr bringende Ausfallrate: $\lambda_D = 0{,}73 \cdot \lambda = 2{,}92 \cdot 10^{-7}$	[6.7.8.2.1]
Verdrahtung, Diagnose: Überwachung durch Teilsystem L	Herstellerangabe

Die Hardwarefehlertoleranz des Teilsystems ist gleich 1 aufgrund der Redundanz.

3.1.2 Abschätzung des Anteils sicherer Ausfälle [6.7.7]

Durch die Redundanz der Lastschütze und der zwangsgeführten Kontakte kann der Ausfall eines einzelnen Lastschützes durch das Teilsystem L jederzeit aufgedeckt werden.

Der Anteil sicherer Ausfälle errechnet sich wie folgt:

$$SFF = \frac{\lambda_{DD,1} + \lambda_{DD,2}}{\lambda_{D,1} + \lambda_{D,2}} = \frac{(DC_1 \cdot \lambda_{D,1}) + (DC_2 \cdot \lambda_{D,2})}{\lambda_{D,1} + \lambda_{D,2}} = \frac{0,99 \cdot \lambda_{D,1} + 0,99 \cdot \lambda_{D,2}}{\lambda_{D,1} + \lambda_{D,2}} \geq 0,99.$$

Anmerkung

Da die Gefahr bringenden Ausfallraten beider Teilsystemelemente gleich sind ($\lambda_{D,1} = \lambda_{D,2}$) und auch die entsprechenden Diagnosedeckungsgrade identisch sind, ist der $SFF = DC_1 = DC_2$.

3.1.3 Strukturelle Einschränkung des Teilsystems [6.7.6.3, Tabelle 5]

Der SIL 3 ist erreichbar, da Fehlertoleranz der Hardware 1 und $SFF \geq 99$ %. Der SIL „Claim Limit" ist SILCL = SIL 3.

Anteil sicherer Ausfälle	**Fehlertoleranz der Hardware (siehe Anmerkung 1)**		
	0	**1**	**2**
< 60 %	nicht erlaubt	SIL 1	SIL 2
60 % … < 90 %	SIL 1	SIL 2	SIL 3
90 % … < 99 %	SIL 2	SIL 3	SIL 3 (siehe Anmerkung 2)
≥ 99 %	SIL 3	SIL 3 (siehe Anmerkung 2)	SIL 3 (siehe Anmerkung 2)

Anmerkung 1: Eine Fehlertoleranz der Hardware von N bedeutet, dass $N + 1$ Fehler zu einem Verlust der Sicherheitsfunktion führen können.

Anmerkung 2: Ein SIL-4-Anspruch wird in DIN EN 62061 (**VDE 0113-50**) nicht betrachtet, da er für die Anforderungen zur Risikominderung, die normalerweise bei Maschinen anzutreffen sind, nicht relevant ist. Zu SIL 4 siehe DIN EN 61508 (**VDE 0803**).

3.1.4 Wahrscheinlichkeit Gefahr bringender zufälliger Hardwareausfälle [6.7.8.2]

Der Diagnosedeckungsgrad $DC = \lambda_{DD} / \lambda_{D,total}$ kann mit mindestens 99 % angenommen werden. Für die vereinfachte Abschätzung der Wahrscheinlichkeit zufälliger Gefahr bringender Hardwareausfälle kann die Basis-Teilsystemarchitektur D (mit einer Einfehlertoleranz und einer Diagnosefunktion) verwendet werden.

Der Anteil der Ausfälle infolge gemeinsamer Ursache, CCF-Faktor wird mit 5 % gewählt, weil die Verdrahtung im Schaltschrank erfolgt: $\beta = 0{,}05$.

Das Diagnose-Testintervall T_2 ist durch den Betätigungszyklus C definiert: Erst mit Öffnen oder Schließen der Schutztür können die Lastschütze Q1 und Q2 (durch Überwachung der zwangsgeführten Kontakte Q1.1 und Q2.1) geprüft werden: $T_2 = {}^1/_4 = 0{,}25$ h.

Damit ergibt sich eine Wahrscheinlichkeit Gefahr bringender Ausfälle für dieses Teilsystem von (siehe Berechnungsformel in Kapitel 5.12.3: $PFH_D = \lambda_D \cdot 1\ \text{h} = 1{,}47 \cdot 10^{-8}$ (dies entspricht SIL 3, d. h. $< 10^{-7}$).

3.2 Systematische Sicherheitsintegrität [6.7.9]

3.2.1 Vermeidung systematischer Fehler

Ordnungsgemäße Verwendung und Verdrahtung nach DIN EN 60204-1 (**VDE 0113-1**) und DIN EN ISO 13849-2:2013-02, Anhang D: grundlegende Sicherheitsprinzipien.

3.2.2 Beherrschung systematischer Fehler

Die Maßnahmen zur Beherrschung der Einflüsse von Spannungsänderungen, -einbrüche, sowie Unter- und Überspannung (siehe DIN EN 60204-1 (**VDE 0113-1**)) müssen betrachtet werden. Ebenso müssen die Maßnahmen zur Beherrschung der Einflüsse der physikalischen Umgebung (Temperatur, Feuchtigkeit, Vibration, ...) beachtet werden. Generell sollen die bewährten Sicherheitsprinzipien (siehe DIN EN ISO 13849-2:2013-02, Anhang D.3) angewandt werden.

Bestimmung des erreichten SIL [6.6.3]

1 Sicherheitsintegrität der Hardware

Die Wahrscheinlichkeit Gefahr bringender Ausfälle des Systems (der Sicherheitsfunktion) wird mit der Berechnungsformel [6.6.3.2.3] bestimmt:

$$PFH_D = PFH_{D\,(\text{Teilsystem I1, I2})} + PFH_{D\,(\text{Teilsystem L})} + PFH_{D\,(\text{Teilsystem O1, O2})},$$

$$PFH_D = 8{,}01 \cdot 10^{-9} + \left(10^{-10} + 10^{-10} + 10^{-10}\right) + 1{,}47 \cdot 10^{-8},$$

$$PFH_D = 2{,}27 \cdot 10^{-8} < 10^{-7}.$$

Dies entspricht den Anforderungen des Sicherheitsintegritätslevels SIL 3.

2 Strukturelle Einschränkungen

Die Teilsysteme haben alle einen SILCL = SIL 3. Somit erfüllt auch das System die Anforderungen (der Sicherheitsfunktion) des Sicherheitsintegritätslevels SIL 3.

3 Systematische Sicherheitsintegrität

Die Anforderungen für SIL 3 werden auf Systemebene erreicht, wenn die beschriebenen Maßnahmen in Verbindung mit den einzelnen Teilsystemen realisiert wurden.

4 Ergebnis

Die beschriebene Sicherheitsfunktion erreicht den Sicherheitsintegritätslevel SIL 3.

5.21 Vereinfachte Vorgehensweise mit B_{10D}, $MTTF_D$ und erreichbarer PFH_D

Auch ohne Software-Tools kann man schnell ans Ziel kommen – eine simple Vorgehensweise hilft.

Tabelle 5.17 und **Tabelle 5.18** sind das Ergebnis einfacher Berechnungen. Damit lassen sich Teilsysteme recht schnell bewerten hinsichtlich des erreichten PFH_D-Werts.

$MTTF_D$ jedes Kanals							
einkanalig		zweikanalig					
Kat. B/1	*DC*	Kat. 2	*DC*	Kat. 3	*DC*	Kat. 4	*DC*
28 … 37 a	0 %	11 … 14 a	60 %	11 … 14 a	60 %	nicht empfohlen	
38 … 56 a	0 %	15 … 22 a	60 %	15 … 21 a	60 %		
57 … 113 a	0 %	23 … 44 a	60 %	22 … 30 a	60 %		
≥ 114 a	0 %	≥ 45 a	60 %	≥ 31 a	60 %		
		28 … 37 a	90 %	26 … 30 a	90 %		
		38 … 56 a	90 %	31 … 38 a	90 %		
		57 … 113 a	90 %	39 … 59 a	90 %		
		≥ 114 a	90 %	≥ 60 a	90 %		
nicht empfohlen						65 … 84 a	99 %
						85 … 122 a	99 %
						123 … 236 a	99 %
						≥ 237 a	99 %

PFH_D			
40 %	$0{,}4 \cdot 10^{-5}$	SIL 1	10^{-5}
30 %	$0{,}3 \cdot 10^{-5}$		
20 %	$0{,}2 \cdot 10^{-5}$		
10 %	$0{,}1 \cdot 10^{-5}$		
40 %	$0{,}4 \cdot 10^{-6}$	SIL 2	10^{-6}
30 %	$0{,}3 \cdot 10^{-6}$		
20 %	$0{,}2 \cdot 10^{-6}$		
10 %	$0{,}1 \cdot 10^{-6}$		
40 %	$0{,}4 \cdot 10^{-7}$	SIL 3	10^{-7}
30 %	$0{,}3 \cdot 10^{-7}$		
20 %	$0{,}2 \cdot 10^{-7}$		
10 %	$0{,}1 \cdot 10^{-7}$		
			10^{-8}

Tabelle 5.17 Vereinfachtes Verfahren: $MTTF_D$ und PFH_D

Intervall oder Betätigungen			$MTTF_D$ jedes Kanals in Jahren [a], basierend auf Betätigungen und B_{10D}								
			B_{10D}								
Betätigungs-intervall	Betätigungs-zyklus (pro Stunde)	jährliche Betätigungen n_{op}	100 000	400 000	1 000 000	1 300 000	2 000 000	5 000 000	10 000 000	20 000 000	50 000 000
30 s	120	1 051 200	nicht empfohlen	nicht empfohlen	10 a	12 a	19 a	48 a	95 a	190 a	
1 min	60	525 600	nicht empfohlen	nicht empfohlen	19 a	25 a	38 a	95 a	190 a		
2 min	30	262 800	nicht empfohlen	15 a	38 a	49 a	76 a	190 a			
5 min	12	105 120	10 a	38 a	95 a	124 a	190 a				
10 min	6	52 560	19 a	76 a	190 a						
15 min	4	35 040	29 a	114 a							
30 min	2	17 520	57 a								
1 h	1	8 760	114 a								
2 h	0,5	4 380									
≥ 4 h	0,25	2 190									

10 % des zu erreichenden PFH_D-Werts können immer angenommen werden, unabhängig von der verwendeten Architektur (Kategorie)

Intervall oder Betätigungen basieren auf:

24 h pro Tag,
365 Tage pro Jahr
(1 Jahr = 8 760 h)

$T_{10D} = MTTF_D/10$

	Typische Geräte (Funktionen)								
	100 000	400 000	1 000 000	1 300 000	2 000 000	5 000 000	10 000 000	20 000 000	50 000 000
Sensoren	Not-Halt-Befehlsgeräte	Not-Halt-Befehlsgeräte	Positions-schalter (getrennter Betätiger, Zuhaltung)		Positions-schalter (getrennter Betätiger, Zuhaltung)	Positions-schalter	Positions-schalter	Positions-schalter	Positions-schalter
Sensoren	Freigabetaster, -schalter						Drucktaster	Drucktaster	Drucktaster
Sensoren		Näherungs-schalter (niedrige Belastung)						Näherungs-schalter (Nennlast)	
Aktoren	Leistungs-schalter	Relais (Nennlast)		Leistungs-schütze (Nennlast)				Relais (niedrige Belastung)	
Aktoren								Leistungs-schütze (niedrige Belastung)	
Aktoren								pneumatische Komponenten	

Tabelle 5.18 Vereinfachtes Verfahren: B_{10D}, $MTTF_D$ und PFH_D

Annahmen:

- Maximal zehn Teilsysteme in einer Sicherheitsfunktion werden verwendet, also max. 10 % des erforderlichen PFH_D-Werts des zu erreichenden SIL;
- β wird mit 0,02 angenommen (wie im Anhang K der DIN EN ISO 13849-1: 2016-06).

Vorgehensweise zur Ermittlung des PFH_D-Werts jedes verwendeten Teilsystems durch Nutzung der beiden Tabellen 5.16 und 5.17:

1. Bestimmen jedes Teilsystems und der benötigten Komponenten (als Teilsystemelemente).
2. Festlegen der verwendeten Architekturen (Kategorie) für nicht vorgeprüfte Teilsysteme, mit Teilsystemelementen als VDMA-Gerätetypen 2 oder 3, und Bestimmen des gewählten Diagnosedeckungsgrads *DC*.

   Anmerkung 1: Vorgeprüfte Teilsysteme haben eine einen PFH_D und einen SILCL (VDMA-Gerätetyp 1).

   Anmerkung 2: Wenn der *DC* jedes Kanals unterschiedlich ist, kann der niedrigste *DC* als Worst Case angenommen werden.
3. Ermitteln des PFH_D-Werts für die nicht vorgeprüften Teilsysteme anhand der beiden Tabellen 5.16 und 5.17:
   - $MTTF_D$-Tabelle verwenden zur Bestimmung des PFH_D-Werts im Bereich 10 %, 20 %, 30 % oder 40 %,
   - B_{10D}-Tabelle verwenden zur Bestimmung des $MTTF_D$-Werts, anschließend die $MTTF_D$-Tabelle zur Bestimmung des PFH_D-Werts im Bereich 20 %, 30 % oder 40 %;
4. Aufsummieren der PFH_D-Werte der einzelnen Teilsysteme.

5.21.1 Beispiel mit der vereinfachten Vorgehensweise

Annahmen:

I. Eine Schutztür wird mit einem Standard-Positionsschalter ($B_{10D,\,1}$ = 10 000 000 Schaltspiele) und einem Positionsschalter mit getrenntem Betätiger ($B_{10D,\,2}$ = 1 000 000 Schaltspiele) überwacht. Die Schutztür wird alle 5 min geöffnet.

II. Die Überwachung erfolgt durch ein Sicherheitsschaltgerät (SILCL = SIL 3, $PFH_D = 1 \cdot 10^{-8}$).

III. Eine Gefahr bringende Bewegung wird mit zwei Ventilen ($MTTF_{D,\,1}$ = 100 Jahre und $MTTF_{D,\,2}$ = 150 Jahre) beendet.

Gewählte Architekturen:

Schutztürüberwachung:	zweikanalig mit DC = 99 % (Kategorie 4),
Sicherheitsschaltgerät:	Herstellerangabe mit SILCL = SIL 3,
Ventilüberwachung:	zweikanalig mit DC = 90 % (Kategorie 3)

Ermittlung des (Worst-Case-)PFH_D-Werts der Sicherheitsfunktion mit allen beteiligten Teilsystemen:

$$PFH_D = 30\,\%\text{ von SIL }3_{(\text{Teilsystem I})} + 10^{-8}{}_{(\text{Teilsystem II})} + 10\,\%\text{ von SIL }2_{(\text{Teilsystem III})}$$

$$= 0{,}3 \cdot 10^{-7} + 10^{-8} + 0{,}1 \cdot 10^{-6}$$

$$= 0{,}14 \cdot 10^{-6} = 1{,}4 \cdot 10^{-7} \quad \rightarrow \quad \text{SIL } 2 < 10^{-6}.$$

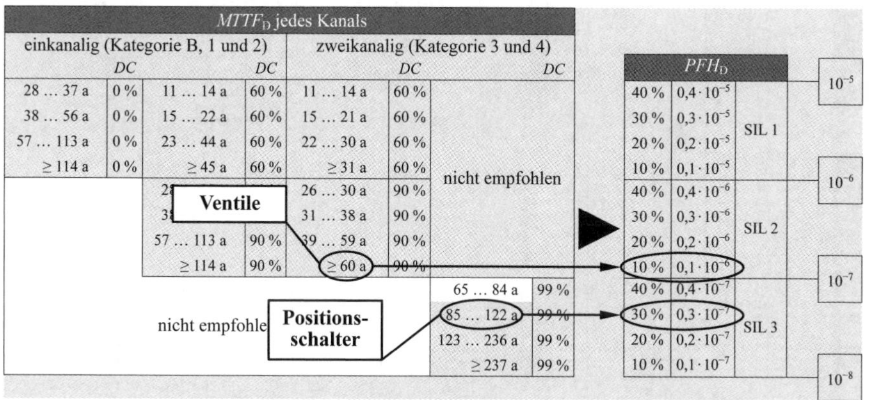

$MTTF_D$ jedes Kanals							
einkanalig (Kategorie B, 1 und 2)				zweikanalig (Kategorie 3 und 4)			
	DC		DC		DC		DC
28 … 37 a	0 %	11 … 14 a	60 %	11 … 14 a	60 %	nicht empfohlen	
38 … 56 a	0 %	15 … 22 a	60 %	15 … 21 a	60 %		
57 … 113 a	0 %	23 … 44 a	60 %	22 … 30 a	60 %		
≥ 114 a	0 %	≥ 45 a	60 %	≥ 31 a	60 %		
		2[illegible]	[illegible]	26 … 30 a	90 %		
		3[illegible]	[illegible]	31 … 38 a	90 %		
		57 … 113 a	90 %	39 … 59 a	90 %		
		≥ 114 a	90 %	≥ 60 a	90 %		
nicht empfohlen						65 … 84 a	99 %
						85 … 122 a	99 %
						123 … 236 a	99 %
						≥ 237 a	99 %

PFH_D			
40 %	$0{,}4 \cdot 10^{-5}$	SIL 1	10^{-5}
30 %	$0{,}3 \cdot 10^{-5}$		
20 %	$0{,}2 \cdot 10^{-5}$		
10 %	$0{,}1 \cdot 10^{-5}$		10^{-6}
40 %	$0{,}4 \cdot 10^{-6}$	SIL 2	
30 %	$0{,}3 \cdot 10^{-6}$		
20 %	$0{,}2 \cdot 10^{-6}$		
10 %	$0{,}1 \cdot 10^{-6}$		10^{-7}
40 %	$0{,}4 \cdot 10^{-7}$	SIL 3	
30 %	$0{,}3 \cdot 10^{-7}$		
20 %	$0{,}2 \cdot 10^{-7}$		
10 %	$0{,}1 \cdot 10^{-7}$		10^{-8}

Tabelle 5.19 Beispiel vereinfachtes Verfahren: $MTTF_D$ und PFH_D

Intervall oder Betätigungen			$MTTF_D$ jedes Kanals in Jahren [a], basierend auf Betätigungen und B_{10D}								
Betätigungs-intervall	Betätigungs-zyklus (pro Stunde)	jährliche Betätigungen n_{op}	B_{10D}: 100 000	400 000	1 000 000	1 300 000	2 000 000	5 000 000	10 000 000	20 000 000	50 000 000
30 s	120	1 051 200	nicht empfohlen	nicht empfohlen	10 a	12 a	19 a	48 a	95 a	190 a	
1 min	60	525 600	nicht empfohlen	nicht empfohlen	19 a	25 a	38 a	95 a	190 a		
2 min	30	262 800	nicht empfohlen	15 a	38 a	49 a	76 a	190 a			
5 min	12	105 120	10 a	38 a	95 a	124 a	190 a				
10 min	6	52 560	19 a	76 a	190 a						
15 min	4	35 040	29 a	114 a							
30 min	2	17 520	57 a								
1 h	1	8 760	114 a								
2 h	0,5	4 380									
≥4 h	0,25	2 190									

10 % des zu erreichenden PFH_D-Werts können immer angenommen werden, unabhängig von der verwendeten Architektur (Kategorie)

Intervall oder Betätigungen basieren auf:

24 h pro Tag,
365 Tage pro Jahr
(1 Jahr = 8 760 h)

$T_{10D} = MTTF_D/10$

	Typische Geräte (Funktionen)								
Sensoren	Not-Halt-Befehlsgeräte	Not-Halt-Befehlsgeräte	Positions-schalter (getrennter Betätiger, Zuhaltung)		Positions-schalter (getrennter Betätiger, Zuhaltung)	Positions-schalter	Positions-schalter	Positions-schalter	Positions-schalter
Sensoren	Freigabetaster, -schalter						Drucktaster	Drucktaster	Drucktaster
Sensoren		Näherungs-schalter (niedrige Belastung)						Näherungs-schalter (Nennlast)	
Aktoren	Leistungs-schalter	Relais (Nennlast)		Leistungs-schütze (Nennlast)				Relais (niedrige Belastung)	
Aktoren								Leistungs-schütze (niedrige Belastung)	
Aktoren								pneumatische Komponenten	

Tabelle 5.20 Beispiel vereinfachtes Verfahren: B_{10D}, $MTTF_D$ und PFH_D

5.22 Zusammenfassung – Schritt für Schritt

Der DIN EN ISO 13849-1 fehlt die „Struktur". Die DIN EN 62061 ***(VDE 0113-50)*** *hat dagegen eine praktische Sichtweise.*

Nicht, dass die Norm unstrukturiert ist – das meine ich nicht. Aber der Gedanke der strukturellen Einschränkung der DIN EN 62061 (**VDE 0113-50**) ist nicht vorhanden – alles dreht sich um einen Performance Level PL und der wird immer nur auf Basis der Wahrscheinlichkeit Gefahr bringender Ausfälle ermittelt – dieses Manko sieht man im Anhang K der DIN EN ISO 13849-1:2016-06 nur allzu deutlich.

Die Schreiber der DIN EN ISO 13849-1 haben es leider verpasst hier klare Signale zu setzen, wie es die Vorgängernorm gemacht hat: Die Struktur eines SRP/CS hat primär nur eine bedingte Einschränkung, viel zu viel ist möglich. Erst mit Anwendung des Anhangs K werden die Grenzen aufgezeigt. Das ist verwirrend.

Dagegen treibt die DIN EN 62061 (**VDE 0113-50**) eine andere Zielsetzung:
Egal wie gering auch die Wahrscheinlichkeit Gefahr bringender Ausfälle nun sein mögen, mit den strukturellen Einschränkungen wird völlig unabhängig davon die Qualität der angedachten Lösung bewertet. So muss es auch sein: Die Struktur, wie früher die Kategorien nach DIN EN 954-1, muss im Vordergrund stehen, und erst dann darf die Probabilistik unterstützend herangezogen werden. Und bitte nicht umgekehrt.

Bild 5.30 zeigt ein praktisches Beispiel, einer Schutztürüberwachung mit zwei Positionsschaltern.

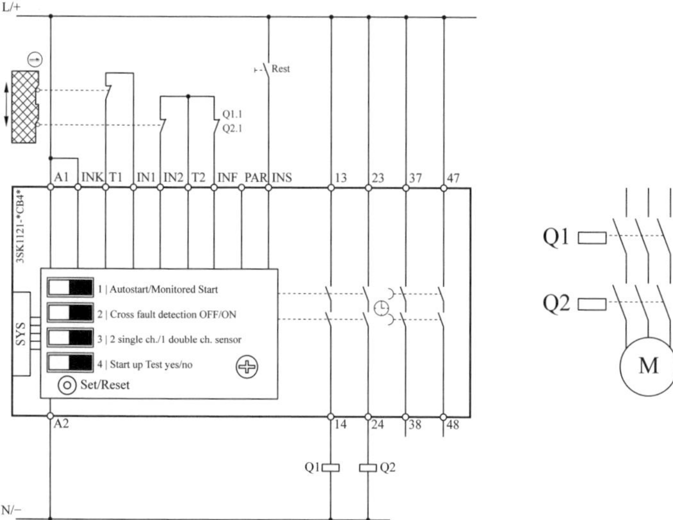

Bild 5.30 Eine Schutztürüberwachung

Wenn Sie die Positionserfassung der Schutztür wie folgt bewerten: Wir wählen eine Kategorie-3-Architektur mit einem Betätigungszyklus von ein Mal pro Stunde, einen Diagnosedeckungsgrad von 60 %, einen B_{10D}-Wert von 10 000 000 Schaltspielen, dann passiert etwas ganz Seltsames: Da die Schütze einen B_{10D}-Wert von mindestens 1 300 000 haben, schaffen sie es bei einzelner Betrachtung, also ein SRP/CS für die Schutztür, ein SRP/CS für das Sicherheitsschaltgerät und SRP/CS für die beiden Schütze einen Performance Level PL d zu erreichen. Grund dafür ist der Diagnosedeckungsgrad der Positionsschalter. Bilden Sie dagegen die gesamte Funktion nur über ein einzelnes SRP/CS ab, dann wird durch Methodik $MTTF_{D,avg}$ und DC_{avg} ein Performance Level PL e erreichbar sein.

Was ist nun richtig? Nicht Performance Level PL e! Das steht fest.

Dies vor Augen lässt die Ratlosigkeit mancher Anwender erklären.

Würde man den Gedanken der Teilsysteme (das Pendant zu einem einzelnen SRP/CS) ausschließlich verwenden, dann gäbe es diesen Konflikt erst gar nicht: Das Teilsystem „Schutztürüberwachung“ wird durch die Diagnosefähigkeit auf einen SIL 2 (vgl. mit dem Performance Level PL d) mit den strukturellen Eigenschaften beschränkt. Egal was die Logik- und Aktorik-Teilsysteme für Fähigkeiten mit sich bringen.

Das schwächste Glied in der Kette ist ausschlaggebend. Es darf keine Wechselwirkung zwischen verschiedenen Teilsystemen oder SRP/CS zu solch seltsamen Ergebnissen führen, die man gefühlsmäßig auch nicht nachvollziehen kann.

Der sicherste Weg eine Sicherheitsfunktion auch nachvollziehbar zu bewerten ist der Ansatz der Teilsysteme gemäß der DIN EN 62061 (**VDE 0113-50**) oder mehrerer SRP/CS nach DIN EN ISO 13849-1:

$$\text{Sicherheitsfunktion} = \text{Teilsystem}_{\text{Sensorik}} + \text{Teilsystem}_{\text{Logik}} + \text{Teilsystem}_{\text{Aktorik}}.$$

6 Das VDMA-Einheitsblatt 66413

6.1 Motivation der Komponentenhersteller und Maschinenhersteller

Wer kann es verübeln, in diesen stürmischen Zeiten?

Wie schon angedeutet: Die Wahrscheinlichkeiten Gefahr bringender Ausfälle stehen zu sehr im Vordergrund, und die anderen relevanten Daten zur Berechnung und Bewertung einer Sicherheitsfunktion können nicht so recht eingestuft werden – was ist wichtig, und was nicht?

Aus dieser Not heraus haben sich alle beteiligten Parteien unter der Federführung des VDMA (Verband Deutscher Maschinen- und Anlagenbau e. V.) an einen Tisch gesetzt. Der Fachverband Elektrische Automation des VDMA hat dieses schwierige Unterfangen gemanagt und dafür gesorgt, dass die Interessen aller Beteiligten, – Maschinenhersteller und Automatisierungstechniklieferanten –, gewahrt wurden und die Ergebnisse der Arbeitsgruppe als *VDMA-Einheitsblatt 66413* veröffentlicht werden konnten. Das Einheitsblatt ist in Deutsch und Englisch verfügbar und kann über den Beuth-Verlag bezogen werden.

Mit dem VDMA-Einheitsblatt 66413 „Funktionale Sicherheit – Universelle Datenbasis für sicherheitsbezogene Kennwerte von Komponenten oder Teilen von Steuerungen“ wurde erstmals industrieweit ein Standard verabschiedet, der wegweisend ist.

6.2 Warum erst jetzt? – ein Erklärungsversuch

Zu viele Daten. Zu wenig Verständnis. Oder doch nur einfach ein Missverständnis?

Im Markt hatte sich ein Wettlauf der Daten und eine damit verbundene Datenflut etabliert: Die Angaben zu Komponenten wuchsen und wuchsen und immer weniger war dem Anwender bewusst, welche Daten er denn nun wirklich benötigt.

Mit dem Verweigern von gewissen Daten bekam das Ganze eine noch eine brisante Note: Warum liefert Siemens keinen *SFF* für seine fehlersicheren Steuerungen Simatic S7? Warum werden B_{10}-Werte und ein Anteil Gefahr bringender Ausfälle geliefert, jedoch kein B_{10D}-Wert?

Die Antwort auf diese Fragen ist relativ einfach: Die einen Hersteller liefern alle Daten, die für die Bewertung einer Sicherheitsfunktion relevant sind, die anderen liefern zusätzlich Daten, die aus Sicht des Anwenders nicht wirklich hilfreich sind. Durch Fehlinterpretationen der beiden Normen DIN EN 62061 (**VDE 0113-50**) und DIN EN ISO 13849-1 ist dieses Spannungsfeld nicht abgebaut worden – im Gegenteil, der heilige Normenkrieg „Wir wissen das“ fand auf dem Rücken der Anwender statt.

Alles menschlich und verständlich und deshalb konnte auch das VDMA-Einheitsblatt erfolgreich abgestimmt werden, nachdem sich alle Parteien auf neutralem Boden trafen und ehrlich ihre Befindlichkeiten äußern konnten. Mit der Einführung der VDMA-Gerätetypen entstand erstmals eine gemeinsame Sichtweise. Die definierten Gerätetypen helfen dabei alle Produkte, die im Umfeld der Funktionalen Sicherheit relevant sein könnten, sinnvoll zu klassifizieren – und damit wird endlich die Lücke zwischen DIN EN 62061 (**VDE 0113-50**) und DIN EN ISO 13849-1 sowie dem Anwender geschlossen.

Schauen wir uns jetzt diese Klassifizierung etwas genauer an.

6.3 Gerätetypen – ohne sie geht nichts mehr heute

Eine neutrale Strukturierung und Klassifizierung hilft immer. Auch in der Sicherheitstechnik.

Wie ist dieses Bild zu verstehen?

Grundlegend gilt: **Je höher die Nummer des Gerätetyps, desto mehr Verantwortung liegt applikationsbedingt beim Anwender**. Eine Ausnahme ist der Gerätetyp 4, der einen Sonderfall des Gerätetyps 1 darstellt.

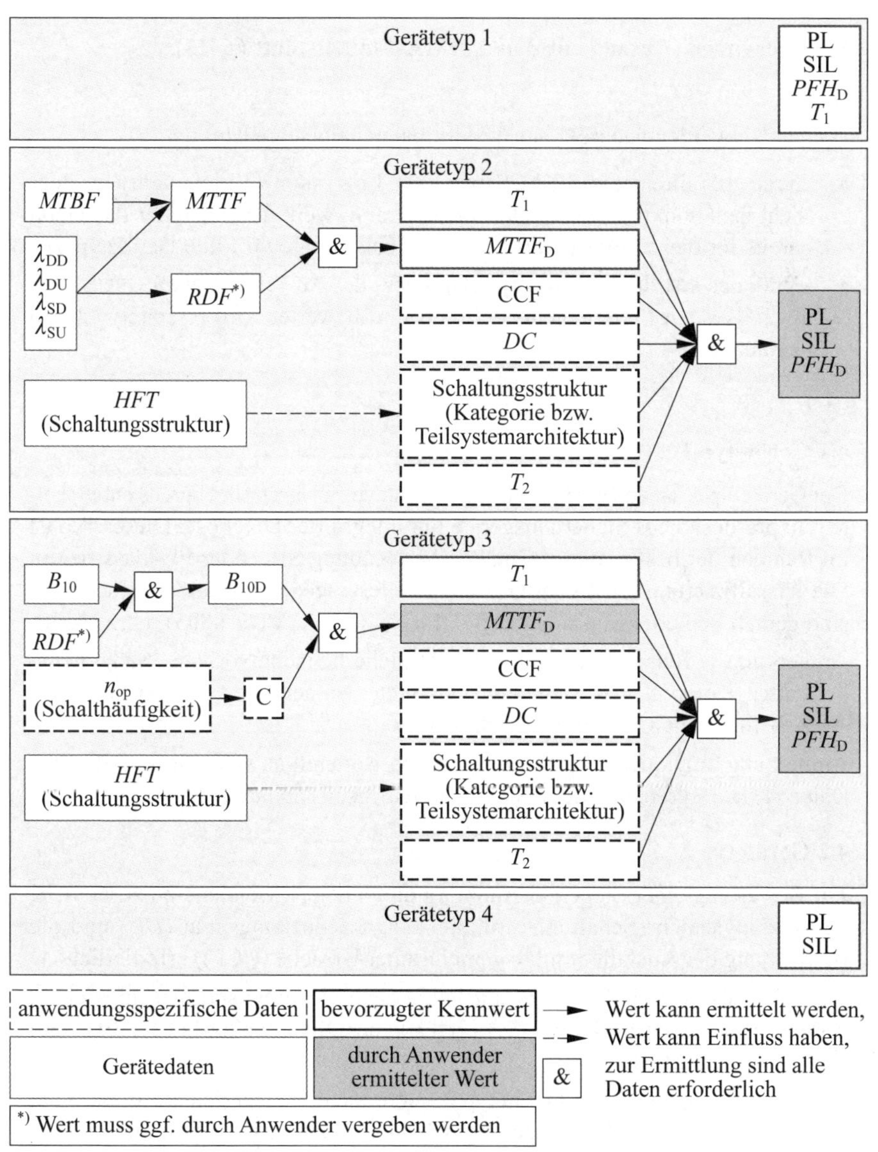

Bild 6.1 Gerätetypen nach dem VDMA-Einheitsblatt 66413

Erläuterungen (Auszug aus dem VDMA-Einheitsblatt 66413)

[…]

Die Geräte werden nachfolgenden Merkmalen unterschieden:

- Gerät, das direkt als SRP/CS bzw. als Teilsystem (Teilelement) in einer Sicherheitsfunktion verwendet werden kann, weil der Hersteller das Gerät bereits für diesen Einsatzfall entwickelt hat (Gerätetyp 1 und Gerätetyp 4).
- Gerät, das erst durch den Entwurfsprozess des Anwenders als SRP/CS bzw. als Teilsystem (Teilelement) definiert und bewertet wird (Gerätetyp 2 und Gerätetyp 3).

[…]

4.1 Gerätetyp 1

Der Gerätetyp 1 hat den höchsten Integrationslevel. Typisch sind bereits entwickelte (en: pre-designed) Sicherheitsgeräte mit integrierter Diagnose. Dieser Typ ist im Rahmen der bestimmungsgemäßen Verwendung SIL- oder PL-klassifiziert. Die Klassifizierung wird vom Gerätehersteller angegeben. Geräte dieses Typs sind gemäß Sicherheitsnormen (z. B. DIN EN 61508 (**VDE 0803**)) entwickelt.

Anmerkung 1: Beispiele für Gerätetyp 1: Sicherheitslichtvorhang, Sicherheitslichtgitter, Komponenten sicherheitsgerichteter Steuerungen, sichere Antriebe/ Antriebsfunktionen, Sicherheitsschaltgeräte.

Anmerkung 2: Die Kenngrößen können von weiteren anwendungsspezifischen Daten (z. B. Begrenzung der max. Schalthäufigkeit) abhängen.

4.2 Gerätetyp 2

Zur Bewertung einer Sicherheitsfunktion durch den Anwender sind zusätzliche Anwendungsdaten (Schaltungsstruktur, Diagnosedeckungsgrad (*DC*) und die Betrachtung der Ausfälle infolge gemeinsamer Ursache (CCF)) erforderlich.

Geräte dieses Typs sind nicht zwangsläufig nach Sicherheitsnormen entwickelt, was einen Einsatz nach DIN EN ISO 13849-1 oder DIN EN 62061 (**VDE 0113-50**) aber nicht ausschließt.

Anmerkung: Beispiele für Gerätetyp 2: nicht sicherheitsgerichtete Elektronik, z. B. Operationsverstärker, Näherungsschalter, Drucksensor, Hydraulikventil.

Anmerkung

Der Begriff „Gerät“ steht stellvertretend für: Bauteil, Komponente, Teilsystem, Teilsystemelement oder sicherheitsbezogenes Teil einer Steuerung (SRP/CS).

4.3 Gerätetyp 3

Gerätetyp 3 sind Geräte mit einem Ausfallverhalten, das von der Schalthäufigkeit abhängig ist. Zur Bewertung einer Sicherheitsfunktion durch den Anwender sind zusätzliche Anwendungsdaten (Schalthäufigkeit, Betätigungshäufigkeit, Schaltungsstruktur, Diagnosedeckungsgrad (*DC*) und die Betrachtung der Ausfälle infolge gemeinsamer Ursache (CCF)) erforderlich.

Geräte dieses Typs sind nicht zwangsläufig nach Sicherheitsnormen entwickelt, was einen Einsatz nach DIN EN ISO 13849-1 oder DIN EN 62061 (**VDE 0113-50**) aber nicht ausschließt.

Anmerkung: Beispiele für Gerätetyp 3: verschleißbehaftete elektromechanische Komponenten, z. B. Leistungsschütze, Schalter, Pneumatik Ventile, Verriegelungseinrichtungen, Befehlsgeräte.

4.4 Gerätetyp 4

Gerätetyp 4 ist ein Sonderfall des Gerätetyps 1. Dieser Gerätetyp erscheint nicht in VDMA-Einheitsblatt 66413:2012-10, Abschnitt 5, da es für diesen Typ keine Gefahr bringenden zufälligen Ausfälle gibt, d. h., die Wahrscheinlichkeit des Gefahr bringenden Ausfalls $PFH_D = 0$ (nicht nur sehr klein). Bei Komponenten dieses Typs gilt für jeden möglichen Fehler entweder:

- ein Fehlerausschluss gemäß DIN EN 62061 (**VDE 0113-50**) bzw. DIN EN ISO 13849-2 oder
- ein Fehler führt immer zum sicheren Zustand.

Sofern strukturelle Anforderungen (siehe DIN EN 62061 (**VDE 0113-50**):2016-05, Abschnitt 6.7.7.2) oder andere Betrachtungen eine Beschränkung der alleinigen (einkanaligen) Verwendung vorsehen, ist die Angabe eines max. erreichbaren PL und SIL für die einkanalige Verwendung erforderlich.

Um die oben genannten Aussagen treffen zu können, ist eine Bewertung der Geräte gemäß Sicherheitsnormen (z. B. IEC 61508) erforderlich. […]

6.4 Kennwerte auf Basis der Gerätetypen – Schluss mit den Diskussionen

Eine schöne praktische Zusammenfassung der wichtigen (Rechen-)Kennwerte der beiden Normen.

Kennwert	Gerätetyp (Device-Typ)				Kommentar
	1	2	3	4	
PL	×			×	DIN EN ISO 13849-1
SILCL	×			×	DIN EN 62061 (**VDE 0113-50**)
PFH_D	×				DIN EN ISO 13849-1 und DIN EN 62061 (**VDE 0113-50**)
Kategorie	×			×	DIN EN ISO 13849-1
$MTTF_D$		×			DIN EN ISO 13849-1 und DIN EN 62061 (**VDE 0113-50**) Genau einer der Kennwerte ist erforderlich, Vorzugsweise der $MTTF_D$.
λ_D		×			
$MTTF$		×			
$MTBF$		×			
RDF		o	o		DIN EN ISO 13849-1 und DIN EN 62061 (**VDE 0113-50**)
B_{10D}			×		DIN EN ISO 13849-1 und DIN EN 62061 (**VDE 0113-50**) Genau einer der Kennwerte ist erforderlich, Vorzugsweise der B_{10D}-Wert.
B_{10}			×		
$T_M = T_1$	×	×	×	×	DIN EN ISO 13849-1 und DIN EN 62061 (**VDE 0113-50**)
Anmerkung: × = Muss-Feld, Angabe erforderlich, o = Kann-Feld, Angabe optional (anwendungsspezifisch)					

Tabelle 6.1 Relevante Daten in der Funktionalen Sicherheit: die VDMA-Gerätetypen

„*RDF*" basiert auf der englischen Abkürzung: Ratio of Dangerous Failure, zu Deutsch: Anteil Gefahr bringender Ausfälle. Dieser Begriff ist noch nicht in den beiden Normen zu finden: Die Hersteller von Komponenten, z. B. Schütze, geben diesen Wert aber an, da dieser in der Produktnorm hinterlegt und gefordert wird.

„Kategorie" stellt die interne Struktur des Gerätetyps 4 dar, siehe auch „6.4.2.3 InfoConfig" in Kapitel 6.7.

6.5 Anwendung der Gerätetypen – die Praxis ist maßgebend

Die Definition der Gerätetypen – durch die Realität geprägt.

Aufgrund der Existenz der DIN EN 62061 (**VDE 0113-50**) und der DIN EN ISO 13849-1 ergeben sich Anforderungen an die zu verwendenden Daten, damit mit diesen eine Berechnung der Wahrscheinlichkeit Gefahr bringender Ausfälle als PFH_D möglich wird. Die nachfolgenden Erläuterungen sollen im VDMA-Einheitsblatt 66413 diesen Umstand verdeutlichen: Diese Daten sind relevant, weitere Daten sind lediglich Wunsch mancher Hersteller oder Anwender.

6.5.1 Anwendung Gerätetyp 1

Verwendung verschiedener Geräte, die durch den Gerätehersteller bereits als fertig verwendbares SRP/CS (DIN EN ISO 13849-1) oder als fertig verwendbares Teilsystem (DIN EN 62061 (**VDE 0113-50**)) entwickelt wurden. Die Sicherheitsfunktion lässt sich somit auf Basis der Daten der Gerätehersteller bewerten.

Praktische Beispiele:

- Ein Lichtvorhang soll bei Unterbrechung der Lichtstrahlen über eine fehlersichere Steuerung einen sicheren Halt (STO) eines sicherheitsgerichteten Frequenzumrichters auslösen, damit eine Gefahr bringende Bewegung beendet wird.
- Eine Schutztür wird mit einem sicherheitsgerichteten berührungslosen Positionsschalter überwacht. Wenn die Schutztür geöffnet wird, soll über eine fehlersichere Steuerung eine sicher begrenzte Geschwindigkeit (SLS) eines sicherheitsgerichteten Frequenzumrichters ausgelöst werden.

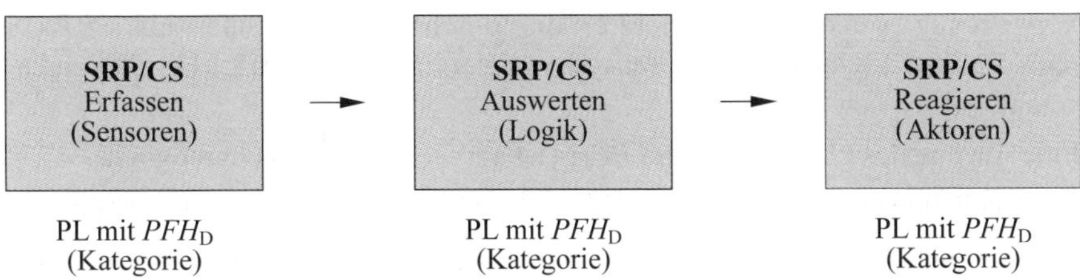

Bild 6.2 VDMA-Gerätetyp 1, DIN EN ISO 13849-1

Der höchst möglich erreichbare PL einer Sicherheitsfunktion wird begrenzt durch

- den niedrigsten PL aller SRP/CS und
- die PFH_D der Sicherheitsfunktion, ermittelt durch die Addition der PFH_D aller SRP/CS.

Der PL und die PFH_D sind Angaben des Gerätehersteller.

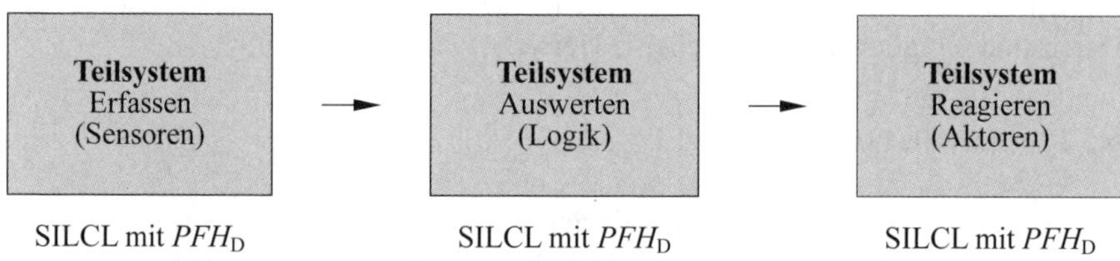

Bild 6.3 VDMA-Gerätetyp 1, DIN EN 62061 (**VDE 0113-50**)

Der höchst möglich erreichbare SIL einer Sicherheitsfunktion wird begrenzt, durch

- den niedrigsten SILCL aller Teilsystem und
- die PFH_D der Sicherheitsfunktion, ermittelt durch die Addition der PFH_D aller Teilsysteme.

Der SILCL und die PFH_D sind Angaben des Gerätehersteller.

6.5.2 Anwendung Gerätetyp 2

Verwendung verschiedener Geräte, die durch den Anwender als SRP/CS (DIN EN ISO 13849-1) oder als Teilsystem (DIN EN 62061 (**VDE 0113-50**)) eigenverantwortlich bewertet werden.

Eine Angabe des PL oder SIL und PFH_D ist auf Geräteebene nicht möglich.

Der Gerätehersteller liefert einen $MTTF_D$, λ_D oder einen *MTBF* für die Geräte.

Der Anwender definiert anwendungsspezifisch das SRP/CS oder Teilsystem durch den gewählten Aufbau bzw. Entwurf (Kategorie als ausgewählte vorgesehene Architektur und *DC*) oder das Teilsystem durch den gewählten Aufbau bzw. Entwurf (ein- oder zweikanalige Architektur als *HFT* gleich 0 oder 1 und *DC*).

Auf dieser Basis kann ein PL oder SIL und PFH_D für das SRP/CS oder Teilsystem ermittelt werden. In einer Sicherheitsfunktion wird dieses SRP/CS oder Teilsystem dann als ein Teil der Sicherheitsfunktion verwendet.

Praktische Beispiele:

- Redundante (zweikanalige) Verwendung von zwei Hydraulikventilen als SRP/CS (Aktoren) in einer Sicherheitsfunktion; die Bewertung erfolgt auf Basis einer Kategorie 3 und einem *DC* von 90 %.
- Redundante (zweikanalige) Verwendung von zwei Stromüberwachungsrelais als Teilsystem (Sensoren) in einer Sicherheitsfunktion. Die Bewertung erfolgt auf Basis einer Architektur mit *HFT* von 1 und einem *DC* von 90 %.

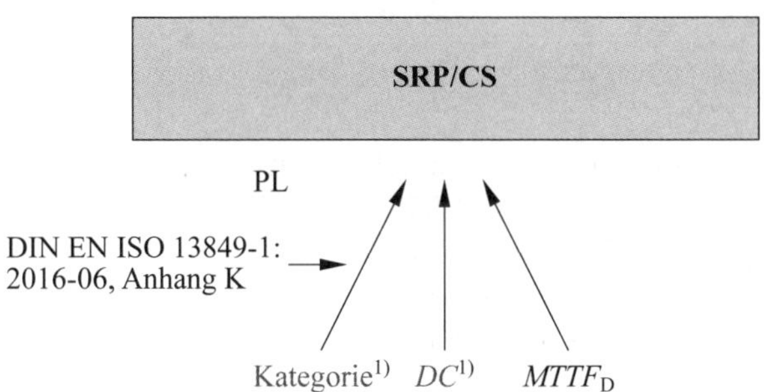

[1)] Die Angaben (Kategorie und *DC*) sind durch den Anwender zu definieren.

Bild 6.4 VDMA-Gerätetyp 2, DIN EN ISO 13849-1

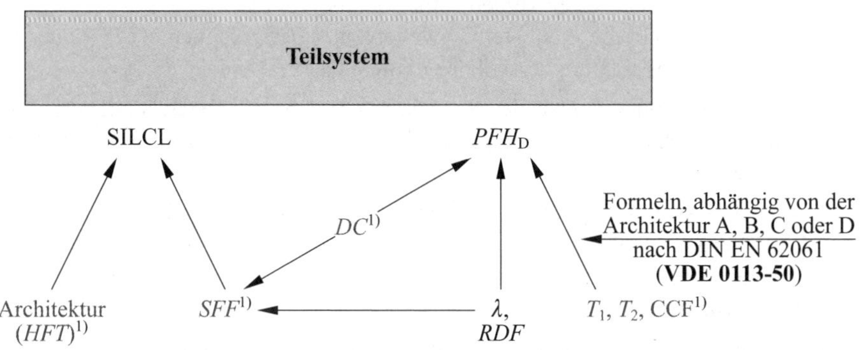

[1)] Die Angaben (Architektur (*HFT*), *DC*, *SFF*, T_1, T_2 und CFF) sind durch den Anwender zu definieren.

Bild 6.5 VDMA-Gerätetyp 2, DIN EN 62061 (**VDE 0113-50**)

Der Zusammenhang zwischen *MTBF*, *MTTF*, λ_D und $MTTF_D$ kann wie folgt verdeutlicht werden

Es kann sein, dass der Gerätehersteller einen *MTTF* angibt oder lediglich ein *MTBF* für die Geräte vorliegt. Es muss dann ein $MTTF_D$ von diesem *MTBF* abgeleitet werden. Es kann vereinfacht angenommen werden, dass $MTTF \approx MTBF$ ist.

Der Anteil Gefahr bringender Ausfälle sollte eine zusätzliche Information des Geräteherstellers sein. Es gilt ebenfalls:

$$\lambda_D = RDF \cdot \lambda \quad \text{und}$$

$$\lambda = \frac{1}{MTTF \cdot 8760} \quad \text{oder} \quad \lambda_D = \frac{1}{MTTF_D \cdot 8760}.$$

In den Normen wird für elektronische Geräte als Ansatz ein Anteil von 50 % Gefahr bringender Ausfälle genannt (gemäß DIN EN 61508 (**VDE 0803**)), wenn keine Herstellerangaben für das Gerät vorliegen. Als „Worst Case“ kann ein Anteil von 100 % Gefahr bringender Ausfälle angenommen werden. Daraus ergibt sich $MTTF_D \approx 2 \cdot MTTF$ (elektronisch) bzw. $MTTF_D \approx MTTF$ („Worst Case“).

6.5.3 Anwendung Gerätetyp 3

Verwendung verschiedener Geräte, die durch den Anwender als SRP/CS (DIN EN ISO 13849-1) oder als Teilsystem (DIN EN 62061 (**VDE 0113-50**)) eigenverantwortlich bewertet werden. Eine Angabe des PL oder SIL und PFH_D ist auf Geräteebene nicht möglich. Der Gerätehersteller liefert keinen $MTTF_D$ oder λ_D für die Geräte, da es sich um verschleißbehaftete Geräte handelt.

Der $MTTF_D$ kann nur auf Basis des B_{10D}-Werts (Angabe des Geräteherstellers) und der applikationsabhängigen Betätigungszyklen pro Jahr (n_{op}, Angabe des Anwenders) ermittelt werden.

λ_D kann auf Basis des B_{10}-Werts und dem Anteil Gefahr bringender Ausfälle oder des B_{10D}-Werts (Angabe des Geräteherstellers) und der applikationsabhängigen Betätigungszyklen pro Stunde oder pro Jahr (C bzw. n_{op}, Angabe des Anwenders) ermittelt werden.

Der Anwender definiert das SRP/CS durch den gewählten Aufbau bzw. Entwurf (Kategorie als ausgewählte vorgesehene Architektur und *DC*) oder das Teilsystem durch den gewählten Aufbau bzw. Entwurf (ein- oder zweikanalige Architektur als *HFT* gleich 0 oder 1 und *DC*). Auf dieser Basis kann ein PL oder SIL und PFH_D für das SRP/CS oder Teilsystem ermittelt werden. In einer Sicherheitsfunktion wird dieses SRP/CS oder Teilsystem dann als ein Teil der Sicherheitsfunktion verwendet.

Praktische Beispiele:

- Redundante (zweikanalige) Verwendung von zwei Positionsschaltern als SRP/CS (Sensoren) in einer Sicherheitsfunktion; die Bewertung erfolgt auf Basis einer Kategorie 4 und einem *DC* von 99 %.
- Redundante (zweikanalige) Verwendung von zwei Leistungsschützen als Teilsystem (Aktoren) in einer Sicherheitsfunktion. Die Bewertung erfolgt auf Basis einer Architektur mit *HFT* von 1 und einem *DC* von 99 %.

Die Ermittlung des $MTTF_{\mathrm{D}}$ erfolgt auf Basis von $B_{10\mathrm{D}}$ und n_{op}:

$$MTTF_{\mathrm{D}} = \frac{B_{10\mathrm{D}}}{0{,}1 \cdot n_{\mathrm{op}}},$$ mit den Betätigungen pro Jahr n_{op}.

Es gilt ebenfalls:

$$\lambda_{\mathrm{D}} = RDF \cdot \lambda \quad \text{und}$$

$$\lambda = \frac{1}{MTTF \cdot 8760} \quad \text{oder} \quad \lambda_{\mathrm{D}} = \frac{1}{MTTF_{\mathrm{D}} \cdot 8760}.$$

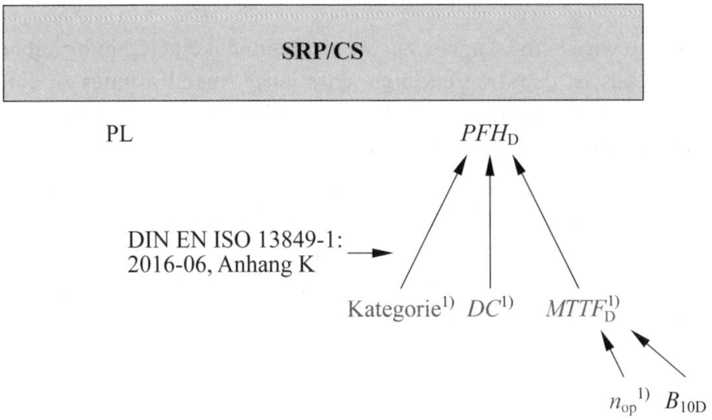

SRP/CS

PL

PFH_{D}

DIN EN ISO 13849-1:
2016-06, Anhang K

Kategorie[1)] *DC*[1)] $MTTF_{\mathrm{D}}$[1)]

n_{op}[1)] $B_{10\mathrm{D}}$

[1)] Die Angaben (Kategorie *DC*, $MTTF_{\mathrm{D}}$ und n_{op}) sind durch den Anwender zu definieren.

Bild 6.6 VDMA-Gerätetyp 3, DIN EN ISO 13849-1

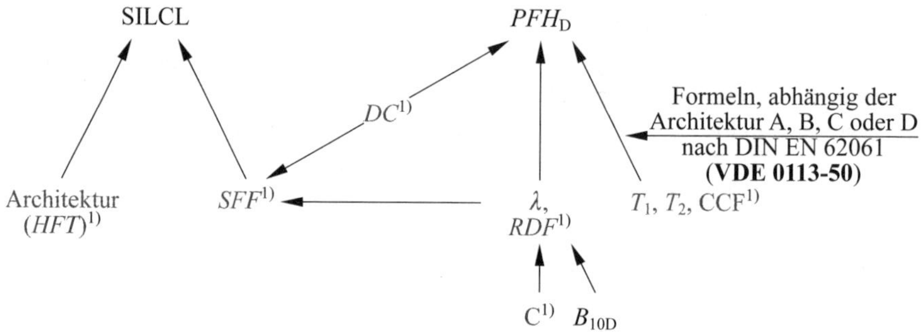

[1)] Die Angaben (Architektur (HFT), DC, C, SFF, λ, RDF, T_1, T_2 und CFF) sind durch den Anwender zu definieren.

Bild 6.7 VDMA-Gerätetyp 3, DIN EN 62061 (**VDE 0113-50**)

In den Normen wird für verschleißbehaftete Geräte als Ansatz ein Anteil von 50 % Gefahr bringender Ausfälle genannt (gemäß DIN EN ISO 13849-1), wenn keine Herstellerangaben für das Gerät vorliegen. Daraus ergibt sich $B_{10D} \approx 2 \cdot B_{10}$.

6.5.4 Anwendung Gerätetyp 4

Bei diesem Gerätetyp wird keine Angabe zur Wahrscheinlichkeit Gefahr bringender Ausfälle gemacht. Dies ist damit zu erklären, dass jeder Ausfall immer zu einem sicheren Zustand führt und somit der PFH_D-Wert unendlich klein ist. Es könnte auch sein, dass ein Fehlerausschluss gemacht wurde.

Der Hersteller einer solchen Komponente liefert daher, aufgrund der internen Architektur und der systematischen Betrachtungen einen erreichbaren PL oder einen SIL. In der Regel wird eine Gerätetyp-4-Komponente durch eine benannte Stelle (z. B. TÜV) geprüft. Ein Beispiel könnte ein Umrichter sein, der einen PL d oder SIL 2 erreicht. In der Praxis ist dieser Gerätetyp jedoch nur sehr selten anzutreffen.

6.6 Austausch elektronischer Daten für alle lesbar – XML soll helfen

Excel ist gut. XML ist besser. Flexibilität für die Zukunft.

Im Abschnitt 6 des VDMA-Einheitsblatts 66413:2012-10 wird auf Basis von XML ein Format definiert, das seinesgleichen hinsichtlich Einfachheit und Erweiterbarkeit sucht.

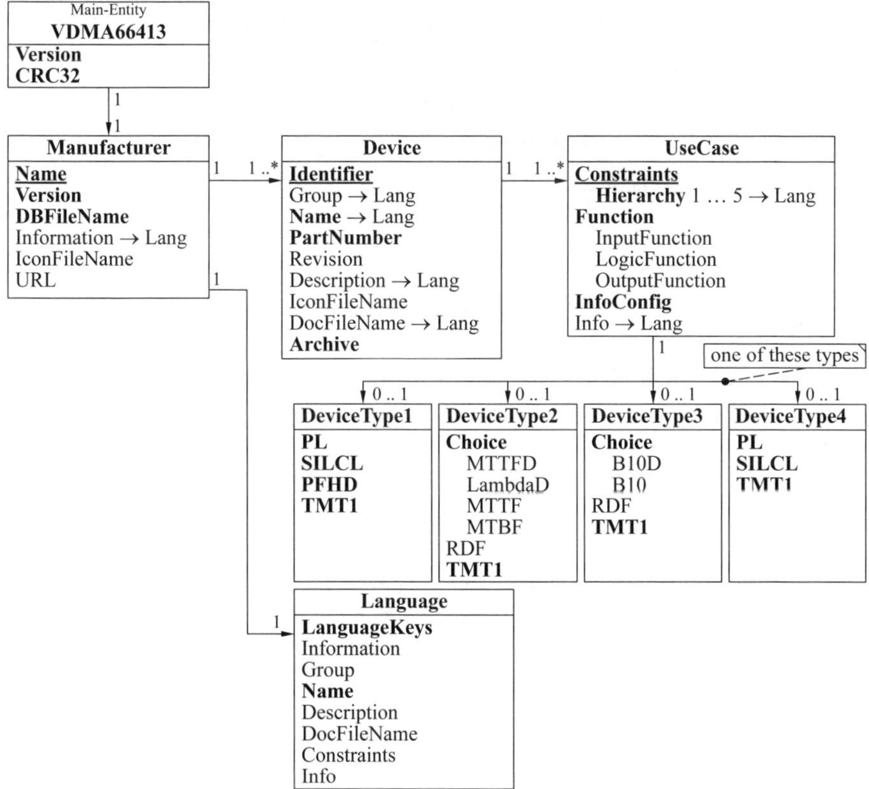

Bild 6.8 VDMA-Einheitsblatt 66413 – XML Datenstruktur der Kennwertbibliothek

Hinweis

Mit XML hat man sich bewusst gegen Excel von Microsoft entschieden, weil damit langfristig Erweiterungen möglich sind und dieses Format mit vielen Software-Tools verarbeitet werden kann – dies war der Wunsch der Maschinenhersteller!

[…] Die Informationen werden wie folgt strukturiert (siehe **Bild 6.8**):

- VDMA 66413:2012-10 (Main-Entity) – Angaben zum Datenbasisformat (siehe Abschnitt 6.2 der Norm),
- Manufacturer – Angaben zum Gerätehersteller (siehe Abschnitt 6.3 der Norm),
- Device – Angaben zum Gerät (siehe Abschnitt 6.4.1 der Norm),
- UseCase – Angaben zum Anwendungsfall (siehe Abschnitt 6.4.2 der Norm),
- DeviceType 1 … 4 – Kennwerte (siehe Abschnitt 6.4.3),
- Language – Sprachtexte (siehe Abschnitt 6.5 der Norm) […]

6.7 Erläuterungen zu einigen wichtigen Kennwerten

Obwohl das VDMA-Einheitsblatt 66413 sehr offenherzig alle Kennwerte beschreibt, so möchte ich doch zum einen oder anderen Kennwert ein paar weiterführende Informationen geben.

6.2.2
VDMA66413.CRC32

Die Prüfsumme soll helfen (elektronische) Datenverfälschungen der Datei zu erkennen. Die Aufdeckung einer Manipulation der Kennwerte ist nicht gewollt und auch nicht zielführend. Durch andere Werte in der XML-Datei kann eine Manipulation immer aufgedeckt werden.

6.3.1
VDMA66413.Manufacturer.Name

Der Hersteller wird immer eine Firma sein: Sie haftet für die Angaben. Wenn ein Integrator eine XML-Datei mit Produkten von verschiedenen Herstellern erstellen möchte, dann liegt das in der Verantwortung des Integrators, jedoch nicht mehr der Hersteller.

6.3.3 VDMA66413.Manufacturer.DBFileName

Dieses Merkmal hilft dem Hersteller eines Geräts eine Nachverfolgung sicherzustellen und einer Manipulation auf die Schliche zu kommen.

6.4.1.1 VDMA66413.Device.Identifier

Eindeutige Identifizierung des Geräts. Device.Identifier wird vom Gerätehersteller vergeben. Device.Identifier muss sich ändern, wenn Device.PartNumber oder Device. Revision sich ändern.

Anmerkung 1: Device.Identifier sollte gebildet werden aus Device.PartNumber oder Device.Revision.

Anmerkung 2: Device.Identifier eines Geräts sollte in nachfolgenden Bibliotheks-version beibehalten werden, um Aktualisierungen von Kennwerten zu ermöglichen.

Anmerkung 3: Wenn in die Bestellnummer bereits Versionsänderungen einfließen, dann kann der Identifier gleich der Bestellnummer sein. Wenn eine Bestellnummer für unterschiedliche Geräteversionen gilt, darf der Identifier nicht gleich der Bestell-nummer sein. In diesem Fall müssen die unterschiedlichen Geräteversionen in den Identifier einfließen.

Anmerkung 4: Die eindeutige Identifizierung der Kennwertsätze ist in Abschnitt 6.1.2 der Norm beschrieben.

Dieser Kennwert hat eine zentrale Bedeutung!

Idealerweise entspricht dieser der Bestellnummer des Geräteherstellers: Mit diesem Kennwert ist ein Gerät, das irgendwann einmal in Verkehr gebracht wurde, sein Leben lang identifizierbar. Alle sprachenabhängigen Kennwerte orientieren sich an diesem Kennwert. Er allein erlaubt es, dass Kennwerte angepasst werden können, falls der Hersteller eine Notwendigkeit darin sieht und trotzdem das Gerät weiterhin eindeutig bleibt.

Da jedoch nicht alle Hersteller über die Bestellnummer jede Änderung dokumentieren können oder wollen, gibt es additiv dazu die Kennwerte „Device.PartNumber“ und „Device.Revision“. Diese können auch als Basis zur Bildung des „Device.Identifier“ genutzt werden.

6.4.1.9
VDMA66413.Device.Archive

Kennzeichnet Archivdaten. Gerät ist nicht mehr lieferbar und sollte bei der Neuprojektierung nicht mehr verwendet werden. Dies ist beispielsweise hilfreich, um das Gerät im Berechnungstool ausblenden zu können, ohne es löschen zu müssen:

- Wenn Device.Archive = false (default) ist das Gerät vom Berechnungstool zur Auswahl anzuzeigen.
- Wenn Device.Archive = true sind die Kennwertsätze des Geräts noch gültig; das Gerät sollte aber vom Berechnungstool nicht mehr zur Auswahl gebracht werden.

Anmerkung: Unabhängig vom Status Device.Archive werden beim Einlesen einer neuen Kennwertbibliothek in das Berechnungstool alle Kennwertsätze des Geräts aktualisiert. Dieses Bit erlaubt auf einfache Art und Weise zu erkennen, ob das Gerät aktuell ist, oder aber in der Auslaufphase aus Sicht des Geräteherstellers ist.

6.4.2.1
VDMA66413.UseCase.Constraints.Hierarchy1 … Hierarchy5

Ein und dasselbe Gerät kann verschiedene Kennwertsätze haben. Mit den „Constraints"-Kennwerten kann diesen Anwendungsfällen (als Kennwertsätze) Rechnung getragen werden. In der Regel reicht die erste Hierarchie 1 aus, um verschiedene Anwendungsfälle abzubilden. Erst wenn eine Abhängigkeit zwischen verschiedenen Auswahlkriterien erforderlich wird, dann ist die Verwendung der Hierarchie 2 bis 5 sinnvoll. Wichtig ist: Ein Gerät kann verschiedene Anwendungsfälle haben, z. B. eine digitale Eingangsbaugruppe kann einkanalig oder zweikanalig verwendet werden, deshalb sind zwei Kennwertsätze für dasselbe Gerät notwendig.

6.4.2.3
VDMA66413.UseCase.InfoConfig

Gibt die Kategorie (Architektur) nach DIN EN ISO 13849-1 des Geräts (intern) an und dient zur Dokumentation der Sicherheitsfunktion (z. B. für C-Normen).

Diese Kategorie kann unterschiedlich von der Kategorie des an diesem Gerät verdrahteten SRP/CS oder Teilsystems sein; d. h. je nach externer Beschaltung kann die Kategorie des Geräts (intern) unterschiedlich sein.

Ein Kompromiss. Die Kategorie eines Geräts ist aus Sicht des Anwenders irrelevant.

Die DIN EN ISO 13849-1 fordert zu Unrecht undifferenziert immer diese Angabe. Den Geräteherstellern ist aber auch bewusst, wie diese Angabe fälschlicherweise durch den Anwender verstanden wird. Deshalb wurde diese Angabe auch bewusst

„InfoConfig" genannt, weil es eine zusätzliche und freiwillige Angabe des Geräteherstellers ist, damit die Anforderungen der DIN EN ISO 13849-1 erfüllt werden: Die „interne" Kategorie des Geräts hat nichts mit der „externen" Kategorie, die mit dem Gerät erreicht werden soll, zu tun.

Hinweis

Die DIN EN ISO 13849-1 fordert die Angabe einer Kategorie nur deshalb undifferenziert, weil damit sichergestellt werden soll, dass in den C-Normen die Kategorie-2-Lösungen für einen PL d explizit mit dieser Angabe verboten werden können. Man möchte den Missbrauch der Norm vorbeugen. Wenn man diesen Hintergrund kennt, dann kann man vielleicht den Antrieb der Normensetzer nachvollziehen – nicht aber diese mangelnde Differenzierung an sich.

7 Typische grundlegende Architekturen

7.1 Architekturen im Überblick

Tabelle 7.1 fasst die sinnvolle Anwendung der Architekturen und den damit erreichbaren SIL oder PL zusammen. Dadurch wird ein Missbrauch vermieden und die eigentlichen Schutzziele werden wieder in den Vordergrund gestellt.

Hardwareaufbau		**Diagnose (ja/nein)**	**Erreichbare Sicherheitsintegrität**	
Architektur[5] DIN EN 62061 (**VDE 0113-50**)	Kategorie DIN EN ISO 13849-1	Diagnose (ja/nein)	SILCL DIN EN 62061 (**VDE 0113-50**)	PL DIN EN SO 13849-1
einkanalig	B	nein	SIL 1	PL a bis PL b[1]
einkanalig	1	nein	SIL 1	PL c[2]
einkanalig	2	ja	SIL 1 bis SIL 2 [3]	PL a bis PL d[3]
zweikanalig	3	ja	SIL 1 bis SIL 2	PL b bis PL d
zweikanalig	4	ja	SIL 1 bis SIL 3	PL e[4]

Anmerkungen:

[1] Es bestehen keine Anforderungen in der DIN EN 62061 (**VDE 0113-50**), die vergleichbar wären mit einem PL a der DIN EN ISO 13849-1, da das Schadensausmaß als nicht relevant eingestuft wird.

[2] PL a und PL b sind nicht abgebildet und müssen über Kategorie B betrachtet werden, wenn die Ausfallrate nicht die Anforderungen der Kategorie 1 erfüllt.

[3] Fehlerausschlüsse bzw. mögliche Fehleranhäufungen führen zwangsläufig zu einer Einschränkung auf SIL 2 bzw. PL d. SIL 2 bzw. PL d sind grundsätzlich nur mit einer geeigneten Fehlerreaktion erreichbar wenn die geforderte Reaktionszeit gemäß der Risikobeurteilung vertretbar ist, sodass eine Gefährdung noch rechtzeitig vermieden werden kann.

[4] PL b bis PL d sind in DIN EN ISO 13849-1 nicht abgebildet und müssen über Kategorie 3 betrachtet werden, wenn die Ausfallraten nicht die Anforderungen der Kategorie 4 erfüllen.

[5] Einkanalig entspricht einer Hardwarefehlertoleranz von 0 (*HFT* = 0), zweikanalig entspricht einer Hardwarefehlertoleranz von 1 (*HFT* = 1).

Tabelle 7.1 Architekturen und erreichbare Sicherheitsintegrität

Nachfolgend möchte ich gerne einige prägnante Beispiele aufzeigen, die im Alltag oft Verwendung finden.

7.2 Diagnosedeckungsgrad (*DC*)

Der Wert für den Diagnosedeckungsgrad *DC* wird in einen von vier Bereichen eingestuft (**Tabelle 7.2**). Zusätzliche Abschätzungen des *DC* werden in DIN EN 61508-2 (**VDE 0803-2**):2011-02, Tabellen A.2 bis A.14 aufgelistet. Tabelle E.1 im Anhang E der DIN EN ISO 13849-1:2016-06 hilft bei der Einschätzung des Diagnosedeckungsgrads (siehe **Tabelle 7.3**). Streng genommen ist der Ansatz für Tabelle 7.2 und Tabelle 7.3 formal nicht eindeutig. Der Diagnosedeckungsgrad wird durch ein mathematisches Verhältnis definiert: Summe der Ausfallraten aller erkannten Gefahr bringenden Ausfälle zur Summe der Ausfallraten aller möglichen Gefahr bringenden Ausfälle.

Bezeichnung des *DC*	Bereich des *DC*
kein	$DC < 60\ \%$
niedrig	$60\ \% \leq DC < 90\ \%$
mittel	$90\ \% \leq DC < 99\ \%$
hoch	$99\ \% \leq DC$

Anmerkung 1: Für ein SRP/CS, das aus mehreren Teilen besteht, wird in dieser Norm in Bild 5, Abschnitt 6 und E.2 ein Durchschnittswert DC_{avg} für den *DC* verwendet.

Anmerkung 2: Die Wahl der *DC*-Bereiche basiert auf den Schlüsselwerten 60 %, 90 % und 99 %, die ebenfalls in anderen Normen, die sich mit Diagnosedeckungsgrad und Tests beschäftigen, eingeführt sind (z. B. IEC 61508). Untersuchungen zeigen, dass $(1-DC)$ eher als *DC* selbst eine typische Maßeinheit für die Effektivität eines Tests ist. $(1-DC)$ für die Schlüsselwerte 60 %, 90 % und 99 % bildet eine Art logarithmische Skala, die sich der logarithmischen Skala des PL anpasst. Ein *DC*-Wert kleiner als 60 % hat nur geringen Einfluss auf die Zuverlässigkeit eines getesteten Systems und wird deshalb mit „kein" bezeichnet. Ein *DC*-Wert für komplexe Systeme größer als 99 % ist nur sehr schwer zu erreichen. Für die praktische Anwendbarkeit wurde die Zahl der Bereiche auf vier beschränkt. Für die gezeigten Grenzwerte dieser Tabelle wird eine Genauigkeit von 5 % angenommen.

Tabelle 7.2 Diagnosedeckungsgrad *DC* nach DIN EN ISO 13849-1:2016-06, Tabelle 5

Dies ist ein grundlegender mathematischer, also probabilistischer Gedanke. Er beruht auf der Tatsache, dass Komponenten, z. B. elektronischer oder mechanischer Art, nur eine endliche Lebenserwartungszeit haben und durch eine Gefahr bringende Fehlfunktion versagen können. Die Fähigkeit einer Diagnosefunktion, derartige Gefahr bringende Ausfälle aufzudecken, wird mit dem Diagnosedeckungsgrad bemessen.

Demnach dürfen jedoch bei der Einschätzung eines Diagnosedeckungsgrads keine systematischen Ausfälle betrachtet werden, weil diese nicht mathematisch definiert werden können: Ein Querschluss zwischen zwei Signalleitungen kann sich beispielsweise durch die Art der Verlegung ergeben oder durch äußere Einflüsse entstehen.

Wann es aber zu einem Querschluss kommt, kann in keiner Weise mathematisch vorhergesagt werden. Daher auch die Namensgebung systematischer Ausfall.

Den Normensetzern ging es aber bei der Einschätzung des Diagnosedeckungsgrads um eine pragmatische Vorgehensweise. Würde man also den Begriff Diagnosedeckungsgrad durch den Begriff „Fehleraufdeckungsgrad“ ersetzen, dann käme das dem Anspruch dieser Tabellen entgegen. Im Grunde möchte der Anwender, der eine Sicherheitsfunktion implementiert, eine messbare und nachvollziehbare Aussage zu der Güte seiner gewählten Lösung erhalten, ohne dabei in mathematische Betrachtungen verfallen zu müssen. Unter diesem Aspekt der Einschätzung der aufzudeckenden Gefahr bringenden Ausfälle sind diese Tabellen sehr hilfreich und auch nachvollziehbar.

Maßnahme	**Diagnosedeckungsgrad (*DC*)**
Eingabeeinheit	
zyklischer Testimpuls durch dynamische Änderung der Eingangssignale	90 %
Plausibilitätsprüfung, z. B. Verwendung der Schließer- und Öffnerkontakte von zwangsgeführten Relais	99 %
Kreuzvergleich von Eingangssignalen ohne dynamischen Test	0 % bis 90 %, abhängig davon, wie oft ein Signalwechsel durch die Anwendung erfolgt
Kreuzvergleich von Eingangssignalen mit dynamischem Test, wenn Kurzschlüsse nicht bemerkt werden können (bei Mehrfach-Ein-/Ausgängen)	90 %
Kreuzvergleich von Eingangssignalen mit unmittelbarem und Zwischenergebnisse in der Logik (L) und zeitlich und logische Programmlaufüberwachung und Erkennung statischer Ausfälle und Kurzschlüsse (bei Mehrfach-Ein-/Ausgängen)	99 %
indirekte Überwachung (z. B. Überwachung durch Druckschalter, elektrische Positionsüberwachung von Antriebselementen)	90 % bis 99 %, abhängig von der Anwendung
direkte Überwachung (z. B. elektrische Stellungsüberwachung der Steuerventile, Überwachung elektromechanischer Einheiten durch Zwangsführung)	99 %
Fehlererkennung durch den Prozess	0 % bis 90 %, abhängig von der Anwendung; diese Maßnahme ist allein nicht ausreichend für den erforderlichen Performance Level „e“!
Überwachung einiger Merkmale eines Sensors (Ansprechzeit, der Bereich analoger Signale, z. B. elektrischer Widerstand, Kapazität)	60 %

Tabelle 7.3 Einschätzung des Diagnosedeckungsgrads nach DIN EN ISO 13849-1:2016-06, Tabelle E.1 für Eingangsgeräte

Maßnahme	Diagnosedeckungsgrad (*DC*)
Logik	
indirekte Überwachung (z. B. Überwachung durch Druckschalter, elektrische Positionsüberwachung von Antriebselementen)	90 % bis 99 %, abhängig von der Anwendung
direkte Überwachung (z. B. elektrische Überwachung der Steuerventile, Überwachung elektromechanischer Einheiten durch Zwangsführung)	99 %
einfache zeitliche Programmlaufüberwachung (z. B. Zeitglied als Watchdog, mit Triggersignalen im Programm der Logik)	60 %
zeitliche und logische Programmlaufüberwachung durch den Watchdog, wobei die Testeinrichtung Plausibilitätstests des Verhaltens der Logik durchführt	90 %
Selbsttest bei Anlauf, um verborgene Fehler in Teilen der Logik zu finden (z. B. Programm- und Datenspeicher, Eingangs-/Ausgangsanschlüsse, Schnittstellen)	90 %, abhängig von der Testausführung
Testung der Reaktionsmöglichkeit der Überwachungseinrichtung (z. B. Watchdog) durch den Hauptkanal nach Anlauf, oder wann immer die Sicherheitsfunktion angefordert wird, oder wann immer ein externes Signal dies durch eine Eingangseinrichtung anfordert	90 %
dynamische Prinzipien (alle Bauteile der Logik erfordern eine Zustandsänderung Ein-Aus-Ein, wenn die Sicherheitsfunktion angefordert wird), z. B. Verriegelungsschaltungen in Relaistechnik	99 %
invarianter Speicher: Signatur einfacher Wortbreite (8 bit)	90 %
invarianter Speicher: Signatur doppelter Wortbreite (16 bit)	99 %
varianter Speicher: RAM-Test durch Verwendung redundanter Daten, z. B. Flags, Merker, Konstanten, Timer, und Kreuzvergleich dieser Daten	60 %
varianter Speicher: Test der Lesbarkeit und der Beschreibbarkeit der verwendeten Speicherzellen	60 %
varianter Speicher: RAM-Überwachung mit modifiziertem Hamming-Code oder RAM-Selbsttest (z. B. „Galpat" oder „Abraham")	99 %
Verarbeitungseinheit: Selbsttest durch Software	60 % bis 90 %
Verarbeitungseinheit: codierter Prozessablauf	90 % bis 99 %
Fehlererkennung durch den Prozess	0 % bis 90 %, abhängig von der Anwendung; diese Maßnahme ist allein nicht ausreichend für den erforderlichen Performance Level „e"!

Tabelle 7.3 (*Fortsetzung*) Einschätzung des Diagnosedeckungsgrads nach DIN EN ISO 13849-1:2016-06, Tabelle E.1 für Eingangsgeräte

Maßnahme	Diagnosedeckungsgrad (*DC*)
Ausgabeeinheiten	
Überwachung der Ausgänge durch einen Kanal ohne dynamischen Test	0 % bis 99 %, abhängig davon, wie oft ein Signalwechsel durch die Anwendung erfolgt
Kreuzvergleich von Ausgangssignalen ohne dynamischen Test	0 % bis 99 %, abhängig davon, wie oft ein Signalwechsel durch die Anwendung erfolgt
Kreuzvergleich von Ausgangssignalen mit dynamischem Test, ohne Erkennung von Kurzschlüssen (bei Mehrfach-Ein-/Ausgängen)	90 %
Kreuzvergleich der Ausgangssignale mit unmittelbarem Ergebnis in der Logik (L) und zeitlich und logischer Softwareüberwachung des Programmablaufs und Erkennen statischer Ausfälle und Kurzschlüsse (bei Mehrfach-Ein-/Ausgängen)	99 %
redundanter Abschaltpfad mit Überwachung der Antriebselemente durch die Logik und Testeinrichtung	99 %
indirekte Überwachung (z. B. Überwachung durch Druckschalter, elektrische Positionsüberwachung von Aktoren)	90 % bis 99 %, abhängig von der Anwendung
Fehlererkennung durch den Prozess	0 % bis 90 %, abhängig von der Anwendung; diese Maßnahme ist allein nicht ausreichend für den erforderlichen Performance Level „e“!
direkte Überwachung (z. B. elektrische Überwachung der Steuerventile, Überwachung elektromechanischer Einheiten durch Zwangsführung)	99 %

Tabelle 7.3 (*Fortsetzung*) Einschätzung des Diagnosedeckungsgrads nach DIN EN ISO 13849-1:2016-06, Tabelle E.1 für Eingangsgeräte

7.3 Einkanalig ohne Testung

Der Sensor I1 kann nicht getestet werden. Der Aktor Q1 kann dagegen grundsätzlich durch die Logik L getestet werden, weil durch einen Signalwechsel bei I1 auch ein Signalwechsel bei Q1 erwartet wird (**Bild 7.1**).

Diese Testung ist aber nur dann wirksam, wenn auch eine Fehlerreaktion im Fehlerfall eingeleitet würde: Wie hier dargestellt, ist die Anzeige mittels einer Signalisierung nicht ausreichend und somit auch qualitativ nicht zu berücksichtigen. Früher wurde dies noch als eine Kategorie 2 nach DIN EN 954-1 eingestuft. Heute sagt man zu Recht, dass eine wirksame Fehlerreaktion erfolgen muss – eine Signalisierung zählt nicht dazu. Ausnahme für PL c, siehe Kapitel 5.12.3.

Das Sicherheitsschaltgerät erlaubt im Fehlerfall des Leistungsschützes Q1 keinen Wiederanlauf (**Bild 7.2**, **Tabelle 7.4**).

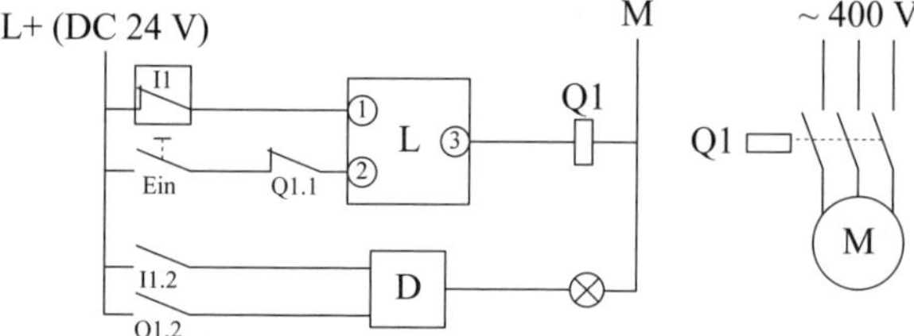

Bild 7.1 Logische Darstellung – einkanalig ohne Testung

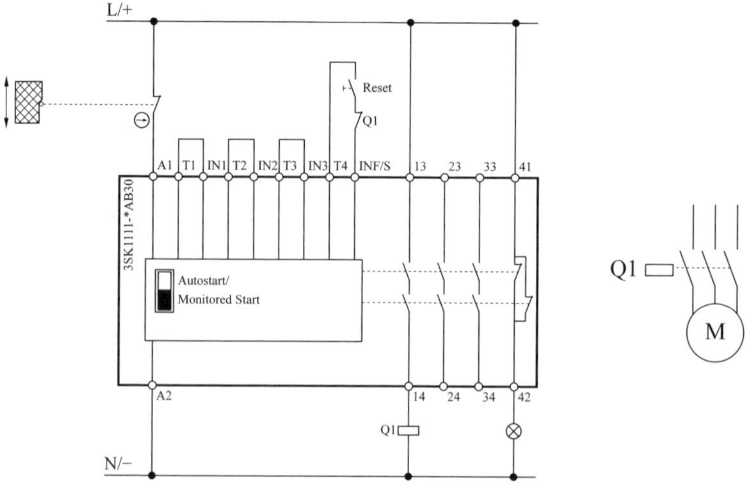

Bild 7.2 Realisierung – einkanalig ohne Testung 3SK1 der Siemens AG

Erfassen	Auswerten	Reagieren
einkanalig/Kategorie 1 $DC = 0$ % (je Kanal)		einkanalig/Kategorie 1 $DC = 0$ % (je Kanal)
CCF irrelevant $T_1 = 20$ Jahre	$T_1 = 20$ Jahre	CCF irrelevant $T_1 = 20$ Jahre
$B_{10} = 100\,000$ Schaltspiele Anteil Gefahr bringender Ausfälle 20 %		$B_{10} = 1\,000\,000$ Schaltspiele Anteil Gefahr bringender Ausfälle 73 %
$B_{10D} = 500\,000$ Schaltspiele Betätigungszyklus 1 Mal/Woche		$B_{10D} = 1\,369\,863$ Schaltspiele Betätigungszyklus 1 Mal/Woche
DIN EN 62061 (**VDE 0113-50**): SILCL = SIL 1 DIN EN ISO 13849-1: PL c $SFF = 0$ %	DIN EN 62061 (**VDE 0113-50**): SILCL = SIL 1, SIL 2 oder SIL 3 DIN EN ISO 13849-1: PL c, PL d oder PL e	DIN EN 62061 (**VDE 0113-50**): SILCL = SIL 1 DIN EN ISO 13849-1: PL c $SFF = 0$ %
$\lambda_D = 1{,}19 \cdot 10^{-9}$ $MTTF_D = 95\,890$ Jahre DIN EN 62061 (**VDE 0113-50**): $PFH_D = 1{,}19 \cdot 10^{-9}$ DIN EN ISO 13849-1: $PFH_D = 1{,}14 \cdot 10^{-6}$	DIN EN 62061 (**VDE 0113-50**) und DIN EN ISO 13849-1 PFH_D = abhängig vom ausgewählten Produkt	$\lambda_D = 4{,}36 \cdot 10^{-10}$ $MTTF_D = 262\,713$ Jahre DIN EN 62061 (**VDE 0113-50**): $PFH_D = 4{,}36 \cdot 10^{-10}$ DIN EN ISO 13849-1: $PFH_D = 1{,}14 \cdot 10^{-6}$

Tabelle 7.4 Einkanalig ohne Testung: SIL 1 nach DIN EN 62061 (**VDE 0113-50**) und PL c nach DIN EN ISO 13849-1

7.4 Einkanalig mit Testung

Der (elektromechanische) Sensor I1 kann nicht getestet werden, wenn nicht ein weiteres Signal oder eine zeitliche Abhängigkeit („Erwartungshaltung“) zur Plausibilisierung bzw. Überwachung verwendet wird. In der Praxis werden deshalb zwei (elektromechanische) Sensoren oder ein (elektromechanischer) Sensoren mit zwei zwangsöffnenden Kontakten verwendet. Der Aktor Q1 kann dagegen grundsätzlich durch die Logik L getestet werden, weil durch einen Signalwechsel bei I1 auch ein Signalwechsel bei Q2 erwartet wird.

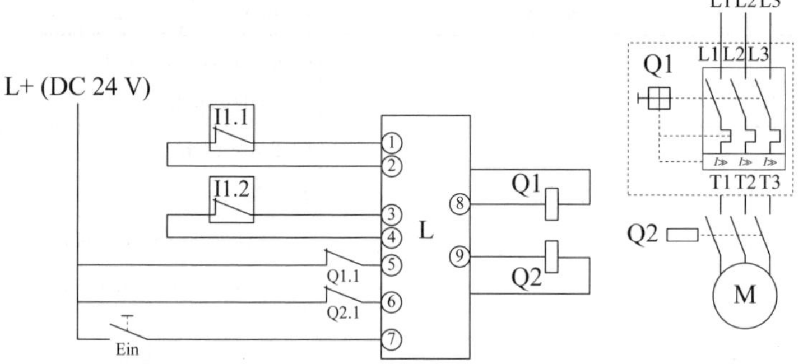

Bild 7.3 Logische Darstellung – einkanalig mit Testung

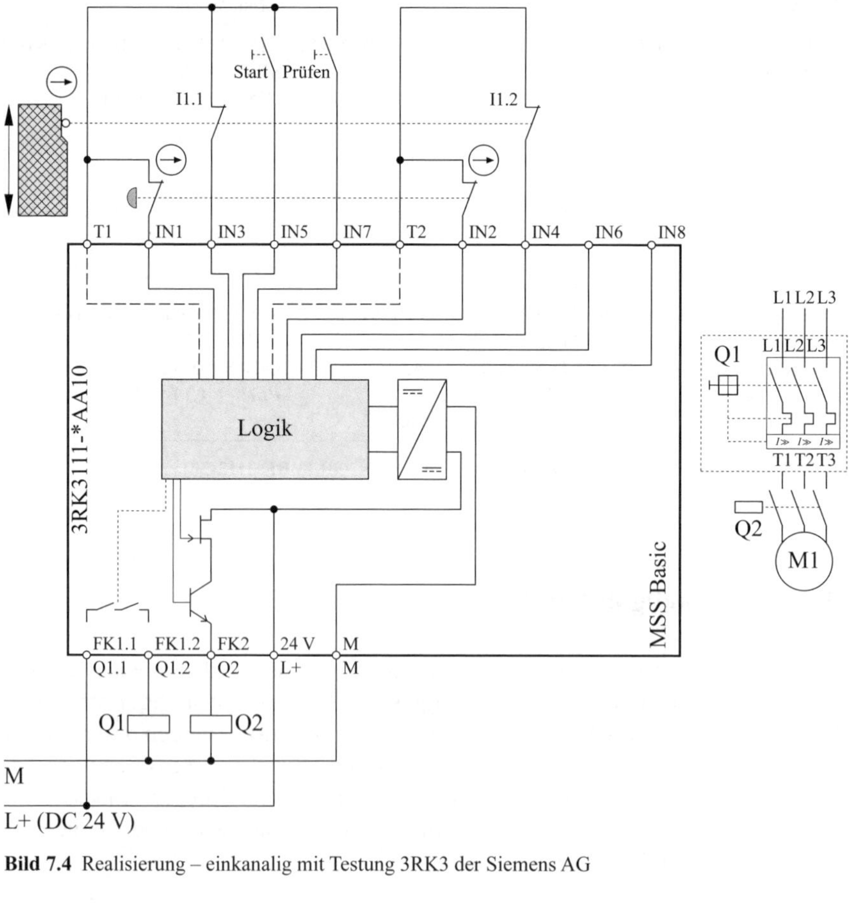

Bild 7.4 Realisierung – einkanalig mit Testung 3RK3 der Siemens AG

Diese Testung des Aktors Q2 ist aber nur dann wirksam, wenn auch eine Fehlerreaktion im Fehlerfall eingeleitet wird: Wie hier dargestellt wird durch einen Leistungsschalter Q1 im Fehlerfall – dem Verschweißen der Hauptstrombahnen des Leistungsschützes – eine entsprechende Fehlerreaktion eingeleitet.

Erfassen	Auswerten	Reagieren
zweikanalig/Kategorie 3 DC = 90 % (je Kanal)		einkanalig/Kategorie 2 DC = 90 % (je Kanal) **wegen Fehlerreaktion über zweiten Kanal (Leistungsschalter)**
CCF-Faktor = 10 % T_1 = 20 Jahre	T_1 = 20 Jahre	CCF irrelevant T_1 = 20 Jahre
B_{10} = 1 000 000 Schaltspiele Anteil Gefahr bringender Ausfälle 20 %		B_{10} = 1 000 000 Schaltspiele Anteil Gefahr bringender Ausfälle 73 %
B_{10D} = 5 000 000 Schaltspiele Betätigungszyklus 1 Mal/Stunde		B_{10D} = 1 369 863 Schaltspiele Betätigungszyklus 1 Mal/Stunde
DIN EN 62061 (**VDE 0113-50**): SILCL = SIL 2 DIN EN ISO 13849-1: PL d SFF – 90 %	DIN EN 62061 (**VDE 0113-50**): SILCL = SIL 2 oder SIL 3 ISO 13849-1: PL d oder PL e	DIN EN 62061 (**VDE 0113-50**): SILCL = SIL 2 DIN EN ISO 13849-1: PL d SFF = 90 %
Kanal 1: $\lambda_{D,1} = 2{,}00 \cdot 10^{-8}$, Kanal 2: $\lambda_{D,2} = 2{,}00 \cdot 10^{-8}$ Kanal 1: $MTTF_{D,1}$ = 5 708 Jahre, Kanal 2: $MTTF_{D,2}$ = 5 708 Jahre DIN EN 62061 (**VDE 0113-50**): $PFH_D = 2{,}00 \cdot 10^{-9}$, DIN EN ISO 13849-1: $PFH_D = 4{,}29 \cdot 10^{-8}$	DIN EN 62061 (**VDE 0113-50**) und DIN EN ISO 13849-1 PFH_D = abhängig vom ausgewählten Produkt	Kanal 1: $\lambda_{D,1} = 7{,}30 \cdot 10^{-8}$ Kanal 1: $MTTF_{D,1}$ = 1 564 Jahre DIN EN 62061 (**VDE 0113-50**): $PFH_D = 7{,}31 \cdot 10^{-9}$, DIN EN ISO 13849-1: $PFH_D = 2{,}29 \cdot 10^{-7}$

Tabelle 7.5 Einkanalig mit Testung: SIL 2 nach DIN EN 62061 (**VDE 0113-50**) und PL d nach DIN EN ISO 13849-1

7.5 Zweikanalig ohne Testung

Warum sollte man eine Zweikanaligkeit realisieren, wenn in beiden Kanälen jeweils ein Diagnosedeckungsgrad von 0 % angenommen wird?

Gemäß der Tabelle 5 „strukturelle Einschränkungen" der DIN EN 62061 (**VDE 0113-50**) wird der SILCL auf SIL 1 begrenzt, angenommen, dass Aktoren immer einen $SFF = 0\ \%$ ohne Diagnosefunktion haben. Mit einem $SFF > 60\ \%$ wäre auch SILCL = SIL 2 erreichbar. Dies kann dann der Fall sein, wenn für SILCL = SIL 1 die Wahrscheinlichkeit Gefahr bringender Ausfälle zu schlecht ist: Durch die Redundanz kann und abhängig von β kann die Wahrscheinlichkeit Gefahr bringender Ausfälle um den Faktor zwei bis zehn verbessert werden.

Erfassen	**Auswerten**	**Reagieren**
zweikanalig/Kategorie 4 $DC = 99\ \%$ (je Kanal)		zweikanalig $DC = 0\ \%$ (je Kanal)
CCF-Faktor = 2 % $T_1 = 20$ Jahre	$T_1 = 20$ Jahre	CCF-Faktor = 1 % $T_1 = 2$ Jahre
$B_{10} = 1\,000\,000$ Schaltspiele Anteil Gefahr bringender Ausfälle 20 %		
$B_{10D} = 5\,000\,000$ Schaltspiele Betätigungszyklus 80 Mal/h		Betätigungszyklus 80 Mal/h
DIN EN 62061 (**VDE 0113-50**): SILCL = SIL 3 DIN EN ISO 13849-1: PL e $SFF = 99\ \%$	DIN EN 62061 (**VDE 0113-50**): SILCL = SIL 3 ISO 13849-1: PL e	DIN EN 62061 (**VDE 0113-50**): SILCL = SIL 1 $SFF = 0\ \%$
Kanal 1: $\lambda_{D,1} = 1{,}60 \cdot 10^{-7}$, Kanal 2: $\lambda_{D,2} = 1{,}60 \cdot 10^{-7}$ Kanal 1: $MTTF_{D,1} = 71$ Jahre, Kanal 2: $MTTF_{D,2} = 71$ Jahre DIN EN 62061 (**VDE 0113-50**): $PFH_D = 3{,}63 \cdot 10^{-8}$, DIN EN ISO 13849-1: $PFH_D = 3{,}70 \cdot 10^{-8}$	DIN EN 62061 (**VDE 0113-50**): PFH_D = abhängig vom ausgewählten Produkt	Kanal 1: $\lambda_{D,1} = 6{,}00 \cdot 10^{-6}$, Kanal 2: $\lambda_{D,2} = 6{,}00 \cdot 10^{-6}$ Kanal 1: $MTTF_{D,1} = 19$ Jahre, Kanal 2: $MTTF_{D,2} = 19$ Jahre DIN EN 62061 (**VDE 0113-50**): $PFH_D = 6{,}78 \cdot 10^{-7}$ → würde einen PL c nach DIN EN ISO 13849-1 ermöglichen

Tabelle 7.6 Zweikanalig ohne Testung: SIL 1 nach DIN EN 62061 (**VDE 0113-50**)

In den Hydraulik- oder Pneumatikanwendungen können Situationen entstehen, in den keine Möglichkeit einer Diagnose besteht – nicht einmal durch den Prozess.

In der exemplarischen Berechnung wurden ein $MTTF_D$ von 19 Jahren, β von 1 % und ein T_1 von zwei Jahren angenommen, damit der Einfluss durch die Redundanz den PFH_D-Wert aufgezeigt werden kann. Ein Faktor von ca. 9 ist die Verbesserung des PFH_D-Werts.

7.6 Zweikanalig mit geringer bis mittlerer Testung

Die Qualität der Testung drückt sich mit dem Diagnosedeckungsgrad aus: Eine geringe Testung ist mit 60 % bis < 99 % Fehleraufdeckung gegeben. Rein formal kann in der logischen Darstellung eine hohe Testung angenommen werden, je nachdem was die Logik aufdecken kann.

Durch eine mangelnde Querschlusserkennung wird fälschlicherweise eine geringere Diagnosefähigkeit angenommen: In Wirklichkeit ist die elektrische Sicherheit nicht Teil der Diagnosefähigkeit, sondern Teil der systematischen Integrität. Das heißt, die Verdrahtung kann so ausgelegt werden, dass grundsätzlich ein Fehler hinsichtlich eines Querschlusses ausgeschlossen werden kann und die Logik diesen Fehler auch nicht aufdecken muss. Andererseits wird damit auch eine Begrenzung der erreichbaren Sicherheitsintegrität erreicht: SIL 3 oder PL e ist so niemals erreichbar. Dies ist eine konservative Annahme, die in der Praxis auch so realisiert wird. Insofern ist die Begrenzung der Diagnosefähigkeit zum Vorteil des gewünschten Schutzziels.

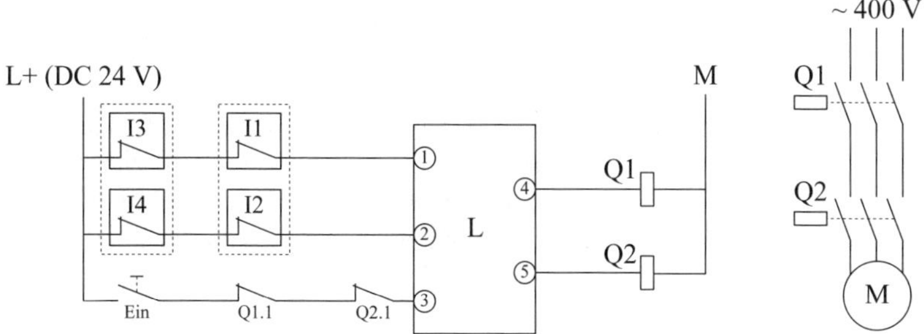

Bild 7.5 Logische Darstellung – zweikanalig mit geringer Testung

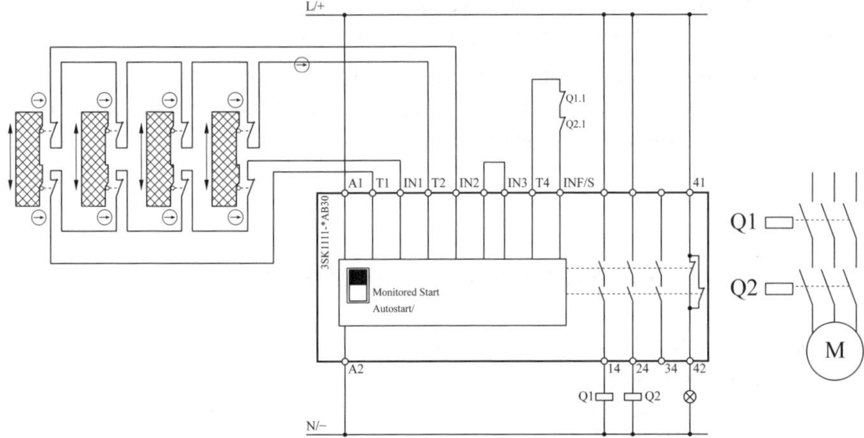

Bild 7.6 Realisierung – zweikanalig mit geringer Testung 3SK1 der Siemens AG

Es wird bei der Realisierung in **Bild 7.6** davon ausgegangen, dass nur eine Schutztür in der Regel allein geöffnet wird: Wenn zwei oder mehr Bediener über diese Schutztüren sich Zugang zu einem Sicherheitsbereich verschaffen würden, dann ist diese Lösung nicht wegen einer möglichen Fehleranhäufung zu empfehlen. Die max. erreichbare Sicherheitsintegrität ist SIL 2 oder PL d.

Wenn SIL 3 oder PL e erreicht werden soll, dann muss jede Schutztür unabhängig von den anderen Schutztüren für sich allein überwacht und ausgewertet werden – so die gängige Praxis.

Achtung

Sollten die Leistungsschütze auch betriebsmäßig geschaltet werden, dann ist dieses Betätigungsintervall anzusetzen! Die Anforderungen zur zeitlichen Fehleraufdeckung müssen berücksichtigt werden, sodass es nicht grundsätzlich zu einer Fehleranhäufung während des betriebsmäßigen Schaltens kommen kann. Ist dies nicht gegeben, muss das betriebsmäßige Schalten anders realisiert werden.

Erfassen	**Auswerten**	**Reagieren**
zweikanalig/Kategorie 3 DC = 60 % (je Kanal)		zweikanalig/Kategorie 4 DC = 99 % (je Kanal)
CCF-Faktor = 10 % T_1 = 20 Jahre	T_1 = 20 Jahre	CCF-Faktor = 5 % T_1 = 20 Jahre
B_{10} = 1 000 000 Schaltspiele Anteil Gefahr bringender Ausfälle 20 %		B_{10} = 1 000 000 Schaltspiele Anteil Gefahr bringender Ausfälle 73 %
B_{10D} = 5 000 000 Schaltspiele Betätigungszyklus 1 Mal/h		B_{10D} = 1 369 863 Schaltspiele Betätigungszyklus 1 Mal/h
DIN EN 62061 (**VDE 0113-50**): SILCL = SIL 2 DIN EN ISO 13849-1: PL d SFF = 90 %	DIN EN 62061 (**VDE 0113-50**): SILCL = SIL 3 DIN EN ISO 13849-1: PL e	DIN EN 62061 (**VDE 0113-50**): SILCL = SIL 3 DIN EN ISO 13849-1: PL e SFF = 99 %
Kanal 1: $\lambda_D = 2{,}00 \cdot 10^{-8}$, Kanal 2: $\lambda_D = 2{,}00 \cdot 10^{-8}$ $MTTF_D$ = 5 708 Jahre DIN EN 62061 (**VDE 0113-50**): $PFH_D = 2{,}03 \cdot 10^{-9}$, DIN EN ISO 13849-1: $PFH_D = 4{,}29 \cdot 10^{-8}$	DIN EN 62061 (**VDE 0113-50**) und DIN EN ISO 13849-1 PFH_D = abhängig vom ausgewählten Produkt	Kanal 1: $\lambda_D = 7{,}30 \cdot 10^{-8}$, Kanal 2: $\lambda_D = 7{,}30 \cdot 10^{-8}$ $MTTF_D$ = 1 564 Jahre DIN EN 62061 (**VDE 0113-50**): $PFH_D = 4{,}34 \cdot 10^{-9}$, DIN EN ISO 13849-1: $PFH_D = 1{,}46 \cdot 10^{-9}$

Tabelle 7.7 Zweikanalig mit geringer Testung: SIL 2 nach DIN EN 62061 (**VDE 0113-50**) und PL d nach DIN EN ISO 13849-1

7.7 Zweikanalig mit hoher Testung

Wir reden von einer hohen Testung oder einem hohen Diagnosedeckungsgrad, wenn *DC* größer oder gleich 99 % angenommen werden kann. Dies wird durch eine zweikanalige Architektur erreicht: Die Logik kann jeden Kanal überwachen und somit einen Wiederanlauf im Fehlerfall verhindern. Durch die Zweikanaligkeit wird im Fehlerfall immer ein sicherer Zustand erreicht, weil man grundsätzlich in den beiden Normen von einem einzelnen Fehler ausgeht und niemals von einem Doppelfehler.

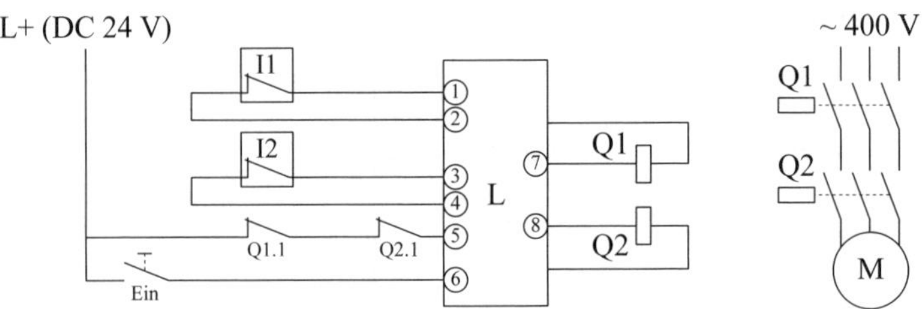

Bild 7.7 Logische Darstellung – zweikanalig mit hoher Testung

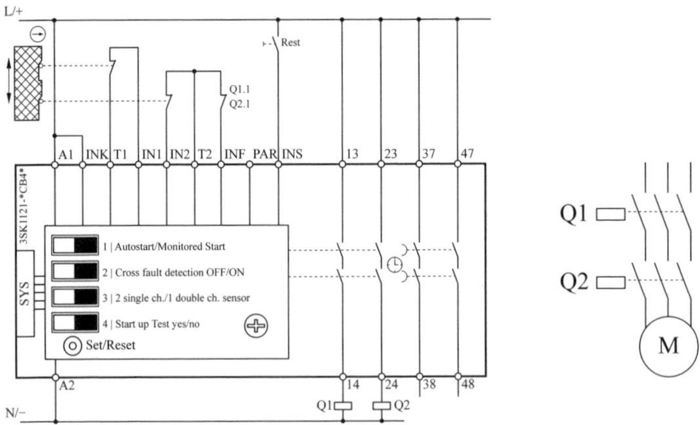

Bild 7.8 Realisierung – zweikanalig mit hoher Testung 3SK1 der Siemens AG

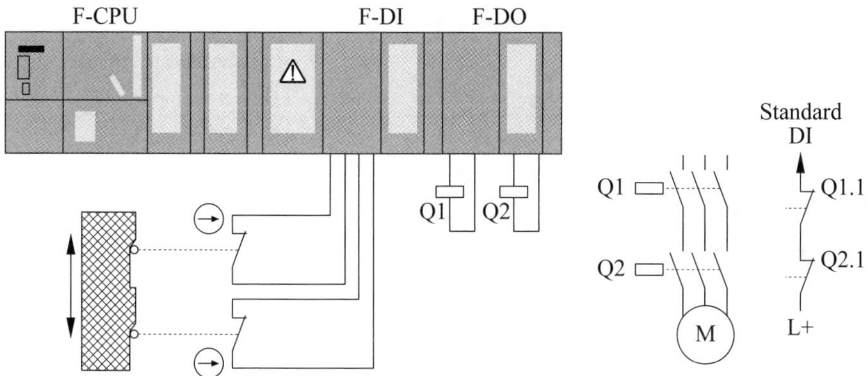

Bild 7.9 Realisierung (2) – zweikanalig mit hoher Testung, Simatic S7 der Siemens AG

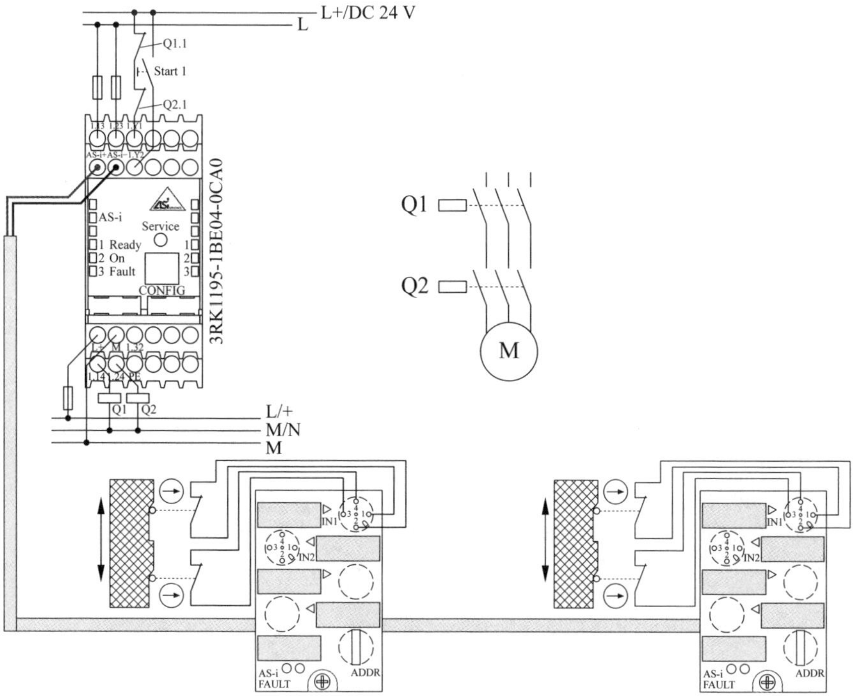

Bild 7.10 Realisierung (3) – zweikanalig mit hoher Testung, ASIsafe der Siemens AG

Erfassen	**Auswerten**	**Reagieren**
zweikanalig/Kategorie 4 *DC* = 99 % (je Kanal)		zweikanalig/Kategorie 4 *DC* = 99 % (je Kanal)
CCF-Faktor = 5 % T_1 = 20 Jahre	T_1 = 20 Jahre	CCF-Faktor = 5 % T_1 = 20 Jahre
B_{10} = 1 000 000 Schaltspiele Anteil Gefahr bringender Ausfälle 20 %		B_{10} = 1 000 000 Schaltspiele Anteil Gefahr bringender Ausfälle 73 %
B_{10D} = 5 000 000 Schaltspiele Betätigungszyklus 1 Mal/h		B_{10D} = 1 369 863 Schaltspiele Betätigungszyklus 1 Mal/h
DIN EN 62061 (**VDE 0113-50**): SILCL = SIL 3 DIN EN ISO 13849-1: PL e *SFF* = 99 %	DIN EN 62061 (**VDE 0113-50**): SILCL = SIL 3 DIN EN ISO 13849-1: PL e	DIN EN 62061 (**VDE 0113-50**): SILCL = SIL 3 DIN EN ISO 13849-1: PL e *SFF* = 99 %
Kanal 1: $\lambda_D = 2{,}00 \cdot 10^{-8}$, Kanal 2: $\lambda_D = 2{,}00 \cdot 10^{-8}$ $MTTF_D$ = 5 708 Jahre DIN EN 62061 (**VDE 0113-50**): $PFH_D = 1{,}03 \cdot 10^{-9}$, DIN EN ISO 13849-1: $PFH_D = 9{,}06 \cdot 10^{-10}$	DIN EN 62061 (**VDE 0113-50**) und DIN EN ISO 13849-1 PFH_D = abhängig vom ausgewählten Produkt	Kanal 1: $\lambda_D = 7{,}30 \cdot 10^{-8}$, Kanal 2: $\lambda_D = 7{,}30 \cdot 10^{-8}$ $MTTF_D$ = 1 564 Jahre DIN EN 62061 (**VDE 0113-50**): $PFH_D = 4{,}34 \cdot 10^{-9}$, DIN EN ISO 13849-1: $PFH_D = 1{,}46 \cdot 10^{-9}$

Tabelle 7.8 Zweikanalig mit hoher Testung: SIL 3 nach DIN EN 62061 (**VDE 0113-50**) und PL e nach DIN EN ISO 13849-1

Achtung

Sollten die Leistungsschütze auch betriebsmäßig geschaltet werden, dann ist dieses Betätigungsintervall anzusetzen! Die Anforderungen zur zeitlichen Fehleraufdeckung müssen berücksichtigt werden, sodass es nicht grundsätzlich zu einer Fehleranhäufung während des betriebsmäßigen Schaltens kommen kann. Ist dies nicht gegeben, dann muss das betriebsmäßige Schalten anders realisiert werden.

8 Tipps und Beispiele

8.1 Liste oft verwendeter Sicherheitsfunktionen

Sicherheitsfunktion	MRL[a)]	DIN EN ISO 12100	Weitere Normen und Informationen
Sicherheitsbezogene Stopp-funktion, eingeleitet durch eine Schutzeinrichtung:	1.2.4 1.3.8	6.2.11.3	DIN EN 60204-1 (**VDE 0113-1**) (Stopp-Kategorien); DIN EN 61800-5-2 (**VDE 0160-105-2**) (Antriebsfunktionen, z. B. STO, SS1, SBC)
trennende Schutzeinrichtung	1.4.2.2		DIN EN ISO 14119 (Verriegelungseinrichtungen)
nicht trennende Schutzeinrichtung	1.4.3		DIN EN 61496-1 (**VDE 0113-201**) (Serie)
Start und Wiederanlauf (siehe Anmerkung 1)	1.2.3 1.2.4	6.2.11.3	DIN EN 60204-1 (**VDE 0113-1**)
handbetätigte Befehlsein-richtungen (Handsteuerung):	1.2.2 1.2.3 1.2.5	6.2.11.8	DIN EN 60204-1 (**VDE 0113-1**); Typ-C-Normen; VDI 2854, DIN EN ISO 11161 (Fertigungssysteme) Typ-C-Normen
Einrichtung mit selbsttätiger Rückstellung (Tippschalter)		6.2.11.8 b)	
Zweihandschaltung		6.2.11.8 b) 6.2.11.9	DIN EN ISO 13851
manuelles Aufheben von Sicherheitsfunktionen		6.2.11.8 b)	
Einrichten, Teachen, Umrüsten, die Fehlersuche sowie für Reinigungs- oder Instandhaltungsarbeiten:	1.2.2 1.2.3 1.2.5	6.2.11.9	DIN EN 60204-1 (**VDE 0113-1**) Typ-C-Normen
Zustimmfunktion			DIN EN 60947-5-8 (**VDE 0660-215**)
sichere Bewegungen sichere „Positionierung“			DIN EN 61800-5-2 (**VDE 0160-105-2**) (Antriebsfunktionen, z. B. SLS, SOS);
Auswahl von Steuerungs- und Betriebsarten (siehe Anmerkung 2)	1.2.5	6.2.11.10	DIN EN 60204-1 (**VDE 0113-1**); VDI 2854, DIN EN ISO 11161 (Fertigungssysteme) Typ-C-Normen

Tabelle 8.1 Liste der oft verwendeten Sicherheitsfunktionen

Sicherheitsfunktion	MRL[a)]	DIN EN ISO 12100	Weitere Normen und Informationen
Zuhaltung einer Schutzeinrichtung	1.2.4	3.27.5	DIN EN ISO 14119 (Verriegelungseinrichtungen)
Funktion zum Stillsetzen im Notfall (siehe Anmerkung 3)	1.2.4.3		DIN EN 60204-1 (**VDE 0113-1**) (Stopp-Kategorien); DIN EN ISO 13850 (Not-Halt-Funktionen)

[a)] MRL, europäische Richtlinie 2006/42/EG („Maschinenrichtlinie")

Anmerkung 1: Im Zusammenhang mit einem „unerwarteten Anlauf" zu betrachten.

Anmerkung 2: In der Regel in Verbindung mit den Maschinenfunktionen und den Anforderungen der „systematischen Integrität" (siehe DIN EN ISO 13849-1 und DIN EN 62061 (**VDE 0113-50**) zu bewerten.

Anmerkung 3: Ergänzende Schutzmaßnahme, siehe DIN EN ISO 12100; „ergänzende" Sicherheitsfunktion.

Tabelle 8.1 (*Fortsetzung*) Liste der oft verwendeten Sicherheitsfunktionen

Anmerkungen

Im Zusammenhang mit Sicherheitsfunktionen muss immer das Umfeld (z. B. Energieversorgung) mitberücksichtigt werden.

Wenn eine Sicherheitsfunktion angefordert wurde, dann muss der sichere Zustand solange aufrechterhalten werden bis eine bewusste Handlung durch den Bediener der Maschine erfolgt: Das bedeutet, dass ein „unerwarteter Anlauf" der Maschine immer berücksichtigt werden muss. In der Regel wird dies durch die auslösende Ursache (z. B. Positionsschalter) und durch einen Quittier- oder Starttaster in Verbindung mit einer sicherheitsgerichteten Auswertung realisiert – es muss keine eigenständige Sicherheitsfunktion deshalb definiert werden.

8.2 Allgemeine Betrachtungen

8.2.1 Definieren einer Sicherheitsfunktion einfach gemacht

Diese Fragestellung stellt die größte Herausforderung in der Funktionalen Sicherheit dar. Das wissen die Anwender spätestens, wenn es an die praktische Realisierung geht. Hier spiegelt sich nämlich der Prozess der Risikobeurteilung wieder, und nur dieser Prozess erlaubt es ausschließlich eine Sicherheitsfunktion zu erkennen und auch fachgerecht zu definieren: Ziel ist immer die Beherrschung eines Risikos oder der Schutz vor einer Gefährdung, die zu einem Risiko für den Menschen werden kann.

Die sich daraus ergebenden relevanten Einflussfaktoren sind:

- die Anzahl und Art der betroffenen Personen im Gefahrenbereich (eine oder mehrere Personen, Fachpersonal oder ungelernte Kräfte),
- das auslösende Moment (Not-Halt, Öffnen einer Schutztür, Zugangsüberwachung, …) und
- die eingeleitete Funktion (einen Antrieb stillsetzen, Maschinenteile anhalten, Förderbände stoppen, …) – die Reaktion.

Vereinfacht hilft auch der Ansatz mit der Betrachtung folgender Fragenkomplexe:

- **Räumlichkeit?** In welchem Raum befindet sich der Bediener zum Zeitpunkt der Gefährdungssituation? Wie kann oder wird er reagieren? Welche Körperteile sind von einer drohenden Gefahr betroffen?
- **Tätigkeit?** Was und warum tut der Anwender etwas? Ist es bewusst oder unbewusst? Spielt der Stress eine Rolle? Ist die Betriebsart relevant oder nicht? Kann der Bediener die Situation einschätzen oder vertraut er „blind“ der Sicherheitseinrichtung?
- **Geschwindigkeit?** Welche Möglichkeit hat der Bediener sich der Gefahrensituation zu entziehen? Welche Reaktionszeit ist durch den Bediener möglich oder erforderlich? Wie schnell müssen Gefahr bringende Ereignisse eingestuft werden?

Aus diesen praktischen Fragen ergeben sich erstaunlicherweise logische Schlussfolgerungen, die jedoch wegen der erstmaligen Anforderung an Quantifizierung (Wahrscheinlichkeit Gefahr bringender Ausfälle) einfach schlichtweg ignoriert werden.

So wird oftmals behauptet: „Die Maschine muss SIL 2 oder PL d erfüllen“. Aber für welche Sicherheitsfunktion denn? Diese Frage wird leider nicht beantwortet.

Hier helfen einige wenige grundlegende Regeln sicherlich weiter:

1. **Sensoren** weisen nur selten eine gegenseitige Abhängigkeit auf und sind deshalb als einzelne Sicherheitsfunktion zu betrachten. Typische Beispiele sind Schutztür- oder Schutzhaubenüberwachungen genauso wie Not-Halt-Abschaltungen.
2. **Aktoren** können, aber müssen nicht die gemeinsame Ursache einer Gefährdungssituation sein. Zwei Beispiele sollen diese wichtige Prämisse verdeutlichen.

   <u>Beispiel 1:</u>
   In einem Arbeitsraum müssen verschiedene Achsen im sicheren Halt verweilen und die Gefahrensituation besteht so lange, wie eine Achse sich bewegen könnte; alle Achsbewegungen sind demnach sicherheitsrelevant und es wird eine Sicherheitsfunktion mit all diesen Achsen definiert.

Beispiel 2:
Wird dagegen über einen Not-Halt eine Förderstrecke bestehend aus zehn Segmenten (Antrieben) angehalten, dann stellt jedes Segment unabhängig für sich (und unabhängig von den anderen) eine Gefahrquelle dar; hier wird keine Abhängigkeit mehr festgestellt und es können zehn Sicherheitsfunktionen bewertet werden. In der Praxis können aber alle letztendlich in ihrer Hardwareausprägung gleich sein; somit genügt es also eine „stellvertretende" Sicherheitsfunktion zu beschreiben.

Fakten

1. Selten sind mehrere Sensoren an einer Sicherheitsfunktion beteiligt.
2. Aktoren können abhängig von der Gefahrquelle, dem räumlichen Gefahrenpotenzial sehr wohl Teil einer einzigen Sicherheitsfunktion sein.
3. Es gilt immer durch den Prozess der Risikobeurteilung Gefahrensituationen auf Basis der Gefahrenquellen aufzudecken, die sich im Raum, der Tätigkeit und der drohenden Geschwindigkeit widerspiegeln lassen: Nur das ermittelte Risiko mit dem möglichen Schaden bestimmt die Anzahl der zu betrachtenden Komponenten in einer Sicherheitsfunktion! Nicht aber die technische Realisierung.

Insbesondere der Punkt 3 ist Urquelle vieler sinnloser Diskussionen – hüten Sie sich davor.

8.2.2 Warum darf man mit der DIN EN 62061 (VDE 0113-50) „nicht elektromechanische Komponenten" (z. B. Ventile) berechnen?

Ja, man durfte das doch schon immer: Die Prinzipien sind technologieunabhängig. Wenn da nur nicht diese zwei Normen wären – ISO oder IEC?

Ausschnitt aus dem Anwendungsbereich der DIN EN 62061 (VDE 0113-50)

Anmerkung 4: Obwohl die Anforderungen in dieser Norm spezifisch für elektrische Steuerungssysteme sind, kann der festgelegte Rahmen und die Methodologie für sicherheitsbezogene Teile von Steuerungssystemen anwendbar sein, die andere Technologien verwenden.

Die mathematischen Betrachtungen basieren auf den konstanten Ausfallraten, und somit ist es naheliegend, dass es nicht relevant ist, welche Technologie dabei letztendlich zum Einsatz kommt. Darüber hinaus verweist die DIN EN 62061 (**VDE 0113-50**) freundlicherweise noch auf die DIN EN ISO 13849-2, in der sich Informationen technologiebezogen wiederfinden: Diese Informationen haben aber nur etwas mit den qualitativen Aspekten der Technologien zu tun. Jedoch werden in der DIN EN ISO 13849-2 keine Aussagen hinsichtlich Wahrscheinlichkeiten oder gar Ausfallraten gemacht: Also keine Aussage zu den quantitativen Aspekten.

Insofern ist die DIN EN 62061 (**VDE 0113-50**) genauso technologieunabhängig wie die DIN EN ISO 13849-1 hinsichtlich dieser Betrachtungen. Und, die strukturellen Einschränkungen der DIN EN 62061 (**VDE 0113-50**) sind sehr wohl mit den Kategorien der DIN EN ISO 13849-1 vergleichbar – auch wenn manche das anders sehen wollen.

8.2.3 Was tun mit den Kategorien der C-Normen?

Pragmatisch bleiben: Es droht keine Gefahr, lediglich eine Hilfe wird angeboten.

Ausschnitt aus dem Anhang A der DIN EN 62061 (VDE 0113-50):2005-10 (zurückgezogen)

Anmerkung 2: In einer großen Anzahl maschinenspezifischer Normen („C"-Normen in CEN) ist eine Risikoabschätzung durchgeführt worden, um eine erforderliche Kategorie in Übereinstimmung mit DIN EN ISO 13849-1 für sicherheitsbezogene Teile von Maschinensteuerungen auszuwählen. Es ist bekannt, dass zur Vereinfachung allgemein die folgenden Beziehungen verwendet werden: erforderliche Kategorie 1 zu erforderlichem SIL 1, erforderliche Kategorie 2 zu erforderlichem SIL 1, erforderliche Kategorie 3 zu erforderlichem SIL 2 und erforderliche Kategorie 4 zu erforderlichem SIL 3. Umfassendere Verfahren der Abbildung zwischen erforderlichen Kategorien aus ISO 13849-1 und erforderlichen in dieser internationalen Norm verwendeten SIL sind in Beratung.

Diese klare Botschaft wird von vielen C-Normensetzern mittlerweile umgesetzt.

Dass die C-Normen eine Kategorie fordern, ist aus Sicht der DIN EN 62061 (**VDE 0113-50**) nicht notwendig. Dass es jedoch eine Kategorie Anforderung in einer C-Norm gibt, hat einen praktischen Hintergrund. Mit den Kategorien wurden früher mit der DIN EN 954-1, als Vorgängernorm der DIN EN ISO 13489-1, die Sicherheitsanforderungen ausschließlich beschrieben. In ihnen spiegelt sich die Architektur wider, insbesondere der qualitative Aspekt, der heute durch eine systematische Integrität flankiert wird.

Was leider nicht mehr nachvollziehbar ist, ist die Tatsache, dass die DIN EN ISO 13849-1 diese Forderung nach Angabe einer Kategorie (in einer C-Norm) aufrechterhält. Beziehungsweise lässt dies sich mit einer einfachen Feststellung erklären: In der DIN EN ISO 13849-1 gibt es keine „strukturelle Einschränkung" wie in der DIN EN 62061 (**VDE 0113-50**). Alle Ergebnisse eines erreichbaren Performance Level PL richten sich ausschließlich nach der Wahrscheinlichkeit eines Gefahr bringenden Ausfalls, dem PFH_D. Somit ist die Gefahr sehr groß mit einer einkanaligen Architektur einen PL d, der einem SIL 2 gegenübergestellt werden kann, zu realisieren. Dies ist eine sehr kritische Lösung, und um dem vorzubeugen soll eine Kategorie mit angegeben werden.

8.2.4 Die Berechnungsmethode der DIN EN 62061 (VDE 0113-50):2016-05, Abschnitt 6.7.8.2 ist „normativ", warum ist die der DIN EN ISO 13849-1:2016-06, Anhänge C und K dagegen nur „informativ"?

Vorab, „normativ" bedeutet, dass es befolgt werden muss, damit die Anforderungen der Norm erfüllt werden können. „Informativ" hingegen sagt aus, dass es eine unverbindliche Information darstellt.

In der DIN EN 62061 (**VDE 0113-50**) sind für die vier Teilsystem Architekturen A bis D mathematische Formeln hinterlegt. Auch wenn diese sehr kryptisch wirken, so lassen sie sich auf Basis einer Markov-Modellierung herleiten. Gleiches gilt für die Markov-Modellierung in der DIN EN ISO 13849-1, trotz des „informativen" Beigeschmacks.

Historisch wurde aufgrund eines umfangreichen EU-Projekts „European Project STSARCES – Standards for Safety Related Complex Electronic Systems" um die Jahrtausendwende die Basis für die Markov-Modellierung gelegt.

Die Ergebnisse wurden in einem Anhang 6 zu diesem Projekt durch die Autoren *Michael Dorra* und *Dietmar Reinert*, damals „BIA, Berufsgenossenschaftliches Institut für Arbeitssicherheit", verfasst:

„Annex 6: Quantitative Analysis of Complex Electronic Systems using Fault Tree Analysis and Markov Modelling, Final Report of WP2.1".

Diese sehr umfangreiche Analyse hatte als Ziel, eine quantitative Betrachtung, also Wahrscheinlichkeiten Gefahr bringender Ausfälle, der Kategorien nach DIN EN 954-1 zu eruieren. Zu diesem Zeitpunkt gab es bereits die IEC 61508.

„Summary“ aus dem Dokument „European Project STSARCES – Contract SMT 4CT97-2191“

The risk reduction provided by the operation of a safety system can be assessed in different manners. While DIN EN 954-1 is using a qualitative scale of different categories IEC 61508 makes use of the Safety Integrity Level (SIL) as a quantitative measure. The latter is expressed by the probability of a dangerous failure of the safety related device. Thus a procedure is needed to take over the results of a qualitative analysis into a probabilistic evaluation. Markov models turned out to be the most appropriate tool because of their considerable capability of handling many of the technical features usually made use of by modern safety devices. Implementing a new feature enabled the models to reveal the interdependency of the online test rate, the rate of demands on the safety function and the Safety Integrity Level.

Markov models have been developed for several system architectures typical for the machinery sector. By altering the input data practical questions of interests can be answered concerning basic system design parameters such as diagnostic coverage (*DC*) or the need of a watchdog test. The evaluation results are able to demonstrate the influence of parameter variations and allow of a comparison between different system architectures.

The system architectures introduced in this report are proposed to be considered as „designated architectures“ for the machinery sector. They can be assigned a category according to EN 954-1. **The developed basic Markov models make it possible to draw a link between the categories of DIN EN 954-1 and the Safety Integrity Levels of IEC 61508. It is not a fixed link because additional input information is needed beyond the category in order to determine the SIL.** Arranged in a table some exemplary evaluation results may be used in order to simplify the SIL assessment in some cases. Whenever a manufacturer can prove that his system structure is in accordance with one of the designated architectures and that his quantitative parameters comply with the precalculated examples no new Markov modelling will be necessary.

Wie muss man nun diese sehr umfangreichen Ergebnisse deuten und warum doch nur „informativ“?

Die Kategorien der DIN EN 954-1 können mathematisch um Wahrscheinlichkeitsbetrachtungen ergänzt werden und mit einem SIL in Verbindung gebracht werden. Der eingeführte Performance Level PL der Nachfolgenorm DIN EN ISO 13849-1 wäre also gar nicht notwendig gewesen! Und trotzdem wurde er kreiert – diesen Umstand muss man nicht verstehen, sondern einfach annehmen.

Weiter wird gesagt, dass es „Basismodelle“ sind. Wer nun etwas von Markov-Modellen versteht, weiß, dass entweder eine mathematische Herleitung für eine bestimmte Architektur gemacht wird oder aber über ein rechnergestütztes Software-Tool eine Werteermittlung stattfindet. Diese Werteermittlung wurde für die DIN EN ISO 13849-1 gewählt, was dazu geführt hat, dass es in DIN EN ISO 13849-1:2016-06 einen Anhang K in tabellarischer Form gibt (siehe auch Kapitel 10.7).

Diese Werteermittlung orientiert sich sehr eng an den Kategorien. Und zwar so eng, dass z. B. die Logik (L) der Kategorien als $MTTF_D$ in die Modelle miteinfließt. Der Fall, dass die Logik (L) der Kategorie bereits eine vorgerechnete interne Architektur beinhaltet, also bereits einen PFH_D-Wert aufweist und deshalb nicht weiter betrachtet werden muss, ist nicht vorgesehen. Damit lassen sich manche mathematischen Unterschiede zwischen der DIN EN 62061 (**VDE 0113-50**) und der DIN EN ISO 13849-1 erklären.

Die Annahmen und die finalen Markov-Modelle der DIN EN ISO 13849-1 finden sich nicht in diesem Bericht, da dieser von grundsätzlichen (generischen) Betrachtungen der Kategorien ausgeht. Das aber bedeutet wiederum, dass ein nicht offen gelegtes finales Markov-Modell immer Anstoß in der Öffentlichkeit finden könnte. Ein „informativer“ Anhang umgeht geschickt dieses potenzielle Problem. Nachfolgend sollen die sehr interessanten und aufschlussreichen Schlussfolgerungen des Berichts nicht vorenthalten werden:

„10. Conclusions“ aus dem Dokument „European Project STSARCES – Contract SMT 4CT97-2191“

During the STSARCES research project WP 2.1 wanted to execute systematic investigations on the effect of the test time interval on the Safety Integrity Level (SIL). In addition the concept of a proof test making the control system „as good as new“ is a theoretical model which is not suitable for validation of complex electronic systems (CES) in the machinery sector. **Therefore, we determined the average probability of a dangerous failure per hour or the average probability of a failure on demand during the typical lifetime of a control system i.e. 10 years**. (In the report the life time is referred to as the „mission time“.) It could be shown that without doing proof tests the demand had to be introduced into our Markov model so that one of the states is the hazard state in case of a demand arising at a point of time where the safety function cannot be performed by the control system due to an internal failure. **With this model we could determine the SIL for the three modes of operation according to IEC 61508.** The results are comparable and the SIL of a CES does not depend on the mode of operation.

To determine the influence of the test time interval in our Markov models intermediate states had to be introduced where faults are present but online tests did not detect them because they have not yet been executed. With this models we could show that the test time interval is connected to the mean time to demand in a single channel system and to the mean time to dangerous failure (*MTTF*) of the individual channels for a multi channel system. These results can be generalised for all CESs. The generalisation justifies a dramatic simplification of Markov modelling which is necessary to handle existing CES in the machinery sector.

This report also demonstrated that a link between the categories (CAT) of DIN EN 954-1 and the SILs of IEC 61508 cannot be made by a fixed relation. If we interpret a category as an architecture with a specific diagnostic coverage, a SIL can be determined using several assumptions which are common in the machinery sector and giving the $MTTF_{\text{Dangerous}}$ as an input parameter. For realistic input data the fixed relation of the past can be derived but this is only one possibility. It can be shown that SIL 3 is hard to achieve for a mission time of ten years with dual redundancy only.

The concept of designated architectures was developed on the base of modelling of the different typical architectures for the machinery sector. This concept which had been proposed to IEC 61508 several years ago was rejected there because the standard is generic and it was impossible to find generic architectures for all application sectors. However, this concept seems to be usable in a sector specific standard as DIN EN 62061 (**VDE 0113-50**). This is the reason why the authors propose this concept as a link between CATs and SILs and as an input to IEC 62061. The concept seems to be realistic to be accepted by machine manufacturers because it strongly simplifies the quantification of CES in the machinery sector.

It should be noticed that this report can only be useful in connection with the other reports of the STSARCES project. „Quantification of the hardware“ is only one small step in the design and validation of safety related systems. The report of WP 2.2 will give the basis to determine the diagnostic coverage for each subsystem. The aspect of systematic failures cannot fully be covered by the β factor model. The outputs of WP 1 „Software“ is essential to cover the aspect of systematic failures in CES. A validation of CES can only be done in a combination of different techniques as described in the reports of WP 3.

Warum nun der Anhang C von DIN EN ISO 13849-1:2016-06 auch „informativ“ ist, erschließt sich mir nicht. Hier werden mathematische Formeln verwendet, die in abgewandelter Darstellung auch in der DIN EN 62061 (**VDE 0113-50**) zu finden sind.

Lediglich der T_{10D}-Wert ist als kritisch einzustufen: In Wirklichkeit wird nur bis Erreichen des B_{10}-Werts anschließend ein B_{10D} auf Basis des Anteils Gefahr bringender Ausfälle ermittelt. Das heißt auch, dass der T_{10}-Wert, Spiegelbild für die Zeit bis Erreichen des B_{10}-Werts, korrekt wäre: Von B_{10} bis B_{10D} ist nicht sichergestellt, dass die gleiche Verteilung von Gefahr bringenden und sicheren Ausfällen auch weiterhin gilt. Zudem macht der Hersteller nur bis zum Zeitpunkt B_{10} eine geprüfte Aussage durch konkrete Tests. Darüber hinaus gibt es keine gesicherten Aussagen.

8.2.5 $MTTF_D$-Wert gleich PFH_D-Wert

Und das soll gehen? Nein, und nochmals Nein – der Wunsch ist der Vater des Gedankens. Es wird niemals nie sein. Bis auf einziges Mal – aber nur dieses eine einzige Mal!

Diese Frage ist im Grunde irreführend und nicht wirklich sinnvoll, gar irrelevant für die Berechnung einer Sicherheitsfunktion hinsichtlich der Wahrscheinlichkeit Gefahr bringender Ausfälle. Der Hersteller einer sicherheitstechnisch geprüften (in der Regel elektronischen) Komponente muss immer einen erreichbaren SIL gemäß DIN EN 62061 (**VDE 0113-50**) bzw. PL gemäß DIN EN ISO 13849-1 mit dem zugehörigen PFH_D-Wert ausweisen.

Somit kann diese Komponente für sich allein betrachtet bereits als Teil, das heißt als SRP/CS oder Teilsystem, einer Sicherheitsfunktion integriert und in die Gesamtberechnung berücksichtigt werden. Eine Umrechnung von PFH_D in $MTTF_D$ ergibt demnach grundsätzlich keinen Sinn.

<u>Nur wenn die Komponente einer einkanaligen Architektur entspricht</u> und nur dann lässt sich nachfolgende mathematisch Beziehung zwischen diesen beiden Werten festhalten:

$$MTTF_D = \frac{1}{\lambda_D \cdot 8760},$$

$$PFH_D = \lambda_D \cdot 1\,\text{h},$$

$$MTTF_D = \frac{1}{PFH_D \cdot 8760}.$$

Dem Anwender liefert diese Beziehung in der Praxis aber keinerlei Mehrwert. Bei jeder anderen Architektur ist diese Beziehung falsch und unzulässig!

Warum also wird diese Frage gestellt?

Ein typisches Anwendungsbeispiel ist in Kapitel 9.12 dieses Buchs beschrieben – das kann diese Frage erklären. Der Hintergrund liegt aber zusätzlich im Trugschluss, dass alle Berechnungen mit der DIN EN ISO 13849-1 ausschließlich auf den $MTTF_D$-Werten basieren und damit gerechnet werden muss.

Zum einen wird dies aber so nicht explizit in der DIN EN ISO 13849-1 gefordert: Es wird lediglich auf Basis der Kategorien als vorgesehene Architekturen eine vereinfachte Markov-Modellierung verwendet, die u. a. den $MTTF_D$-Wert als Eingangsgröße verlangt.

Zum anderen kann dies deshalb auch so nicht gewünscht sein, weil der primäre mathematische Ansatz der Norm die Ermittlung der Wahrscheinlichkeit Gefahr bringender Ausfälle einer gesamten Sicherheitsfunktion erfordert: Dass die DIN EN ISO 13849-1 nur $MTTF_D$-Werte in der Bewertung der Kategorien vorsieht, heißt also im Umkehrschluss nicht, dass dies auch für bereits geprüfte Komponenten gelten soll.

Der Ansatz der Addition der Wahrscheinlichkeiten Gefahr bringender Ausfälle PFH_D wird leider noch nicht explizit erwähnt und führt zu dieser irreführenden Frage.

Hinweis

In der Überarbeitung der DIN EN ISO 13849-1 wird dieses Verfahren explizit aufgenommen werden.

8.2.6 Verschleißbehaftete Komponenten und die Kategorie 2

Noch sinnvoll und anwendbar? Ja, mit logischen, nachvollziehbaren Einschränkungen.

Im Abschnitt 4.5.4 der DIN EN ISO 13849-1:2016-06 werden für die vorgesehene Architektur der Kategorie 2 folgende entscheidenden Annahmen getroffen:

- Gebrauchsdauer, 20 Jahre;
- konstante Ausfallraten innerhalb der Gebrauchsdauer;
- für Kategorie 2, Anforderungsrate ≤ 1/100 der Testrate;
- für Kategorie 2, $MTTF_{D,\ Testkanal}$ größer als die Hälfte der $MTTF_{D,\ Funktionskanal}$.

Dies ist das Resultat der zugrunde gelegten vereinfachten Markov-Modellierung in der Norm. Die Gebrauchsdauer (en: mission time) wurde mit 20 Jahren angenommen, da in der Praxis spätestens zu diesem Zeitpunkt ein „Retrofit" einer Maschine oder maschinellen Anlage stattfinden wird. Die Berechnungen gelten auch dann noch, wenn die Lebensdauer der Komponente selbst nicht die 20 Jahre erfüllt: Die Komponente muss dann zum Lebensdauerende (somit die Gebrauchsdauer) ausgetauscht werden. Dies entspricht im Grunde der Zeit T_1 nach der DIN EN 62061 (**VDE 0113-50**).

Das entscheidende Kriterium für die Kategorie 2 ist jedoch die Forderung, dass die Anforderungsrate 100 Mal kleiner als die Testrate sein soll. Das heißt, wenn z. B. die Sicherheitsfunktion ein Mal pro Tag angefordert würde, dann müsste der Test der Sicherheitsfunktion bzw. der Komponente 100 Mal täglich durchgeführt werden.

Dies ist bei elektronischen Komponenten grundsätzlich möglich und auch sinnvoll: z. B. werden Lichtvorhänge nach diesem Prinzip bewertet. Bei einer einkanaligen verschleißbehafteten Komponente kann diese Anforderung nur dann erfüllt werden, wenn eine zeitnahe Fehlerreaktion erfolgen kann.

Beispiel: Wenn ein Leistungsschütz beim Abschalten versagt, wird ein Leistungsschalter (Fehlerreaktion) ausgelöst. Das führt zu folgenden grundlegenden Feststellungen für verschleißbehaftete Komponenten:

- Eine einkanalige Architektur mit einem verschleißbehafteten Sensor, z. B. ein Not-Halt-Befehlsgerät oder ein Positionsschalter kann nicht mehr mit einer Kategorie 2 bewertet werden, sondern max. mit einer Kategorie 1, weil es keine praxisnahe Testrate gibt;
- eine einkanalige Architektur mit einem verschleißbehafteten Aktor, z. B. ein Leistungsschütz oder ein Ventil kann mit einer Kategorie 2 bewertet werden, wenn eine Fehlerreaktion (als tatsächlich physikalischer zweiter Abschaltweg) rechtzeitig erfolgt. Diese Fehlerreaktion ist ein wichtiger Bestandteil der Diagnoseeinrichtung des eigentlichen Aktors. Hier liegt auch der Unterschied zur Kategorie 3, weil hier beide Kanäle unabhängig voneinander zu betrachten sind: Wir reden von einem System mit zwei zueinander unabhängigen Kanälen.

Was heißt das?

Elektronische Komponenten können grundsätzlich mit einer Kategorie 2 bewertet werden. Verschleißbehaftete Sensoren können nicht mehr mit einer Kategorie 2 bewertet werden, sondern max. mit einer Kategorie 1, da die Anforderung an die Testrate nicht praktikabel erfüllbar ist. Verschleißbehaftete Aktoren können mit einer Kategorie 2 bewertet werden, wenn eine physikalische Fehlerreaktion ausreichend zeitnah gemäß der Risikobeurteilung erfolgt. Das bedeutet auch, dass das Erreichen eines PL_r = PL d mit einer Kategorie-2-Architektur somit eine sehr kritische Bewertung der Fehlerreaktion erfordert, hinsichtlich

- der eigentlich eingeleiteten (Fehler-)Reaktion: Erlaubt ist hier nur ein definierter zweiter Abschaltweg und nicht mehr nur eine einfache Meldung, z. B. in Form einer Warnleuchte;
- der Reaktionszeit, die immer so kurz sein muss, dass ein wirksamer Schutz vor der Gefährdung gegeben ist, also „zeitnah" vor der Gefährdung trotz Versagen des eigentlichen Abschaltkanals eine Reaktion über diesen Fehlerreaktionskanal erfolgt.

8.2.7 Was bedeutet T_1 als Proof-Test oder Lebensdauer in der Praxis?

„Wann muss eine Komponente ausgetauscht werden?" lautet die alternative Frage.

Der Begriff wird in der DIN EN 62061 (**VDE 0113-50**):2016-05 verwendet und taucht im Abschnitt 6.7.8.2 wie aus dem Nichts auf und wird mit den Berechnungsformeln der Architekturen in Verbindung gebracht:

Auszug aus der DIN EN 62061 (VDE 0113-50):2016-05

6.7.8.2 Vereinfachter Ansatz zur Abschätzung der Wahrscheinlichkeit Gefahr bringender zufälliger Hardwareausfälle von Teilsystemen

6.7.8.2.1 Allgemeines

Dieser Unterabschnitt beschreibt einen vereinfachten Ansatz zur Abschätzung der Wahrscheinlichkeit Gefahr bringender zufälliger Hardwareausfälle für eine Anzahl von grundlegenden Teilsystemarchitekturen und enthält Formeln, die für Teilsysteme verwendet werden können, die entweder aus Teilsystemelementen niedriger Komplexität oder komplexen Teilsystemelementen zusammengesetzt sind. Die Formeln selbst stellen eine Vereinfachung der Theorie der Zuverlässigkeitsanalyse dar und sind dazu bestimmt, Abschätzungen in die sichere Richtung bereitzustellen. **Die Vorbedingung für die Gültigkeit aller in diesem Unterabschnitt angegebenen Formeln ist, dass $1 \gg \lambda \cdot T_1$, wobei T_1 der kleinere Wert des Intervalls für den Proof-Test oder der Gebrauchsdauer ist** und das Teilsystem in der „Betriebsart mit hoher Anforderungsrate oder kontinuierlicher Anforderung" betrieben wird (siehe Abschnitt 3.2.27 der Norm). Siehe auch Abschnitt 6.8.6 der Norm.

Im Abschnitt 3 der DIN EN 62061 (**VDE 0113-50**):2016-05 erscheint dieser Begriff leider gar nicht. Wen wundert es also, dass dieser T_1-Wert nicht so recht verstanden und nur als Eingangsgröße für die Berechnung der Wahrscheinlichkeit Gefahr bringender Ausfälle wahrgenommen wird?

Aus Sicht der DIN EN ISO 13849-1

T_M kann meistens mit T_1 gleichgesetzt werden.

Und was ist jetzt das Intervall des Proof-Tests bzw. was will der Proof-Test an sich uns sagen?

Im Abschnitt 3 Begriffe der DIN EN 62061 (**VDE 0113-50**):2016-05 steht dazu:

Auszug aus der DIN EN 62061 (VDE 0113-50):2016-05

3.2.37
Proof-Test
(en: proof test)

Prüfung, die Fehler oder eine Verschlechterung in einem SRECS und seinen Teilsystemen erkennen kann, sodass, falls notwendig, das SRECS und seine Teilsysteme in einen **„Wie-Neu-Zustand"** oder so nah wie praktisch möglich diesen Zustand entsprechend, wiederhergestellt werden können.
[IEC 61508-4, 3.8.5 modifiziert]

Anmerkung: **Ein Proof-Test ist zur Bestätigung vorgesehen, dass das SRECS sich in einem Zustand befindet, der die festgelegte Sicherheitsintegrität garantiert.**

Nationale Anmerkung: In DIN EN 61508-4 (**VDE 0803-4**):2011-02 ist der englische Begriff „proof test" mit „Wiederholungsprüfung" übersetzt. Da dieser Begriff im Maschinenbereich jedoch nicht üblich ist, wurde in dieser Übersetzung der EN 62061 der englische Begriff beibehalten.

Damit schließt sich der Kreis, alles wird klar und endlich nachvollziehbar.

Was verbirgt sich also praktischerweise hinter der T_1-Angabe?

Nur für die Zeit des T_1-Werts gelten alle relevanten Daten, die eine Komponente aus Sicht der Wahrscheinlichkeit Gefahr bringender Ausfälle beschreiben. Oder anders formuliert: Wenn ein B_{10}-, B_{10D}-, $MTTF_D$- oder PFH_D-Wert angegeben wird, dann gelten diese Werte nur für die Zeit T_1.

Da in der Praxis der Proof-Test für Komponenten durch den Maschinenhersteller, als Verwender der Komponenten, nicht durchgeführt werden kann oder der Hersteller dieser Komponenten die Aussage eines sinnvollen Proof-Tests nicht angeben kann, heißt das letztendlich, dass dieser Proof-Test der Gebrauchsdauer oder der Verwendungsdauer entspricht.

Wichtiger Hinweis

Daher ist diese Angabe für den Maschinenhersteller sehr wichtig. Sie gilt für jede verwendete Komponente in einer Sicherheitsfunktion und muss dem Betreiber der Maschine genannt werden. Denn: Nach Ablauf des T_1-Werts muss die Komponente ausgetauscht werden. Diese Information gehört in die Betriebsanleitung der Maschine.

8.2.8 T_{10D} und T_1, wann gilt was und warum?

Der T_{10D}-Wert wird in der DIN EN ISO 13849-1 verwendet und wird im Zusammenhang mit den verschleißbehafteten Komponenten genutzt.

Auszug aus der DIN EN ISO 13489-1:2016-06, Anhang C

Die Betriebszeit des Bauteils ist begrenzt auf T_{10D}, die mittlere Zeit bis 10 % der Bauteile gefährlich ausfallen.

$$T_{10D} = \frac{B_{10D}}{n_{op}}. \qquad \text{(C.3)}$$

Anmerkung: Erläuterung der Gleichungen in Abschnitt C.4.2 der Norm.

B_{10D}, die mittlere Anzahl von Zyklen, bis 10 % der Bauteile gefährlich ausgefallen sind, kann zu T_{10D}, der Zeit, bis 10 % der Bauteile gefährlich ausgefallen sind, umgewandelt werden, durch Verwendung von n_{op}, der mittleren Anzahl jährlicher Betätigungen:

[...]

Mit $MTTF_D = 1/\lambda_D$ für eine exponentielle Verteilung ergibt dies

$$MTTF_D = \frac{T_{10D}}{0{,}1} = \frac{B_{10D}}{0{,}1 \cdot n_{op}}. \qquad \text{(C.7)}$$

T_{10} entspricht der Zeit bis 10 % der verwendeten Komponenten (oder Bauteile) statistisch ausgefallen wären, egal ob sicher oder gefährlich. T_{10D} steht somit für Gefahr bringende Ausfälle. Demnach ist die Schreibweise T_1 so zu deuten, dass 100 % der verwendeten Komponenten statistisch ausgefallen sind – das Lebensdauerende also der Komponente.

Hinweis

T_{10D} ist also der Zeitpunkt, an dem der B_{10D}-Wert einer Komponente (oder eines Bauteils) erreicht wurde. Der Austausch der Komponente ist erforderlich, da der Hersteller der Komponente nur den B_{10D}-Wert, meistens auf Basis von durchgeführten Tests, garantiert.

Ist der T_{10D}-Wert formal korrekt definiert?

Nein. Mathematisch ist der Wert zwar richtig, wegen der praktischen Ermittlung durch den Hersteller der Komponente jedoch entsteht eine Diskrepanz.

Warum? Der Hersteller einer Komponente testet diese Komponente (mehrere Prüflinge) bis zum Zeitpunkt, an dem der B_{10}-Wert erreicht wurde. Die Prüflinge und die festgestellten Arten der Ausfälle, sicher oder Gefahr bringend, werden dann ausgewertet und der Anteil Gefahr bringender Ausfälle (in Prozent) zu allen Ausfällen ermittelt. Daraus lässt sich gemäß der folgenden Formel der B_{10D}-Wert ableiten:

$$B_{10D} = \frac{B_{10}}{\text{Anteil Gefahr bringender Ausfälle}}.$$

Da diese Angaben nur bis zum B_{10}-Wert gelten, ist auch de facto nur ein T_{10}-Wert gesichert. Die Hochrechnung von B_{10} zu B_{10D} mittels der ermittelten Gefahr bringenden Ausfällen berechtigt nicht zu der Behauptung, dass dann auch ein T_{10D} verwendbar ist. Zum Zeitpunkt T_{10} ist sicher belegbar, wie hoch der B_{10D}-Wert ist. Zum Zeitpunkt T_{10D} sind gar keine Aussagen möglich, weil der Hersteller seine Tests zum Zeitpunkt T_{10} abgebrochen hat.

Was tun? Ein Auge zudrücken und hoffen, dass die Verteilung der Ausfallarten sich zwischen T_{10} und T_{10D} nicht dramatisch verändern werden.

T_1 oder T_{10D}, was nun?

Beide Werte sind wichtig. Je nach Applikation ist entweder T_1 maßgeblich für den Austausch der Komponente, oder aber T_{10D}. Folgende Situationen können nun entstehen:

- *Fall 1: Der T_{10D}-Wert ist größer oder gleich dem T_1-Wert*
  Zum Zeitpunkt T_1 muss die Komponente ausgetauscht werden. Das Lebensdauerende wurde erreicht, ab jetzt sind keine statistischen Aussagen mehr möglich.
- *Fall 2: Der T_{10D}-Wert ist kleiner dem T_1-Wert*
  Zum Zeitpunkt T_{10D} muss die Komponente ausgetauscht werden, weil dann bereits der B_{10D}-Wert erreicht wurde und darüber hinaus der Hersteller der Kom-

ponente keine Aussage macht. Zudem wird die Ausfallrate der Komponente auf Basis des B_{10D}-Werts ermittelt, um dann damit eine Wahrscheinlichkeit Gefahr bringender Ausfälle zu berechnen. Ob die Komponente bis dahin ausgefallen ist oder nicht, ist nicht relevant und erlaubt nicht die kurzsichtige Schlussfolgerung: „Weil die Komponente noch nicht ausgefallen ist, warten wir bis zum Ausfall der Komponente und tauschen diese dann erst aus!“ Mit dieser Denkweise führt man jegliche probabilistische Erkenntnis und Qualität ad absurdum. Zudem zeugt es von mathematischer und statistischer Ablehnung, die dem Ziel der Sicherheit nicht förderlich ist.

Hinweis

Der Komponentenhersteller muss auf diese Werte hinweisen und dem Anwender eindeutig mitteilen, welcher T_1- und B_{10D}-Wert gilt. Der Maschinenhersteller muss dem Betreiber der Maschine mitteilen, wenn der Austausch einer Komponente zu erwarten ist, entweder zum Zeitpunkt T_1 oder aber auf Basis des T_{10D}-Werts, z. B. in der Bedienungsanleitung der Maschine als Wartungsempfehlung.

8.2.9 Den Betätigungszyklus C (1/h) im Verhältnis zu den effektiven Betriebsstunden im Jahr umrechnen?

Ja, wenn der Worst-Case-Ansatz vielleicht problematisch ist.

Wenn ein Zwei Schichtbetrieb angenommen wird, und das an jedem Tag in der Woche, dann ergibt sich eine Reduzierung der Betätigungen, ob pro Stunde oder pro Jahr, um zwei Drittel, also ca. 66 %.

Wenn ein Zwei-Schichtbetrieb angenommen wird, und das dann auch nur von Montag bis Freitag an denen die Maschine betrieben wird, dann ergibt sich sogar eine Reduzierung der Betätigungen um 10/21 also etwas mehr als 50 %.

Was bedeutet das?

Falls mit der Umrechnung von B_{10D} nach $MTTF_D$ eine Situation entsteht, die an die Grenze des erreichbaren PL gemäß der DIN EN ISO 13849-1 oder SIL gemäß der DIN EN 62061 (**VDE 0113-50**) geht, ist eine Reduktion, die realistisch erscheint, sinnvoll.

Falls es aber keine gesicherte Nutzungsdauer durch den Betreiber der Maschine gibt, ist immer der Worst-Case-Ansatz ohne Reduktion erst einmal vorzuziehen. Anschließend müssen diese Grenzwertbetrachtungen gemacht werden.

Tabelle 8.2 zeigt diese beiden Szenarien und die Auswirkungen auf die konkreten Betätigungszyklen und jährlichen Betätigungen.

Intervall oder Betätigungen		
Betätigungs-intervall	Betätigungs-zyklus (pro Stunde)	jährliche Betätigungen n_{op}
30 s	120	1 051 200
1 min	60	525 600
2 min	30	262 800
5 min	12	105 120
10 min	6	52 560
15 min	4	35 040
30 min	2	17 520
1 h	1	8 760
2 h	0,5	4 380
≥ 4 h	0,25	2 190

Intervall oder Betätigungen basieren auf

24 h pro Tag
365 Tage pro Jahr
(1 Jahr = 8 760 h)

Reduktion des Betätigungszyklus und jährliche Betätigungen			
Betätigungs-zyklus (pro Stunde)	jährliche Betätigungen n_{op}	Betätigungs-zyklus (pro Stunde)	jährliche Betätigungen n_{op}
80	700 800	57	500 571
40	350 400	29	250 286
20	175 200	14	125 143
8	70 080	6	50 057
4	35 040	3	25 029
3	23 360	2	16 686
1	11 680	1	8 343
1	5 840	0,48	4 171
0,33	2 920	0,24	2 086
0,17	1 460	0,12	1 043
16 h (oder Zwei-Schichtbetrieb) pro Tag, Reduktionsfaktor: $^{2}/_{3}$		16 h pro Tag und 5 Tage pro Woche, Reduktionsfaktor: $^{10}/_{21}$	

Tabelle 8.2 Betätigungszyklus und jährliche Betätigungen

8.2.10 Bei einer einkanaligen Architektur gilt $PFH_D = (1 - DC) \cdot \lambda_D$ – Was passiert mit dem Diagnose-Testintervall T_2?

Anscheinend nichts, zumindest bezogen auf den PFH_D-Wert.

Die Berechnungsformel der Wahrscheinlichkeit Gefahr bringender Ausfälle PFH_D berücksichtigt nicht das Diagnose-Testintervall T_2, obwohl dieses Intervall in einer zweikanaligen Architektur Einfluss auf den PFH_D-Wert hat.

Dies scheint im ersten Moment widersprüchlich und unlogisch. Betrachtet man die Formel der zweikanaligen Architektur genauer, dann stellt man fest, dass die Zeit in der keine Ausfälle durch die Diagnose aufgedeckt werden – die Zeit, in der der Faktor $(1 - DC)$ gilt, ebenfalls nicht das Diagnose-Testintervall T_2 berücksichtigt. Sehr wohl aber wird der PFH_D-Wert in der Zeit (T_2) beeinflusst, in der eine Diagnose erfolgt – die Zeit, in der der Faktor DC gilt.

Aber warum?

Grundsätzlich gilt: Eine Ausfallrate λ_D ohne eine Diagnosefunktion wird immer, rein statistisch, zu einem Gefahr bringenden Ausfall führen. Die Diagnose mit einer entsprechenden Fehlerreaktion führt nun dazu, dass abhängig der Höhe der Diagnose ein Gefahr bringender Ausfall rechtzeitig erkannt wird und ein sicherer Zustand eingeleitet werden kann. Dies passiert nun spätestens nach Ablauf einer Zeit T_2, das Diagnose-Testintervall.

Beispiel: Wenn ein Leistungsschütz jede Stunde abgeschaltet werden muss, weil die Sicherheitsfunktion angefordert wird, dann muss nach jeder Stunde der Zustandswechsel des Schützes mit der Anforderung der Sicherheitsfunktion beobachtet werden. Sollte das Leistungsschütz nicht die Hauptstrombahnen öffnen, also die Hauptkontakte verschweißt sein, dann würde durch die Diagnose dieses Zustands (mittels der Spiegelkontakte), z. B. ein Leistungsschalter abgeschaltet werden.

Bis zur Anforderung durch die Sicherheitsfunktion, also innerhalb der Stunde, könnte das Schütz bereits ausgefallen sein. Aufgedeckt wird dieser Ausfall aber erst mit der Anforderung durch die Sicherheitsfunktion, im schlimmsten Fall erst nach einer Stunde. Der Gefahr bringende Zustand wird zu diesem Zeitpunkt mit der Anforderung der Sicherheitsfunktion jedoch erst relevant: Innerhalb der Stunde ist zwar der Ausfall des Leistungsschützes eingetreten, aber erst nach einer Stunde wird dieser Ausfall aufgedeckt, und erst dann hat er eine mögliche Konsequenz. Somit ist für die Berechnung des PFH_{D}-Werts das Diagnose-Testintervall nicht wirklich zu berücksichtigen. Aus mathematischer Sicht entspricht das der vereinfachten Berechnung. Denn, aufgrund der Definition des PFH_{D}-Werts ergibt sich nachfolgende mathematische Beziehung:

$$PFH_{\mathrm{D}} \approx \frac{1}{T_1} \cdot P_{\mathrm{D}}(T_1) = (1 - DC) \cdot \lambda_{\mathrm{D}} + \frac{T_2}{T_1} \cdot DC \cdot \lambda_{\mathrm{D}}.$$

In der Praxis ist $T_2 \ll T_1$, somit ist dieser zweite Term in der Formel vernachlässigbar gering.

Beispiel: $T_2 = 1$ h, $T_1 = 20$ Jahre $= 20 \cdot 8\,760 = 175\,200$ h.

Dieser zweite Term betrachtet den Zustand, dass innerhalb des Diagnose-Testintervalls trotz alledem ein „relativer“ Ausfall zurzeit T_1 kurz mit Ende der Zeit T_2 eintreten könnte und dann auch sich Gefahr bringend auswirken würde, siehe auch Kapitel 11.2.

8.2.11 Welches erforderliche Testintervall ist für welchen SIL sinnvoll?

Eine Fehleranhäufung und das Thema Zweitfehlerbetrachtung, als auch eine systematische Betrachtung sind im Grunde gemeint.

Diese Frage wird im Zusammenhang mit Komponenten gestellt, die erst mit Anforderung der Sicherheitsfunktion hinsichtlich eines Ausfalls getestet werden können.

Beispiel: Eine Schutztür wird mit zwei Positionsschaltern überwacht. Erst durch das Öffnen der Schutztür – die Anforderung der Sicherheitsfunktion – kann diagnostiziert werden, ob beide Positionsschalter auch geöffnet haben und kein Ausfall vorliegt.

Wenn nun diese Anforderung der Sicherheitsfunktion sehr selten erfolgt, z. B. ein Mal im Monat oder gar nur ein Mal im Jahr, ist nicht auszuschließen, dass beide Positionsschalter bereits defekt sind und mit Öffnen der Schutztür nach dieser „langen" Zeit der Ausfall der Sicherheitsfunktion quasi de facto eintreten wird.

Die Ermittlung des PFH_D-Werts kann diesem Umstand nicht Rechnung tragen: Der PFH_D-Wert ist ausreichend gering für die geforderte Sicherheitsintegrität. Im Gegenteil, durch einen geringen Betätigungszyklus wegen der niedrigen Anforderungsrate der Sicherheitsfunktion wird der PFH_D-Wert niemals das begrenzende Kriterium sein.

Wie soll nun diese mögliche Situation bewertet werden?

Die Quelle des Problems muss betrachtet werden. Eine Fehleranhäufung kann niemals zu 100 % ausgeschlossen werden. Das Nicht-Anfordern einer Sicherheitsfunktion begünstigt ggf., abhängig der verwendeten Komponenten, diese Fehleranhäufung.

Beispiel: Wenn die beiden Positionsschalter in einem sehr rauen Umfeld (Vibrationen, Umgebungstemperatur, Luftfeuchtigkeit, ...) eingesetzt werden, dann ist diese „Belastung" (Stress) besonders zu bewerten. Die Wahrscheinlichkeit eines Ausfalls beider Positionsschalter nimmt dramatisch zu. In einem „freundlicheren" Umfeld ist eine derartige Wahrscheinlichkeit sicherlich nicht gegeben.

Im Grunde kann die Frage also nicht beantwortet werden, weil die Anwendung entscheidend ist. Nichtsdestotrotz finden sich Empfehlungen, die im Kern Folgendes sagen:

- Bei einer SIL-2-Anforderung sollte spätestens nach einem Jahr die Sicherheitsfunktion getestet werden, also bewusst angefordert werden.
- Bei einer SIL-3-Anforderung sollte spätestens nach einem Monat die Sicherheitsfunktion getestet werden, also bewusst angeforderter werden.

Diese Werte können nicht mathematisch bewiesen werden, da weder die Anwendung bewertet, noch ein Zeitpunkt einer möglichen Fehleranhäufung realistisch berechnet werden kann. Diese Empfehlungen sind mit dem gesunden Menschenverstand vertretbar, wenn man weiß, dass SIL 3 mit dem Tod eines Menschen in Verbindung gebracht wird und SIL 2 mit bleibenden Schäden.

8.3 Grundsätzliche Betrachtungen – Sensorik

8.3.1 Not-Halt-Befehlsgeräte – jedes für sich ist Teil einer entsprechenden „ergänzenden“ Sicherheitsfunktion

Nicht vergessen, auch hier gilt das „Ursache-Wirkungs-Prinzip“.

Die Verdrahtung von Not-Halt-Befehlsgeräten führt oft dazu, dass damit die „ergänzende“ Sicherheitsfunktion begründet und definiert wird. Dabei ist die Verdrahtung gar nicht entscheidend: Die Ursache und die gewünschte Wirkung stehen ausschließlich im Vordergrund.

Wenn also mehrere Not-Halt-Befehlsgeräte elektrisch in Reihe geschaltet sind, dann stellt jedes sicherheitsgerichtete Abschalten über ein Not-Halt-Befehlsgerät eine einzelne, eigenständige „ergänzende“ Sicherheitsfunktion dar – wir reden von getrennten, einzelnen Anforderungen verschiedener „ergänzender“ Sicherheitsfunktionen.

Funktionale Beschreibung: Eine „ergänzende“ Sicherheitsfunktion wird durch den Anwender wie folgt definiert: „Wenn ein Not-Halt-Befehlsgerät gedrückt wird, dann muss ein Antrieb sofort anhalten“.

Technische Realisierung: Es werden z. B. drei Not-Halt-Befehlsgeräte elektrisch in Reihe verdrahtet (ein- oder zweikanalig). Dies hat ggf. Einfluss auf den Diagnosedeckungsgrad *DC*. Die Auswertung erfolgt über ein Sicherheitsschaltgerät. Dieses Sicherheitsschaltgerät schaltet bei Anforderung (eines beliebigen Not-Halt-Befehlsgeräts) unverzögert ein oder zwei Leistungsschütze ab (gemäß Stopp-Kategorie-0 nach DIN EN 60204-1), die dann ihrerseits einen Antrieb unverzüglich anhalten.

Definition der „ergänzenden“ Sicherheitsfunktionen – folgende funktionale Beschreibungen werden formuliert:

- „Wenn das Not-Halt-Befehlsgerät 1 gedrückt wird, dann muss der Antrieb sofort anhalten“.
- „Wenn das Not-Halt-Befehlsgerät 2 gedrückt wird, dann muss der Antrieb sofort anhalten“.
- „Wenn das Not-Halt-Befehlsgerät 3 gedrückt wird, dann muss der Antrieb sofort anhalten“.

Wenn baugleiche Not-Halt-Befehlsgeräte verwendet werden, dann reicht es, exemplarisch eine „ergänzende“ Sicherheitsfunktion stellvertretend für alle ergänzenden Sicherheitsfunktionen zu bewerten.

Wichtiger Hinweis

In der Regel kann einem Sensor(-kreis) immer eine Sicherheitsfunktion zugeordnet werden. Dagegen können sich mehrere Aktoren(-kreise) in einer einzelnen Sicherheitsfunktion befinden, oder aber ein (mehrere) Aktor(en) kann (können) für mehrere Sicherheitsfunktionen relevant sein. Die praktische elektrische Verdrahtung spielt dagegen keine Bedeutung bei der Betrachtung der Sicherheitsfunktionen. Im Gegenteil: Es gilt sich nur auf die funktionale Beschreibung zu berufen und nicht auf die praktische Realisierung – Ursache und Wirkung als Maß aller Dinge.

8.3.2 Verschleißbehaftete Komponenten haben keinen Anteil sicherer Ausfälle (*SFF*) – ob Sensor oder Aktor

Der Anteil sicherer Ausfälle (*SFF*) einer sicherheitsbezogenen Steuerungsfunktion (SRCF) wird immer auf Basis der definierten Sicherheitsfunktion ermittelt.

Es gilt grundsätzlich:

$$SFF = \frac{\sum \lambda_{DD} + \sum \lambda_S}{\sum \lambda_D + \sum \lambda_S}.$$

Ein Teilsystem, bestehend aus einer verschleißbehafteten Komponente, stellt eine einkanalige Architektur dar. Somit gilt:

$$SFF = \frac{\lambda_{DD} + \lambda_S}{\lambda_D + \lambda_S}.$$

Die Aufteilung, welche Ausfälle sicher (λ_S) und Gefahr bringend (λ_D) sind, wird durch die entsprechende Sicherheitsfunktion bestimmt. Es kann trotzdem in der Praxis von $\lambda_S \approx 0$ ausgegangen werden.

Beispiel für die Definition einer Sicherheitsfunktion:

„Wenn die Schutztür geöffnet und ein Positionsschalter betätigt wird, dann soll ein Antrieb stillgesetzt werden.“

Hier sind die Betätigung des Positionsschalters und die damit verbundene Zwangsöffnung des elektrischen Kontakts für den Ausfall der Sicherheitsfunktion, also den Gefahr bringenden Ausfall, entscheidend.

Theoretischer Ansatz

Ein Fehler stellt generell einen Zustand dar, der zu einem Ausfall führen kann:

- Kontakt bleibt offen (sicherer Zustand),
- Kontakt bleibt geschlossen (Gefahr bringender Zustand).

Theoretische Ausfallarten (oder Ausfallmodi):

- Kontakt öffnet nicht (mehr): Führt zu einem Gefahr bringenden Ausfall.
- Kontakt öffnet „von allein“: Führt zu einem sicheren Ausfall (wird als sehr unwahrscheinlich eingestuft).
- Kontakt schließt nicht (mehr): Führt zu einem sicheren Ausfall, der aber in der definierten Sicherheitsfunktion keinen Einfluss hat.
- Kontakt schließt „von allein“: Führt zu einem Gefahr bringenden Ausfall (wird als sehr unwahrscheinlich eingestuft).

Praktische Bewertung

Das Öffnen der Schutztür bestimmt die zu betrachtenden Fehlermodi bzw. Ausfallarten des Positionsschalters. Das bedeutet, dass es für diese Sicherheitsfunktion keine sicheren Ausfälle des Positionsschalters geben kann:

- Die Ausfallart „nicht mehr öffnen können“ des elektrischen zwangsöffnenden Kontakts ist immer Gefahr bringend (typisches Versagen des Positionsschalters).
- Die Ausfallart „nicht mehr schließen können“ des elektrischen zwangsöffnenden Kontakts ist nicht relevant zum Zeitpunkt des Öffnens der Schutztür und beeinflusst lediglich die Verfügbarkeit.
- Die Ausfallarten „von allein öffnen können“ und „von allein schließen können“ des elektrischen zwangsöffnenden Kontakts werden vernachlässigt, da dies nur durch den Einfluss der Umgebungsbedingungen theoretisch möglich wäre, aber durch die zu betrachtenden systematischen Anforderungen zu berücksichtigen ist (typische Fehlanwendung – das englische „misuse“).

8.3.3 SIL 2 in einer zweikanaligen Architektur ohne Diagnose (*SFF* = 80 %?) – bringt das etwas?

Sensor oder Aktor haben keinen SFF ohne Diagnose.

Nein. Auch wenn Redundanz die Hoffnung schürt, dass im Vergleich zu einer Einkanaligkeit dann doch zumindest in einer Zweikanaligkeit sich etwas beim *SFF* tun muss.

Rufen wir uns die Formel des *SFF* in Erinnerung:

$$SFF = \frac{\sum \lambda_{\mathrm{DD}} + \sum \lambda_{\mathrm{S}}}{\sum \lambda_{\mathrm{D}} + \sum \lambda_{\mathrm{S}}}.$$

Für jeden einzelnen Kanal wird es keinen sicheren Ausfall geben, immer betrachtet im Lichte der Sicherheitsfunktion (siehe Kapitel 8.3.2): $\lambda_{\mathrm{S}} \approx 0$. Der *SFF* kann somit nur noch durch die mit der Diagnose erkannten Ausfälle verbessert werden. Wenn es aber keine Diagnose gibt ($DC = 0$), dann gilt für jeden Ausfall:

$$SFF = \frac{\lambda_{\mathrm{DD},1} + \lambda_{\mathrm{DD},2}}{\lambda_{\mathrm{D},1} + \lambda_{\mathrm{D},2}} = \frac{(DC_1 \cdot \lambda_{\mathrm{D},1}) + (DC_2 \cdot \lambda_{\mathrm{D},2})}{\lambda_{\mathrm{D},1} + \lambda_{\mathrm{D},2}} = \frac{0 \cdot \lambda_{\mathrm{D},1} + 0 \cdot \lambda_{\mathrm{D},2}}{\lambda_{\mathrm{D},1} + \lambda_{\mathrm{D},2}} = 0.$$

Wichtiger Hinweis

Die Erkenntnis, dass ohne Diagnose der *SFF* nicht verbessert werden kann, zeigt lediglich auf, dass die Anforderungen an strukturelle Einschränkungen durch die Diagnose mitbestimmt werden: Auch, wenn die Wahrscheinlichkeit Gefahr bringender Ausfälle natürlich durch eine Zweikanaligkeit geringer wird, heißt das noch lange nicht, dass sich dadurch die Struktur insgesamt „qualitativ" verbessert hat (siehe Definition der Kategorien der DIN EN ISO 13849-1). Die fehlende Diagnose einer solchen Architektur wirkt sich zwar positiv auf den erreichbaren PFH_{D}-Wert aus. Jedoch kennzeichnet sich die Qualität der Zweikanaligkeit maßgeblich durch die Diagnosefähigkeit der einzelnen Kanäle aus.

8.3.4 Muss ein Zustimmschalter als Teil einer Sicherheitsfunktion berücksichtigt werden?

Warum denn bloß nicht?

Wenn wir die Funktion der Zustimmung genauer betrachten, dann ist die Frage bereits beantwortet: Sobald die Zustimmung mittels Zustimmschalter (siehe DIN EN 60947-5-8 (**VDE 0660-215**)) aufgehoben wird, dann erwartet der Anwender, dass jegliche Gefahr bringenden Bewegungen beendet werden.

Aus diesem Grund muss z. B. der Tipp-Betrieb in einer Betriebsart „Einrichten" nicht sicher gestaltet werden, wenn zur Absicherung ein Zustimmschalter verwendet wird: Dieser Zustimmschalter übernimmt das sicherheitsgerichtete Abschalten, sodass das eigentliche Tippen nicht sicher gestaltet sein muss.

Ein Zustimmungsschalter stellt einen manuell betätigten Signalgeber dar, mit dem die Schutzwirkung von Schutzeinrichtungen bei Betätigung des Signalgebers aufgehoben werden kann. Mit dem Zustimmschalter allein dürfen keine Gefahren bringenden Zustände eingeleitet werden. Hierfür ist ein zweiter, „bewusster" Startbefehl letztendlich notwendig.

Die Ausführung des Zustimmschalters, ob zweistufig oder gar dreistufig ist nicht entscheidend. Das ist das Resultat der Risikobeurteilung, welcher Typ zu welcher Anwendung am geeignetsten ist. Entscheidend ist, dass dieser Zustimmschalter eine definierte sicherheitsgerichtete Funktion erfüllen muss.

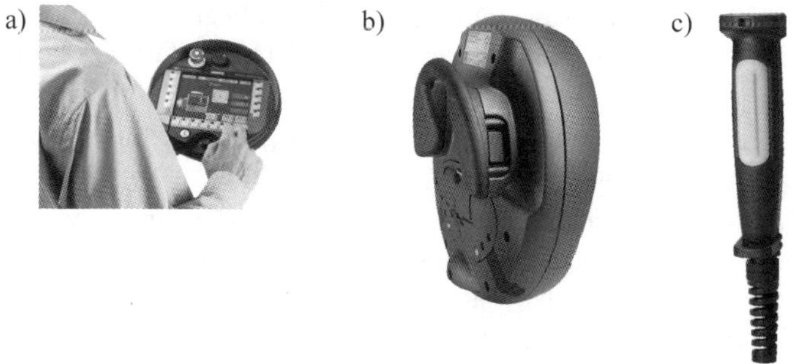

Bild 8.1 Zustimmschalter – a), b) in einem Simatic Mobile Panel 277F IWLAN der Siemens AG, c) ZSD 5 der K. A. Schmersal GmbH & Co. KG

In den Typ-C-Normen, z. B. Werkzeugmaschinen oder Robotern, wird die Verwendung der Zustimmschalter genauer beschrieben.

8.3.5 PL e oder SIL 3 mit einem Positionsschalter mit getrenntem Betätiger?

*Mit der Funktionalen Sicherheit und der DIN EN 62061 (**VDE 0113-50**) geht das.*

Es ist bekannt, dass mit einem Positionsschalter mit getrenntem Betätiger ein SIL 2 gemäß der DIN EN 62061 (**VDE 0113-50**) oder PL d gemäß der DIN EN ISO 13849-1 erreichbar ist. Dabei wird ein Fehlerausschluss – der Bruch des getrennten Betätigers vorausgesetzt, und die Auswertung des Positionsschalters erfolgt mit dessen beiden zwangsöffnenden Kontakten. Dadurch wird eine Redundanz erreicht, die den entsprechenden SIL 2 bzw. PL d rechtfertigt. Wenn aber ein SIL 3 oder PL e erreicht werden soll, dann wird in der Regel ein zweiter Positionsschalter verwendet: Damit ist eine Zweikanaligkeit auch in der mechanischen Hardware sichergestellt und es bedarf keines Fehlerausschlusses mehr.

Diese Lösung stellt jedoch nur eine Variante dar. Es gibt einen zweiten Lösungsansatz: Dabei wird der zweite Kanal nicht mit einem Positionsschalter realisiert, sondern es wird ein Näherungsschalter eingesetzt. Dieser hat nun nicht zwangsläufig die Qualität hinsichtlich der Betriebsbewährtheit wie ein Positionsschalter mit zwangsöffnenden Kontakten. Aber durch eine intelligent sicherheitsgerichtete Überwachung kann dieser Näherungsschalter genauso zur Sicherheit beitragen. **Bild 8.2** zeigt exemplarisch eine Lösung mit Sirius-Produkten der Siemens AG.

Wie kann unter diesen Umständen eine SIL-3- bzw. PL-e-Bewertung erfolgen?

Der Näherungsschalter wird zur Überwachung des Positionsschalters mit dem getrennten Betätiger für den Fall verwendet, als das der Bruch des getrennten Betätiger den Ausfall der Positionserfassung durch den Positionsschalter auslöst. Der Näherungsschalter dient also nur zur Diagnose eines besonderen Ausfalls des Positionsschalters – dem verheerenden Bruch des getrennten Betätigers.

Daraus ergeben sich folgende Anforderungen an die sicherheitsgerichtete Auswertung des Positionsschalters in Kombination mit dem Näherungsschalter:

Zum einen muss die Plausibilität zwischen dem Zustand des Näherungsschalters und den zwangsöffnenden Kontakten des Positionsschalters sichergestellt sein. Zum anderen wird eine zeitliche und dadurch dynamische Überwachung des Näherungsschalters realisiert: Hiermit wird eine enge Verknüpfung zwischen der Plausibilität und einer „logischen Erwartungshaltung“ hergestellt:

„Wenn die zwangsöffnenden Kontakte des Positionsschalters öffnen, dann muss auch der Näherungsschalter einen Zustandswechsel melden.“

„Wenn die zwangsöffnenden Kontakte des Positionsschalters wieder schließen, dann muss ein erneuter Zustandswechsel des Näherungsschalters erfolgen.“

Die Folge ist eine sehr enge Überwachung der zeitlichen Signalwechsel des Positionsschalters und des Näherungsschalters – also eine dynamische Erwartungshal-

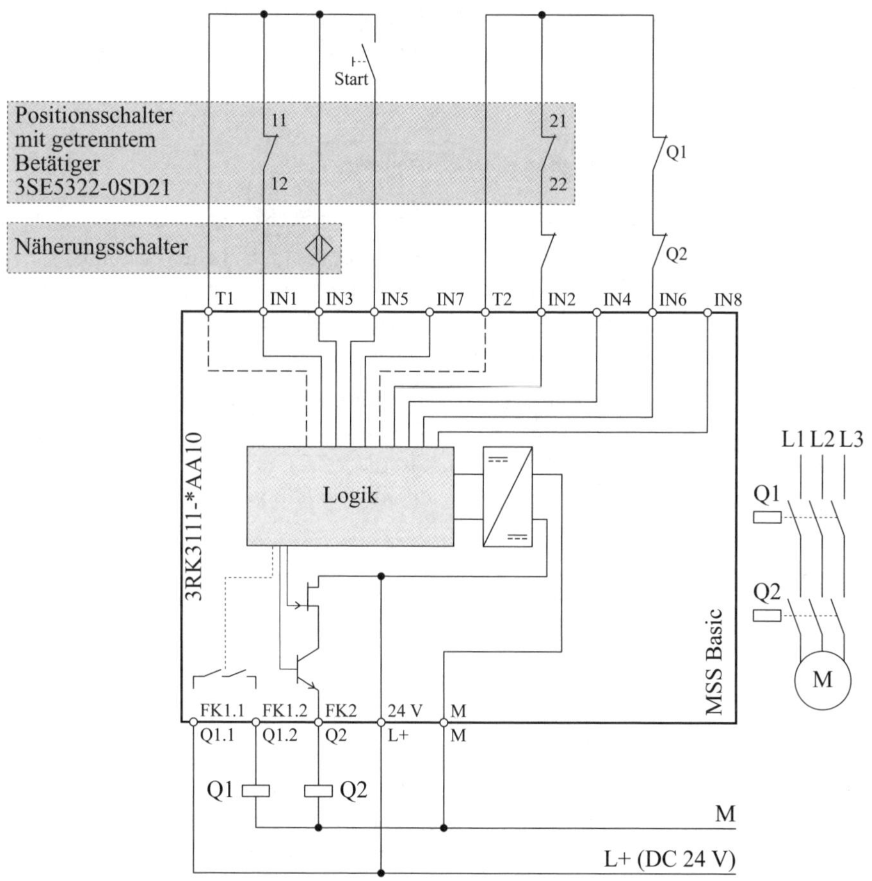

Bild 8.2 SIL 3 mit einem Positionsschalter mit getrenntem Betätiger und einem Näherungsschalter 3RK3 der Siemens AG

tung an diese Signalwechsel. Der Nebeneffekt ist eine Manipulationssicherheit des Positionsschalters.

Weil der Näherungsschalter als Diagnosefunktion für den Ausfall des getrennten Betätigers verwendet wird, kann die Ermittlung der Wahrscheinlichkeit Gefahr bringender Ausfälle für die Positionserfassung auf den Positionsschalter allein reduziert werden: Die beiden zwangsöffnenden Kontakte des Positionsschalters werden als zweikanalige Architektur, mit jeweils einem Diagnosedeckungsgrad von 99 %, abgebildet und der *SFF* wird mit 99 % angenommen. Durch eine Fehlertoleranz der Hardware *HFT* von 1 ist daher ein SIL 3 erreichbar.

Es muss kein Fehlerausschluss für den Bruch des getrennten Betätigers mehr gemacht werden und dadurch ist eine Einschränkung auf SIL 2 nicht mehr gegeben (siehe nachfolgenden Auszug).

Auszug aus der DIN EN 62061 (VDE 0113-50)

6.7.7 Abschätzung des Anteils sicherer Ausfälle (SFF)

6.7.7.2 Zur Abschätzung des *SFF* muss eine Analyse (z. B. Fehlerbaumanalyse, Ausfallarten- und Effektanalyse) jedes Teilsystems ausgeführt werden, um alle relevanten Fehler und ihre korrespondierenden Ausfallarten zu bestimmen.

[…]

Ausnahme: Für ein Teilsystem, das eine Hardwarefehlertoleranz von null hat und für das Fehlerausschlüsse zu Fehlern, die zu einem Gefahr bringenden Ausfall führen können, angewendet worden sind, ist die SILCL in Bezug auf strukturelle Einschränkungen für dieses Teilsystem auf ein Maximum von SIL 2 beschränkt.

8.3.6 Drehzahlüberwachung – wann dürfen die Geber außer Acht gelassen werden?

Wenn die Auswerteeinheit es erlaubt – das Prinzip der Diagnose ist entscheidend, nicht die Tatsache, dass Signalgeber vorhanden sind.

Durch Verwendung eines oder mehrerer Drehzahlgeber wird in der Praxis eine Drehzahlerfassung eines Motors realisiert. Eine sicherheitsgerichtete Auswertung dieser Signale wirft die Frage auf, ob diese Geber mit ihren Ausfallraten in einer Sicherheitsfunktion, z. B. Stillstandsüberwachung oder sichere reduzierte Geschwindigkeit, zu berücksichtigen sind.

Drehzahlgeber liefern dynamische Signale

Wenn die Überwachung einer Schutztür erfolgt, dann geschieht dies in der Regel durch die Verwendung von Positionsschaltern. Man nennt das eine statische Überwachung: Wenn die Schutztür geöffnet wird, dann werden die zwangsöffnenden Kontakte des oder der Positionsschalter betätigt, und das Ruhestromprinzip erzeugt einen definierten, neuen Zustand. Es wird eine dedizierte Reaktion eingeleitet.

Bei Drehzahlgebern greift das Ruhestromprinzip nicht. Hier handelt es sich um dynamische Zustände. Das heißt, abhängig von der Geschwindigkeit liefert der Geber unterschiedliche Zustände bzw. Werte. Ob das analog oder digital erfolgt ist dabei nebensächlich.

Die dynamische Auswertung ist der Schlüssel zur Bewertung der Drehzahlgeber

Wie die Auswerteeinheit mit diesen dynamischen Signalen umgeht, entscheidet darüber, ob die Geber als Teilsystem zu bewerten sind oder nicht.

Fall 1: Die Logik der Auswertung erreicht nur deshalb einen SIL, weil die dynamischen Signale zur Testung der Auswerteeinheit genutzt werden: Die Signalgüte ist die Basis für den erreichbaren SIL der Auswerteeinheit. Diese Abhängigkeit erlaubt es nicht die Drehzahlgeber zu ignorieren: Eine Betrachtung als Teilsystem ist erforderlich.

Fall 2: Basiert die Logik der Auswertung auf einer Erwartungshaltung der dynamischen Signale, dann ist der Ausfall eines dynamischen Signales immer sicherheitsgerichtet erkennbar. Somit stellt der 100 %-Ausfall eines Gebers niemals einen Ausfall der Sicherheitsfunktion dar: Die Geber dürfen ausfallen und haben keinen negativen Einfluss auf die sicherheitsgerichtete Reaktion. Damit müssen die Geber nicht als Teilsystem betrachtet werden, da der $PFH_\mathrm{D} = 1$ akzeptiert wird, ohne negative Folgen für die Sicherheitsfunktion zu haben.

So ist z. B. der sichere Drehzahlwächter 3TK2810-1 der Siemens AG so konzipiert, dass die Drehzahlgeber zur Sicherstellung eines SIL 3 nicht relevant sind. Andere Hersteller dagegen benötigen das Teilsystem der Drehzahlgeber, weil diese in Kombination durch eine benannte Stelle konzeptionell so geprüft wurden.

8.3.7 Stromwertüberwachung eines Motors in SIL 2

Auch „Standard"-Komponenten helfen sicherheitsgerichtet abzuschalten. Warum auch nicht?

Die Sicherheitsfunktion lautet:

„Wenn der Motorstrom (Istwert) einen vorgegebenen Schwellwert (Grenzwert) überschreitet, dann muss der Antrieb stillgesetzt werden."

Die Stromerfassung kann durch ein oder zwei Überwachungsrelais, z. B. 3UG4622 und mit dem modularen Sicherheitssystem 3RK3 der Siemens AG erfolgen.

Das Stillsetzen kann aufgrund der Risikobeurteilung unverzögert mit der Stopp-Kategorie-0 erfolgen oder aber verzögert mit der Stopp-Kategorie-1 nach DIN EN 60204-1 (**VDE 0113-1**). Es wird angenommen, dass ein Mal pro Monat (bzw. zwölf Mal pro Jahr) die Sicherheitsfunktion angefordert wird. Eine niedrigere Anforderungsrate wirkt sich lediglich auf die Berechnungen des Aktorkreises aus – grundsätzlich werden die Ergebnisse dadurch aber nicht beeinflusst.

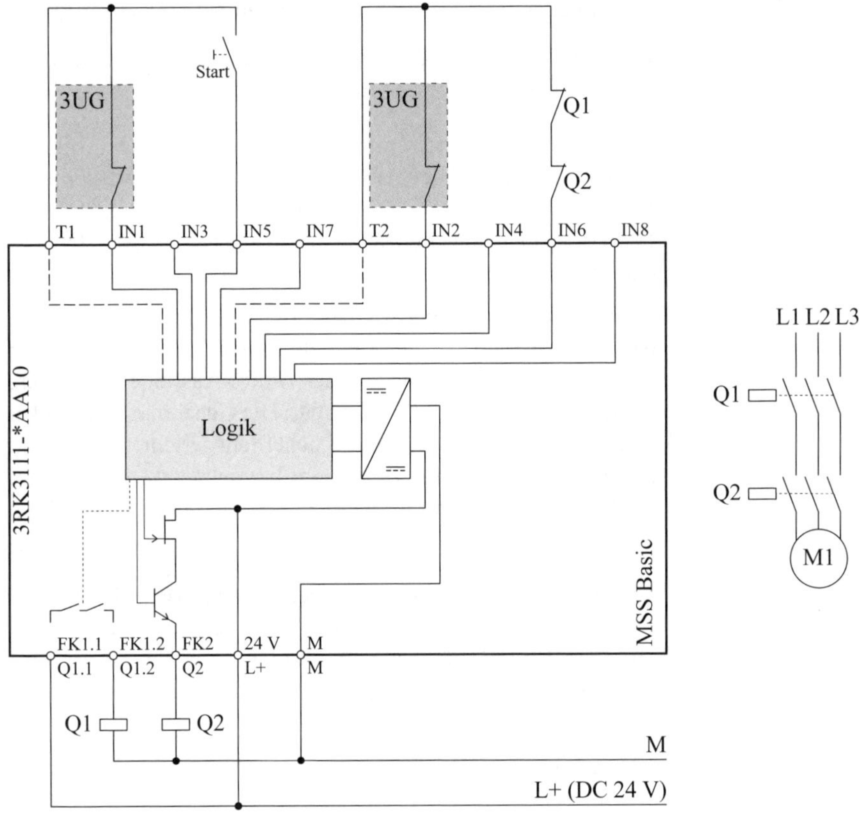

Bild 8.3 Stromüberwachung – exemplarische Darstellung 3RK3 der Siemens AG

Im Sensorkreis gelten folgende Annahmen:

Es kann eine Fehlertoleranz der Hardware *HFT* von 1 gemäß der DIN EN 62061 (**VDE 0113-50**) bzw. eine Kategorie 3 gemäß der DIN EN ISO 13849-1 ausgewählt werden.

Begründung: Eine Anhäufung unerkannter Fehler (innerhalb eines Überwachungsrelais) kann nicht immer aufgedeckt werden: Theoretisch könnte ein Überwachungsrelais fehlerhaft arbeiten und trotzdem einen korrekten Stromwert melden; sollte das zweite Überwachungsrelais ebenfalls versagen, könnte dies zum Verlust der Sicherheitsfunktion führen.

Der Diagnosedeckungsgrad *DC* kann mit 60 % angenommen werden.

Begründung: Trotz der Diskrepanzüberwachung (Kreuzvergleich der Eingangssignale) durch die sicherheitsgerichtete Auswertung wird als Worst Case der *DC* mit 60 % max. angenommen, weil eine Fehleranhäufung nicht immer ausgeschlossen werden kann.

Die Ausfallrate des Überwachungsrelais 3UG4622-AA30 (Siemens AG) wird mit $MTTF = 56{,}5$ Jahre oder $\lambda = 1/(MTTF \cdot 8\,760) = 2{,}02 \cdot 10^{-6}$ angegeben.

Als Worst Case wird $MTTF_D \approx MTTF$ bzw. $\lambda_D \approx \lambda$ angenommen.

Die Bewertung des Teilsystems der Stromwertüberwachung (Sensorkreis) lässt sich wie folgt zusammenfassen:

- strukturelle Einschränkung SILCL = SIL 2 nach DIN EN 62061 (**VDE 0113-50**): 2016-05, Tabelle 5
  - $DC = 60\ \%$,
  - $SFF = 60\ \%$ (aufgrund des *DC*),
  - $HFT = 1$;
- Wahrscheinlichkeit eines Gefahr bringenden Ausfalls PFH_D
  - Teilsystemarchitektur D (zweikanalig mit Diagnose),
  - $\beta = 0{,}1$ (Worst Case CCF-Faktor),
  - $T_1 = 49\,932$ h (5,7 Jahre, 8 760 h/Jahr),
  - $T_2 = 2{,}78 \cdot 10^{-4}$ h (kontinuierliche Überwachung, Programmbearbeitungszeit in der Regel kleiner 100 ms; Worst-Case-Betrachtung mit 1 s),
  - $DC_{De,1} = DC_{De,2} = 60\ \%$,
  - $PFH_D = 2{,}19 \cdot 10^{-7}$.

Die Gebrauchsdauer (Siemens AG) wird mit 5,7 Jahren angenommen. Die Auswerteeinheit und das Teilsystem der Leistungsschütze erfüllen immer die Anforderungen für SIL 3. Somit wird der erreichbare SIL 2 gemäß DIN EN 62061 (**VDE 0113-50**) bzw. PL d gemäß DIN EN ISO 13849-1 der Sicherheitsfunktion maßgeblich durch das Teilsystem der Stromwertüberwachung begrenzt.

Tabelle 8.3 zeigt das Ergebnis, auf Basis der Siemens-Komponenten.

	DIN EN ISO 13849-1		**DIN EN 62061 (VDE 0113-50)**	
SRP/CS bzw. Teilsystem	**PL**	PFH_D	**SILCL**	PFH_D
Erfassen	PL d	$2{,}52 \cdot 10^{-7}$	SIL 2	$2{,}19 \cdot 10^{-7}$
Auswerten	PL e	$5{,}14 \cdot 10^{-9}$	SIL 3	$5{,}14 \cdot 10^{-9}$
Reagieren	PL e	$2{,}47 \cdot 10^{-8}$	SIL 3	$1{,}03 \cdot 10^{-11}$
Ergebnis	**PL d**	$\mathbf{2{,}77 \cdot 10^{-7}}$	**SIL 2**	$\mathbf{2{,}24 \cdot 10^{-7}}$

Tabelle 8.3 Ergebnisse, auf Basis der Siemens-Komponenten

8.4 Grundsätzliche Betrachtungen – Aktorik

8.4.1 Muss ein Antrieb (Motor) in einer Sicherheitsfunktion berücksichtigt werden?

Nein, nur die Ansteuerung abhängig der Anwendung und Gefährdung.

Die Wirkung einer Sicherheitsfunktion steht immer im Mittelpunkt: Die Gefahr bringende Bewegung muss beendet werden. Die geschieht in der Elektrotechnik dadurch, dass die Hauptstrombahnen (400 V) entweder direkt durch Leistungsschütze unterbrochen oder aber zeitverzögert durch einen Umrichter geregelt werden: Damit wird die „Trennung“ zwischen der Energiezufuhr und dem Moment des Motors sichergestellt – die Bewegung wird beendet, die Gefahrenquelle wird eliminiert.

Der Motor ist somit in der Betrachtung nicht relevant – seine Ansteuerung ist für die Gefahr, die durch den drehenden Motor ausgeht entscheidend. Er ist höchstens hinsichtlich der Verfügbarkeit zu bewerten, nicht aber hinsichtlich der von ihm selbst ausgehenden Gefährdung. Kann die durch den Motor umgesetzte Energie eine Bewegung jedoch nicht allein beendet werden, dann gilt es diesen Umstand genauer zu betrachten – denn schließlich muss die Gefahr bringende Bewegung sicher beendet werden können.

Dies kann z. B. der Fall sein, wenn der Motor für eine vertikale Bewegung (Achse) zuständig ist. Das Momenten-Freischalten des Motors würde eine vertikale Bewegung sicherlich nicht beenden. Zwei Maßnahmen sind dann als Lösung denkbar. Entweder es wird eine sicherheitsgerichtete aktive Regelung durch einen Umrichter verwendet, die das Verlassen einer sicheren Position verhindert oder aber es wird mit einer Bremse gearbeitet, die diese Gefahr bringende vertikale Bewegung verhindert. Der Aktor Motor ist dabei nach wie vor nicht entscheidend – er wird nicht in der Sicherheitsfunktion mit einer Ausfallrate betrachtet und unterliegt nicht den Anforderungen der Funktionalen Sicherheit.

Anmerkung

Auch bei anderen Technologien sind vergleichbare „finale“ Aktoren, z. B. Hydraulikzylinder, in die Betrachtungen einer Sicherheitsfunktion aufzunehmen – alles andere würde dem gesunden Menschenverstand widersprechen.

8.4.2 Zwei Lastschütze an einem einzelnen sicherheitsgerichteten Ausgang mit SIL 3

Ja. Im Schaltschrank. Nicht aber im „Feld".

Wenn das Abschalten der beiden Lastschütze nicht durch einen Fehler gemeinsamer Ursache verhindert werden kann – und das kann es im Schaltschrank, in dem sich auch die sicherheitsgerichtete Ansteuerung der Lastschütze befindet, angenommen werden – dann ist diese Art der elektrischen Verschaltung zulässig bis SIL 3.

8.4.3 Zwangsgeführte Kontaktelemente von Hilfsschützen und Spiegelkontakte von Leistungsschützen

Bis vor einigen Jahren gab es für alle Hilfs- und Leistungsschütze nur den Normenbegriff „zwangsgeführte Kontakte". Bis zum Jahr 2000 war dieser Begriff in der DIN EN 60947-1 (**VDE 0660-100**) nicht eindeutig beschrieben. Mit der Ausgabe 2002-12 wurde der Begriff „zwangsgeführtes Kontaktelement" im Anhang L ausführlich erläutert.

Zum ersten Mal wurde ein Symbol dafür festgelegt und es wurden Prüfungen zur Überprüfung der „zwangsgeführten Hilfsschützkontakten" beschrieben. Der Nachteil dabei war, dass sich diese Eigenschaften der Zwangsführung nur auf die Kontakte im Hilfsschütz bezogen haben.

Für die Kontakteigenschaften der Leistungsschütze wurde später der Anhang F in der DIN EN 60947-1 (**VDE 0660-100**):2015-09 hinzugefügt. In diesem Normenteil wird der Begriff „Spiegelkontakt" oder auch „mirror contact" für Leistungsschütze definiert. Zusätzlich wurde, zum einen ein Symbol zur Bezeichnung eines „Spiegelkontakts" festgelegt, und zum anderen die Prüfungen zur Überprüfung der Spiegelkontakteigenschaften.

Hinweis

Beide Kontakteigenschaften, sowohl das zwangsgeführte Kontaktelement im Hilfsschütz als auch der Spiegelkontakt im Leistungsschütz sind absolut gleichwertig.

Auszug aus der DIN EN 60947-5-1 (VDE 0660-200):2018-03, Anhang L zu zwangsgeführten Kontaktelementen

Definition: Bei zwangsgeführten Kontaktelementen nach DIN EN 60947-5-1 (**VDE 0660-200**):2018-03, Anhang L handelt es sich um eine Kombination von *n* Schließern und *m* Öffnern, die so konstruiert sind, dass sie nicht gleichzeitig geschlossen sein können. Für die Eigenschaft „Zwangsführung" kommen nur Hilfsschalterelemente infrage, die in Schaltgeräten enthalten sind und bei denen die Betätigungskräfte intern erzeugt werden.

Bild 8.4 Symbol für zwangsgeführte Kontaktelemente im Schaltgerät

Zulassung Hilfsschütze nach DIN EN 60947-5-1 (VDE 0660-200)

Alle Hilfsschütze, z. B. Siemens Sirius 3RH1 (mit mindestens 1Ö), sind nach DIN EN 60947-5-1 (**VDE 0660-200**) geprüft und haben seit Produkteinführung zwangsgeführte Kontaktelemente (im Grundgerät bzw. im Grundgerät in Verbindung mit Hilfsschaltern). Diese gelten sowohl für Standard- als auch für Sicherheitsanwendungen.

Die Voraussetzung bei allen betrachteten Fällen ist, dass in der Applikation ein Rückführkreis realisiert wird. Mit diesem Rückführkreis werden die Zustände der Schütz-Hilfsöffnerkontakte ausgewertet. Das Einschalten des Verbrauchers ist nur bei einem geschlossenen Rückführkreis möglich.

Auszug aus der DIN EN 60947-4-1 (VDE 0660-102):2020-05, Anhang F zu Spiegelkontakten

Definition: Ein Spiegelkontakt nach DIN EN 60947-4-1 (**VDE 0660-102**): 2020-05, Anhang F ist ein Hilfsöffner, der nicht gleichzeitig mit einem Schließer-Hauptkontakt geschlossen sein kann.

Bild 8.5 Symbol für Spiegelkontakte im Schaltgerät

Zulassung Leistungsschütze nach DIN EN 60947-4-1 (VDE 0660-102)

Alle Motorschütze, z. B. Siemens Sirius 3RT1 (mit mindestens 1Ö), sind nach der DIN EN 60947-4-1 (**VDE 0660-102**) geprüft und haben seit Produkteinführung Spiegelkontakteigenschaften in Verbindung mit Hilfsschaltern. Diese gelten sowohl für Standard- als auch für Sicherheitsanwendungen. Zur Verdeutlichung der Vorteile von Leistungsschützen mit Spiegelkontakten ist in jedem der betrachteten Störfälle als erstes ein Nicht-Siemens-Leistungsschütz ohne Spiegelkontakte und als nächstes ein Siemens-Leistungsschütz mit Spiegelkontakten dargestellt. Dabei sind die Auswirkungen für die Anlage in der Spalte „Erläuterung Folgezustand" beschrieben.

Wichtiger Applikationshinweis

Die Voraussetzung bei allen betrachteten Fällen ist, dass in der Applikation ein Rückführkreis realisiert wird. Mit diesem Rückführkreis werden die Zustände der Schütz-Hilfsöffnerkontakte ausgewertet. Das Einschalten des Verbrauchers ist nur bei einem geschlossenen Rückführkreis möglich.

Berufsgenossenschaften/SUVA – zusätzliche Anforderungen

Bei Sicherheitsschaltungen für den Personenschutz sind die Forderungen der deutschen Berufsgenossenschaften bzw. der schweizerischen Unfallversicherungsanstalt (SUVA) relevant. Diese bestehen schon länger, gelten zusätzlich zu beiden Normen DIN EN 60947-4-1 (**VDE 0660-102**), DIN EN 60947-5-1 (**VDE 0660-200**) [für die Schweiz SN EN 60947-4-1, SN EN 60947-5-1] und haben noch strengere Anforderungen an Geräte mit Spiegelkontakten bzw. mit zwangsgeführten Kontaktelementen.

Die grundsätzliche SUVA-Forderung ist, dass alle Hilfsschalter werksseitig unlösbar auf dem Grundgerät montiert sein müssen, und es darf keine Betätigung des Schützes mit der Hand möglich sein. Der SUVA-Bereich Arbeitssicherheit SuvaPro ist zuständig für das Verhüten von Berufsunfällen und Berufskrankheiten. Mit einer Baumusterbescheinigung kann der Schaltgerätehersteller belegen, dass seine Produkte mit den grundlegenden Sicherheits- und Gesundheitsanforderungen übereinstimmen und dass diese Übereinstimmung von einer akkreditierten und europäisch notifizierten Stelle begutachtet worden ist.

Typische Anwendungsbeispiele

- Sirius-Hilfsschütze 3RH;
- im Allgemeinen werden Hilfsschütze mit zwangsgeführten Kontaktelementen für die Selbstüberwachung in Maschinensteuerkreisen eingesetzt.

- Sirius-Leistungsschütze 3RT
- Die Leistungsschütze mit Spiegelkontakten werden grundsätzlich in Steuerkreisen von Maschinen für eine zuverlässige Überwachung des Schütz-Zustands eingebaut.

Mit den Spiegelkontakten kann durch die Art der Konstruktion ein „Einschalten auf Fehler“ verhindert werden.

8.4.4 Ist eine Überwachung von Hilfs- oder Leistungsschützen durch nicht sicherheitsgerichtete Eingangsbaugruppen möglich?

Ja. Dynamisch ist vieles möglich, das bis dahin noch unmöglich erschien. Und das auch noch begründbar.

Hilfsschütze werden mit zwangsgeführten Kontakten und Leistungsschütze mit Spiegelkontakten überwacht. Aus diesen Kontakten wird in der Praxis elektrisch ein Rückführkreis gebildet, in dem bei einer zweikanaligen Architektur zwei Kontakte in Reihe geschaltet werden. Mit diesem einkanaligen Rückführkreis wird die Diagnose realisiert.

Entscheidend bei dieser Art der Diagnose ist, dass die Auswertung dieses elektrischen Signals sicherheitsgerichtet erfolgt, z. B. mit einer fehlersicheren Siemens-Steuerung Simatic Safety Integrated oder dem Sicherheitsmonitor im System ASIsafe.

Wichtiger Applikationshinweis

Es muss nicht immer eine fehlersichere Eingangsbaugruppe verwendet werden:

Wenn sichergestellt wird, dass die Diagnoseeinrichtung nicht versagen kann (z. B. durch unerkannte Fehler) dann ist auch die Verwendung von einer Standard-Eingangsbaugruppe zulässig!

Hier muss bei der An- bzw. Absteuerung der Hilfs- oder Leistungsschütze ein Signalwechsel des Rückführkreises überwacht werden: *eine dynamische und nicht statische Auswertung des Signals mit einer zeitlichen* Erwartungshaltung.

Dadurch können dann auch mögliche unerkannte Fehler aufgedeckt werden.

8.4.5 Welcher PL oder SIL kann mit einem einzelnen Leistungsschütz erreicht werden?

Verwendung eines bewährten Bauteils mit Spiegelkontakten

Nach der DIN EN ISO 13849-2 wird ein Leistungsschütz als bewährtes Bauteil eingestuft – in dem Zusammenhang wird auch von einem „verschleißbehafteten Bauteil“ gesprochen. Der Begriff „bewährt“ bedeutet keinen Fehlerausschluss für dieses Bauteil, sondern dass es

- in zahlreichen Fällen mit erfolgreichen Ergebnissen bei ähnlichen Anwendungen benutzt worden ist und
- nach Prinzipien hergestellt wurde, die seine Eignung und Zuverlässigkeit für sicherheitsbezogene Anwendungen aufzeigen.

Hiermit ist letztendlich eine qualitative Einstufung des Bauteils gemeint.

Diagnosefähigkeit ist nicht gleich Diagnosedeckungsrad

Die Eigenschaft eines Leistungsschützes Spiegelkontakte zu haben ist die Voraussetzung zur Erfassung der verschiedenen Fehlermodi bzw. Ausfallarten. Dies nennt man auch eine „grundsätzliche Diagnosefähigkeit“.

Die Tatsache, dass ein Fehlerausschluss für das Versagen der Spiegelkontakte in der DIN EN ISO 13849-2 genannt wird, bedeutet auch, dass die Diagnosefähigkeit als sehr hochwertig eingestuft wird. Die Höhe des erreichten Diagnosedeckungsgrades hängt nun aber von der Diagnoseeinrichtung (sicherheitsgerichtete Auswertung) selbst ab.

Nur die dedizierte Fehlerreaktion entscheidet über die Sicherheitsintegrität

Zwei Szenarien sind bei der Diagnose des fehlerhaften Zustands eines Leistungsschützes möglich: Entweder es erfolgt eine definierte Fehlerreaktion oder aber es erfolgt keinerlei zeitnahe Reaktion.

Wenn im erkannten Fehlerfall, also das Verschweißen der Hauptstrombahnen, keine Fehlerreaktion eingeleitet wird, ändert dies zwar nichts an der Diagnosefähigkeit des Zustands des Leistungsschützes, jedoch bleibt der fehlerhafte Ausfall aufrechterhalten: Das Verschweißen der Hauptstrombahnen führt zu einem Gefahr bringenden Ausfall einer Sicherheitsfunktion. Der Diagnosedeckungsgrad muss mit $DC = 0$ % angenommen werden, und es ist max. ein SILCL 1 gemäß DIN EN 62061 (**VDE 0113-50**) bzw. ein PL c gemäß DIN EN ISO 13849-1 erreichbar.

Wenn demgegenüber aber im erkannten Fehlerfall eine Fehlerreaktion eingeleitet wird, kann die Diagnosefähigkeit des Zustands des Leistungsschützes dem fehlerhaften Ausfall entgegenwirken: Das Verschweißen der Hauptstrombahnen würde nicht zwangsläufig zu einem Gefahr bringenden Ausfall einer Sicherheitsfunktion führen, wenn eine ausreichend zeitnahe Fehlerreaktion eingeleitet wird. Ein Beispiel dafür könnte das Auslösen eines Leistungsschalters mittels Unterspannungsauslöser im sicherheitsgerichteten Abschaltweg sein.

Theoretisch wäre nun der Diagnosedeckungsgrad mit DC = 100 % denkbar, weil ein Fehlerausschluss für die Spiegelkontakte angenommen werden kann. Es muss jedoch immer die Diagnoseeinrichtung mitberücksichtigt werden, sodass in der Praxis ein Diagnosedeckungsgrad mit DC = 99 % angenommen wird.

Es ist dann max. ein SILCL 2 nach DIN EN 62061 (**VDE 0113-50**) bzw. ein PL d nach DIN EN ISO 13849-1 erreichbar.

8.4.6 Bewerten von „Standard-Ausgangsbaugruppen"

Der Anwender möchte mit nicht sicherheitsgerichteten Siemens Simatic S7 Standard-Ausgangsbaugruppen ein sicherheitsgerichtetes Abschalten bewerten, z. B. mittels zwei Lastschützen.

Die benötigten Komponenten sind:

- ein Sicherheitsschaltgerät, ein ASIsafe-Sicherheitsmonitor oder eine fehlersichere Steuerung mit einer fehlersicheren Ausgangsbaugruppe (geeignet für SIL 3 gemäß DIN EN 62061 (**VDE 0113-50**) bzw. PL e gemäß DIN EN ISO 13849-1),
- Siemens Simatic S7 Standard-Ausgangsbaugruppen (mit „sicherer Trennung"),
- Siemens Sirius-Leistungsschütze
(als bewährte Bauteile gemäß DIN EN ISO 13849-2).

Es wird eine zweikanalige Architektur gewählt (**Bild 8.6**), d. h. zwei Siemens Simatic S7 Standard-Ausgangsbaugruppen und zwei Siemens Sirius-Leistungsschütze: Die 400-V-Spannung eines Antriebs soll abgeschaltet und eine Gefahr bringende Bewegung beendet werden.

Die Applikation muss die systematischen Anforderungen der Norm erfüllen: Das Verwenden einer einzigen Ausgangsbaugruppe mit zwei Ausgängen (z. B. Q1.0 und Q1.1) ist daher für die höchste Sicherheitsintegrität wegen möglicher Fehleranhäufungen nicht möglich.

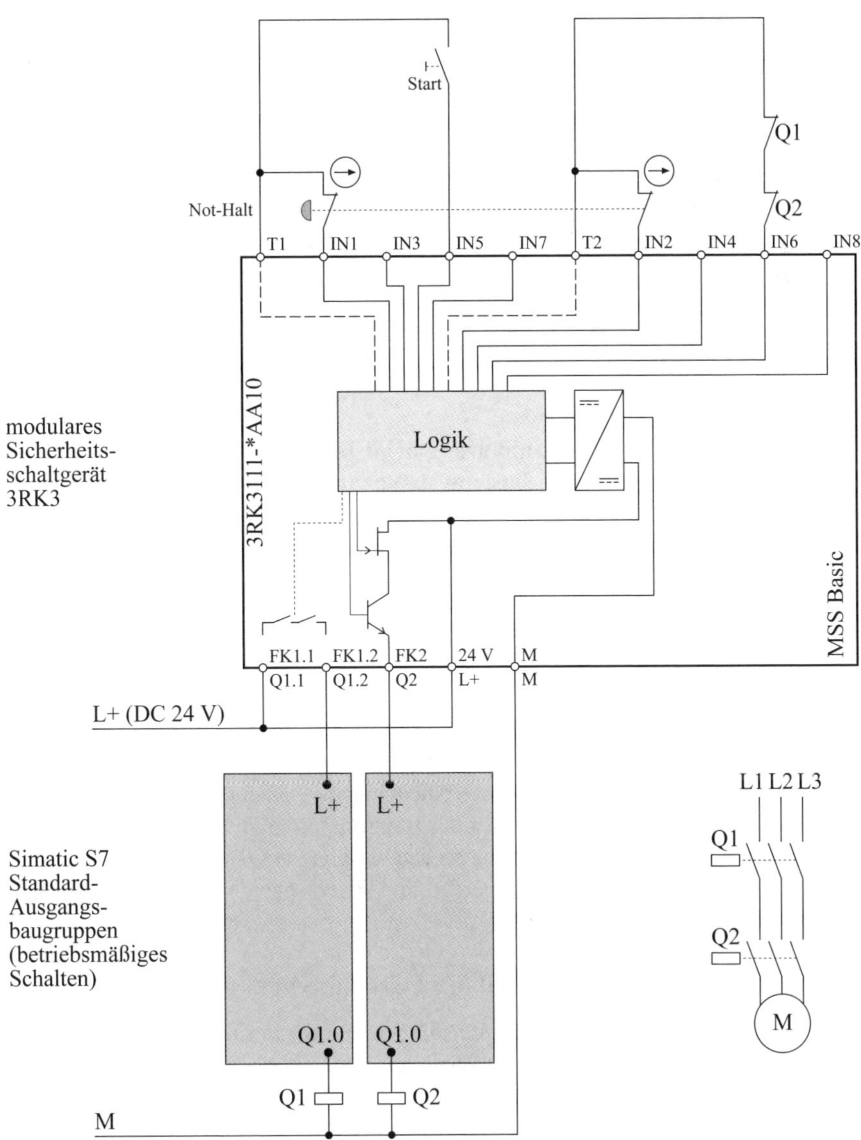

Bild 8.6 Beispiel Standard-Ausgabebaugruppen 3RK3 der Siemens AG

Wichtige Voraussetzungen

Nur Standard-Ausgabebaugruppen, die eine „sichere Trennung" gewährleisten (siehe dazu immer die relevanten technischen Daten) dürfen verwendet werden: Damit ist gemeint, dass wenn die Lastspannung der Baugruppen unterbrochen wird, auch sichergestellt ist, dass keine Fremdspannung eingespeist werden kann und die Ausgänge der Baugruppen somit keine Spannung führen können, also spannungslos sind. Ein externer Kurzschluss zu P oder L+ (also gegen die Klemmen A1 der Lastschütze) muss anwenderseitig berücksichtigt werden, z. B. durch eine geschützte Verlegung gemäß der DIN EN 60204-1 (**VDE 0113-1**). Im Schaltschrank darf ein solcher Kurzschluss ausgeschlossen werden.

Die Aufdeckung einer Fehleranhäufung beim Teilsystem bzw. SRP/CS der Leistungsschütze und bei den Ausgangsbaugruppen entscheidet über die erreichbare Sicherheitsintegrität

Eine zweikanalige Architektur ist grundsätzlich notwendig, aber mit ihr allein kann eine Fehleranhäufung nicht ausgeschlossen werden. Durch die Tatsache, dass die Lastspannung der Standard-Ausgabebaugruppen sicher getrennt wird, ist die Gefahr bringende Ausfallrate bzw. ein $MTTF_D$-Wert für die Betrachtung des sicherheitsgerichteten Abschaltens nicht notwendig: Die Baugruppen können als „elektronischer Draht" betrachtet werden, der nur dann Spannung führen kann, wenn auch eine solche anliegt.

Eine mögliche Fremdeinspeisung (durch eine fehlende „sichere Trennung", z. B. zum Rückwandbus), oder Fehler innerhalb der Baugruppen können trotzdem zu einem ungewollten Anliegen einer Spannung an den Ausgängen Q1 und Q2 führen. Diese Fehler müssen stets berücksichtigt werden und sie entscheiden dann über die max. erreichbare Sicherheitsintegrität.

Welche Sicherheitsintegrität ist mit den Leistungsschützen erreichbar?

Der Diagnosedeckungsgrad für die Leistungsschütze kann mit $DC = 99\ \%$ angenommen werden, da spätestens beim Wiedereinschalten die Fehleraufdeckung, das Verschweißen der Hauptstrombahnen, mittels der Spiegelkontakte erfolgt.

Es ist für die Leistungsschütze als Teilsystem ein SILCL 3 gemäß DIN EN 62061 (**VDE 0113-50**) (bzw. als SRP/CS ein PL e mit einer Kategorie 4 gemäß DIN EN ISO 13849-1) erreichbar. Dies ist jedoch nur dann möglich, wenn die Ausfälle der Ausgangsbaugruppen auch einzeln erkannt und beherrscht werden.

Das betriebsmäßige Schalten der Leistungsschütze darf nicht vergessen werden!

Ist während des betriebsmäßigen Schaltens sicherheitsgerichtet gewährleistet, dass das Versagen eines Leistungsschützes (Verschweißen der Hauptstrombahnen) erkannt und auch beherrscht wird (durch Rücklesen der Spiegelkontakte), dann ist ebenfalls mit einem *DC* von 99 % für die Leistungsschütze als Teilsystem ein SILCL 3 gemäß DIN EN 62061 (**VDE 0113-50**) (bzw. als SRP/CS ein PL e mit einer Kategorie 4 gemäß DN EN ISO 13849-1) erreichbar.

Kann eine Fehleranhäufung (bei den Standard-Ausgangsbaugruppen) durch mangelnde Fehleraufdeckung nicht immer sichergestellt werden, dann sollte höchstens ein *DC* von 60 % angenommen werden. Das bedeutet, dass für die Leistungsschütze als Teilsystem höchstens ein SILCL 2 gemäß DIN EN 62061 (**VDE 0113-50**) (bzw. als SRP/CS ein PL d mit einer Kategorie 3 gemäß DIN EN ISO 13849-1) erreichbar ist. Eine höhere Einstufung ist nicht vermittelbar.

Wichtige Hinweise

1. Die Angaben des Herstellers müssen immer berücksichtigt werden, damit alle Anforderungen der verwendeten Norm auch erfüllt werden können.
2. Standard-Ausgangsbaugruppen werden meistens wegen des betriebsmäßigen, also nicht sicherheitsgerichteten Abschaltens verwendet: Dieses betriebsmäßige Betätigungsintervall für die beiden Leistungsschütze muss bei der Ermittlung der Gefahr bringenden Ausfallrate bzw. des $MTTF_D$ berücksichtigt werden!
3. Es wird immer vorausgesetzt, dass die Wahrscheinlichkeit Gefahr bringender Ausfälle kleiner als der geforderte Grenzwert ist.

8.4.7 Bewertung von Hilfsschützen oder Koppelrelais in einer Sicherheitsfunktion

Der Anwender möchte ein oder zwei Leistungsschütze, die den Hauptstromkreis eines Aktors unterbrechen, mittels Hilfsschütze oder Koppelrelais sicherheitsgerichtet abschalten.

Die benötigten Komponenten dabei sind:

- eine sicherheitsgerichtete Auswertung, z. B. ein Siemens-Sicherheitsschaltgerät 3SK1, ein ASIsafe-Sicherheitsmonitor oder eine fehlersichere Simatic-S7-Steuerung mit einer fehlersicheren Ausgangsbaugruppe (geeignet für SIL 3 gemäß DIN EN 62061 (**VDE 0113-50**) bzw. PL e gemäß DIN EN ISO 13849-1),
- ein oder zwei Siemens Sirius-Hilfsschütze oder Koppelrelais,
- ein oder zwei Siemens Sirius-Leistungsschütze als bewährte Bauteile nach DIN EN ISO 13849-2.

Im nachfolgenden Beispiel (**Bild 8.7**) wird eine zweikanalige Architektur gewählt: Ziel ist es, mit zwei Siemens Sirius-Leistungsschützen die 400-V-Spannung eines Antriebs abzuschalten und eine Gefahr bringende Bewegung zu beenden.

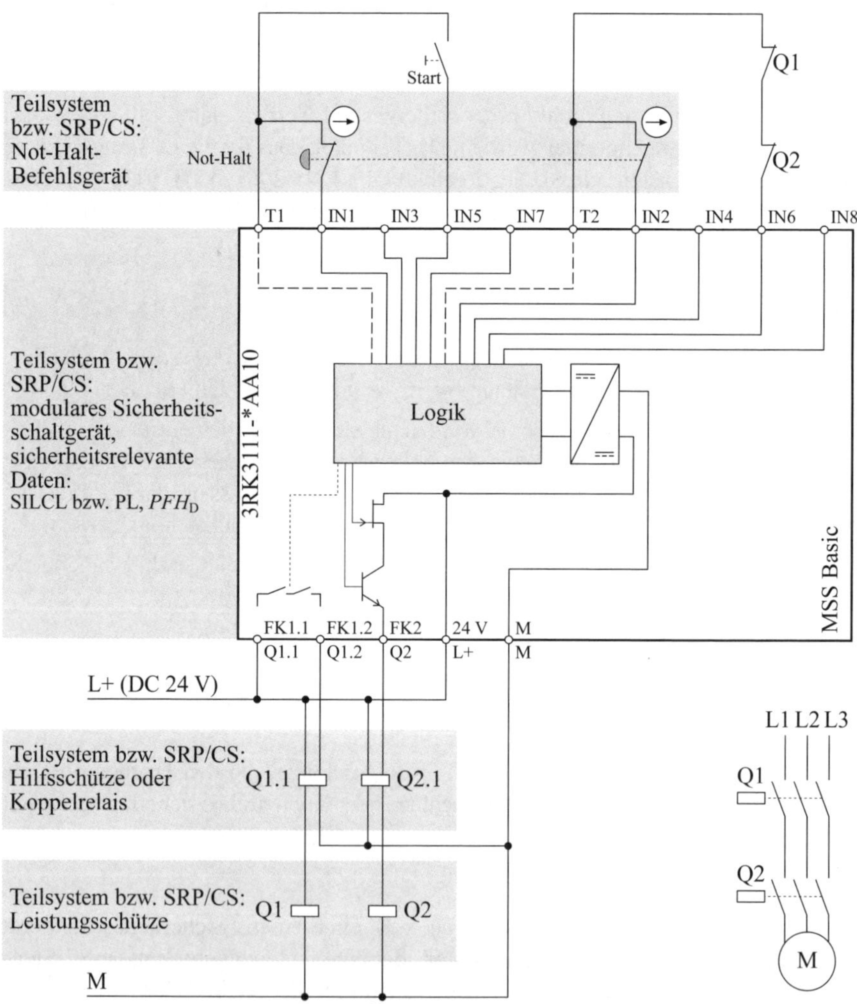

Bild 8.7 Exemplarische Verschaltung mit einem modularen Sicherheitssystem 3RK3 der Siemens AG

Welcher SIL gemäß DIN EN 62061 (**VDE 0113-50**) bzw. PL gemäß DIN EN ISO 13849-1 ist nun für den sicherheitsgerichteten Abschaltpfad erreichbar?

Wichtige Voraussetzungen

Die Überwachung der Spiegelkontakte der Siemens Sirius-Leistungsschütze muss sicherheitsgerichtet erfolgen, in diesem Beispiel wird dies durch das Sicherheitsschaltgerät sichergestellt.

Anmerkung

Der Motor M1 ist in den Betrachtungen nicht relevant, weil dieser mit Abschaltung der die 400-V-Lastspannung die Gefahr bringende Bewegung beenden wird. Lediglich eine Nachlaufzeit ist aus Sicht der systematischen Integrität zu berücksichtigen.

Die Hilfsschütze oder Koppelrelais sind Teil der gesamten Sicherheitsfunktion und müssen bei den Berechnungen der Wahrscheinlichkeit Gefahr bringender Ausfälle berücksichtigt werden.

Die Hilfsschütze oder Koppelrelais sind elektromechanische Komponenten, die genau wie Leistungsschütze betrachtet werden müssen und eine Ausfallrate aufweisen: Der Ausfall einer Komponente kann zu einem Fehler führen, den es zu beherrschen oder aufzudecken gilt.

Diagnosedeckungsgrad der Sirius-Leistungsschütze

Der Diagnosedeckungsgrad der Leistungsschütze kann mit $DC = 99\ \%$ angenommen werden, da spätestens beim Wiedereinschalten die Fehleraufdeckung mittels der Spiegelkontakte erfolgt. Es ist für die Leistungsschütze als Teilsystem grundsätzlich aufgrund der Architektur ein SILCL 3 gemäß DIN EN 62061 (**VDE 0113-50**) bzw. als SRP/CS ein PL e mit einer Kategorie 4 gemäß DIN EN ISO 13849-1 erreichbar.

Diagnosedeckungsgrad der Sirius-Hilfsschütze oder -Koppelrelais

Für die Hilfsschütze oder Koppelrelais kann ein Diagnosedeckungsgrad ebenfalls mit $DC = 99\ \%$ angenommen werden, da spätestens beim Wiedereinschalten die Fehleraufdeckung mittels der Spiegelkontakte der Leistungsschütze erfolgt. Es ist für die Hilfsschütze oder Koppelrelais als Teilsystem genauso ein SILCL 3 gemäß DIN EN 62061 (**VDE 0113-50**) bzw. als SRP/CS ein PL e mit einer Kategorie 4 gemäß DIN EN ISO 13849-1 erreichbar.

Hinweise

Die Hilfsschütze oder Koppelrelais selbst müssen nicht überwacht werden. Wenn dies getan wird, dann dient das einer genaueren Fehlerlokalisierung. Der Diagnosedeckungsgrad bleibt aber davon unbeeinflusst, weil die Diagnose über die Spiegelkontakte der Leistungsschütze sicherheitsgerichtet erfolgt.

Alle Anforderungen der DIN EN 62061 (**VDE 0113-50**) oder der DIN EN ISO 13849-1 müssen grundsätzlich erfüllt werden, z. B. die Systematischen und die Strukturellen.

Die max. erreichbare Sicherheitsintegrität ist SILCL 3 gemäß DIN EN 62061 (**VDE 0113-50**) bzw. PL e mit einer Kategorie 4 gemäß DIN EN ISO 13849-1. Die Ausfallraten aller Komponenten sind dabei zu berücksichtigen.

8.4.8 Stern-Dreieck-Schaltung sicherheitsgerichtet bewerten

Der Anwender möchte sicherheitsgerichtet mittels einer Stern-Dreieck-Schaltung eine Gefahr bringende Bewegung beenden. Die für die sicherheitsgerichtete Abschaltung benötigten Komponenten sind:

- eine sicherheitsgerichtete Auswertung, z. B. ein Siemens-Sicherheitsschaltgerät 3SK1, ein modulares Sicherheitssystem MSS oder eine fehlersichere Simatic-S7-Steuerung mit einer fehlersicheren Ausgangsbaugruppe (geeignet für SIL 3 gemäß DIN EN 62061 (**VDE 0113-50**) bzw. PL e gemäß DIN EN ISO 13849-1),
- drei Siemens Sirius-Leistungsschütze als bewährte Bauteile nach der DIN EN ISO 13849-2.

Im nachfolgenden Beispiel (**Bild 8.8**) wird exemplarisch ein Siemens-Sicherheitsschaltgerät 3SK1 in den Steuerstromkreis einer Stern-Dreieck-Schaltung eingebunden.

Welcher SIL gemäß DIN EN 62061 (**VDE 0113-50**) bzw. PL gemäß DIN EN ISO 13849-1 ist für den sicherheitsgerichteten Abschaltpfad erreichbar?

Wichtige Voraussetzungen

Die Spiegelkontakte der Siemens Sirius-Leistungsschütze Q1, Q2, Q3 müssen in den Rückführkreis des Sicherheitsschaltgeräts 3SK1 (elektrisch in Reihe geschaltet) eingebunden werden. Nur so ist eine geforderte Diagnose gemäß DIN EN 62061 (**VDE 0113-50**) bzw. DIN EN ISO 13849-1 mit einer entsprechenden Fehlerreaktion möglich.

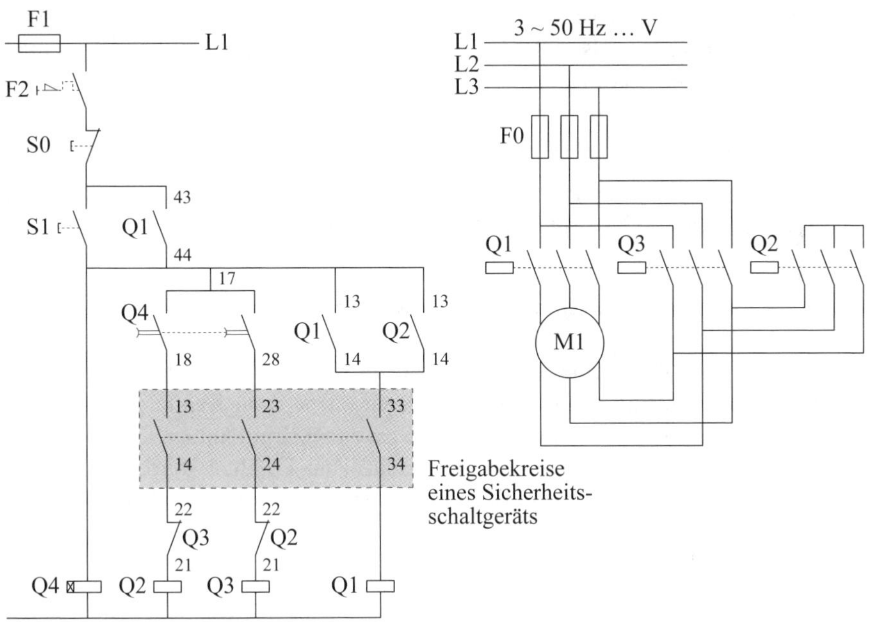

Bild 8.8 Exemplarische Verschaltung mit einem Sicherheitsschaltgerät

Anforderungen an die Hardwarearchitektur

Die Anforderung an eine Verschaltung gemäß SIL 3 nach DIN EN 62061 (**VDE 0113-50**) bzw. PL e nach DIN EN ISO 13849-1 erfordert einen sicherheitsgerichteten redundanten Aufbau: Ein Fehler darf demnach nie zum Verlust der Sicherheitsfunktion führen.

Das sicherheitsgerichtete Abschalten der drei Lastschütze in einer Stern-Dreieck-Schaltung erfüllt diese Anforderungen: Da die entsprechenden Kriterien für eine zweikanalige Architektur (Hardwarefehlertoleranz von 1) gemäß DIN EN 62061 (**VDE 0113-50**) bzw. eine Kategorie 4 gemäß DIN EN ISO 13849-1 berücksichtigt werden.

Diagnosedeckungsgrad der Sirius-Leistungsschütze

Der Diagnosedeckungsgrad kann mit *DC* = 99 % für die Siemens Sirius-Leistungsschütze angenommen werden, wenn spätestens beim Wiedereinschalten die Fehleraufdeckung mittels der Spiegelkontakte erfolgt (das Sicherheitsschaltgerät weist einen kreuzweisen Vergleich der Ausgangssignale, eine zeitlich-logische Programmlaufüberwachung sowie die Erkennung statischer Fehler und Kurzschlüsse auf).

Somit ist für die Leistungsschütze als Teilsystem ein SILCL 3 gemäß DIN EN 62061 **(VDE 0113-50)** bzw. als SRP/CS ein PL e mit einer Kategorie 4 gemäß DIN EN ISO 13849-1 erreichbar.

Anforderungen an die Verdrahtung

Eine Fehleranhäufung muss vermieden werden, z. B. durch eine querschlusssichere Verdrahtung oder durch entsprechende Diagnosemaßnahmen.

8.4.9 Lastfreies Schalten mit Leistungsschützen oder Hilfsschützen

Der B_{10}- bzw. B_{10D}-Wert eines Leistungsschützes richtet sich physikalisch nach der Belastung der Kontakte der Hauptstrombahnen (siehe auch Kapitel 5.21.1). Eine generelle Unterlastung von mindestens 66 % bis zu 50 % gilt immer. Dennoch kann bei häufigen Betätigungen das Leistungsschütz zum Problem werden, um einen geforderten SIL zu erreichen. Abhilfe kommt durch das „lastfreie Schalten".

Warum?

In diesem Fall werden die Kontakte der Hauptstrombahnen nicht mehr in dem Maße „belastet". Das führt dazu, dass der Verschleiß und somit die Wahrscheinlichkeit des Verschweißens der Kontakte erheblich reduziert wird. Die Lebensdauer der Kontakte und damit auch der B_{10}- bzw. B_{10D}-Wert werden nennenswert erhöht.

Beispiel, auf Basis der Sirius-Leistungsschütze der Siemens AG: Der B_{10}-Wert von 1 000 000 Schaltspielen erhöht sich auf 10 000 000 Schaltspiele durch das lastfreie Schalten – also ein Faktor 10. Dies kann bei machen Anwendungen entscheidend sein.

8.4.10 Was tun, wenn keine $MTTF_D$-Werte vorliegen?

Aus der praktischen Anwendung wurde in ISO 13849-1:2015-12 im neuen Abschnitt 4.5.5 zur Bestimmung von PFH_D für die quantifizierbaren Aspekte des PL für Aktoren ein zusätzliches und weiter vereinfachtes Verfahren aufgenommen.

Dabei stützt sich die Bestimmung maßgeblich auf die realisierte Kategorie. Eine Berechnung der $MTTF_D$ eines Kanals entfällt dadurch, dass anstelle durchgängig bewährte (in Kategorien 1, 2, 3 und 4) oder betriebsbewährte Bauteile (in Kategorien 2, 3 und 4) verwendet werden.

Betriebsbewährt ist ein neuer Aspekt, der nicht mit bewährten Bauteilen zu verwechseln ist. Der Nachweis der Betriebsbewährung basiert auf einer Analyse der betrieblichen Erfahrung für eine spezielle Verwendung eines Bauteils in einer bestimmten Anwendung. Eine Analyse muss also ergeben, dass die Wahrscheinlichkeit Gefahr bringender systematischer Fehler niedrig genug ist, damit jede Sicherheitsfunktion, die das Bauteil verwendet, ihren erforderlichen Performance Level (PL_r) erreicht. Ein solcher Nachweis ist in der Maschinensicherheit bisher nicht üblich.

Diese Methode kann für „Aktoren" als SRP/CS oder Teilsystem verwendet werden, wenn für mechanische, hydraulische oder pneumatische Bauteile (oder Bauteile gemischter Technologie, z. B. mechanische Bremse mit pneumatischer Ansteuerung) keine Zuverlässigkeitsdaten ($MTTF_D$, Ausfallrate oder B_{10D}) verfügbar sind.

Abhängig von der realisierten Kategorie kann wie in **Tabelle 8.4** der PFH_D-Wert abgeschätzt werden und damit auch der erreichbare PL.

	PFH_D in 1/h	**Kategorie B**	**Kategorie 1**	**Kategorie 2**	**Kategorie 3**	**Kategorie 4**
PL b	$5{,}0 \cdot 10^{-6}$	•	○	○	○	○
PL c	$1{,}7 \cdot 10^{-6}$	–	•	•	○	○
PL d	$2{,}9 \cdot 10^{-7}$	–	–	–	•	○
PL e	$4{,}7 \cdot 10^{-8}$	–	–	–	–	•
• angewandte Kategorie wird empfohlen, ○ angewandte Kategorie ist optional, – Kategorie ist nicht zulässig						

Tabelle 8.4 PL- und PFH_D-Abschätzung, basierend auf Kategorie, DC_{avg} und der Verwendung bewährter Bauteile

Dabei gilt:

- in Kategorie 1: Verwendung bewährter Bauteile und bewährter Sicherheitsprinzipien (wie bisher in der Definition der Kategorie 1 verankert ist);
- in Kategorie 2: $MTTF_D$ des Testkanals beträgt mindestens zehn Jahre;
- in Kategorie 2, 3 und 4: Verwendung bewährter, betriebsbewährter Bauteile oder bewährter Sicherheitsprinzipien; bei Kategorie 2 gilt dies auch für den Testkanal;
- in Kategorie 2 und 3: ausreichende Maßnahmen gegen CCF und für jedes Bauteil *DC* mindestens „niedrig" für jede Komponente;
- in Kategorie 4: ausreichende Maßnahmen gegen CCF und für jedes Bauteil *DC* „hoch" für jede Komponente.

Ergänzend werden noch folgende Hinweise gegeben:

- Kategorie 1: Für sicherheitsbezogene Komponenten sollen vom Maschinenhersteller die T_{10D}-Werte auf der Basis von Daten zur Betriebsbewährung einer Komponente bestimmt werden, es sei denn, deren Ausfall macht sich im technischen Prozess bemerkbar.
- Kategorie 2, 3 und 4: Der DC_{avg} wird als arithmetischer Mittelwert der einzelnen *DC* aller Komponenten in den Kanälen des SRP/CS oder Teilsystems gebildet, weil bei der Ermittlung des DC_{avg} wegen der fehlenden $MTTF_D$-Werte nicht auf die Formel E.1 in DIN EN ISO 13849-1:2008-12 zurückgegriffen werden kann.

Die Ergebnisse der Tabelle 8.4 decken sich mit DIN EN 62061 (**VDE 0113-50**): 2005-10, Tabelle 6 (zurückgezogen) (seit Fassung 2013-09 ist Tabelle 7 entfallen, siehe auch Kapitel 5.11.7 in diesem Buch) und können wie in **Tabelle 8.5** gezeigt dargestellt werden.

Kategorie	**Fehlertoleranz der Hardware**	***DC***	***PFH*$_D$ Grenzwert (pro Stunde), der für das Teilsystem in Anspruch genommen werden kann**
	es wird angenommen, dass Teilsysteme mit der angegebenen Kategorie die unten angegebenen Merkmale haben		PFH_D ($MTTF_{Teilsystem}$, T_{Test}, DC)[1]
1	0	< 60 %	vom Lieferanten anzugeben oder Verwendung von allgemeingültigen Daten (siehe DIN EN 62061 (**VDE 0113-50**):2016-05, Anhang E)
2	0	60 … 90 %	$\geq 1 \cdot 10^{-6}$
3	1	60 … 90 %	$\geq 2 \cdot 10^{-7}$
4	> 1	60 … 90 %	$\geq 3 \cdot 10^{-8}$
	1	> 90 %	$\geq 3 \cdot 10^{-8}$

PL c
PL d
PL e

Anmerkung 1: Der PFH_D-Grenzwert ist eine Funktion der *MTTF* des Teilsystems (durch den Hersteller des Teilsystems oder aus Datenbüchern relevanter Bauteile herzuleiten), der Test/die Überprüfungszykluszeit wie in der Spezifikation der Sicherheitsanforderungen festgelegt (diese Information ist auch für die Validierung des Teilsystems in Übereinstimmung mit DIN EN ISO 13849-2:2013-02, Abschnitt 3.5 erforderlich) und dem Diagnosedeckungsgrad wie in Tabelle 4 der DIN EN 62061 (**VDE0113-50**):2016-05 gezeigt (diese Werte basieren auf den Anforderungen der in DIN EN ISO 13849-1 beschriebenen Kategorien).

Anmerkung 2: Kategorie B gemäß DIN EN ISO 13849-1 kann für sich allein nicht als ausreichend betrachtet werden um SIL 1 zu erreichen.

Tabelle 8.5 PFH_D-Abschätzung, basierend auf den Kategorien gemäß der DIN EN 62061 (**VDE 0113-50**):2005-10, Tabelle 6 (zurückgezogen)

9 Berechnungen von typischen Sicherheitsfunktionen

In den nachfolgenden Beispielen sollen verschiedene Sicherheitsfunktionen hinsichtlich der Wahrscheinlichkeit Gefahr bringender Ausfälle bewertet werden. Ziel ist es dabei, alle relevanten Eingangsgrößen zu bewerten und die erreichbare Sicherheitsintegrität aufzuzeigen.

Die maßgeblichen Parameter sind:

- Die Architektur der Hardware (Hardwarefehlertoleranz) gemäß DIN EN 62061 (**VDE 0113-50**) oder Kategorie gemäß DIN EN ISO 13849-1,
- der Diagnosedeckungsgrad *DC*,
- der Betätigungszyklus.

In Kapitel 7.1 findet sich eine hilfreiche Tabelle zur sinnvollen Anwendung der Architekturen. Der Diagnosedeckungsgrad *DC* in Verbindung mit der ausgewählten Architektur beeinflusst die erreichbare Sicherheitsintegrität – die Anforderungen an die Beherrschung von Fehler bzw. -anhäufungen bilden sich ebenfalls in der Diagnosefähigkeit ab:

- Ein *DC* = 99 % kann nur mit einer rechtzeitigen Aufdeckung einer Fehleranhäufung einhergehen (mittels entsprechender Fehlerreaktion).
- Ein *DC* < 99 % kann eine solche rechtzeitige Fehleraufdeckung nicht immer ermöglichen und wird demnach nie die Anforderungen einer Kategorie 4 gemäß DIN EN ISO 13849-1 erfüllen können.
- Ein *DC* von 60 % darf angenommen werden, wenn der Mensch bei der Diagnoseeinrichtung berücksichtigt wird, z. B. bei einer Prüfung eines Leistungsschalters oder bei der elektrischen Reihenschaltung von Positionsschaltern für mehrere Schutztürüberwachungen.
- Ein *DC* von 50 % wird in der Regel angesetzt, wenn es sich um komplexe Komponenten (z. B. ASIC) oder um Komponenten hält, deren genaues Ausfallverhalten nicht nachweisbar ist.

Siehe auch Kapitel 9.5 „Nur sinnvolle Diagnosedeckungsgrade verwenden“.

Mit dem Betätigungszyklus wird letztendlich die Güte der verschleißbehafteten Komponente(n) ermittelt. Dabei wird die Gefahr bringende Ausfallrate als $MTTF_{\mathrm{D}}$ (in Jahre) gemäß DIN EN ISO 13849-1 oder λ_{D} (in Ausfälle/h) gemäß DIN EN 62061 (**VDE 0113-50**) auf Basis des B_{10}-Werts und des Anteils Gefahr bringender Ausfälle berechnet.

Sollte es sich um eine elektronische oder hydraulische Komponente handeln, dann erfolgt diese Angabe der Ausfallrate direkt als $MTTF_{\mathrm{D}}$ oder λ_{D}. Folgende mathematische Beziehung besteht zwischen $MTTF_{\mathrm{D}}$ und λ_{D}:

$$MTTF_{\mathrm{D}} = \frac{1}{\lambda_{\mathrm{D}} \cdot 8760}, \text{ mit 8 760 h pro Jahr.}$$

Die DIN EN ISO 13849-1:2016-06 begrenzt die Wahrscheinlichkeit Gefahr bringender Ausfälle: Im informativen Anhang K wird ein $MTTF_{\mathrm{D}} > 100$ Jahre (je Kanal) nicht berücksichtigt! Nur für die Kategorie 4 wurde in der ISO 13849-1:2015-12 diese Begrenzung auf 2 500 Jahre erhöht.

In den nachfolgenden Berechnungen wurden Komponenten der Siemens AG verwendet.

9.1 Sicherheitsbezogene Stoppfunktion, eingeleitet durch eine beweglich trennende Schutzeinrichtung (Schutztür, -klappe, ...)

Ursprüngliche Anforderung bzw. Quelle

Maschinenrichtlinie, Anhang I 1.2.4, 1.3.8, 1.4.2 und 1.4.2.2

Normative Anforderungen

DIN EN ISO 12100 Risikobeurteilung,

DIN EN 953 Trennende Schutzeinrichtungen – Allgemeine Anforderungen,

DIN EN ISO 14119 Verriegelungseinrichtungen,

DIN EN ISO 13855 Abstände, Annäherungsgeschwindigkeiten,

DIN EN 60204-1 (**VDE 0113-1**) Elektrische Sicherheit, Stopp-Kategorien.

Definition

Technische Schutzmaßnahme als risikomindernde Maßnahme:

Bewegliche trennende Schutzeinrichtungen; technische Sperre, die als Teil der Maschine ausgelegt ist, um Schutz zu bieten.

Verbale Formulierung der Sicherheitsfunktion

„Wenn die Schutztür geöffnet wird, dann soll eine Gefahr bringende Bewegung (Antrieb) sofort beendet werden."

Produktausprägungen (Beispiele)

Erfassen: Sirius-Standard-Positionsschalter, Positionsschalter mit getrenntem Betätiger oder Positionsschalter mit Zuhaltung mit zwangsöffnenden Kontakten, Magnetschalter mit Reed-Kontakten der Siemens AG.

Auswerten: sicherheitsgerichtete Auswertung mit einem Sicherheitsschaltgerät 3SK1, ASIsafe, modulares Sicherheitssystem 3RK3, Simatic S7, Sinumerik, Sinamics – Safety Integrated der Siemens AG.

Reagieren: Sirius-Leistungsschütze mit Spiegelkontakten der Siemens AG.

Das Betätigungsintervall bzw. Prüfungsintervall wird mit ein Mal pro Stunde als Worst Case angenommen (mit 24 h pro Tag und an 365 Tagen im Jahr).

SIL 1 nach DIN EN 62061 (VDE 0113-50) und PL c nach DIN EN ISO 13849-1

Erfassen	Auswerten	Reagieren
einkanalig/Kategorie 1 DC = 0 % (je Kanal)		einkanalig/Kategorie 1 DC = 0 % (je Kanal)
CCF irrelevant T_1 = 20 Jahre	T_1 = 20 Jahre	CCF irrelevant T_1 = 20 Jahre
B_{10} = 1 000 000 Schaltspiele Anteil Gefahr bringender Ausfälle 20 %		B_{10} = 1 000 000 Schaltspiele Anteil Gefahr bringender Ausfälle 73 %
B_{10D} = 5 000 000 Schaltspiele Betätigungszyklus 1 Mal/h		B_{10D} = 1 369 863 Schaltspiele Betätigungszyklus 1 Mal/h
DIN EN 62061 (**VDE 0113-50**): SILCL = SIL 1 DIN EN ISO 13849-1: PL c SFF = 0 %	DIN EN 62061 (**VDE 0113-50**): SILCL = SIL 1, SIL 2 oder SIL 3 DIN EN ISO 13849-1: PL c, PL d oder PL e	DIN EN 62061 (**VDE 0113-50**): SILCL = SIL 1 DIN EN ISO 13849-1: PL c SFF = 0 %
Kanal 1: $\lambda_D = 2{,}00 \cdot 10^{-8}$ $MTTF_D$ = 5 708 Jahre DIN EN 62061 (**VDE 0113-50**): $PFH_D = 2{,}00 \cdot 10^{-8}$, DIN EN ISO 13849-1: $PFH_D = 1{,}14 \cdot 10^{-6}$	DIN EN 62061 (**VDE 0113-50**) und DIN EN ISO 13849-1 PFH_D = abhängig vom ausgewählten Produkt	Kanal 1: $\lambda_D = 7{,}50 \cdot 10^{-8}$ $MTTF_D$ = 1 564 Jahre DIN EN 62061 (**VDE 0113-50**): $PFH_D = 7{,}30 \cdot 10^{-8}$, DIN EN ISO 13849-1: $PFH_D = 1{,}14 \cdot 10^{-6}$

Ausführungsbeispiel: Sirius-Sicherheitsschaltgerät 3RK3 der Siemens AG

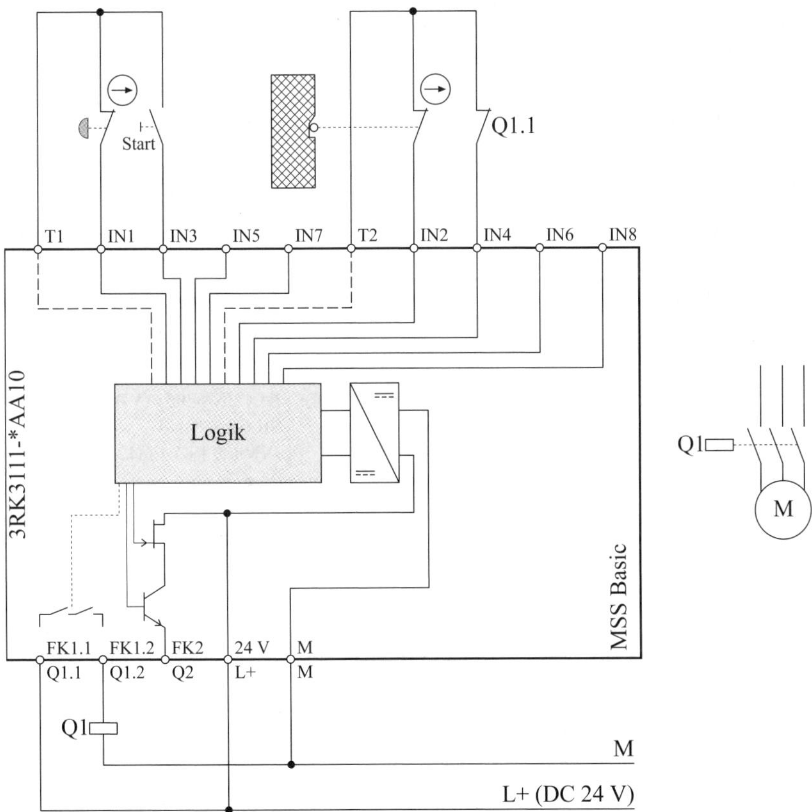

Bild 9.1 SIL 1, PL c: beweglich trennende Schutzeinrichtung, 3RK3 der Siemens AG

SIL 2 nach DIN EN 62061 (VDE 0113-50) und PL d nach DIN EN ISO 13849-1

Erfassen	**Auswerten**	**Reagieren**
zweikanalig/Kategorie 3 DC = 60 % (je Kanal)		zweikanalig/Kategorie 4 DC = 99 % (je Kanal)
CCF-Faktor = 10 % T_1 = 20 Jahre	T_1 = 20 Jahre	CCF-Faktor = 5 % T_1 = 20 Jahre
B_{10} = 1 000 000 Schaltspiele Anteil Gefahr bringender Ausfälle 20 %		B_{10} = 1 000 000 Schaltspiele Anteil Gefahr bringender Ausfälle 73 %
B_{10D} = 5 000 000 Schaltspiele Betätigungszyklus 1 Mal/h		B_{10D} = 1 369 863 Schaltspiele Betätigungszyklus 1 Mal/h
DIN EN 62061 (**VDE 0113-50**): SILCL = SIL 2 DIN EN ISO 13849-1: PL d SFF = 60 %	DIN EN 62061 (**VDE 0113-50**): SILCL = SIL 3 DIN EN ISO 13849-1: PL e	DIN EN 62061 (**VDE 0113-50**): SILCL = SIL 3 DIN EN ISO 13849-1: PL e SFF = 99 %
Kanal 1: $\lambda_D = 2{,}00 \cdot 10^{-8}$, Kanal 2: $\lambda_D = 2{,}00 \cdot 10^{-8}$ $MTTF_D$ = 5 708 Jahre DIN EN 62061 (**VDE 0113-50**): $PFH_D = 2{,}03 \cdot 10^{-9}$, DIN EN ISO 13849-1: $PFH_D = 4{,}29 \cdot 10^{-8}$	DIN EN 62061 (**VDE 0113-50**) und DIN EN ISO 13849-1 PFH_D = abhängig vom ausgewählten Produkt	Kanal 1: $\lambda_D = 7{,}30 \cdot 10^{-8}$, Kanal 2: $\lambda_D = 7{,}30 \cdot 10^{-8}$ $MTTF_D$ = 1 564 Jahre DIN EN 62061 (**VDE 0113-50**): $PFH_D = 4{,}34 \cdot 10^{-9}$, DIN EN ISO 13849-1: $PFH_D = 1{,}46 \cdot 10^{-9}$

Ausführungsbeispiel: Sirius-Sicherheitsschaltgerät 3SK1 der Siemens AG

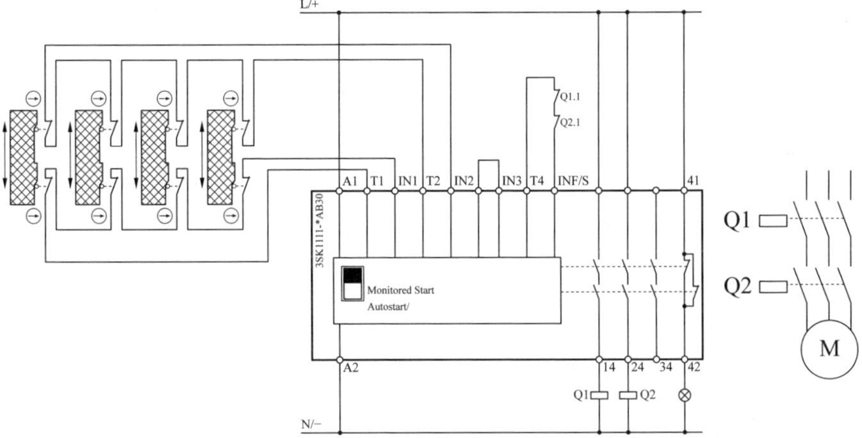

Bild 9.2 SIL 2, PL d: beweglich trennende Schutzeinrichtung, 3SK1 der Siemens AG

SIL 3 nach DIN EN 62061 (VDE 0113-50) und PL e nach DIN EN ISO 13849-1

Erfassen	**Auswerten**	**Reagieren**
zweikanalig/Kategorie 4 DC = 99 % (je Kanal)		zweikanalig/Kategorie 4 DC = 99 % (je Kanal)
CCF-Faktor = 10 % T_1 = 20 Jahre	T_1 = 20 Jahre	CCF-Faktor = 5 % T_1 = 20 Jahre
B_{10} = 1 000 000 Schaltspiele Anteil Gefahr bringender Ausfälle 20 %		B_{10} = 1 000 000 Schaltspiele Anteil Gefahr bringender Ausfälle 73 %
B_{10D} = 5 000 000 Schaltspiele Betätigungszyklus 1 Mal/h		B_{10D} = 1 369 863 Schaltspiele Betätigungszyklus 1 Mal/h
DIN EN 62061 (**VDE 0113-50**): SILCL = SIL 3 DIN EN ISO 13849-1: PL e SFF = 99 %	DIN EN 62061 (**VDE 0113-50**): SILCL = SIL 3 DIN EN ISO 13849-1: PL e	DIN EN 62061 (**VDE 0113-50**): SILCL = SIL 3 DIN EN ISO 13849-1: PL e SFF = 99 %
Kanal 1: $\lambda_D = 2{,}00 \cdot 10^{-8}$, Kanal 2: $\lambda_D = 2{,}00 \cdot 10^{-8}$ $MTTF_D$ = 5 708 Jahre DIN EN 62061 (**VDE 0113-50**): $PFH_D = 2{,}00 \cdot 10^{-9}$, DIN EN ISO 13849-1: $PFH_D = 9{,}06 \cdot 10^{-10}$	DIN EN 62061 (**VDE 0113-50**) und DIN EN ISO 13849-1 PFH_D = abhängig vom ausgewählten Produkt	Kanal 1: $\lambda_D = 7{,}30 \cdot 10^{-8}$, Kanal 2: $\lambda_D = 7{,}30 \cdot 10^{-8}$ $MTTF_D$ = 1 564 Jahre DIN EN 62061 (**VDE 0113-50**): $PFH_D = 4{,}34 \cdot 10^{-9}$, DIN EN ISO 13849-1: $PFH_D = 1{,}46 \cdot 10^{-9}$

Ausführungsbeispiel: Sirius modulares Sicherheitssystem 3RK3 der Siemens AG

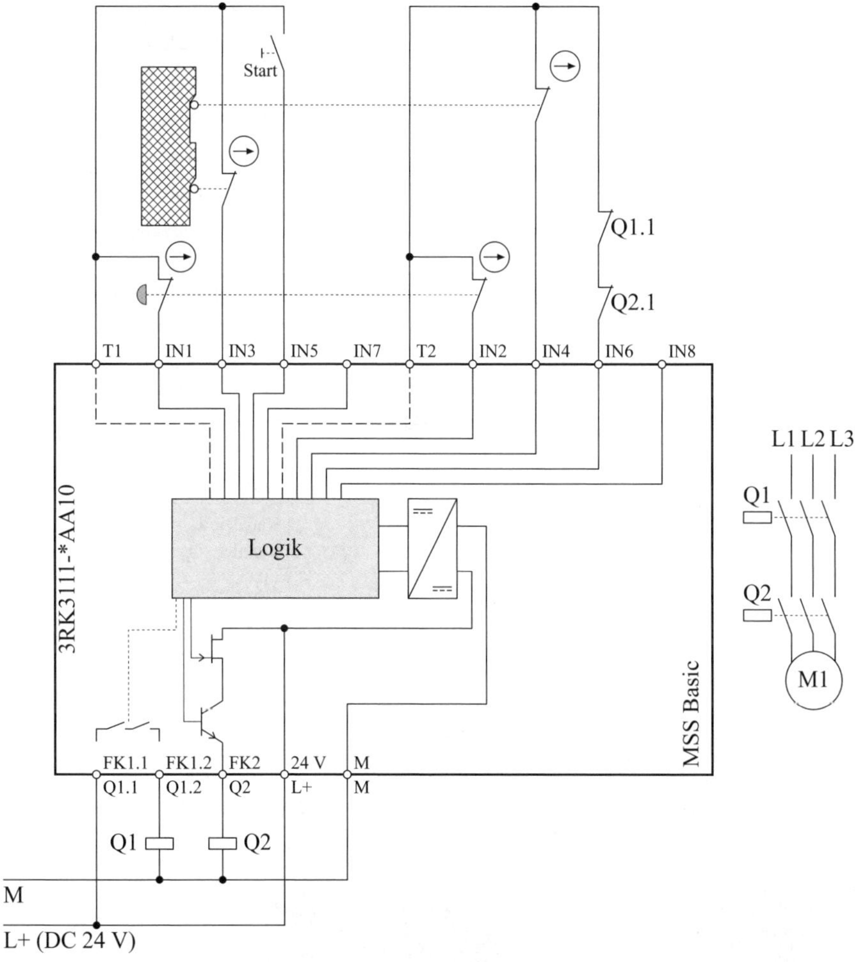

Bild 9.3 SIL 3, PL e: beweglich trennende Schutzeinrichtung, Sirius modulares Sicherheitssystem, 3RK3 der Siemens AG

SIL 3 nach DIN EN 62061 (VDE 0113-50) und PL e nach DIN EN ISO 13849-1

Erfassen	Auswerten	Reagieren
		zweikanalig/Kategorie 4 DC = 99 % (je Kanal)
T_1 = 20 Jahre	T_1 = 20 Jahre	CCF-Faktor = 5 % T_1 = 20 Jahre
		B_{10} = 1 000 000 Schaltspiele Anteil Gefahr bringender Ausfälle 73 %
		B_{10D} = 1 369 863 Schaltspiele Betätigungszyklus 1 Mal/h
DIN EN 62061 (**VDE 0113-50**): SILCL = SIL 3 DIN EN ISO 13849-1: PL e	DIN EN 62061 (**VDE 0113-50**): SILCL = SIL 3 DIN EN ISO 13849-1: PL e	DIN EN 62061 (**VDE 0113-50**): SILCL = SIL 3 DIN EN ISO 13849-1: PL e SFF = 99 %
DIN EN 62061 (**VDE 0113-50**) und DIN EN ISO 13849-1 PFH_D = abhängig vom ausgewählten Produkt	DIN EN 62061 (**VDE 0113-50**) und DIN EN ISO 13849-1 PFH_D = abhängig vom ausgewählten Produkt	Kanal 1: $\lambda_D = 7{,}30 \cdot 10^{-8}$, Kanal 2: $\lambda_D = 7{,}30 \cdot 10^{-8}$ $MTTF_D$ = 1 564 Jahre DIN EN 62061 (**VDE 0113-50**): $PFH_D = 4{,}34 \cdot 10^{-9}$, DIN EN ISO 13849-1: $PFH_D = 1{,}46 \cdot 10^{-9}$

Ausführungsbeispiel: Sirius modulares Sicherheitssystem 3RK3 der Siemens AG

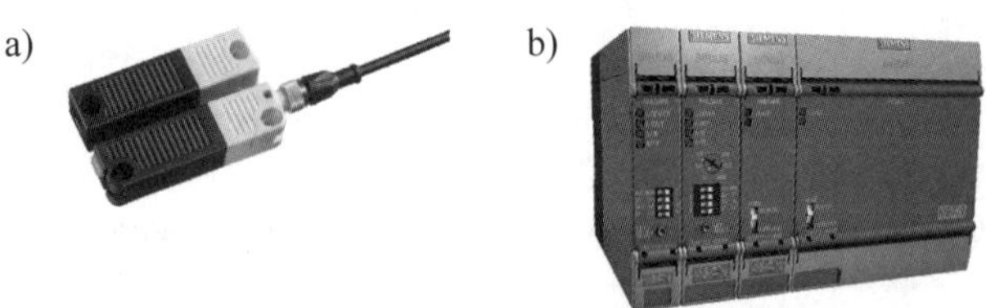

Bild 9.4 SIL 3, PL e: beweglich trennende Schutzeinrichtung –
a) Sirius berührungsloser Sicherheitsschalter 3SE63, b) Sicherheitsschaltgerät 3SK1 (beide Siemens AG)

9.2 Sicherheitsbezogene Stoppfunktion, eingeleitet durch eine nicht trennende Schutzeinrichtung (Lichtvorhänge, Laserscanner, ...)

Ursprüngliche Anforderung bzw. Quelle

Maschinenrichtlinie, Anhang I 1.2.4, 1.3.8, 1.4.3

Normative Anforderungen

DIN EN ISO 12100 Risikobeurteilung,

DIN EN 61496-1 (**VDE 0113-201**) Produktnormen,

DIN EN ISO 13855 Abstände, Annäherungsgeschwindigkeiten,

DIN EN 60204-1 (**VDE 0113-1**) Elektrische Sicherheit, Stopp-Kategorien.

Definition

Technische Schutzmaßnahme als risikomindernde Maßnahme:

Eine Einrichtung ohne trennende Funktion, die allein oder in Verbindung mit einer trennenden Schutzeinrichtung das Risiko vermindert.

Verbale Formulierung der Sicherheitsfunktion

„Wenn eine berührungslose wirkende Schutzeinrichtung unterbrochen wird, dann soll eine Gefahr bringende Bewegung (Antrieb) sofort beendet werden."

Produktausprägungen (Beispiele)

Erfassen: Lichtvorhänge, Lichtgitter, Laserscanner;

Auswerten: sicherheitsgerichtete Auswertung mit einem Sicherheitsschaltgerät 3SK1, ASIsafe, modulares Sicherheitssystem 3RK3, Simatic S7, Sinumerik, Sinamics – Safety Integrated der Siemens AG;

Reagieren: Sirius-Leistungsschütze mit Spiegelkontakten der Siemens AG.

Das Betätigungsintervall bzw. Prüfungsintervall wird mit zehn Mal pro Stunde als Worst Case angenommen (mit 24 h pro Tag und an 365 Tagen im Jahr).

SIL 2 nach DIN EN 62061 (VDE 0113-50) und PL d nach DIN EN ISO 13849-1

Erfassen	Auswerten	Reagieren
		zweikanalig/Kategorie 4 DC = 99 % (je Kanal)
T_1 = 20 Jahre	T_1 = 20 Jahre	CCF-Faktor = 2 % T_1 = 20 Jahre
		B_{10} = 1 000 000 Schaltspiele Anteil Gefahr bringender Ausfälle 73 %
		B_{10D} = 1 369 863 Betätigungszyklus 10 Mal/h
DIN EN 62061 (**VDE 0113-50**): SILCL = SIL 2 DIN EN ISO 13849-1: PL d	DIN EN 62061 (**VDE 0113-50**): SILCL = SIL 3 DIN EN ISO 13849-1: PL e	DIN EN 62061 (**VDE 0113-50**): SILCL = SIL 3 DIN EN ISO 13849-1: PL e SFF = 99 %
DIN EN 62061 (**VDE 0113-50**) und DIN EN ISO 13849-1 PFH_D = abhängig vom ausgewählten Produkt	DIN EN 62061 (**VDE 0113-50**) und DIN EN ISO 13849-1 PFH_D = abhängig vom ausgewählten Produkt	Kanal 1: $\lambda_D = 7{,}30 \cdot 10^{-7}$, Kanal 2: $\lambda_D = 7{,}30 \cdot 10^{-7}$ $MTTF_D$ = 156 Jahre DIN EN 62061 (**VDE 0113-50**): $PFH_D = 1{,}55 \cdot 10^{-8}$, DIN EN ISO 13849-1: $PFH_D = 1{,}55 \cdot 10^{-8}$

Ausführungsbeispiel: Laserscanner der Sick AG und Sicherheitsschaltgerät 3SK1 der Siemens AG

a)

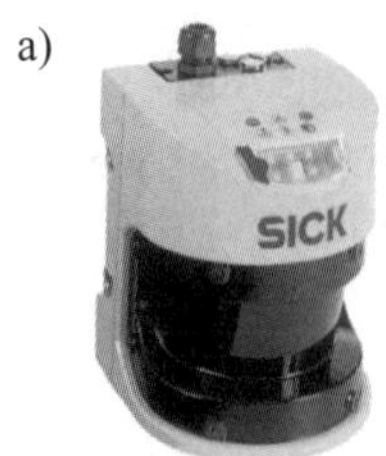

b)

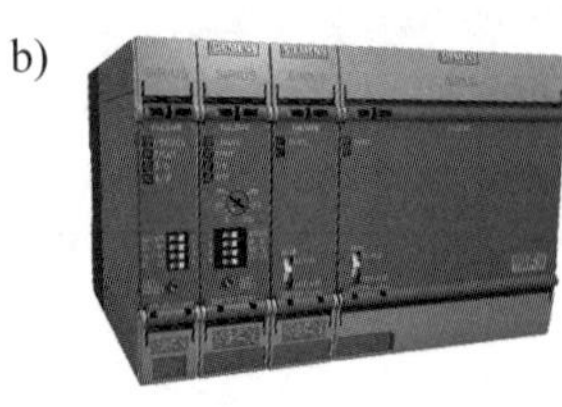

Bild 9.5 SIL 2, PL d: nicht trennende Schutzeinrichtung –
a) Sicherheitslaserscanner S3000 der Sick AG, b) Sicherheitsschaltgerät 3SK1 der Siemens AG

9.3 Handbetätigte Befehlseinrichtungen (Handsteuerung)

Einrichtung mit selbsttätiger Rückstellung (Tippschalter)

Ursprüngliche Anforderung bzw. Quelle

Maschinenrichtlinie, Anhang I 1.2.2, 1.2.3, 1.2.5

Normative Anforderungen

DIN EN ISO 12100 Risikobeurteilung,

DIN EN ISO 13855 Abstände, Annäherungsgeschwindigkeiten,

DIN EN 60204-1 (**VDE 0113-1**) Elektrische Sicherheit, Stopp-Kategorien.

Definition

Technische Schutzmaßnahme als risikomindernde Maßnahme:

Der Betrieb gefährlicher Funktionen ist nur möglich, solange die entsprechend Befehlseinrichtung betätigt wird

oder

handbetätigtes Steuergerät, das in Verbindung mit einem Anlaufsteuergerät bei Dauerbetätigung einen Maschinenbetrieb erlaubt.

Verbale Formulierung der Sicherheitsfunktion

„Wenn der Tippschalter während des Einrichtens der Maschine gedrückt wird, dann soll einer Bewegung (Antrieb) mit einer sicheren reduzierten Geschwindigkeit ausgeführt werden (oder beim Loslassen des Tippschalters soll die Bewegung beendet werden)."

Produktausprägungen (Beispiele)

Erfassen: Simatic Mobile Panel mit Zustimmschalter der Siemens AG;

Auswerten: sicherheitsgerichtete Auswertung mit einem Sicherheitsschaltgerät 3SK1, ASIsafe, modulares Sicherheitssystem 3RK3, Simatic S7, Sinumerik, Sinamics – Safety Integrated der Siemens AG;

Reagieren: Sirius-Leistungsschütze mit Spiegelkontakten der Siemens AG.

Das Betätigungsintervall bzw. Prüfungsintervall wird mit **120 Mal pro Stunde** als Worst Case angenommen (mit 48 Mal pro Minute, an 1 h pro Tag und an 365 Tagen im Jahr).

SIL 2 nach DIN EN 62061 (VDE 0113-50) und PL d nach DIN EN ISO 13849-1

Erfassen	Auswerten	Reagieren
zweikanalig/Kategorie 3 *DC* = 60 % (je Kanal)		Antriebsfunktion sichere reduzierte Geschwindigkeit SLS (en: safely limited speed)
CCF-Faktor = 10 % T_1 = 20 Jahre	T_1 = 20 Jahre	T_1 = 20 Jahre
B_{10} = 10 000 000 Schaltspiele Anteil Gefahr bringender Ausfälle 50 %		
B_{10D} = 20 000 000 Schaltspiele Betätigungszyklus 120 Mal/h		
DIN EN 62061 (**VDE 0113-50**): SILCL = SIL 2 DIN EN ISO 13849-1: PL d *SFF* = 60 %	DIN EN 62061 (**VDE 0113-50**): SILCL = SIL 3 DIN EN ISO 13849-1: PL e	DIN EN 62061 (**VDE 0113-50**): SILCL = SIL 2 DIN EN ISO 13849-1: PL d
Kanal 1: $\lambda_D = 6{,}00 \cdot 10^{-7}$, Kanal 2: $\lambda_D = 6{,}00 \cdot 10^{-7}$ $MTTF_D$ = 190 Jahre DIN EN 62061 (**VDE 0113-50**): $PFH_D = 8{,}04 \cdot 10^{-8}$, DIN EN ISO 13849-1: $PFH_D = 1{,}01 \cdot 10^{-7}$	DIN EN 62061 (**VDE 0113-50**) und DIN EN ISO 13849-1 PFH_D = abhängig vom ausgewählten Produkt	DIN EN 62061 (**VDE 0113-50**) und DIN EN ISO 13849-1 PFH_D = abhängig vom ausgewählten Produkt

Ausführungsbeispiel: Simatic Mobile Panel 277F, Sinumerik und Sinamics S120 der Siemens AG

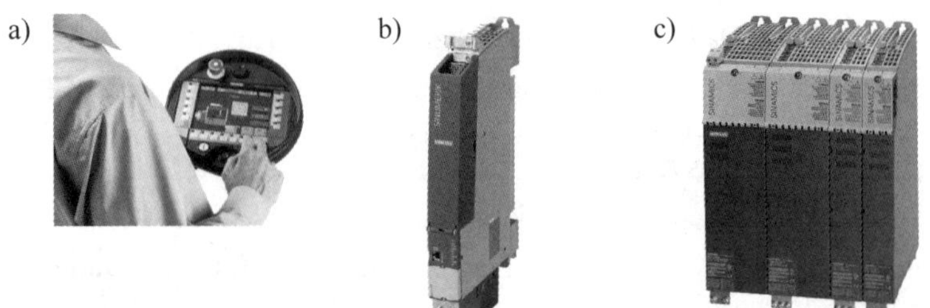

Bild 9.6 SIL 2, PL d: Tippschalter (handbetätigte Befehlseinrichtungen) – a) Simatic Mobile Panel 277F, b) Sinumerik und c) Sinamics S120 der Siemens AG

9.4 Zweihandschaltung

Ursprüngliche Anforderung bzw. Quelle:

Maschinenrichtlinie, Anhang I 1.2.2, 1.2.3, 1.2.5

Normative Anforderungen

DIN EN ISO 12100 Risikobeurteilung,

DIN EN ISO 13851 Produktnorm,

DIN EN ISO 13855 Abstände, Annäherungsgeschwindigkeiten,

DIN EN 60204-1 (**VDE 0113-1**) Elektrische Sicherheit, Stopp-Kategorien.

Definition

Technische Schutzmaßnahme als risikomindernde Maßnahme:

Der Betrieb gefährlicher Funktionen ist nur möglich, solange die entsprechend Befehlseinrichtung betätigt wird

oder

eine Einrichtung, die mindestens die gleichzeitige Betätigung (in der Regel < 0,5 s) durch beide Hände erfordert, um den Betrieb einer Maschine einzuleiten und aufrechtzuerhalten, solange eine Gefährdung besteht, um auf diese Weise eine Maßnahme zum Schutz nur der betätigenden Person zu erreichen.

Verbale Formulierung der Sicherheitsfunktion

„Wenn die Zweihandschaltung losgelassen wird, dann soll eine Gefahr bringende Bewegung (Antrieb) sofort beendet werden."

Produktausprägungen (Beispiele)

Erfassen: Sirius-Zweihandschaltung der Siemens AG;

Auswerten: sicherheitsgerichtete Auswertung mit einem Sicherheitsschaltgerät 3SK1, ASIsafe, modulares Sicherheitssystem 3RK3, Simatic S7, Sinumerik, Sinamics – Safety Integrated der Siemens AG;

Reagieren: Sirius-Leistungsschütze mit Spiegelkontakten der Siemens AG.

Das Betätigungsintervall bzw. Prüfungsintervall wird mit **120 Mal pro Stunde** als Worst Case angenommen (mit 600 Mal pro Stunde, an 16 h pro Tag und an 220 Tagen im Jahr).

SIL 3 nach DIN EN 62061 (VDE 0113-50) und PL e nach DIN EN ISO 13849-1

Erfassen	Auswerten	Reagieren
zweikanalig/Kategorie 4 DC = 99 % (je Kanal)		zweikanalig/Kategorie 4 DC = 99 % (je Kanal)
CCF-Faktor = 2 % T_1 = 20 Jahre	T_1 = 20 Jahre	CCF-Faktor = 2 % T_1 = 20 Jahre
B_{10} = 10 000 000 Schaltspiele Anteil Gefahr bringender Ausfälle 50 %		$MTTF_D$ = 150 Jahre (hydraulische Ventile)
B_{10D} = 20 000 000 Schaltspiele Betätigungszyklus 240 Mal/h		Betätigungszyklus 240 Mal/h
DIN EN 62061 (**VDE 0113-50**): SILCL = SIL 3 DIN EN ISO 13849-1: PL e SFF = 99 %	DIN EN 62061 (**VDE 0113-50**): SILCL = SIL 3 DIN EN ISO 13849-1: PL e	DIN EN 62061 (**VDE 0113-50**): SILCL = SIL 3 DIN EN ISO 13849-1: PL e SFF = 99 %
Kanal 1: $\lambda_D = 6{,}00 \cdot 10^{-7}$, Kanal 2: $\lambda_D = 6{,}00 \cdot 10^{-7}$ $MTTF_D$ = 190 Jahre DIN EN 62061 (**VDE 0113-50**): $PFH_D = 1{,}26 \cdot 10^{-8}$, DIN EN ISO 13849-1: $PFH_D = 1{,}26 \cdot 10^{-8}$	DIN EN 62061 (**VDE 0113-50**) und DIN EN ISO 13849-1 PFH_D = abhängig vom ausgewählten Produkt	Kanal 1: $\lambda_D = 7{,}65 \cdot 10^{-7}$, Kanal 2: $\lambda_D = 7{,}65 \cdot 10^{-7}$ $MTTF_D$ = 150 Jahre DIN EN 62061 (**VDE 0113-50**): $PFH_D = 1{,}63 \cdot 10^{-8}$, DIN EN ISO 13849-1: $PFH_D = 1{,}61 \cdot 10^{-8}$

Ausführungsbeispiel: Sirius-Zweihandbedienpult 3SB38 und Sicherheitsschaltgerät 3SK1 der Siemens AG.

a) b)

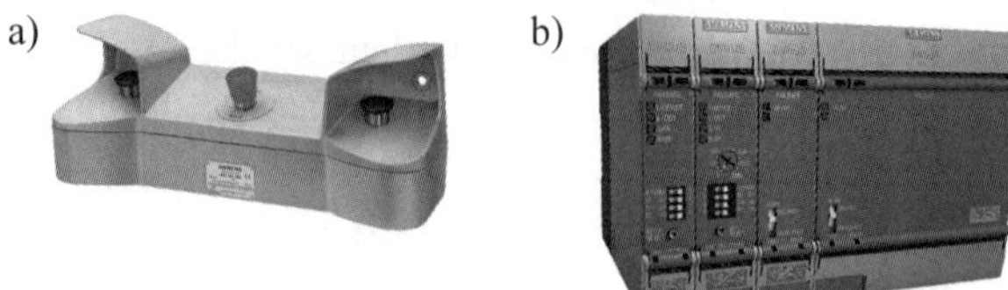

Bild 9.7 SIL 3, PL e: Zweihandschaltung (handbetätigte Befehlseinrichtungen) –
a) Sirius-Zweihandbedienpult 3SB38, b) modulares Sicherheitssystem 3RK3 (beide Siemens AG

9.5 Manuelles Aufheben von Sicherheitsfunktionen

Ursprüngliche Anforderung bzw. Quelle

Maschinenrichtlinie, Anhang I 1.2.2, 1.2.3, 1.2.5

Normative Anforderungen

DIN EN ISO 12100 Risikobeurteilung,

DIN EN 60204-1 (**VDE 0113-1**) Elektrische Sicherheit, Stopp-Kategorien,

Typ-C-Normen.

Definition

Technische Schutzmaßnahme:

Der Maschinenbetrieb gefährlicher Funktionen ist nur dann möglich, wenn mit einem handbetätigten Schlüsselschalter dieser Maschinenbetrieb („Betriebsart") mit definierten Voraussetzungen durch die Maschinensteuerung freigegeben wurde.

Verbale Formulierung der Sicherheitsfunktion

„Wenn mit dem Schlüsselschalter die Betriebsart der Maschine ‚ohne Sicherheitsfunktionen arbeiten' ausgewählt wurde, dann erfolgt erst die Deaktivierung der entsprechenden Sicherheitsfunktionen."

Produktausprägungen (Beispiele)

Erfassen: Sirius-Schlüsselschalter der Siemens AG;

Auswerten: sicherheitsgerichtete Auswertung mit einem Sicherheitsschaltgerät 3SK1, ASIsafe, modulares Sicherheitssystem 3RK3, Simatic S7, Sinumerik, Sinamics – Safety Integrated der Siemens AG;

Reagieren: Sinamics-Umrichter der Siemens AG.

Das Betätigungsintervall bzw. Prüfungsintervall wird mit ein Mal pro Tag als Worst Case angenommen (an 365 Tagen im Jahr).

SIL 3 nach DIN EN 62061 (VDE 0113-50) und PL e nach DIN EN ISO 13849-1

<table>
<tr><th>Erfassen</th><th>Auswerten</th><th>Reagieren</th></tr>
<tr><td>zweikanalig/Kategorie 4

$DC = 99\,\%$ (je Kanal)</td><td></td><td rowspan="6">Eine sicherheitsgerichtete Auswertung deaktiviert alle Sicherheitsfunktionen.
Dies ist eine besondere und äußerst kritische Situation während der Bedienung einer Maschine.

Beispiel der DIN EN ISO 23125: In der Einleitung steht dazu „Die Anforderungen für die neue Betriebsart 3, ‚Automatischer Betrieb mit manuellem Eingriff' werden zukünftig diskutiert.“.

Der Hintergrund ist folgender: Es gibt Maschinenfunktionen die nur ohne steuerungstechnische Schutzmaßnahmen (Sicherheitseinrichtungen) ausgeführt werden können.
Somit muss die Auswahl einer solchen „Betriebsart“ zumindest sicherheitsgerichtet erfolgen. Dies wird heutzutage in der Software der sicherheitsgerichteten Auswertung realisiert und hat demnach auch keine „Reaktion“ im Sinne von physikalischen Aktoren.</td></tr>
<tr><td>CCF-Faktor = 10 %

$T_1 = 20$ Jahre</td><td>

$T_1 = 20$ Jahre</td></tr>
<tr><td>$B_{10} = 100\,000$ Schaltspiele

Anteil Gefahr bringender Ausfälle 20 %</td><td></td></tr>
<tr><td>$B_{10D} = 500\,000$ Schaltspiele

Betätigungszyklus
1 Mal/Tag</td><td></td></tr>
<tr><td>DIN EN 62061 (VDE 0113-50):
SILCL = SIL 3
DIN EN ISO 13849-1:
PL e

$SFF = 99\,\%$</td><td>DIN EN 62061 (VDE 0113-50):
SILCL = SIL 3
DIN EN ISO 13849-1:
PL e</td></tr>
<tr><td>Kanal 1: $\lambda_D = 8{,}33 \cdot 10^{-9}$,
Kanal 2: $\lambda_D = 8{,}33 \cdot 10^{-9}$

$MTTF_D = 13\,697$ Jahre

DIN EN 62061 (VDE 0113-50):
$PFH_D = 8{,}33 \cdot 10^{-10}$,
DIN EN ISO 13849-1:
$PFH_D = 9{,}06 \cdot 10^{-10}$</td><td>DIN EN 62061 (VDE 0113-50)
und
DIN EN ISO 13849-1
PFH_D = abhängig vom ausgewählten Produkt</td></tr>
</table>

Wichtige Anmerkung

Die Ermittlung des erreichbaren SIL 3 und PL e ist unkritisch für eine sicherheitsgerichtete Auswahl oder Aktivierung dieser „Betriebsart“. Der Schwerpunkt der Betrachtungen wird insbesondere auf die systematischen Anforderungen gelegt: Sowohl der Prozess zur Anwahl bzw. Aktivierung dieser „Betriebsart“ durch den Bediener der Maschine als auch die Umsetzung in der Software der sicherheitsgerichteten Auswertung entscheiden über die Sicherheit – und nicht die Wahrscheinlichkeit der Gefahr bringenden Ausfälle, wie oben bereits ausgeführt.

Somit ist auch die Verwendung eines HMI-Panels für die Anwahl einer Betriebsart aus Sicht der Funktionalen Sicherheit erlaubt.

Bild 9.8 SIL 3, PL e: manuelles Aufheben von Sicherheitsfunktionen (handbetätigte Befehlseinrichtungen) – Berechnung

9.6 Einrichten, Teachen, Umrüsten, die Fehlersuche sowie für Reinigungs- oder Instandhaltungsarbeiten

Zustimmfunktion

Ursprüngliche Anforderung bzw. Quelle

Maschinenrichtlinie, Anhang I 1.2.2, 1.2.3, 1.2.5

Normative Anforderungen

DIN EN ISO 12100 Risikobeurteilung,
DIN EN 60947-5-8 (**VDE 0660-215**) Produktnorm,
DIN EN ISO 13855 Abstände, Annäherungsgeschwindigkeiten,
DIN EN 60204-1 (**VDE 0113-1**) Elektrische Sicherheit, Stopp-Kategorien.

Definition

Technische Schutzmaßnahme als risikomindernde Maßnahme:

Der Betrieb gefährlicher Funktionen ist nur möglich, solange die entsprechend Befehlseinrichtung betätigt wird

oder

handbetätigtes Steuergerät, das in Verbindung mit einem Anlaufsteuergerät bei Dauerbetätigung einen Maschinenbetrieb erlaubt.

Verbale Formulierung der Sicherheitsfunktion

„Wenn der Zustimmschalter während des Einrichtens der Maschine gedrückt wird, dann soll eine Gefahr bringende Bewegung (Antrieb) sofort beendet werden.“

Produktausprägungen (Beispiele)

Erfassen: Simatic Mobile Panel mit Zustimmschalter der Siemens AG;

Auswerten: sicherheitsgerichtete Auswertung mit einem Sicherheitsschaltgerät 3SK1, ASIsafe, modulares Sicherheitssystem 3RK3, Simatic S7, Sinumerik, Sinamics – Safety Integrated der Siemens AG;

Reagieren: Sinamics-Umrichter der Siemens AG.

Das Betätigungsintervall bzw. Prüfungsintervall wird mit **7,5 Mal pro Stunde** als Worst Case angenommen (mit 60 Mal pro Stunde, an 3 h pro Tag und an 365 Tagen im Jahr).

SIL 2 nach DIN EN 62061 (VDE 0113-50) und PL d nach DIN EN ISO 13849-1

Erfassen	Auswerten	Reagieren
zweikanalig/Kategorie 4 $DC = 99\ \%$ (je Kanal)		Antriebsfunktion sichere reduzierte Geschwindigkeit SLS (en: safely limited speed)
CCF-Faktor = 2 % $T_1 = 20$ Jahre	$T_1 = 20$ Jahre	$T_1 = 20$ Jahre
$B_{10} = 100\,000$ Schaltspiele Anteil Gefahr bringender Ausfälle 20 %		
$B_{10D} = 500\,000$ Schaltspiele Betätigungszyklus 7,5 Mal/h		
DIN EN 62061 (**VDE 0113-50**): SILCL = SIL 3 DIN EN ISO 13849-1: PL e $SFF = 99\ \%$	DIN EN 62061 (**VDE 0113-50**): SILCL = SIL 3 DIN EN ISO 13849-1: PL e	DIN EN 62061 (**VDE 0113-50**): SILCL = SIL 2 DIN EN ISO 13849-1: PL d
Kanal 1: $\lambda_D = 1{,}50 \cdot 10^{-6}$, Kanal 2: $\lambda_D = 1{,}50 \cdot 10^{-6}$ $MTTF_D = 76$ Jahre DIN EN 62061 (**VDE 0113-50**): $PFH_D = 3{,}38 \cdot 10^{-8}$, DIN EN ISO 13849-1: $PFH_D = 3{,}40 \cdot 10^{-8}$	DIN EN 62061 (**VDE 0113-50**) und DIN EN ISO 13849-1 PFH_D = abhängig vom ausgewählten Produkt	DIN EN 62061 (**VDE 0113-50**) und DIN EN ISO 13849-1 PFH_D = abhängig vom ausgewählten Produkt

Ausführungsbeispiel: Simatic Mobile Panel 277F, Sinumerik und Sinamics S120 der Siemens AG.

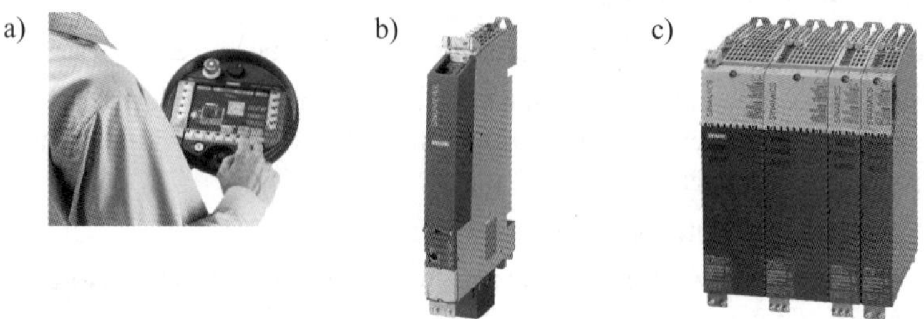

Bild 9.9 SIL 2, PL d: Zustimmschalter (handbetätigte Befehlseinrichtungen) – a) Simatic Mobile Panel 277F, b) Sinumerik und c) Sinamics S120 (alle Siemens AG)

9.7 Sichere Bewegungen

Ursprüngliche Anforderung bzw. Quelle

Maschinenrichtlinie, Anhang I 1.2.2, 1.2.3, 1.2.5

Normative Anforderungen

DIN EN ISO 12100 Risikobeurteilung;

DIN EN ISO 13855 Abstände, Annäherungsgeschwindigkeiten;

DIN EN 61800-5-2 (**VDE 0160-105-2**) Produktnorm;

DIN EN 60204-1 (**VDE 0113-1**) Elektrische Sicherheit, Stopp-Kategorien.

Definition

Technische Schutzmaßnahme als risikomindernde Maßnahme:

Der Betrieb gefährlicher Funktionen ist nur möglich, solange die entsprechend Befehlseinrichtung betätigt wird

oder

handbetätigtes Steuergerät, das in Verbindung mit einem Anlaufsteuergerät bei Dauerbetätigung einen Maschinenbetrieb erlaubt.

Verbale Formulierung der Sicherheitsfunktion

„Wenn der Tippschalter während des Einrichtens der Maschine gedrückt wird, dann soll einer Bewegung (Antrieb) mit einer sicheren reduzierten Geschwindigkeit ausgeführt werden (oder beim Loslassen des Tippschalters soll die Bewegung beendet werden)."

Produktausprägungen (Beispiele)

Erfassen: Simatic Mobile Panel mit Zustimmschalter der Siemens AG;

Auswerten: sicherheitsgerichtete Auswertung mit einem Sicherheitsschaltgerät 3SK1, ASIsafe, modulares Sicherheitssystem 3RK3, Simatic S7, Sinumerik, Sinamics – Safety Integrated der Siemens AG;

Reagieren: Sinamics-Umrichter der Siemens AG.

Das Betätigungsintervall bzw. Prüfungsintervall wird mit **37,5 Mal pro Stunde** als Worst Case angenommen (mit 300 Mal pro Stunde, an 3 h pro Tag und an 365 Tagen im Jahr).

SIL 2 nach DIN EN 62061 (VDE 0113-50) und PL d nach DIN EN ISO 13849-1

Erfassen	Auswerten	Reagieren
zweikanalig/Kategorie 3 *DC* = 99 % (je Kanal)		Antriebsfunktion sichere reduzierte Geschwindigkeit SLS (en: safely limited speed)
CCF-Faktor = 2 % T_1 = 20 Jahre	T_1 = 20 Jahre	T_1 = 20 Jahre
B_{10} = 100 000 Schaltspiele Anteil Gefahr bringender Ausfälle 20 %		
B_{10D} = 500 000 Schaltspiele Betätigungszyklus 37,5 Mal/h		
DIN EN 62061 (**VDE 0113-50**): SILCL = SIL 2 (wegen des PFH_D-Werts) DIN EN ISO 13849-1: PL d (nur mit Kategorie 3 wegen des $MTTF_D$-Werts zu bewerten, trotz *DC* = 99 % und grundsätzlicher Eignung für Kategorie 4) *SFF* = 99 %	DIN EN 62061 (**VDE 0113-50**): SILCL = SIL 3 DIN EN ISO 13849-1: PL e	DIN EN 62061 (**VDE 0113-50**): SILCL = SIL 2 DIN EN ISO 13849-1: PL d
Kanal 1: $\lambda_D = 7{,}50 \cdot 10^{-6}$, Kanal 2: $\lambda_D = 7{,}50 \cdot 10^{-6}$ $MTTF_D$ = 15 Jahre DIN EN 62061 (**VDE 0113-50**): $PFH_D = 2{,}45 \cdot 10^{-7}$, DIN EN ISO 13849-1: $PFH_D = 7{,}44 \cdot 10^{-7}$	DIN EN 62061 (**VDE 0113-50**) und DIN EN ISO 13849-1 PFH_D = abhängig vom ausgewählten Produkt	DIN EN 62061 (**VDE 0113-50**) und DIN EN ISO 13849-1 PFH_D = abhängig vom ausgewählten Produkt

Ausführungsbeispiel: Simatic Mobile Panel 277F, Sinumerik und Sinamics S120 der Siemens AG.

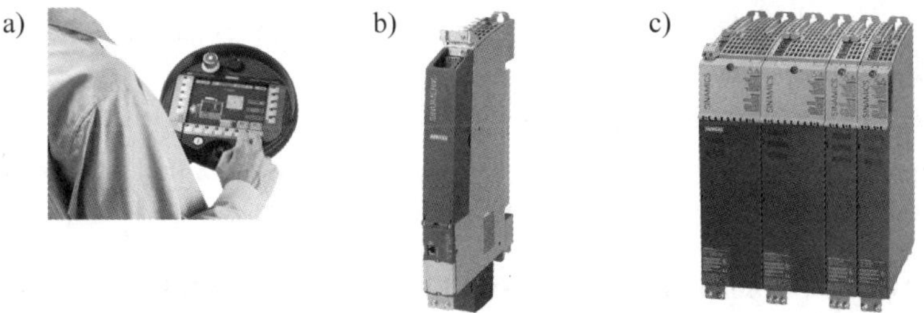

Bild 9.10 SIL 2, PL d: sichere Bewegung (Einrichten, Teachen, Umrüsten) – a) Simatic Mobile Panel 277F, b) Sinumerik und c) Sinamics S120 (alle Siemens AG)

9.8 Sichere Positionserfassung

Ursprüngliche Anforderung bzw. Quelle:

Maschinenrichtlinie, Anhang I 1.2.2, 1.2.3, 1.2.5

Normative Anforderungen

DIN EN ISO 12100 Risikobeurteilung,

DIN EN ISO 13855 Abstände, Annäherungsgeschwindigkeiten,

DIN EN 61800-5-2 (**VDE 0160-105-2**) Produktnorm,

DIN EN 60204-1 (**VDE 0113-1**) Elektrische Sicherheit, Stopp-Kategorien.

Definition

Technische Schutzmaßnahme als risikomindernde Maßnahme:

Eine sichere Positionserfassung: Beispiele sind die Überwachung der Lage, sodass die Motorwelle innerhalb eines festgelegten Bereichs ist (sicherer Nocken (en: safe cam, SCA)), und eine Überwachung, sodass die Motorwelle die festgelegte(n) Lagebegrenzung(en) nicht überschreitet (sicher begrenzte Position (en: safely-limited position, SLP)).

Verbale Formulierung der Sicherheitsfunktion

„Wenn die Schutztür geöffnet wird, dann soll während Arbeiten an der Maschine eine vertikale Bewegung (Antrieb) einer Achse beendet werden und in der entsprechenden Position sicher positioniert bleiben."

Produktausprägungen (Beispiele)

Erfassen: Sirius-Positionsschalter mit getrenntem Betätiger der Siemens AG;

Auswerten: sicherheitsgerichtete Auswertung mit Sinumerik und Sinamics – Safety Integrated der Siemens AG;

Reagieren: Sinamics-Umrichter der Siemens AG.

Das Betätigungsintervall bzw. Prüfungsintervall wird mit 6 Mal pro Stunde als Worst Case angenommen (mit 24 h pro Tag und an 365 Tagen im Jahr).

SIL 2 nach DIN EN 62061 (VDE 0113-50) und PL d nach DIN EN ISO 13849-1

Erfassen	Auswerten	Reagieren
zweikanalig/Kategorie 4 DC = 99 % (je Kanal)		Antriebsfunktionen: sicherer Nocken (en: safe cam, SCA); sicher begrenzte Position (en: safely-limited position, SLP)
CCF-Faktor = 10 % T_1 = 20 Jahre	T_1 = 20 Jahre	T_1 = 20 Jahre
B_{10} = 1 000 000 Schaltspiele Anteil Gefahr bringender Ausfälle 20 %		
B_{10D} = 5 000 000 Schaltspiele Betätigungszyklus 6 Mal/h		
DIN EN 62061 (**VDE 0113-50**): SILCL = SIL 3 DIN EN ISO 13849-1: PL e SFF = 99 %	DIN EN 62061 (**VDE 0113-50**): SILCL = SIL 3 DIN EN ISO 13849-1: PL e	DIN EN 62061 (**VDE 0113-50**): SILCL = SIL 2 DIN EN ISO 13849-1: PL d
Kanal 1: $\lambda_D = 1{,}20 \cdot 10^{-7}$, Kanal 2: $\lambda_D = 1{,}20 \cdot 10^{-7}$ $MTTF_D$ = 951 Jahre DIN EN 62061 (**VDE 0113-50**): $PFH_D = 6{,}02 \cdot 10^{-9}$, DIN EN ISO 13849-1: $PFH_D = 2{,}38 \cdot 10^{-9}$	DIN EN 62061 (**VDE 0113-50**) und DIN EN ISO 13849-1 PFH_D = abhängig vom ausgewählten Produkt	DIN EN 62061 (**VDE 0113-50**) und DIN EN ISO 13849-1 PFH_D = abhängig vom ausgewählten Produkt

Ausführungsbeispiel, Sirius-Positionsschalter 3SE5, Sinumerik, Sinamics – Safety Integrated der Siemens AG.

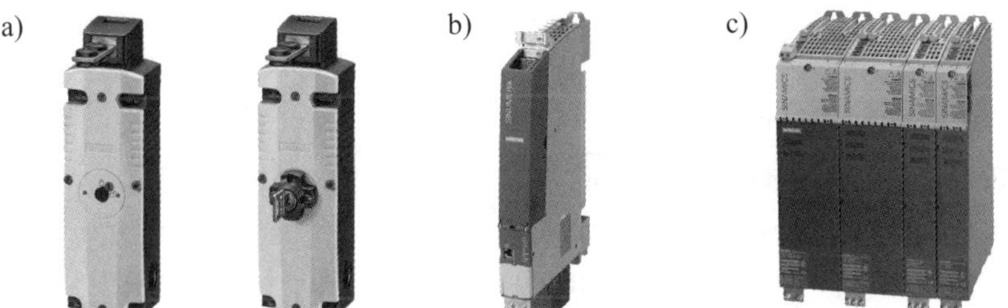

Bild 9.11 SIL 2, PL d: sichere Positionserfassung –
a) Sirius-Positionsschalter 3SE5, b) Sinumerik, c) Sinamics – Safety Integrated (alle Siemens AG)

9.9 Auswahl von Steuerungs- und Betriebsarten

Ursprüngliche Anforderung bzw. Quelle

Maschinenrichtlinie, Anhang I 1.2.5

Normative Anforderungen

DIN EN ISO 12100 Risikobeurteilung;

DIN EN ISO 11161 Fertigungssysteme, VDI 2854;

DIN EN 60204-1 (**VDE 0113-1**) Elektrische Sicherheit, Stopp-Kategorien;

Typ-C-Normen.

Definition

Technische Schutzmaßnahme als risikomindernde Maßnahme:

Die Betriebsart einer Maschine mit gefährlichen Funktionen ist nur möglich, wenn die entsprechende Anwahl-Betriebsart sichergestellt ist.

Verbale Formulierung der Sicherheitsfunktion

„Wenn eine Betriebsart durch den Bediener mittels eines Schlüsselschalters (oder der Bedienung eines HMI-Panels) in einer dedizierten Sequenz angewählt wurde, dann werden diese Betriebsart und die für diese Betriebsart relevanten Sicherheitsfunktionen aktiviert."

Produktausprägungen (Beispiele)

Erfassen: Simatic Mobile Panel mit Zustimmschalter der Siemens AG;

Auswerten: sicherheitsgerichtete Auswertung mit einem Sicherheitsschaltgerät 3SK1, ASIsafe, modulares Sicherheitssystem 3RK3, Simatic S7, Sinumerik, Sinamics – Safety Integrated der Siemens AG;

Reagieren: die durch die Software sicherheitsgerichtete Weiterverarbeitung der Betriebsartenanwahl – Auswahl der relevanten Sicherheitsfunktionen.

Das Betätigungsintervall bzw. Prüfungsintervall wird mit 1 Mal pro Stunde als Worst Case angenommen (mit 24 h pro Stunde pro Tag und an 365 Tagen im Jahr).

SIL 3 nach DIN EN 62061 (VDE 0113-50) und PL e nach DIN EN ISO 13849-1

Erfassen	Auswerten	Reagieren
zweikanalig/Kategorie 4 DC = 99 % (je Kanal)		Eine sicherheitsgerichtete Auswertung einer Betriebsart wird heutzutage in der Software der sicherheitsgerichteten Auswertung realisiert und hat demnach auch keine „Reaktion" im Sinne von physikalischen Aktoren. In der Praxis wird für einen Schlüsselschalter • bei SIL 1 und PL c eine einkanalige Verdrahtung und • bei SIL 2/3 und PL d/e eine zweikanalige Verdrahtung gewählt. Andere Lösungen, wie eine Betriebsartenanwahl mittels eines HMI-Panels, sind genauso möglich: Hier muss eine definierte Sequenz, die die Anwahl der Betriebsart durch Interaktion mit dem Bediener sicherstellt, definiert werden. Somit können auch diese Lösungen unter dem Aspekt der „systematischen Einschränkungen" bis zur höchsten Sicherheitsintegrität genutzt werden – das Prinzip der „Erwartungshaltung" weist die gleiche Qualität wie eine sicherheitsgerichtete Hardware-Auswertung der Stellung eines Schlüsselschalters auf.
CCF-Faktor = 2 % T_1 = 20 Jahre	T_1 = 20 Jahre	
B_{10} = 100 000 Schaltspiele Anteil Gefahr bringender Ausfälle 50 %		
B_{10D} = 200 000 Schaltspiele Betätigungszyklus 1 Mal/h		
DIN EN 62061 (**VDE 0113-50**): SILCL = SIL 3 DIN EN ISO 13849-1: PL e SFF = 99 %	DIN EN 62061 (**VDE 0113-50**): SILCL = SIL 3 DIN EN ISO 13849-1: PL e	
Kanal 1: $\lambda_D = 5{,}00 \cdot 10^{-7}$, Kanal 2: $\lambda_D = 5{,}00 \cdot 10^{-7}$ $MTTF_D$ = 228 Jahre DIN EN 62061 (**VDE 0113-50**): $PFH_D = 1{,}04 \cdot 10^{-8}$, DIN EN ISO 13849-1: $PFH_D = 1{,}01 \cdot 10^{-8}$	DIN EN 62061 (**VDE 0113-50**) und DIN EN ISO 13849-1 PFH_D = abhängig vom ausgewählten Produkt	

Wichtige Anmerkung

Die Ermittlung des erreichbaren SIL 3 und PL e ist unkritisch für eine sicherheitsgerichtete Auswahl oder Aktivierung einer „Betriebsart". Der Schwerpunkt der Betrachtungen wird insbesondere auf die systematischen Anforderungen gelegt: Sowohl der Prozess zur Anwahl bzw. Aktivierung dieser „Betriebsart" durch den Bediener der Maschine als auch die Umsetzung in der Software der sicherheitsgerichteten Auswertung entscheiden über die Sicherheit – und nicht die Wahrscheinlichkeit der Gefahr bringenden Ausfälle, wie oben bereits ausgeführt.

Somit ist auch die Verwendung eines HMI-Panels für die Anwahl einer Betriebsart aus Sicht der Funktionalen Sicherheit erlaubt.

Bild 9.12 SIL 3, PL e: Auswahl von Steuerungs- und Betriebsarten – Berechnung

9.10 Zuhaltung einer Schutzeinrichtung

Ursprüngliche Anforderung bzw. Quelle

Maschinenrichtlinie, Anhang I 1.2.4

Normative Anforderungen

DIN EN ISO 12100 Risikobeurteilung;

DIN EN ISO 13855 Abstände, Annäherungsgeschwindigkeiten;

DIN EN ISO 14119 Verriegelungseinrichtungen;

DIN EN 60204-1 (**VDE 0113-1**) Elektrische Sicherheit, Stopp-Kategorien;

Typ-C-Normen.

Definition

Technische Schutzmaßnahme als risikomindernde Maßnahme:

Trennende Schutzeinrichtung mit einer Verriegelungseinrichtung und einer Zuhaltung, damit zusammen mit dem Steuerungssystem der Maschine die folgenden Funktionen ausgeführt werden:

- Die mit der trennenden Schutzeinrichtung „abgesicherten" gefährdenden Maschinenfunktionen können nicht ausgeführt werden, bevor die trennende Schutzeinrichtung geschlossen und zugehalten ist.
- Die trennende Schutzeinrichtung bleibt geschlossen und zugehalten, bis das Risiko durch die mit der trennenden Schutzeinrichtung „abgesicherten" gefährdenden Maschinenfunktionen nicht mehr vorliegt.

Verbale Formulierung der Sicherheitsfunktion

„Wenn eine Betriebsart durch den Bediener mittels eines Schlüsselschalters (oder der Bedienung eines HMI Panels) in einer dedizierten Sequenz angewählt wurde, dann werden diese Betriebsart und die für diese Betriebsart relevanten Sicherheitsfunktionen aktiviert."

Produktausprägungen (Beispiele)

Erfassen: Drehzahlerfassung;

Auswerten: sicherheitsgerichtete Auswertung mit einem Sicherheitsschaltgerät 3SK1, ASIsafe, modulares Sicherheitssystem 3RK3, Simatic S7, Sinumerik, Sinamics – Safety Integrated der Siemens AG;

Reagieren: Sirius-Positionsschalter mit getrennten Betätiger und Zuhaltung (federkraft- oder magnetkraftverriegelt) der Siemens AG.

Das Betätigungsintervall bzw. Prüfungsintervall wird mit 10 Mal pro Stunde als Worst Case angenommen (mit 24 h pro Stunde pro Tag und an 365 Tagen im Jahr).

Erfassen	Auswerten	Reagieren
Drehzahlerfassung oder Erfassung der Gefahr bringenden Bewegung(en)		einkanalig (Zuhaltung) mit dynamischer Überwachung der Stellungsüberwachung nach dem Prinzip der „Erwartungshaltung“ $DC = 90\ \%$
$T_1 = 20$ Jahre	$T_1 = 20$ Jahre	CCF irrelevant $T_1 = 20$ Jahre
		$B_{10} = 1\,000\,000$ Schaltspiele Anteil Gefahr bringender Ausfälle 50 %
		$B_{10D} = 2\,000\,000$ Schaltspiele Betätigungszyklus 10 Mal/h
DIN EN 62061 (**VDE 0113-50**): SILCL = SIL 3 DIN EN ISO 13849-1: PL e	DIN EN 62061 (**VDE 0113-50**): SILCL = SIL 3 DIN EN ISO 13849-1: PL e	DIN EN 62061 (**VDE 0113-50**): SILCL = SIL 2 DIN EN ISO 13849-1: PL d $SFF = 90\ \%$
		strukturelle Einschränkung: ja, wegen Fehlerausschluss der Zuhaltungsfunktion bis zur nächsten Prüfung Kanal 1: $\lambda_{D,1} = 5{,}00 \cdot 10^{-7}$
DIN EN 62061 (**VDE 0113-50**) und DIN EN ISO 13849-1 PFH_D = abhängig vom ausgewählten Produkt	DIN EN 62061 (**VDE 0113-50**) und DIN EN ISO 13849-1 PFH_D = abhängig vom ausgewählten Produkt	$MTTF_D = 228$ Jahre DIN EN 62061 (**VDE 0113-50**): $PFH_D = 5{,}00 \cdot 10^{-8}$, DIN EN ISO 13849-1: $PFH_D = 2{,}29 \cdot 10^{-7}$

Anmerkung

Eine federkraftverriegelte Zuhaltung ist grundsätzlich einer magnetkraftverriegelten Zuhaltung vorzuziehen – siehe auch weiterführende Erläuterungen in der DIN EN ISO 14119.

Die korrekte Funktion der Zuhaltung kann dadurch geprüft, dass bei jeder Anforderung die Stellungsüberwachung der Zuhaltung dynamisch plausibilisiert wird („Erwartungshaltung“).

Es wird dann bis zur nächsten Anforderung bzw. Prüfung davon ausgegangen, dass die Zuhaltung nicht versagen wird: Diese Annahme ist bei einer federkraftverriegelten Zuhaltung durch einen Fehlerausschluss immer möglich – siehe auch DIN EN ISO 14119, dagegen hängt die Zuverlässigkeit der Zuhaltefunktion bei einer magnetkraftverriegelten Zuhaltung vom Versagen des Magneten dieser Zuhaltung ab. Daher muss die Stellungsüberwachung des Magneten in diesem Fall zusätzlich permanent erfolgen.

Bild 9.13 SIL 2, PL d: Zuhaltung einer Schutzeinrichtung – Berechnung

9.11 Funktion zum Stillsetzen im Notfall

Ursprüngliche Anforderung bzw. Quelle

Maschinenrichtlinie, Anhang I 1.2.2, 1.2.4.3

Normative Anforderungen:

DIN EN ISO 12100 Risikobeurteilung;

DIN EN ISO 13850 Not-Halt;

DIN EN 60204-1 (**VDE 0113-1**) Elektrische Sicherheit, Stopp-Kategorien.

Definition

Keine risikomindernde technische Schutzmaßnahme („ergänzende" Sicherheitsfunktion):

Jede Maschine muss mit einem oder mehreren Not-Halt-Befehlsgerät(en) ausgerüstet sein, durch die eine unmittelbar drohende oder eintretende Gefahr vermieden werden kann.

Verbale Formulierung der „ergänzenden" Sicherheitsfunktion

„Wenn ein Not-Halt-Befehlsgerät gedrückt wird, dann soll eine Gefahr bringende Bewegung (Antrieb) sofort beendet werden."

Produktausprägungen (Beispiele)

Erfassen: Sirius-Not-Halt-Befehlsgeräte der Siemens AG;

Auswerten: sicherheitsgerichtete Auswertung mit einem Sicherheitsschaltgerät 3SK1, ASIsafe, modulares Sicherheitssystem 3RK3, Simatic S7, Sinumerik, Sinamics – Safety Integrated der Siemens AG;

Reagieren: Sirius-Leistungsschütze mit Spiegelkontakten, Leistungsschalter, Sinamics-Umrichter der Siemens AG.

Das Betätigungsintervall bzw. Prüfungsintervall wird mit ein Mal pro Woche als Worst Case angenommen (mit 24 h pro Tag und 365 Tage im Jahr). Auch wenn ein Not-Halt-Befehlsgerät normalerweise seltener betätigt wird, so soll diese verschärfte Annahme ein Gefühl für die erreichbare Sicherheitsintegrität geben.

SIL 1 nach DIN EN 62061 (VDE 0113-50) und PL c nach DIN EN ISO 13849-1

Erfassen	**Auswerten**	**Reagieren**
einkanalig/Kategorie 1 $DC = 0\ \%$ (je Kanal)		einkanalig/Kategorie 1 $DC = 0\ \%$ (je Kanal)
CCF irrelevant $T_1 = 20$ Jahre	$T_1 = 20$ Jahre	CCF irrelevant $T_1 = 20$ Jahre
$B_{10} = 100\,000$ Schaltspiele Anteil Gefahr bringender Ausfälle 20 %		$B_{10} = 1\,000\,000$ Schaltspiele Anteil Gefahr bringender Ausfälle 73 %
$B_{10D} = 500\,000$ Schaltspiele Betätigungszyklus 1 Mal/Woche		$B_{10D} = 1\,369\,863$ Schaltspiele Betätigungszyklus 1 Mal/Woche
DIN EN 62061 (**VDE 0113-50**): SILCL = SIL 1 DIN EN ISO 13849-1: PL c $SFF = 0\ \%$	DIN EN 62061 (**VDE 0113-50**): SILCL = SIL 1, SIL 2 oder SIL 3 DIN EN ISO 13849-1: PL c, PL d oder PL e	DIN EN 62061 (**VDE 0113-50**): SILCL = SIL 1 DIN EN ISO 13849-1: PL c $SFF = 0\ \%$
$\lambda_D = 1{,}19 \cdot 10^{-9}$ $MTTF_D = 95\,890$ Jahre DIN EN 62061 (**VDE 0113-50**): $PFH_D = 1{,}19 \cdot 10^{-9}$, DIN EN ISO 13849-1: $PFH_D = 1{,}14 \cdot 10^{-6}$	DIN EN 62061 (**VDE 0113-50**) und DIN EN ISO 13849-1 PFH_D = abhängig vom ausgewählten Produkt	$\lambda_D = 4{,}35 \cdot 10^{-10}$ $MTTF_D = 262\,713$ Jahre DIN EN 62061 (**VDE 0113-50**): $PFH_D = 4{,}35 \cdot 10^{-10}$, DIN EN ISO 13849-1: $PFH_D = 1{,}14 \cdot 10^{-6}$

Achtung

Sollte das Leistungsschütz auch betriebsmäßig geschaltet werden, dann ist dieses Betätigungsintervall anzusetzen!

Anmerkung

Die elektrische Reihenschaltung bei Not-Halt-Befehlsgeräten ist erlaubt:

Jedes Not-Halt-Befehlsgerät ist Teil einer eigenständigen „ergänzenden" Sicherheitsfunktion und bildet nicht gemeinsam eine einzelne „ergänzende" Sicherheitsfunktion, weil es keine Abhängigkeit zwischen den Not-Halt-Befehlsgeräten gibt. Sollten die Not-Halt-Befehlsgeräte den gleichen B_{10}-Wert und Anteil Gefahr bringender Ausfälle haben, dann darf stellvertretend für alle Not-Halt-Abschaltungen eine einzelne „ergänzende" Sicherheitsfunktion berechnet werden.

Bild 9.14 SIL 1, PL c: Not-Halt – Berechnung

Ausführungsbeispiel: Sirius-Not-Halt-Befehlsgerät, Leistungsschütz und modulares Sicherheitssystem, 3RK3 der Siemens AG.

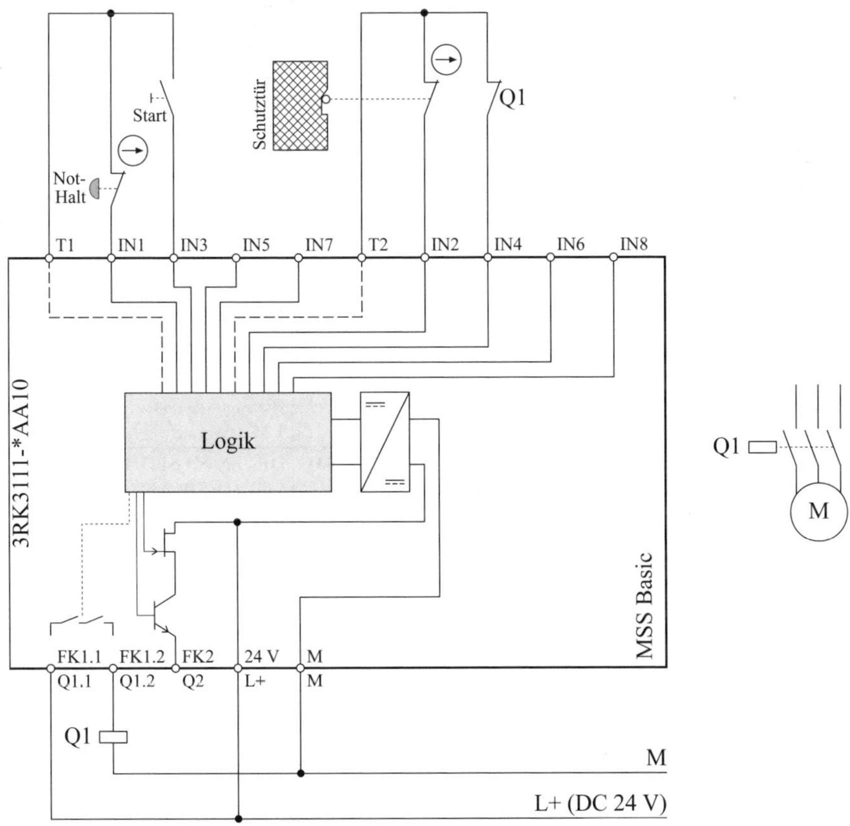

Bild 9.15 SIL 1, PL c: Not-Halt – mit Sirius-Befehlsgerät, Leistungsschütz und modularem Sicherheitssystem, 3RK3 der Siemens AG

SIL 2 nach DIN EN 62061 (VDE 0113-50) und PL d nach DIN EN ISO 13849-1

Erfassen	Auswerten	Reagieren
zweikanalig/Kategorie 4 DC = 99 % (je Kanal)		einkanalig (Leistungsschütz) mit Fehlerreaktion (zweiter Kanal, Leistungsschalter)/Kategorie 2 DC_1 = 90 % … 99 %, DC_2 = 60 %
CCF-Faktor = 5 % T_1 = 20 Jahre	T_1 = 20 Jahre	CCF irrelevant T_1 = 20 Jahre
B_{10} = 100 000 Schaltspiele Anteil Gefahr bringender Ausfälle 20 %		B_{10} = 1 000 000 Schaltspiele B_{10} = 5 000 Schaltspiele Anteil Gefahr bringender Ausfälle 75 % und 50 %
B_{10D} = 500 000 Schaltspiele Betätigungszyklus 1 Mal/Woche		B_{10D} = 1 369 863 Schaltspiele, B_{10D} = 10 000 Schaltspiele Betätigungszyklus 1 Mal/Woche
DIN EN 62061 (**VDE 0113-50**): SILCL = SIL 3 DIN EN ISO 13849-1: PL e SFF = 99 %	DIN EN 62061 (**VDE 0113-50**): SILCL = SIL 3 DIN EN ISO 13849-1: PL e	DIN EN 62061 (**VDE 0113-50**): SILCL = SIL 2 DIN EN ISO 13849-1: PL d SFF = 90 % … 99 %
strukturelle Einschränkung: irrelevant Kanal 1: $\lambda_{D,1} = 1{,}19 \cdot 10^{-9}$, Kanal 2: $\lambda_{D,2} = 1{,}19 \cdot 10^{-9}$		strukturelle Einschränkung: ja, wegen Fehlerausschluss des Leistungsschalters bis zur nächsten Prüfung Kanal 1: $\lambda_{D,1} = 4{,}35 \cdot 10^{-10}$, Kanal 2: $\lambda_{D,2} = 5{,}95 \cdot 10^{-8}$
$MTTF_D$ = 95 890 Jahre DIN EN 62061 (**VDE 0113-50**): $PFH_D = 5{,}95 \cdot 10^{-11}$ DIN EN ISO 13849-1: $PFH_D = 9{,}06 \cdot 10^{-10}$	DIN EN 62061 (**VDE 0113-50**) und DIN EN ISO 13849-1 PFH_D = abhängig vom ausgewählten Produkt	Kanal 1: $MTTF_{D,1}$ = 262 713 Jahre, Kanal 2: $MTTF_{D,2}$ = 1 918 Jahre DIN EN 62061 (**VDE 0113-50**): $PFH_D = 4{,}35 \cdot 10^{-11}/4{,}35 \cdot 10^{-12}$, DIN EN ISO 13849-1: $PFH_D = 2{,}29 \cdot 10^{-7}$

Anmerkung

Die elektrische Reihenschaltung bei Not-Halt-Befehlsgeräten ist erlaubt:

Jedes Not-Halt-Befehlsgerät ist Teil einer eigenständigen „ergänzenden" Sicherheitsfunktion und bildet nicht gemeinsam eine einzelne „ergänzende" Sicherheitsfunktion, weil es keine Abhängigkeit zwischen den Not-Halt-Befehlsgeräten gibt. Sollten die Not-Halt-Befehlsgeräte den gleichen B_{10}-Wert und Anteil Gefahr bringender Ausfälle haben, dann darf stellvertretend für alle Not-Halt-Abschaltungen eine einzelne „ergänzende" Sicherheitsfunktion berechnet werden.

 Bild 9.16 SIL 2, PL d: Not-Halt – Berechnung

Ausführungsbeispiel: Sirius-Not-Halt-Befehlsgerät, Leistungsschalter, Leistungsschütz und modulares Sicherheitssystem, 3RK3 der Siemens AG.

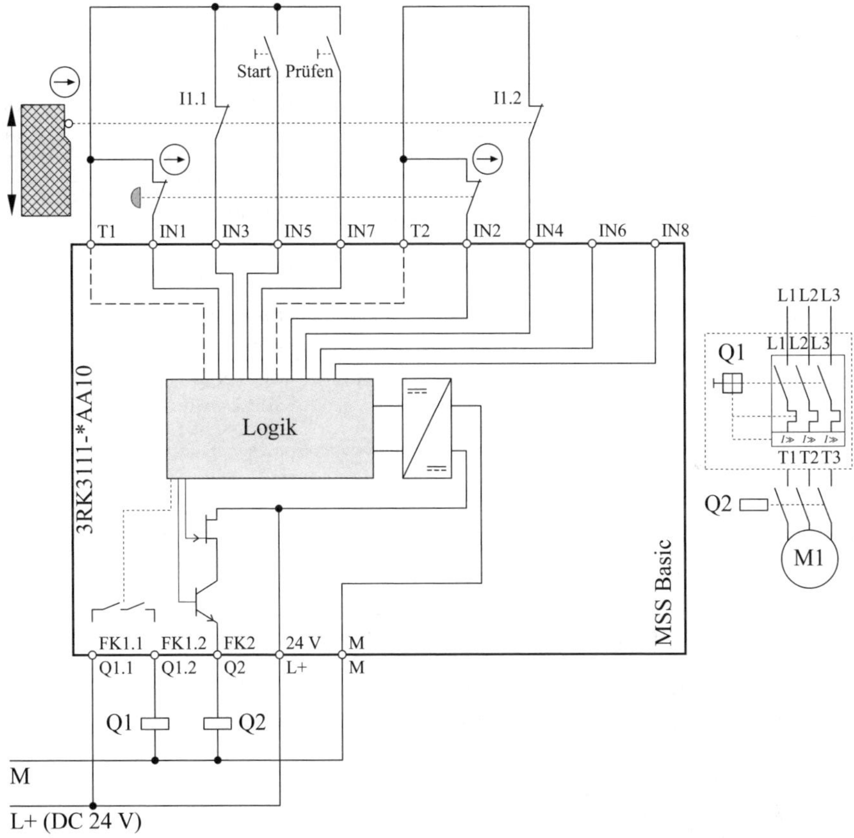

Bild 9.17 SIL 2, PL d: Not-Halt – mit Sirius-Befehlsgerät, Leistungsschalter, Leistungsschütze und modularem Sicherheitssystem, 3RK3 der Siemens AG

SIL 3 nach DIN EN 62061 (VDE 0113-50) und PL e nach DIN EN ISO 13849-1

Erfassen	Auswerten	Reagieren
zweikanalig/Kategorie 4 DC = 99 % (je Kanal)		zweikanalig/Kategorie 4 DC = 99 % (je Kanal)
CCF-Faktor = 2 % T_1 = 20 Jahre	T_1 = 20 Jahre	CCF-Faktor = 2 % T_1 = 20 Jahre
B_{10} = 100 000 Schaltspiele Anteil Gefahr bringender Ausfälle 20 %		B_{10} = 1 000 000 Schaltspiele Anteil Gefahr bringender Ausfälle 73 %
B_{10D} = 500 000 Schaltspiele Betätigungszyklus 1 Mal/Woche		B_{10D} = 1 369 863 Schaltspiele Betätigungszyklus 1 Mal/Woche
DIN EN 62061 (**VDE 0113-50**): SILCL = SIL 3 DIN EN ISO 13849-1: PL e SFF = 99 %	DIN EN 62061 (**VDE 0113-50**): SILCL = SIL 3 DIN EN ISO 13849-1: PL e	DIN EN 62061 (**VDE 0113-50**): SILCL = SIL 3 DIN EN ISO 13849-1: PL e SFF = 99 %
$\lambda_{D,1} = 1{,}19 \cdot 10^{-9}$, $\lambda_{D,2} = 1{,}19 \cdot 10^{-9}$ $MTTF_D$ = 95 890 Jahre DIN EN 62061 (**VDE 0113-50**): $PFH_D = 2{,}39 \cdot 10^{-11}$, DIN EN ISO 13849-1: $PFH_D = 9{,}06 \cdot 10^{-10}$	DIN EN 62061 (**VDE 0113-50**) und DIN EN ISO 13849-1 PFH_D = abhängig vom ausgewählten Produkt	$\lambda_{D,1} = 4{,}35 \cdot 10^{-10}$, $\lambda_{D,2} = 4{,}35 \cdot 10^{-10}$ $MTTF_D$ = 262 713 Jahre DIN EN 62061 (**VDE 0113-50**): $PFH_D = 8{,}69 \cdot 10^{-12}$, DIN EN ISO 13849-1: $PFH_D = 9{,}06 \cdot 10^{-10}$

Achtung

Sollten die Leistungsschütze auch betriebsmäßig geschaltet werden, dann ist dieses Betätigungsintervall anzusetzen! Die Anforderungen zur zeitlichen Fehleraufdeckung müssen berücksichtigt werden, sodass es nicht grundsätzlich zu einer Fehleranhäufung während des betriebsmäßigen Schaltens kommen kann. Ist dies nicht gegeben, dann muss das betriebsmäßige Schalten anders realisiert werden.

Anmerkung

Die elektrische Reihenschaltung bei Not-Halt-Befehlsgeräten ist erlaubt:

Jedes Not-Halt-Befehlsgerät ist Teil einer eigenständigen „ergänzenden“ Sicherheitsfunktion und bildet nicht gemeinsam eine einzelne „ergänzende“ Sicherheitsfunktion, weil es keine Abhängigkeit zwischen den Not-Halt-Befehlsgeräten gibt. Sollten die Not-Halt-Befehlsgeräte den gleichen B_{10}-Wert und Anteil Gefahr bringender Ausfälle haben, dann darf stellvertretend für alle Not-Halt-Abschaltungen eine einzelne „ergänzende“ Sicherheitsfunktion berechnet werden.

 Bild 9.18 SIL 3, PL e: Not-Halt – Berechnung

Ausführungsbeispiel: Sirius-Not-Halt-Befehlsgerät, Leistungsschütze und modulares Sicherheitssystem, 3RK3 der Siemens AG.

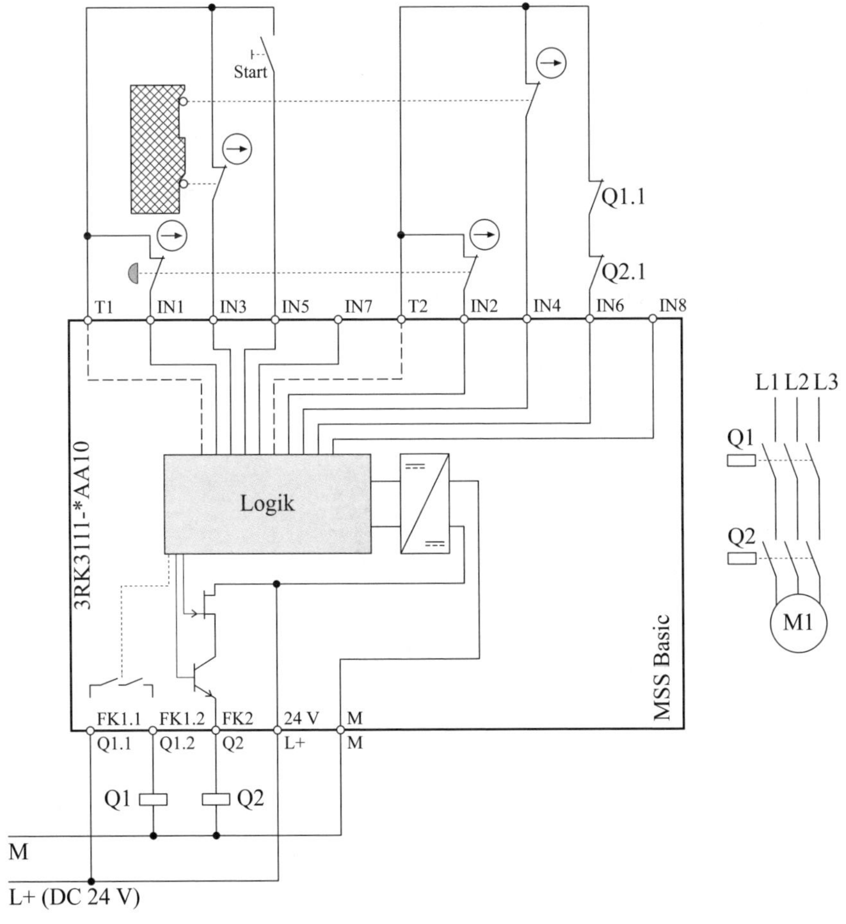

Bild 9.19 SIL 3, PL e: Not-Halt – mit Sirius-Befehlsgerät, Leistungsschütze und modularem Sicherheitssystem, 3RK3 der Siemens AG

9.12 SIL 1 und SIL 2 gleich SIL 3

*Gewusst wie. Ja, mit der DIN EN 62061 (**VDE 0113-50**) können neue Lösungsansätze bewertet werden.*

Warum wird diese Frage überhaupt gestellt?

Ein Beispiel aus der Praxis: Es gibt zahlreiche Umrichter, die durch den Komponentenhersteller geprüft wurden und mit einem SILCL = SIL 2 (oder auch PL d gemäß der DIN EN ISO 13849-1) in Verkehr gebracht werden, auf Basis der DIN EN 61800-5-2 (**VDE 0160-105-2**). Nun benötigt der Anwender aber ein sicherheitsgerichtetes Beenden einer Gefahr bringenden Bewegung mittels eines Umrichters mit einem geforderten SIL 3.

Wie soll das realisiert und bewertet werden?

Anbei ein vereinfachter Ansatz: Die Lösung liegt in einem weiteren Kanal. Ein Motor wird sicherheitsgerichtet durch einen Umrichter mittels der Funktion STO (Safe Torque Off) angesteuert, anschließend öffnet ein Leistungsschütz die 400-V-Hauptstrombahnen zum Motor.

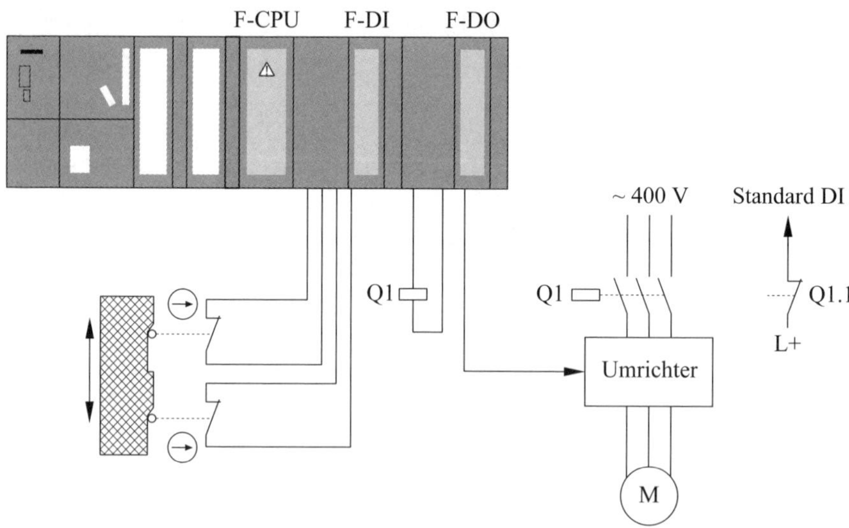

Bild 9.20 Beispiel – SIL 1 und SIL 2 gleich SIL 3, Simatic S7 der Siemens AG

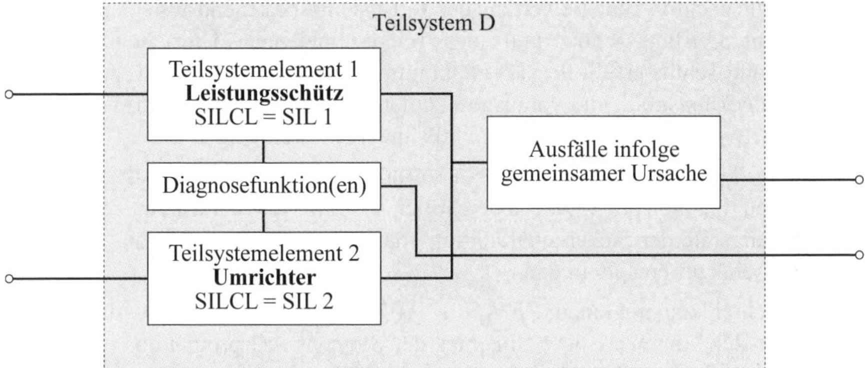

Bild 9.21 Logische Darstellung – SIL 1 und SIL 2 gleich SIL 3

Warum ist diese Betrachtung erlaubt?

Auszug aus der DIN EN 62061 (VDE 0113-50):2016-05

6.7.2 Allgemeine Anforderungen für die Realisierung eines Teilsystems

6.7.2.1 Das Teilsystem muss entweder durch Auswahl (siehe Abschnitt 6.7.3 der Norm) oder Entwurf (siehe Abschnitt 6.7.4 der Norm) in Übereinstimmung mit seiner Spezifikation der Sicherheitsanforderungen (siehe Abschnitt 6.6.2.1.7 der Norm), unter Berücksichtigung aller Anforderungen aus Abschnitt 6.2 der Norm realisiert werden. Ein (mehrere) Teilsystem(e), das (die) komplexe Bauteile enthält (enthalten), muss (müssen) entsprechend dem erforderlichen SIL mit DIN EN 61508-2 (**VDE 0803-2**) und DIN EN 61508-3 (**VDE 0803-3**) übereinstimmen.

Ausnahme: Wo der Entwurf eines Teilsystems ein komplexes Bauteil als ein Teilsystemelement enthält, ist Abschnitt 6.7.4.2.3 der Norm anwendbar.

[...]

6.7.4.2.3 Wenn der Entwurf eines Teilsystems ein komplexes Bauteil (als ein Teilsystemelement) enthält, das alle relevanten Anforderungen aus DIN EN 61508-2 (**VDE 0803-2**) und DIN EN 61508-3 (**VDE 0803-3**) in Bezug auf die SILCL erfüllt, kann dieses Teilsystem als einfaches Bauteil im Zusammenhang mit dem Entwurf eines Teilsystems betrachtet werden, da seine relevanten Ausfallarten, sein Verhalten bei Erkennung eines Fehlers, seine Ausfallrate und andere sicherheitsbezogene Informationen bekannt sind. Solche Bauteile dürfen nur in Übereinstimmung mit ihrer Spezifikation und den vom Lieferanten zur Verfügung gestellten relevanten Benutzerinformationen verwendet werden.

Somit ist die nachfolgende Bewertung des Teilsystems, bestehend aus einem Teilsystemelement „Leistungsschütz“ und einem Teilsystemelement „Umrichter“ möglich. Das Leistungsschütz erfüllt für sich allein immer einen SILCL = SIL 1, selbst ohne Diagnosedeckungsgrad, und vorausgesetzt der Betätigungszyklus führt nicht dazu, dass die SIL-Anspruchsgrenze von $1 \cdot 10^{-5}$ unterschritten wird.

Mit einem B_{10D} von 1 000 000 / 0,73 = 1 369 863 Schaltspielen würde diese Grenze bei 136 Betätigungen pro Stunde überschritten werden. Nehmen wir eine realistische Anforderungsrate der Sicherheitsfunktion von zehn Mal pro Stunde an. Das λ des Leistungsschützes entspricht dann $\lambda_{De,1} = 7{,}3 \cdot 10^{-7}$.

Der Umrichter kann mit einem $PFH_D < 1 \cdot 10^{-7}$ angenommen werden – dies ist laut Datenblatt der Sinumerik oder Sinamics der Siemens AG problemlos erreichbar. $\lambda_{De,2}$ dieses Teilsystemelements kann also dem $PFH_D = 1 \cdot 10^{-7}$ gleichgesetzt werden (siehe Auszug aus der DIN EN 62061 (**VDE 0113-50**)).

Die Berechnung des gesamten PFH_D des Teilsystems kann nun als Worst Case mit $DC_{De,1} = DC_{De,2} = 0\ \%$ und einem β von 0,01 gemacht werden (Basis-Teilsystemarchitektur B, entspricht auch der Basis-Teilsystemarchitektur D ohne Diagnosedeckungsgrad):

$$PFH_D = (1-\beta)^2 \cdot \lambda_{De,1} \cdot \lambda_{De,2} \cdot T_1 + \frac{\beta \cdot (\lambda_{De,1} + \lambda_{De,2})}{2},$$

mit T_1 = 20 Jahre (oder 175200 h)

$$PFH_D = (1-0{,}01)^2 \cdot 7{,}3 \cdot 10^{-7} \cdot 1 \cdot 10^{-7} \cdot 175\,200 + \frac{0{,}01 \cdot (7{,}3 \cdot 10^{-7} \cdot 1 \cdot 10^{-7})}{2}$$

$$PFH_D = 1{,}669 \cdot 10^{-8} \quad \rightarrow \quad < 10^{-7}.$$

Die SIL-3-Anspruchsgrenze wird nicht überschritten.

Aber wie sieht es mit den strukturellen Einschränkungen aus?

Der Anteil sicherer Ausfälle *SFF* muss laut Tabelle 5 der DIN EN 62061 (**VDE 0113-50**) größer 90 % sein, damit SIL 3 erreichbar wird.

Für den Umrichter kann angenommen werden, dass eine Fehlertoleranz der Hardware *HFT* von 0 vorliegt und der $SFF_{Umrichter} > 90\ \%$ ist.

Die Überwachung des Leistungsschützes führt zu einem $DC_{De,1} = 99\ \%$ und somit auch zu einem $SFF_{Leistungsschütz} = 99\ \%$.

Berechnet man nun den gesamten $SFF_{Teilsystem}$ mit diesen Werten der Teilsystemelemente, dann wird $SFF_{Teilsystem}$ immer > 90 % sein.

Durch Verwendung eines Leistungsschützes wird die Fehlertoleranz der Hardware *HFT* von 0 auf 1 erhöht. Das hat zur Folge, dass ein SIL 3 gemäß der Tabelle 5 der DIN EN 62061 (**VDE 0113-50**) hinsichtlich der strukturellen Einschränkungen erreichbar ist (**Tabelle 9.1**).

Anteil sicherer Ausfälle	**Fehlertoleranz der Hardware (siehe Anmerkung 1)**		
	0	**1**	**2**
< 60 %	nicht erlaubt	SIL 1	SIL 2
60 % … < 90 %	SIL 1	SIL 2	SIL 3
90 % … < 99 %	SIL 2	SIL 3	SIL 3 (siehe Anmerkung 2)
≥ 99 %	SIL 3	SIL 3 (siehe Anmerkung 2)	SIL 3 (siehe Anmerkung 2)

Anmerkung 1: Eine Fehlertoleranz der Hardware von *N* bedeutet, dass *N* + 1 Fehler zu einem Verlust der Sicherheitsfunktion führen können.

Anmerkung 2: Ein SIL-4-Anspruch wird in DIN EN 62061 (**VDE 0113-50**) nicht betrachtet, da er für die Anforderungen zur Risikominderung, die normalerweise bei Maschinen anzutreffen sind, nicht relevant ist. Zu SIL 4 siehe DIN EN 61508 (**VDE 0803**).

Tabelle 9.1 Beispiel strukturelle Einschränkungen – SIL 1 und SIL 2 gleich SIL 3

Wichtige Anmerkungen

Die Überwachung des Leistungsschützes wird nur wegen der strukturellen Einschränkungen gemacht. Dies verbessert den PFH_D des Teilsystems zusätzlich von $1{,}669 \cdot 10^{-8}$ (ohne Diagnose) auf $1{,}048 \cdot 10^{-8}$ (mit $DC_{De,1} = 99\,\%$). Der Worst-Case-Ansatz ist aber völlig ausreichend für die Berechnung des PFH_D-Werts des Teilsystems.

Diese Betrachtung ist mit der DIN EN ISO 13849-1 nicht möglich: Die Kategorien sehen diesen Fall nicht vor! Die strukturellen Einschränkungen könnten mit einer Kategorie 3 bewertet werden. Dies ist dann eine sehr gutmütige Interpretation der Kategorie 3. Aber über den Anhang K der DIN EN ISO 13849-1:2016-06 ist die Ermittlung des PFH_D-Werts nicht möglich, weil die Markov-Modellierung diesen Fall nicht vorsieht.

Jedoch kann mittels der DIN EN 62061 (**VDE 0113-50**) dieses Teilsystem wie oben beschrieben bewertet werden und als SRP/CS in der DIN EN ISO 13849-1 verwendet werden: SIL 3 kann mit PL e gleichgesetzt werden.

10 Mal kritisch hinterfragt

10.1 Die Not-Halt-Funktion sinnvoll bewerten

Als „ergänzende Sicherheitsfunktion" heute realisiert, und trotzdem so oft diskutiert.

Bevor wir dieses schwierige Thema beleuchten wollen, müssen wir uns mit dem Ursprung dieser Funktion auseinandersetzen. Leider bleibt uns nicht mehr die Zeit dazu, und die Diskussion wird dann eher emotional geführt, weil die eigentliche Zielsetzung dabei nicht mehr hinterfragt wird.

Einige Definitionen und Ursachenforschung

Das Schutzziel vor Augen.

Ich möchte gerne zuerst das Schutzziel in den Vordergrund stellen und die Maschinenrichtlinie an dieser Stelle zitieren.

Auszug aus dem Anhang I der Maschinenrichtlinie

1.2.4.3 Stillsetzen im Notfall

Jede Maschine muss mit einem oder mehreren Not-Halt-Befehlsgerät(en) ausgerüstet sein, durch die eine unmittelbar drohende oder eintretende Gefahr vermieden werden kann.

Hiervon ausgenommen sind

- Maschinen, bei denen durch das Not-Halt-Befehlsgerät das Risiko nicht gemindert werden kann, da das Not-Halt-Befehlsgerät entweder die Zeit des Stillsetzens nicht verkürzt oder es nicht ermöglicht, besondere, wegen des Risikos erforderliche Maßnahmen zu ergreifen;
- handgehaltene und/oder handgeführte Maschinen.

Das Not-Halt-Befehlsgerät muss

- deutlich erkennbare, gut sichtbare und schnell zugängliche Stellteile haben;
- den gefährlichen Vorgang möglichst schnell zum Stillstand bringen, ohne dass dadurch zusätzliche Risiken entstehen;
- erforderlichenfalls bestimmte Sicherungsbewegungen auslösen oder ihre Auslösung zulassen.

Wenn das Not-Halt-Befehlsgerät nach Auslösung eines Haltbefehls nicht mehr betätigt wird, muss dieser Befehl durch die Blockierung des Not-Halt-Befehlsgeräts bis zu ihrer Freigabe aufrechterhalten bleiben; es darf nicht möglich sein, das Gerät zu blockieren, ohne dass dieses einen Haltbefehl auslöst; das Gerät darf nur durch eine geeignete Betätigung freigegeben werden können; durch die Freigabe darf die Maschine nicht wieder in Gang gesetzt, sondern nur das Wiederingangsetzen ermöglicht werden.

Die Not-Halt-Funktion muss unabhängig von der Betriebsart jederzeit verfügbar und betriebsbereit sein.

Not-Halt-Befehlsgeräte müssen andere Schutzmaßnahmen ergänzen, aber dürfen nicht an deren Stelle treten.

Weitere Erläuterungen sind im Leitfaden zur Maschinenrichtlinie sehr anschaulich beschrieben, um die Zielsetzung deutlich hervorzuheben.

Auszug aus dem Leitfaden zur Maschinenrichtlinie

§ 202 Not-Halt-Befehlsgeräte

Ein Not-Halt-Befehlsgerät enthält eine spezielle Befehlseinrichtung, die mit der Steuerung verbunden ist und einen Stillsetzbefehl übermittelt, sowie die Komponenten und Systeme, die erforderlich sind, um die gefährlichen Maschinenfunktionen so rasch wie möglich zu stoppen, ohne weitere Risiken zu verursachen.

Not-Halt-Befehlsgeräte sollen es den Bedienern ermöglichen, die gefährlichen Maschinenfunktionen so rasch wie möglich abzuschalten, wenn eine Gefährdungssituation oder ein Gefährdungsereignis eintritt, obwohl bereits andere Schutzmaßnahmen ergriffen wurden. Die Not-Halt-Funktion bietet für sich allein keinen Schutz, weshalb im letzten Satz in Nummer 1.2.4.3 betont wird, dass der Einbau eines Not-Halt-Befehlsgeräts eine Reserve für andere Schutzmaßnahmen wie trennende Schutzeinrichtungen und nicht trennende Schutzeinrichtungen darstellt, aber keinen Ersatz für derartige Maßnahmen. Durch einen Not-Halt können die Bediener jedoch auch verhindern, dass eine gefährliche Situation sich zu einem Unfall ausweitet, oder zumindest die Schwere der Folgen eines Unfalls abmildern. Außerdem können die Bediener durch einen Not-Halt verhindern, dass eine Maschinenfehlfunktion zu einem Maschinenschaden führt.

[…] Spezifikationen für Not-Halt-Abschaltungen sind in der Norm DIN EN ISO 13850 festgelegt. […]

Mehrere Kernaussagen fallen ins Auge und spiegeln sich in der internationalen Überarbeitung der EN ISO 12100 und der EN ISO 13850 wider.

Mindestens ein Not-Halt-Befehlsgerät an der Maschine

Die Maschinenrichtlinie (siehe Anhang I, 1.2.4.3 Stillsetzen im Notfall) verlangt also zu Recht, dass jede Maschine mindestens eine Not-Halt-Funktion haben muss, und das unabhängig von den getroffenen Maßnahmen, die eine Maschine sicher machen sollen: Not-Halt muss immer verfügbar sein, es sei denn durch einen Not-Halt entstehen neue, zusätzliche Risiken.

Andere Schutzmaßnahmen ergänzen

Im Kerngedanken ist die Not-Halt-Funktion also eine ergänzende Schutzmaßnahme, die deshalb auch den Titel „ergänzende Sicherheitsfunktion“ tragen könnte. Eine risikomindernde Maßnahme im Sinne einer Sicherheitsfunktion kann dieser Not-Halt aber niemals sein, weil die Not-Halt-Funktion für ein nicht vorhersehbares Risiko (respektive eine Gefährdung, z. B. hervorgerufen durch das zu bearbeitende Material) vorgesehen ist: Denn wenn das Risiko bekannt wäre, dann könnten konstruktive Maßnahmen ergriffen werden oder aber es würden neue Sicherheitsfunktionen entstehen. Das passiert aber de facto so nicht.

Hinweis

Jede Maschine muss immer für sich allein, ohne eine Not-Halt-Funktion immer sicher sein. Die Maschinenrichtlinie fordert, dass ein Not-Halt vorhanden sein muss. Dies ist bewusst so gewollt: Ein unvorhersehbares Ereignis kann immer auftreten, z. B. das zu bearbeitende Material verursacht eine Gefährdung, deshalb soll der Bediener für diesen Fall die Möglichkeit des Stillsetzens der Maschine haben.

Blockierung des Not-Halt-Befehlsgeräts und Wiederingangsetzen

Nachdem eine Not-Halt-Funktion durch das Betätigen eines Not-Halt-Befehlsgeräts „ausgelöst“oder „initiiert“ wurde, muss dieser neue Zustand aufrechterhalten werden – so lange, bis eine erneute, bewusste Handlung durch den Bediener der Maschine erfolgt.

Das führt zu zwei grundlegenden Eigenschaften einer Not-Halt-Funktion. Erstens muss das Not-Halt-Befehlsgerät selbst nach Betätigung in einen „blockierten“ oder „verriegelten“ Zustand gehen: Gemeint ist eine „zwangsläufige Verrastung“, die den Abschaltbefehl im Not-Halt-Befehlsgerät gewährleistet. Bei den elektromechanischen Befehlsgeräten ist dies grundlegend erst einmal in der DIN EN ISO 13850 gefordert und die entsprechenden technischen Anforderungen finden sich dann in der Produktnorm DIN EN 60947-5-5 (**VDE 0660-210**).

Auszug aus der DIN EN 60947-5-5 (VDE 0660-210):2017-08

6.2 Verrastung

6.2.1 Nachdem das Not-Halt-Signal (einschließlich der erforderlichen Luftstrecke) während der Betätigung des Not-Halt-Geräts erzeugt wurde, muss die Not-Halt-Funktion durch Verrastung des Betätigungssystems aufrecht erhalten werden. Das Not-Halt-Signal muss so lange aufrecht erhalten bleiben, bis das Not-Halt-Gerät rückgestellt (entriegelt) wird. Das Not-Halt-Gerät darf nicht verrasten, ohne ein Not-Halt-Signal zu erzeugen.

Im Falle eines Fehlers in dem Not-Aus-Gerät (Verrasteinrichtung eingeschlossen) muss die Funktion zur Erzeugung des Not-Aus-Signals Vorrang vor der Verrastfunktion haben.

Die Prüfungen müssen nach Abschnitt 7.2, 7.7.2 und 7.7.3 erfolgen.

6.2.2 Die Verrastung muss ordnungsgemäß funktionieren, wenn das Not-Aus-Gerät unter den Bedingungen nach Abschnitt 7.4 oder denen der Herstellerangaben verwendet wird, je nachdem, welche härter sind.

Die Prüfung muss nach Abschnitt 7.3, 7.4, 7.5, 7.6 und 7.7 erfolgen.

6.3 Zusätzliche Anforderungen für Not-Aus-Drucktaster

6.3.1 Das Rückstellen der Verrasteinrichtung muss durch Drehen eines Schlüssels, durch Drehen des Druckknopfs in der angegebenen Richtung oder durch eine Zugbewegung erfolgen.

[...]

Achtung: Der Begriff Not-Aus wird fälschlicherweise noch verwendet, da der englische Begriff „Emergency Stop“ mit „Not-Aus“ in der EN 418, heute DIN EN ISO 13850, übersetzt wurde.

Der zweite Aspekt liegt im Wiederingangsetzen der Maschinenfunktionen. Das Entriegeln des Not-Halt-Befehlsgeräts darf nicht automatisch das „Starten“ der Maschine nach sich ziehen. Lediglich darf das „Starten“ der Maschine wieder möglich sein. Diese Anforderung kann dazu führen, dass nach Auslösen einer Not-Halt-Funktion erst eine Art „Quittierung“ erfolgt, bevor dann ein bewusster Startbefehl die Maschinenfunktionen wieder aktiviert.

Welche Qualität soll die Not-Halt-Funktion haben?

Die Not-Halt-Funktion muss eine garantierte Qualität haben und, ähnlich wie für Sicherheitsfunktionen gefordert, entsprechend definiert und realisiert werden.

Nun gibt es nur in manchen Typ-C-Normen konkrete Anforderung an die Realisierung einer Not-Halt-Funktion. In der internationalen Überarbeitung der ISO 13850 wird erstmals ein PL c bzw. SIL 1 gefordert werden. Dies hat zwei Gründe: Zum einen möchte man eine Mindestanforderung formulieren, und damit signalisieren, dass ein PL c bzw. SIL 1 ausreichend ist. Zum anderen soll verhindert werden, dass mit einfachen elektronischen Mitteln die Auswertung der Not-Halt-Funktion realisiert werden kann.

In der Praxis werden die bestehenden Komponenten zur sicherheitsgerichteten logischen Auswertung und Reaktion auch für die Not-Halt-Funktion mit genutzt.

Eine Not-Halt-Funktion, unabhängig von allen anderen Sicherheitsfunktionen realisiert, wäre sicherlich ideal – aber Aufwand (Kosten) und Nutzen stehen in keinem Verhältnis. Das heißt aber auch, dass die Auslegung hinsichtlich der Qualität einer Not-Halt-Funktion lediglich noch darüber entschieden werden muss, ob das Not-Halt-Befehlsgerät elektrisch ein- oder zweikanalig angebunden wird: Also PL c bzw. SIL 1 oder aber PL d/e bzw. SIL 2/3.

10.2 Betriebsarten

Wie beim Thema Not-Halt-Funktion macht es Sinn, sich zuerst die Schutzziele der Maschinenrichtlinie und die Erläuterungen aus dem Leitfaden zur Maschinenrichtlinie anzuschauen, bevor wir diese Fragestellung sinnvoll beantworten können.

Auszug aus der Maschinenrichtlinie

1.2.5 Wahl der Steuerungs- oder Betriebsarten

Die gewählte Steuerungs- oder Betriebsart muss allen anderen Steuerungs- und Betriebsfunktionen außer dem Not-Halt übergeordnet sein.

Ist die Maschine so konstruiert und gebaut, dass mehrere Steuerungs- oder Betriebsarten mit unterschiedlichen Schutzmaßnahmen und/oder Arbeitsverfahren möglich sind, so muss sie mit einem in jeder Stellung abschließbaren Steuerungs- und Betriebsartenwahlschalter ausgestattet sein. Jede Stellung des Wahlschalters muss deutlich erkennbar sein und darf nur einer Steuerungs- oder Betriebsart entsprechen.

Der Wahlschalter kann durch andere Wahleinrichtungen ersetzt werden, durch die die Nutzung bestimmter Funktionen der Maschine auf bestimmte Personenkreise beschränkt werden kann.

Ist für bestimmte Arbeiten ein Betrieb der Maschine bei geöffneter oder abgenommener trennender Schutzeinrichtung und/oder ausgeschalteter nicht trennender Schutzeinrichtung erforderlich, so sind der entsprechenden Stellung des Steuerungs- und Betriebsartenwahlschalters gleichzeitig folgende Steuerungsvorgaben zuzuordnen:

- Alle anderen Steuerungs- oder Betriebsarten sind nicht möglich;
- der Betrieb gefährlicher Funktionen ist nur möglich, solange die entsprechenden Befehlseinrichtungen betätigt werden;
- der Betrieb gefährlicher Funktionen ist nur unter geringeren Risikobedingungen möglich, und Gefährdungen, die sich aus Befehlsverkettungen ergeben, werden ausgeschaltet;
- der Betrieb gefährlicher Funktionen durch absichtliche oder unabsichtliche Einwirkung auf die Sensoren der Maschine ist nicht möglich.

Können diese vier Voraussetzungen nicht gleichzeitig erfüllt werden, so muss der Steuerungs- oder Betriebsartenwahlschalter andere Schutzmaßnahmen auslösen, die so angelegt und beschaffen sind, dass ein sicherer Arbeitsbereich gewährleistet ist.

Auszug aus dem Leitfaden zur Maschinenrichtlinie

§ 204 Wahl der Steuerungs- oder Betriebsart

Nummer 1.2.5 Absatz 2 gilt für Betriebsarten, für die unterschiedliche Schutzmaßnahmen und Arbeitsabläufe mit andersgearteten Auswirkungen auf die Sicherheit erforderlich sind. Für eine Betriebsart, bei der Werkstücke manuell zugeführt werden, kann beispielsweise eine Absicherung mit beweglichen trennenden Schutzeinrichtungen mit Verriegelung oder mit nicht trennenden Schutzeinrichtungen, z. B. optoelektronischen nicht trennenden Schutzeinrichtungen oder Steuerungseinrichtungen mit Zweihandbedienung geeignet sein. Bei Betriebsarten mit automatischer Werkstückzufuhr dürfte die Verwendung einer Zweihandbedienung als primäre Schutzeinrichtung vermutlich nicht ausreichen.

Im Einstell- oder Wartungsbetrieb können bestimmte Maschinenfunktionen aktiviert werden, die bei geöffneten trennenden Schutzeinrichtungen oder bei abgeschalteten nicht trennenden Schutzeinrichtungen oder mit einem speziellen Bediengerät wie einem Handbediengerät oder Fernbediengerät statt der für den normalen Betrieb vorgesehenen Bediengeräte gesteuert werden.

In diesen Fällen muss jede Stellung des Betriebsartenwahlschalters einer bestimmten Steuerungs- oder Betriebsart zugeordnet sein und der Betriebsartenwahlschalter muss in jeder Stellung verriegelt werden können; außerdem muss das Gerät die erforderlichen Anzeigeeinrichtungen aufweisen, anhand derer dem Bedienpersonal in eindeutiger Form angezeigt werden kann, welche Steuerungs- oder Betriebsart aktiviert ist – siehe § 194: Anmerkungen zu Nummer 1.2.2 Absatz 4.

Betriebsart und Betriebsartenanwahl

Es mag zwingend erscheinen, dass eine Betriebsartenanwahl selbst immer als Sicherheitsfunktion erklärt wird: Schließlich ist die Betriebsart entscheidend für weitere Sicherheitsfunktionen, die wegen genau dieser angewählten Betriebsart auf einmal relevant sind.

Doch so einfach ist das nicht. Wenn wir uns die Definition einer Sicherheitsfunktion in Erinnerung rufen, dann ist immer die „Ursache-Wirkung" zu betrachten und daraufhin zu entscheiden, wie eine Bewertung zu erfolgen hat.

Bei einer Betriebsartenanwahl liegt genau hier die Schwierigkeit: Wann ist eine mögliche Ursache gegeben und wann erfolgt eine gewünschte Wirkung?

Denn: Es passiert durch eine Betriebsartenanwahl erst einmal gar nichts. Mit ihrer Anwahl wird keine direkte Wirkung erwartet, wie das Stillsetzen einer Gefahr bringenden Bewegung. Sie ist einfach durch den Bediener einer Maschine angewählt worden, ohne eine unmittelbare Wirkung auszuüben. Im Gegenteil, sie ist eingebettet im Maschinenprozess und wird nur bewusst zu einem definierten Zeitpunkt angewählt oder geändert. Unbewusst oder gar ungewollt geschieht das nie: Dafür gibt es Betriebsartenwahlschalter, zu denen nur ausgebildete Personen Zugang haben, oder die nur von genau diesen versierten Bedienern der Maschine genutzt werden, mit dem Ziel die Maschine in besonderer Form bedienen zu können.

Somit ist leicht erkennbar, dass der Prozess, der Umstand, warum eine Betriebsart angewählt wird, hier von großer Bedeutung ist. Dies ist dem Aspekt der systematischen Integrität zuzuordnen, aber nicht der Versagenswahrscheinlichkeiten.

Wann wird eine Betriebsart „Automatik“ gültig? Wenn deren Anwahl erfolgte und eine einfache oder komplexe Sequenz an Bedienungen oder Bedingungen erfüllt ist. Erst dann wird dieser Automatikbetrieb freigegeben und die Maschine kann in dieser Betriebsart auch betrieben werden.

Warum erzähle ich das so ausführlich an dieser Stelle?

Weil die Diskussion oft auf die Wahrscheinlichkeit des Versagens der Betriebsartenanwahl, also z. B. den elektrischen Kontakten, die eine Betriebsartenanwahl der Steuerung signalisieren, reduziert wird. Das ist jedoch zu kurz gegriffen und nicht wirklich hilfreich in der gesamten Diskussion. Tatsache bleibt: Der Prozess der Anwahl der Betriebsart muss betrachtet werden, und dann die daraus resultierenden Konsequenzen in Form von „angewählten“ Sicherheitsfunktionen.

Wenn man sich die Typ-C-Normen genauer anschaut, wird man feststellen, dass genau die Anforderungen an diesen Prozess der Betriebsartenanwahl vornehmlich beschrieben werden. So ist verständlich, dass wegen der Sicherheitsfunktionen, die in Abhängigkeit der Betriebsart aktiv sind, die Betriebsartenanwahl die gleiche Sicherheitsintegrität wie diese Sicherheitsfunktionen haben sollte: einkanalig bei SIL 1 und zweikanalig bei SIL 2 oder SIL 3.

Und genau deshalb finden sich in den Software-Tools der Hersteller von sicherheitsgerichteten Komponenten sogenannte „Betriebsartenanwahl“-Funktionsbausteine, die den Prozess der Betriebsartenanwahl auswerten und plausibilisieren – systematische Betrachtungen gepaart mit logisch möglichen Zuständen werden auf Plausibilität geprüft, und nur dann wird die Betriebsart auch freigegeben.

Schutzmaßnahmen für Betriebsarten gemäß der VDI 2854 – erinnern wir uns

Bereits 1991 ist in der VDI 2854 „Sicherheitstechnische Anforderungen an automatisierte Fertigungssysteme“, die Kombination der Schutzmaßnahmen und einer gewählten Betriebsart („manueller Betrieb“) tabellarisch zum besseren Verständnis dargestellt worden.

Für die vier Betriebsarten Einrichten, Programmieren, Testen mit reduzierter Geschwindigkeit und Testen mit Arbeitsgeschwindigkeit werden Betriebsbedingungen definiert:

- Einschalten der Betriebsart „manueller Betrieb“ mit einem abschließbaren Wahlschalter, oder Aufhebung mit einer separaten Schließeinrichtung bei bereits vorgewählter Betriebsart;
- Einrichten nur unter bestimmten Bedingungen (z. B. Tippbetrieb);
- Sichern besonders Gefahr bringender Zustände (z. B. durch ortsbindende oder überwachte trennende Schutzeinrichtungen).

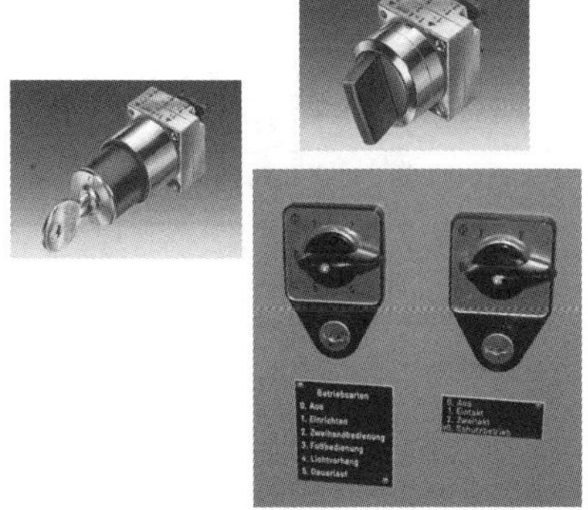

Bild 10.1 Sirius-Betriebsartenwahlschalter, Nockenschalter oder mit Schlössern, 3SB3 der Siemens AG

Gemäß VDI 2854 – Betriebsart / Schutzeinrichtungen	Automatikbetrieb	Nicht-Automatikbetrieb (manueller Betrieb)			
	Gesamtsystem, Teilsystem	**Einrichten**	**Programmieren**	**Testen mit reduzierte Geschwindigkeit**	**Testen mit Arbeitsgeschwindigkeit**
1. Betriebsart festgelegt	(1)	(1) (2) (3) (4) (5)	(1) (2) (3) (4)	(1) (2) (3)	(1) (2) (3)
2. Schutzeinrichtungen für den Automatikbetrieb wirksam	(1)				
3. Bei Teilsystemen keine Gefahren zu benachbarten Teilsystemen	(1)				
4. Keine Personen im Gefahrenbereich	(1)				
5. Reduzierte Geschwindigkeit		(1) (2) (5)	(1) (2)	(1) (2)	
6. Sichere reduzierte Geschwindigkeit		(3)	(3)	(3)	
7. Schlüsselschalter zum Aufheben der reduzierten Geschwindigkeit					(1) (2) (3)
8. Zustimmschalter dreistufig		(1)	(1)	(1)	(1)
9. Zustimmschalter zweistufig		(2)	(2)	(2)	(2)
10. Not-Halt-Einrichtung		(2) (3) (4)	(2) (3) (4)	(2) (3)	(2)
11. Tippschaltung		(3)	(3)	(3)	
12. Tippschaltung ortsgebunden		(4) (5)	(4)		
13. Schutzeinrichtungen ortsgebunden					(3)
14. Achsbegrenzungen			wenn möglich	wenn möglich	wenn möglich

Anmerkung: (1) (2) (3) (4) (5) Die in einem Kreis dargestellten Ziffern stellen jeweils eine Möglichkeit dar, mit denen eine Betriebsart realisiert werden kann. So gibt es für das Einrichten fünf verschiedene „Varianten", mit den entsprechenden benötigen Schutzmaßnahmen.
Beispiel: Einrichten mit Variante (1) verlangt, dass eine Betriebsart festgelegt wurde und die reduzierte Geschwindigkeit mit einem dreistufigen Zustimmschalter überwacht wird. Dagegen muss bei (2), unter Verwendung eines zweistufigen Zustimmschalters, zusätzlich eine Not-Halt-Einrichtung vorgesehen werden.

Tabelle 10.1 Betriebsarten und Schutzmaßnahmen gemäß VDI 2854 (und DIN EN ISO 11161)

10.3 Die Zuhaltung einer Verriegelungsreinrichtung berücksichtigen

In der Überarbeitung der DIN EN ISO 14119:2014-03 wurden erstmals Anforderungen im Zusammenhang mit der Funktionalen Sicherheit hinsichtlich der Zuhaltung einer Verriegelungseinrichtung formuliert. Anmerkung: Die deutsche DIN-EN-Übersetzung liegt noch nicht vor.

Auszug aus der DIN EN ISO 14119:2014-03

8.4 Entsperrung einer Zuhaltung

Bei der Entsperrung der Zuhaltung zählen alle Einrichtungen zum

- Detektieren der Zuhaltestellung,
- Erkennen der Bedingungen zum Entsperren (z. B. Drehzahl- oder Stellungsüberwachung, Zeitverzögerung),
- Verarbeiten der logischen Signale und
- zum Entsperren der trennenden Schutzeinrichtung

als Teil der sicherheitsbezogenen Steuerung (SRP/CS), und die entsprechende Sicherheitsfunktion muss den durch die Risikobeurteilung geforderten PL_r oder SIL erfüllen.

Anmerkung 1: Wenn die Risikobeurteilung zeigt, dass während des Zeitraums zwischen Erkennen eines nicht bestimmungsgemäßen Öffnens der trennenden Schutzeinrichtung und dem sicheren Zustand der Maschine eine gefährliche Situation auftreten kann und deshalb eine Risikominderung durch eine Sicherheitsfunktion für die Zuhaltung erforderlich ist, gelten alle Teile der Einrichtung zum Entsperren/Sperren des Ansteuerungssignals als sicherheitsbezogene Teile der Steuerung.

Anmerkung 2: Der PL_r oder SIL hängt von der anwendungsspezifischen Risikobeurteilung ab. In den meisten Fällen ist der PL_r oder SIL der Zuhaltefunktion niedriger als der PL_r oder SIL der Verriegelungsfunktion. Die Wahrscheinlichkeit für den Ausfall der Zuhaltefunktion und dem gleichzeitigen Zutritt einer Person ist sehr gering. Für die Zuhaltefunktion sind auch im Fall von PL_r e Fehlerausschlüsse für die mechanischen Teile möglich (siehe ISO 13849-2:2012-10, Anhang A); ISO 13849-2:2012, Tabelle D.8, gilt nicht für Zuhaltungen, da D.8 nur auf Verriegelungseinrichtungen zutrifft.

Klar ist, dass nichts klar ist – dass alles von einer Risikobeurteilung abhängen wird, hätte man auch einfacher formulieren können. Die Zuhaltung kann, muss aber nicht zwangsläufig als Sicherheitsfunktion betrachtet werden.

Im Grunde werden folgende Anforderungen gestellt:

Das entscheidende Kriterium ist die Nachlaufzeit der Maschinenfunktionen in Kombination mit einem möglichen Fehler in der Zuhaltung (als „Zuhaltefunktion"): Wenn ein ungewolltes Entriegeln der Zuhaltung (z. B. durch einen Fehler in der Ansteuerung der Zuhaltung) möglich ist und ein Gefahr bringender Zustand für den Bediener der Maschine entstehen kann, dann gilt es dieses Entriegeln der Zuhaltung sicherheitsgerichtet zu realisieren.

Und die Tatsache, dass dieser Fehlerzeitpunkt voraussetzt, dass der Bediener just in diesem Moment auch anwesend sein muss, wird in der zweiten Anmerkung dadurch berücksichtigt, dass die (empfohlene) Anforderung an die Zuhaltung um eine Stufe niedriger sein darf als die Stellungsüberwachung durch die gesamte Verriegelungseinrichtung.

Das bedeutet im Klartext: Sollte eine Schutztürüberwachung in PL e bzw. SIL 3 ausgelegt sein, dann darf die Zuhaltung in PL d bzw. SIL 2 erfolgen. Diese Sichtweise hat einen ganz pragmatischen Hintergrund: Schutztüren werden höchst selten mit zwei Verriegelungseinrichtungen mit zwei Zuhaltungen überwacht und verriegelt und PL d bzw. SIL 2 kann mit einem einkanaligen Aufbau (eine einzige Zuhaltung also) und mit entsprechender Diagnosefunktion erreicht werden.

Sicherheitsfunktion oder nicht? In der Praxis wird eine Zuhaltung oft deshalb verwendet, damit der Prozess der Maschine nicht irrtümlicherweise durch den Bediener der Maschine unterbrochen werden kann. Diese Verwendungsart der Zuhaltung hat primär einen Verfügbarkeitsgedanken und keinen Sicherheitsgedanken. Ebenso wenn der Bediener sich der Gefahr bewusst ist und selbst nie auf die Idee kommen würde, sich dem Gefahrenbereich anzunähern (z. B. werden heiße Emulsionen offensichtlich verwendet und Schutzklappen verhindern einen direkten Kontakt), dann muss keine Sicherheitsfunktion mit aller Gewalt definiert werden. Eine prozesstechnische Berücksichtigung dieser Tatsache ist völlig ausreichend.

10.4 Nicht alles muss berechnet werden

Was keine Ausfallrate hat, darf auch mal anders bewertet werden.

Es gibt sie, diese Komponenten, für die einfach keine Daten für eine Wahrscheinlichkeit Gefahr bringender Ausfälle zu finden sind: Sei es, weil der Hersteller der Komponente die Daten nicht offenlegen möchte, oder sei es, weil die Ermittlung nicht so trivial ist, wie allgemein vermutet. Ganz zu schweigen von Unikaten, die zerstört werden müssten, damit ihnen Daten zugeordnet werden könnten.

Und was nun tun?

Begriffe wie „betriebsbewährt" (en: proven in use gemäß DIN EN 61508 (**VDE 0803**)) oder systematische Betrachtungen treten zu Recht wieder in den Vordergrund und gehören bewusst zu der Funktionalen Sicherheit.

In der Prozessindustrie hat der Betreiber bereits in der Vergangenheit Komponenten oder Anordnung von Komponenten als bewährt eingestuft: Durch wiederverwendete Lösungen in x Anlagen ist ein Rückschluss auf die Qualität der Lösung aufgrund der gesammelten Erfahrungen möglich und auch zulässig.

In der Maschinensicherheit ist das nicht so einfach: Der Bediener der Maschine ist selten der Hersteller der Maschine, und jede Maschine ist doch irgendwie ein Unikat. Die Beweisführung zur Betriebsbewährtheit ist also nicht so simpel in der Praxis.

Nehmen wir das Beispiel des Werkstückspannens bei Werkzeugmaschinen. In der Typ-C-Norm DIN EN ISO 23125:2015-04 „Werkzeugmaschinen – Sicherheit – Drehmaschinen" wird detailliert auf diese wichtige Funktion des Werkstückspannens eingegangen.

Auszug aus der DIN EN ISO 23125:2015-04

5.2.3 Spannbedingungen für das Werkstück

a) Die allgemeinen Bedingungen sind die folgenden:
   1) Werkstückspannzeuge müssen ISO 16156 entsprechen;
   2) Werkstückspannzeuge, außer Spannzangen, müssen deutlich mit ihrer max. zulässigen Drehzahl gekennzeichnet sein (siehe Abschnitt 6.2.8 der DIN EN ISO 23125:2015-04);
   3) Es darf nicht möglich sein, das Öffnen oder Schließen des Werkstückspannzeugs von Hand auszulösen, während sich die Spindel(n) dreht (drehen);
   4) Bei Maschinen, bei denen eine programmierbare Spindeldrehzahl verfügbar ist und die mit anderen Spannzeugen als Spannzangen ausgerüstet sind, darf ein Programm nur dann im automatischen Betrieb laufen, wenn folgende Bedingungen erfüllt sind:

i) Maschinen müssen Einrichtungen für die Eingabe bzw. Bestätigung der max. Bearbeitungsdrehzahl (siehe Abschnitt 3.6.3 der DIN EN ISO 23125:2015-04) unter Berücksichtigung der max. Drehzahl des Spannfutters (siehe Abschnitt 3.6.2 der DIN EN ISO 23125:2015-04) und des Werkstücks (siehe Abschnitt 6.2.8 der DIN EN ISO 23125:2015-04) in Betriebsart 2 (Einrichtbetrieb) haben. Ein Fehler bei der Eingabe oder Bestätigung dieser Drehzahl(en) bei jedem Programmwechsel muss verhindern, dass die Maschine in der Betriebsart 1 (Automatischer Betrieb) läuft. Die niedrigste Drehzahl muss überwacht werden [siehe DIN EN ISO 23125:2015-04, Abschnitt 5.11 b] 5)] und darf nicht überschritten werden.

ii) Nur für große Maschinen der Bauart 3 müssen Einrichtungen vorhanden sein die Beschleunigungen und/oder Abbremsungen verhindern, die zum Verlust der Werkstückspannung führen können, z. B. durch dynamisches Beschleunigen/Abbremsen, oder durch manuelles Einstellen (sachtes Anfahren/Anhalten, üblicherweise bei manuell gesteuerten Maschinen).

5) Drehfutter, Planscheiben und andere Werkstückspannzeuge müssen, wie in DIN ISO 702-1, DIN ISO 702-2, DIN ISO 702-3 und DIN ISO 702-4 festgelegt, an der Spindel befestigt sein.

b) Kraftbetriebene Werkstückspannzeuge:

1) Eine für das sichere Spannen des Werkstücks ausreichende Betätigungskraft muss so lange aufrechterhalten bleiben, bis die Spindel zum Stillstand gekommen ist (nach ISO 16156:2004-02, Abschnitt 5.2.1), z. B. durch Rückschlagventile im Hydrauliksystem oder durch selbsthemmende Werkstückspannzeuge.

2) Bei Werkstückspannzeugen müssen Einrichtungen zur Überwachung der Betätigungskraft des Werkstückspannzeugs vorhanden sein (z. B. durch Überwachung des Hydraulik- oder Vakuumdrucks). Um sicherzustellen, dass genügend Hub verbleibt, nachdem das Werkstück gespannt wurde, muss bei Spannfuttern zusätzlich der Spannweg der Spannbacken überwacht sein. Wenn die erforderliche Betätigungskraft nicht erreicht wird, oder der notwendige verbleibende Hub unzureichend ist, muss das Ingangsetzen der Werkstückspindel verhindert sein [siehe DIN EN ISO 23125:2015-04, Abschnitt 5.11 b) 7)]. Wenn die Überwachung des Spannwegs der Spannbacken nicht möglich ist, müssen andere Sicherheitsmaßnahmen vorgesehen werden.

[…]

Warum ist dieser Auszug so interessant? Weil die Funktion des Werkstückspannens lediglich mit einem PL b eingestuft wird und „nur“ steuerungstechnischen Maßnahmen bewertet werden.

Mit diesem Beispiel möchte ich aufzeigen, dass die eigentliche Funktion immer aus einer Reihe von systematischen Betrachtungen besteht und dass dann zum Schluss eine sicherheitsgerichtete Bewertung der Steuerungskomponenten erfolgt: Diese Kombination ist entscheidend für den Erfolg der realisierten Sicherheitstechnik – und nicht nur der eine Aspekt der Wahrscheinlichkeitsbetrachtungen.

Und wenn es für gewisse Komponenten keine Daten gibt, die eine Berechnung der Wahrscheinlichkeit Gefahr bringender Ausfälle erlaubt, aber das Gesamtkonzept der Sicherheitstechnik zuträglich ist, ja dann ist diese Lösung mit dem Motto „Nach besten Wissen und Gewissen“ und mit dem Stand der Technik zu rechtfertigen.

Mehr kann Sicherheitstechnik auch nicht sein. Siehe auch Kapitel 8.4.10.

10.5 Nur sinnvolle Diagnosedeckungsgrade verwenden

Welcher Diagnosedeckungsgrad kann typischerweise für Teilsysteme bzw. SRP/CS mit elektromechanischen Komponenten festgelegt werden, und welche Sicherheitsintegrität ist dann erreichbar?

Die nachfolgenden Beispiele haben sich in der Praxis bewährt.

Mit ***DC* = 99 %** ist max. SIL 3 nach DIN EN 62061 (**VDE 0113-50**) bzw. PL e nach DIN EN ISO 13849-1 erreichbar, wenn

- zwei Komponenten verwendet werden und auf Diskrepanz und Querschluss überwacht werden.
  Beispiel: Zwei Positionsschalter, oder zwei Schütze die mittels der Spiegelkontakte spätestens beim Wiedereinschalten überwacht werden;
- eine Komponente elektrisch zweikanalig auf Diskrepanz und Querschluss überwacht wird.
  Beispiel: Ein Not-Halt-Befehlsgerät (dies gilt auch dann, wenn mehrere Not-Halt-Befehlsgeräte elektrisch in Reihe verschaltet sind, da das regelmäßige und gleichzeitige Betätigen mehrerer Not-Halt-Befehlsgeräte ausgeschlossen werden kann).

Mit ***DC* = 90 %** ist max. SIL 2 nach DIN EN 62061 (**VDE 0113-50**) bzw. PL d nach DIN EN ISO 13849-1 erreichbar, wenn

- eine Komponente elektrisch zweikanalig auf Diskrepanz und Querschluss überwacht wird.
  Beispiel: Ein Positionsschalter mit getrenntem Betätiger;
- eine Komponente elektrisch einkanalig zeitlich überwacht wird.
  Beispiel: Die Zuhaltung eines Positionsschalters mit getrenntem Betätiger.

Mit ***DC* = 60 %** ist max. SIL 2 nach DIN EN 62061 (**VDE 0113-50**) bzw. PL d nach DIN EN ISO 13849-1 erreichbar, wenn

- mehrere Komponenten, die elektrisch in Reihe geschaltet sind, auf Diskrepanz und Querschluss überwacht werden.
  Beispiel: Insgesamt sechs Positionsschalter (also drei Schutztürüberwachungen), dabei sind zwei Positionsschalter je Schutztürüberwachung notwendig.

Wichtige Anmerkungen

Die Überwachung der Verdrahtungsfehler, also ein möglicher Querschluss, ist in Wirklichkeit nicht als Teil der Diagnosefähigkeit zu bewerten, sondern ist primär Teil der systematischen Betrachtungen: Wenn anwendungsseitig ein Querschluss ausgeschlossen werden kann, dann ist das genau so hochwertig einzustufen wie die Lösung, die einen Querschluss durch die sicherheitsgerichtete Auswertung aufdeckt. Es kann also ein Diagnosedeckungsgrad von 99 % ohne Querschlusserkennung erreicht werden, wenn die Verlegeart der elektrischen Verdrahtung diesen Fehler ausschließen kann, z. B. im Schaltschrank.

Zusätzlich kann die sogenannte „Erwartungshaltung" als grundlegendes Prinzip einer Diagnose verwendet werden. Beispiel: Anstelle eine Regelung sicherheitsgerichtet mit einer Software zu programmieren, kann das Überwachen der Grenzwerte sicherheitsgerichtet überwacht werden – es werden dedizierte Werte der nicht – sicherheitsgerichteten Regelung erwartet. Oder: Ein Signal muss in einem definierten Zeitfenster einen bestimmten Zustandswechsel haben. Damit lassen sich einkanalige Lösungen nicht nur statisch überwachen, sondern ein zweiter logischer Kanal mittels einer zeitlichen Erwartungshaltung an das Verhalten dieser einkanaligen Lösung hilft eine höhere Diagnose zu erzielen – meistens kann *DC* = 90 % angenommen werden.

10.6 „Standard"-Komponenten mit Vorsicht wählen

Die Frage der Haftung und der richtige Umgang mit „nicht für die Funktionale Sicherheit entwickelten Produkten". Der Schein trügt.

Bei einem Einsatz von Komponenten bzw. Geräten, die nicht spezifisch für sicherheitsgerichtete Anwendungen entwickelt wurden, z. B.

- Standardsensorik, berührungslose wirkende Schutzeinrichtungen (BWS),
- Standardsteuerungen (SPS) und deren dezentrale Peripherie,
- Aktor-Sensor-Interface (AS-i),
- Antriebe und sonstige Standardaktorik

stehen die Sicherheitsmerkmale Kategorie, PL, SIL oder PFH_D nicht zur Verfügung. Welche Anforderungen werden an die Verwendung von solchen „Standard"-Komponenten gestellt, damit diese dann in sicherheitsgerichteten Funktionen, den sogenannten Sicherheitsfunktionen, eingesetzt werden können und dem Anspruch der Funktionalen Sicherheit entsprechen?

Allgemeine Anforderungen an programmierbar elektronische Steuerungskomponenten (Systeme)

In der Einleitung der DIN EN ISO 13849-1 werden die Anforderungen an den Performance Level einer Sicherheitsfunktion wie folgt beschrieben:

„Die Wahrscheinlichkeit eines Gefahr bringenden Ausfalls der Sicherheitsfunktion hängt von mehreren Faktoren ab, einschließlich der Hardware- und Softwarestruktur, dem Umfang der Fehler-Detektionsmechanismen [Diagnosedeckungsgrad (DC)], der Zuverlässigkeit von Bauteilen [mittlere Zeit bis zum Gefahr bringenden Ausfall ($MTTF_D$), den Ausfällen infolge gemeinsamer Ursache (CCF)], dem Gestaltungsprozess, der Belastung im Betrieb, den Umgebungsbedingungen und den betrieblichen Einsatzbedingungen."

Im Anwendungsbereich der DIN EN ISO 13849-1 wird bewusst bei der Verwendung von programmierbar elektronischen Systemen zusätzlich vermerkt:

Dieser Teil der DIN EN ISO 13849 stellt spezielle Anforderungen für SRP/CS mit programmierbar elektronischen Systemen bereit.", mit der sehr wichtigen Anmerkung „für sicherheitsbezogene Embedded-Software in Komponenten mit PL_r = e, siehe DIN EN 61508-3 (**VDE 0803-3**):2011-02, Abschnitt 7.

Tabelle 10.2 kann zusammenfassend, und das unabhängig von der geforderten Wahrscheinlichkeit eines Gefahr bringenden Ausfalls, die grundlegenden Anforderungen der DIN EN ISO 13849-1 und der DIN EN ISO 13849-2 aufzeigen.

<table>
<tr><th>PL</th><th>Kategorie</th><th>Grundlegende Anforderungen nach DIN EN ISO 13849-1 und DIN EN ISO 13849-2, unabhängig von der geforderten Wahrscheinlichkeit eines Gefahr bringenden Ausfalls</th></tr>
<tr><td>a</td><td>B</td><td>keine Einschränkungen</td></tr>
<tr><td>b</td><td>B</td><td>keine Einschränkungen</td></tr>
<tr><td>c</td><td>1</td><td>nicht möglich, da keine bewährten Bauteile nach DIN EN ISO 13849-2</td></tr>
<tr><td>c</td><td>2</td><td rowspan="3">Nachweis der Beherrschung und Vermeidung von systematischen Ausfällen (hiermit wird die Komplexität des SRP/CS und des entsprechenden PL berücksichtigt)
der Hardware:
G.1 Allgemeines
G.2 Maßnahmen zur Beherrschung systematischer Ausfälle
G.3 Maßnahmen zur Vermeidung systematischer Ausfälle
G.4 Maßnahmen zur Vermeidung systematischer Ausfälle während der Integration des SRP/CS
und
der Software:
4.6.1 V-Modell
4.6.2 Embedded Software (Firmware)
4.6.3 Anwendersoftware</td></tr>
<tr><td>d</td><td>3</td></tr>
<tr><td>e</td><td>4</td></tr>
</table>

Tabelle 10.2 Zusammenfassende Darstellung der grundlegenden Anforderungen an programmierbar elektronische Steuerungskomponenten (Systeme) nach DIN EN ISO 13849-1 und DIN EN ISO 13849-2, unabhängig von der geforderten Wahrscheinlichkeit eines Gefahr bringenden Ausfalls

Wichtiger Hinweis

Ein PL e ist nur mit programmierbar elektronischen (Standard-)Steuerungskomponenten erreichbar, wenn diese durch eine benannte Stelle nach der DIN EN 61508-3 (**VDE 0803-3**) geprüft wurden.

Detaillierte Anforderungen an programmierbar elektronische Steuerungskomponenten (Systeme)

Hier liegen die größten Herausforderungen. Es wird in der DIN EN 62061 (**VDE 0113-50**) unter dem Aspekt der systematischen Fehler als auch unter dem Aspekt des V-Modells der Software umfangreiche Anforderungen gestellt. Diese hier jetzt zu zitieren ist nicht zielführend.

Die DIN EN ISO 13849-1 stellt im Grunde vergleichbare Anforderungen an die Softwareerstellung.

10.7 Ein Vergleich mit dem Anhang K der DIN EN ISO 13849-1:2016-06 lohnt sich

*Abweichungen zur DIN EN 62061 (**VDE 0113-50**) sind normal, weil die Markov-Modellierung der DIN EN ISO 13849-1 die Diagnose nicht ausschließlich als Eingangsgröße betrachtet.*

Der Anwender der DIN EN ISO 13849-1:2016-06 kann nur über den informativen Anhang K, Tabelle K.1 die Wahrscheinlichkeit eines Gefahr bringenden Ausfalls mit dem PFH_D-Wert für ein SRP/CS ermitteln. Hintergrund dieser Tabelle K.1 ist eine Markov-Modellierung, die abhängig von den Kategorien erstellt wurde (siehe auch BGIA-Report, 2/2008e „Funktionale Sicherheit von Maschinensteuerungen – Anwendung der DIN EN ISO 13849, Deutsche Gesetzliche Unfallversicherung (DGUV) (Hrsg.)).

Die benötigten Eingangsgrößen sind:

- die ausgewählte Architektur in Form einer Kategorie,
- der mittlere Diagnosedeckungsgrad DC_{avg},
- der mittlere Gefahr bringende Ausfallrate $MTTF_D$ eines Kanals.

Wichtiger Hinweis

Das mathematische Markov-Modell ist grundsätzlich unabhängig von einer gewählten Technologie (elektrisch, hydraulisch, pneumatisch, mechanisch usw.) – dieser Ansatz findet sich ebenso in der DIN EN 62061 (**VDE 0113-50**) im normativen Teil: Die mathematischen Betrachtungen der Wahrscheinlichkeiten Gefahr bringender Ausfälle basieren auf den Ausfallraten der verwendeten Komponenten und damit immer unabhängig von jeglicher Technologie.

Die einzige Annahme, die bei der Modellierung gemacht wird, ist, dass eine konstante Ausfallrate der Komponenten vorausgesetzt wird – $MTTF_D$ oder λ_D verändern sich nicht.

Die Markov-Modellierung in der DIN EN ISO 13849-1 verwendet dabei den $MTTF_D$ eines Kanals als Teil der Diagnoseeinrichtung, im Gegensatz zur DIN EN 62061 (**VDE 0113-50**). Somit ergibt sich eine quasi-lineare Verteilung des DC_{avg} in Abhängigkeit des $MTTF_D$ eines Kanals.

Beispielhafte Diskussion der Kategorie 3 mit DC_{avg} „niedrig“

Der Diagnosedeckungsgrad „niedrig“ wird mit $60\,\% \leq DC < 90\,\%$ in der DIN EN ISO 13849-1 definiert. Der Verlauf des Diagnosedeckungsgrad *DC* ist nachfolgend abgebildet.

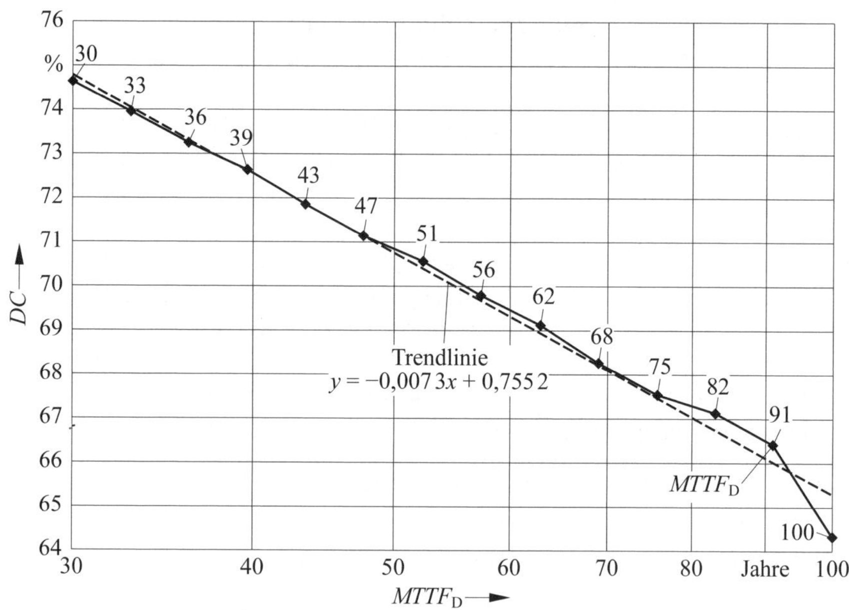

Bild 10.2 Beispiel – DC_{avg} („niedrig“) – Diskussion, mit der Kategorie 3 und abhängig von $MTTF_D$ eines Kanals in der informativen Tabelle K.1 der DIN EN ISO 13849-1:2016-06

Der Diagnosedeckungsgrad ist nicht konstant, sondern quasi linear fallend!

Da der $MTTF_D$ eines Kanals einen direkten Einfluss auf die Diagnosefähigkeit hat, muss der Diagnosedeckungsgrad quasi linear mit wachsendem $MTTF_D$ eines Kanals fallen. Dies erscheint erstaunlich, ist aber nachvollziehbar: Desto höher der $MTTF_D$ eines Kanals ist, umso geringer ist der Einfluss auf die Diagnosequalität, und somit muss sich die Diagnose verschlechtern – die Güte der Komponenten überwiegt vor der Architekturauswahl.

Der PFH_D-Wert im informativen Anhang K der DIN EN ISO 13849-1:2016-06 ist quasi-linear abhängig vom $MTTF_D$ eines Kanals und dem DC_{avg}.

In der Praxis wird z. B. mit einer Kategorie 3 und einem DC_{avg} von 60 % („niedrig“), sowie mit einem $MTTF_D$ eines Kanals von 36 Jahren die informative Tabelle K.1 verwendet: Dies führt zu einem besseren PFH_D-Wert, da der $DC_{avg} \approx 73$ % in der Markov-Modellierung ist.

Zusätzlich wird in der informativen Tabelle K.1 der DIN EN ISO 13849-1:2016-06 grundsätzlich der PFH_D-Wert für ein SRP/CS durch einen $MTTF_D$ eines Kanals mit max. 100 Jahre begrenzt. Dies kann in der Praxis problematisch sein.

> **Hinweis**
>
> Die Aussagen der Tabelle K.1 in der DIN EN ISO 13849-1 sind informativ.
>
> Die vereinfachten Formeln der DIN EN 62061 (**VDE 0113-50**) befinden sich im normativen Teil der Norm und berücksichtigen den Diagnosedeckungsgrad als Eingangsgröße bei der Berechnung des PFH_D-Werts und somit sind die PFH_D-Werte für eine einkanalige oder zweikanalige Architektur transparent nachvollziehbar.
>
> Abweichungen zwischen den PFH_D-Werten beider Normen sind daher unvermeidbar.

Numerischer Vergleich der PFH_D-Werte der beiden Normen

Weitere detaillierte Betrachtungen werden im Kapitel 10 gemacht.

$MTTF_D$ in Jahre	λ_D in 1/h	Einkanalig mit Diagnose (Kategorie 2)					
		DIN EN 62061 (VDE 0113-50)	DIN EN ISO 13849-1		DIN EN 62061 (VDE 0113-50)	DIN EN ISO 13849-1	
		DC = 60 %	$DC_{avg,\ niedrig}$	PL	DC = 90 %	$DC_{avg,\ mittel}$	PL
3	$3{,}81 \cdot 10^{-5}$	$1{,}52 \cdot 10^{-5}$	$2{,}58 \cdot 10^{-5}$	a	$3{,}81 \cdot 10^{-6}$	$1{,}99 \cdot 10^{-5}$	a
3,3	$3{,}46 \cdot 10^{-5}$	$1{,}38 \cdot 10^{-5}$	$2{,}33 \cdot 10^{-5}$	a	$3{,}46 \cdot 10^{-6}$	$1{,}79 \cdot 10^{-5}$	a
3,6	$3{,}17 \cdot 10^{-5}$	$1{,}27 \cdot 10^{-5}$	$2{,}13 \cdot 10^{-5}$	a	$3{,}17 \cdot 10^{-6}$	$1{,}62 \cdot 10^{-5}$	a
3,9	$2{,}93 \cdot 10^{-5}$	$1{,}17 \cdot 10^{-5}$	$1{,}95 \cdot 10^{-5}$	a	$2{,}93 \cdot 10^{-6}$	$1{,}48 \cdot 10^{-5}$	a
4,3	$2{,}65 \cdot 10^{-5}$	$1{,}06 \cdot 10^{-5}$	$1{,}76 \cdot 10^{-5}$	a	$2{,}65 \cdot 10^{-6}$	$1{,}33 \cdot 10^{-5}$	a
4,7	$2{,}43 \cdot 10^{-5}$	$9{,}72 \cdot 10^{-6}$	$1{,}60 \cdot 10^{-5}$	a	$2{,}43 \cdot 10^{-6}$	$1{,}20 \cdot 10^{-5}$	a
5,1	$2{,}24 \cdot 10^{-5}$	$8{,}95 \cdot 10^{-6}$	$1{,}47 \cdot 10^{-5}$	a	$2{,}24 \cdot 10^{-6}$	$1{,}10 \cdot 10^{-5}$	a
5,6	$2{,}04 \cdot 10^{-5}$	$8{,}15 \cdot 10^{-6}$	$1{,}33 \cdot 10^{-5}$	a	$2{,}04 \cdot 10^{-6}$	$9{,}87 \cdot 10^{-6}$	b
6,2	$1{,}84 \cdot 10^{-5}$	$7{,}36 \cdot 10^{-6}$	$1{,}19 \cdot 10^{-5}$	a	$1{,}84 \cdot 10^{-6}$	$8{,}80 \cdot 10^{-6}$	b
6,8	$1{,}68 \cdot 10^{-5}$	$6{,}72 \cdot 10^{-6}$	$1{,}08 \cdot 10^{-5}$	a	$1{,}68 \cdot 10^{-6}$	$7{,}93 \cdot 10^{-6}$	b
7,5	$1{,}52 \cdot 10^{-5}$	$6{,}09 \cdot 10^{-6}$	$9{,}75 \cdot 10^{-6}$	b	$1{,}52 \cdot 10^{-6}$	$7{,}10 \cdot 10^{-6}$	b
8,2	$1{,}39 \cdot 10^{-5}$	$5{,}57 \cdot 10^{-6}$	$8{,}87 \cdot 10^{-6}$	b	$1{,}39 \cdot 10^{-6}$	$6{,}43 \cdot 10^{-6}$	b
9,1	$1{,}25 \cdot 10^{-5}$	$5{,}02 \cdot 10^{-6}$	$7{,}94 \cdot 10^{-6}$	b	$1{,}25 \cdot 10^{-6}$	$5{,}71 \cdot 10^{-6}$	b
10	$1{,}14 \cdot 10^{-5}$	$4{,}57 \cdot 10^{-6}$	$7{,}18 \cdot 10^{-6}$	b	$1{,}14 \cdot 10^{-6}$	$5{,}14 \cdot 10^{-6}$	b
11	$1{,}04 \cdot 10^{-5}$	$4{,}15 \cdot 10^{-6}$	$6{,}44 \cdot 10^{-6}$	b	$1{,}04 \cdot 10^{-6}$	$4{,}53 \cdot 10^{-6}$	b

Tabelle 10.3 PFH_D-Werte: Vergleich zwischen DIN EN 62061 (**VDE 0113-50**) und DIN EN ISO 13849-1 mit einer einkanaligen Architektur mit Diagnose

$MTTF_D$ in Jahre	λ_D in 1/h	Einkanalig mit Diagnose (Kategorie 2)					
		DIN EN 62061 (VDE 0113-50)	DIN EN ISO 13849-1		DIN EN 62061 (VDE 0113-50)	DIN EN ISO 13849-1	
		$DC = 60\ \%$	$DC_{avg,\ niedrig}$	PL	$DC = 90\ \%$	$DC_{avg,\ mittel}$	PL
12	$9{,}51 \cdot 10^{-6}$	$3{,}81 \cdot 10^{-6}$	$5{,}84 \cdot 10^{-6}$	b	$9{,}51 \cdot 10^{-7}$	$4{,}04 \cdot 10^{-6}$	b
13	$8{,}78 \cdot 10^{-6}$	$3{,}51 \cdot 10^{-6}$	$5{,}33 \cdot 10^{-6}$	b	$8{,}78 \cdot 10^{-7}$	$3{,}64 \cdot 10^{-6}$	b
15	$7{,}61 \cdot 10^{-6}$	$3{,}04 \cdot 10^{-6}$	$4{,}53 \cdot 10^{-6}$	b	$7{,}61 \cdot 10^{-7}$	$3{,}01 \cdot 10^{-6}$	b
16	$7{,}13 \cdot 10^{-6}$	$2{,}85 \cdot 10^{-6}$	$4{,}21 \cdot 10^{-6}$	b	$7{,}13 \cdot 10^{-7}$	$2{,}77 \cdot 10^{-6}$	c
18	$6{,}34 \cdot 10^{-6}$	$2{,}54 \cdot 10^{-6}$	$3{,}68 \cdot 10^{-6}$	b	$6{,}34 \cdot 10^{-7}$	$2{,}37 \cdot 10^{-6}$	c
20	$5{,}71 \cdot 10^{-6}$	$2{,}28 \cdot 10^{-6}$	$3{,}26 \cdot 10^{-6}$	b	$5{,}71 \cdot 10^{-7}$	$2{,}06 \cdot 10^{-6}$	c
22	$5{,}19 \cdot 10^{-6}$	$2{,}08 \cdot 10^{-6}$	$2{,}93 \cdot 10^{-6}$	c	$5{,}19 \cdot 10^{-7}$	$1{,}82 \cdot 10^{-6}$	c
24	$4{,}76 \cdot 10^{-6}$	$1{,}90 \cdot 10^{-6}$	$2{,}65 \cdot 10^{-6}$	c	$4{,}76 \cdot 10^{-7}$	$1{,}62 \cdot 10^{-6}$	c
27	$4{,}23 \cdot 10^{-6}$	$1{,}69 \cdot 10^{-6}$	$2{,}32 \cdot 10^{-6}$	c	$4{,}23 \cdot 10^{-7}$	$1{,}39 \cdot 10^{-6}$	c
30	$3{,}81 \cdot 10^{-6}$	$1{,}52 \cdot 10^{-6}$	$2{,}06 \cdot 10^{-6}$	c	$3{,}81 \cdot 10^{-7}$	$1{,}21 \cdot 10^{-6}$	c
33	$3{,}46 \cdot 10^{-6}$	$1{,}38 \cdot 10^{-6}$	$1{,}85 \cdot 10^{-6}$	c	$3{,}46 \cdot 10^{-7}$	$1{,}06 \cdot 10^{-6}$	c
36	$3{,}17 \cdot 10^{-6}$	$1{,}27 \cdot 10^{-6}$	$1{,}67 \cdot 10^{-6}$	c	$3{,}17 \cdot 10^{-7}$	$9{,}39 \cdot 10^{-7}$	d
39	$2{,}93 \cdot 10^{-6}$	$1{,}17 \cdot 10^{-6}$	$1{,}53 \cdot 10^{-6}$	c	$2{,}93 \cdot 10^{-7}$	$8{,}40 \cdot 10^{-7}$	d
43	$2{,}65 \cdot 10^{-6}$	$1{,}06 \cdot 10^{-6}$	$1{,}37 \cdot 10^{-6}$	c	$2{,}65 \cdot 10^{-7}$	$7{,}34 \cdot 10^{-7}$	d
47	$2{,}43 \cdot 10^{-6}$	$9{,}72 \cdot 10^{-7}$	$1{,}24 \cdot 10^{-6}$	c	$2{,}43 \cdot 10^{-7}$	$6{,}49 \cdot 10^{-7}$	d
51	$2{,}24 \cdot 10^{-6}$	$8{,}95 \cdot 10^{-7}$	$1{,}13 \cdot 10^{-6}$	c	$2{,}24 \cdot 10^{-7}$	$5{,}80 \cdot 10^{-7}$	d
56	$2{,}04 \cdot 10^{-6}$	$8{,}15 \cdot 10^{-7}$	$1{,}02 \cdot 10^{-6}$	c	$2{,}04 \cdot 10^{-7}$	$5{,}10 \cdot 10^{-7}$	d
62	$1{,}84 \cdot 10^{-6}$	$7{,}36 \cdot 10^{-7}$	$9{,}06 \cdot 10^{-7}$	d	$1{,}84 \cdot 10^{-7}$	$4{,}43 \cdot 10^{-7}$	d
68	$1{,}68 \cdot 10^{-6}$	$6{,}72 \cdot 10^{-7}$	$8{,}17 \cdot 10^{-7}$	d	$1{,}68 \cdot 10^{-7}$	$3{,}90 \cdot 10^{-7}$	d
75	$1{,}52 \cdot 10^{-6}$	$6{,}09 \cdot 10^{-7}$	$7{,}31 \cdot 10^{-7}$	d	$1{,}52 \cdot 10^{-7}$	$3{,}40 \cdot 10^{-7}$	d
82	$1{,}39 \cdot 10^{-6}$	$5{,}57 \cdot 10^{-7}$	$6{,}61 \cdot 10^{-7}$	d	$1{,}39 \cdot 10^{-7}$	$3{,}01 \cdot 10^{-7}$	d
91	$1{,}25 \cdot 10^{-6}$	$5{,}02 \cdot 10^{-7}$	$5{,}88 \cdot 10^{-7}$	d	$1{,}25 \cdot 10^{-7}$	$2{,}61 \cdot 10^{-7}$	d
100	$1{,}14 \cdot 10^{-6}$	$4{,}57 \cdot 10^{-7}$	$5{,}28 \cdot 10^{-7}$	d	$1{,}14 \cdot 10^{-7}$	$2{,}29 \cdot 10^{-7}$	d

Tabelle 10.3 (*Fortsetzung*) PFH_D-Werte: Vergleich zwischen DIN EN 62061 (**VDE 0113-50**) und DIN EN ISO 13849-1 mit einer einkanaligen Architektur mit Diagnose

Die sehr hohen Abweichungen bei einem Diagnosedeckungsgrad „mittel“ erklären sich durch die Markov-Modellierung der DIN EN ISO 13849-1, weil der Diagnosedeckungsgrad keine definierte Eingangsgröße ist.

Tabelle 10.4 zeigt den Vergleich bei einer zweikanaligen Architektur.

$MTTF_D$ in Jahre	λ_D in 1/h	Zweikanalig mit Diagnose (Kategorie 3)						Zweikanalig mit Diagnose (Kategorie 4)		
		DIN EN 62061 (VDE 0113-50)	DIN EN ISO 13849-1		DIN EN 62061 (VDE 0113-50)	DIN EN ISO 13849-1		DIN EN 62061 (VDE 0113-50)	DIN EN ISO 13849-1	
		$DC = 60\ \%$	$DC_{avg,\ niedrig}$	PL	$DC = 90\ \%$	$DC_{avg,\ mittel}$	PL	$DC = 99\ \%$	$DC_{avg,\ high}$	PL
3	$3{,}81 \cdot 10^{-5}$	$1{,}54 \cdot 10^{-5}$	$1{,}26 \cdot 10^{-5}$	a	$4{,}42 \cdot 10^{-6}$	$6{,}09 \cdot 10^{-6}$	b			
3,3	$3{,}46 \cdot 10^{-5}$	$1{,}40 \cdot 10^{-5}$	$1{,}13 \cdot 10^{-5}$	a	$4{,}02 \cdot 10^{-6}$	$5{,}41 \cdot 10^{-6}$	b			
3,6	$3{,}17 \cdot 10^{-5}$	$1{,}28 \cdot 10^{-5}$	$1{,}03 \cdot 10^{-5}$	a	$3{,}68 \cdot 10^{-6}$	$4{,}86 \cdot 10^{-6}$	b			
3,9	$2{,}93 \cdot 10^{-5}$	$1{,}18 \cdot 10^{-5}$	$9{,}37 \cdot 10^{-6}$	b	$3{,}40 \cdot 10^{-6}$	$4{,}40 \cdot 10^{-6}$	b			
4,3	$2{,}65 \cdot 10^{-5}$	$1{,}07 \cdot 10^{-5}$	$8{,}39 \cdot 10^{-6}$	b	$3{,}08 \cdot 10^{-6}$	$3{,}89 \cdot 10^{-6}$	b			
4,7	$2{,}43 \cdot 10^{-5}$	$9{,}82 \cdot 10^{-6}$	$7{,}58 \cdot 10^{-6}$	b	$2{,}82 \cdot 10^{-6}$	$3{,}48 \cdot 10^{-6}$	b			
5,1	$2{,}24 \cdot 10^{-5}$	$9{,}05 \cdot 10^{-6}$	$6{,}91 \cdot 10^{-6}$	b	$2{,}60 \cdot 10^{-6}$	$3{,}15 \cdot 10^{-6}$	b			
5,6	$2{,}04 \cdot 10^{-5}$	$8{,}24 \cdot 10^{-6}$	$6{,}21 \cdot 10^{-6}$	b	$2{,}37 \cdot 10^{-6}$	$2{,}80 \cdot 10^{-6}$	c			
6,2	$1{,}84 \cdot 10^{-5}$	$7{,}44 \cdot 10^{-6}$	$5{,}53 \cdot 10^{-6}$	b	$2{,}14 \cdot 10^{-6}$	$2{,}47 \cdot 10^{-6}$	c			
6,8	$1{,}68 \cdot 10^{-5}$	$6{,}79 \cdot 10^{-6}$	$4{,}98 \cdot 10^{-6}$	b	$1{,}95 \cdot 10^{-6}$	$2{,}20 \cdot 10^{-6}$	c			
7,5	$1{,}52 \cdot 10^{-5}$	$6{,}15 \cdot 10^{-6}$	$4{,}45 \cdot 10^{-6}$	b	$1{,}77 \cdot 10^{-6}$	$1{,}95 \cdot 10^{-6}$	c			
8,2	$1{,}39 \cdot 10^{-5}$	$5{,}63 \cdot 10^{-6}$	$4{,}02 \cdot 10^{-6}$	b	$1{,}62 \cdot 10^{-6}$	$1{,}74 \cdot 10^{-6}$	c			
9,1	$1{,}25 \cdot 10^{-5}$	$5{,}07 \cdot 10^{-6}$	$3{,}57 \cdot 10^{-6}$	b	$1{,}46 \cdot 10^{-6}$	$1{,}53 \cdot 10^{-6}$	c			
10	$1{,}14 \cdot 10^{-5}$	$4{,}61 \cdot 10^{-6}$	$3{,}21 \cdot 10^{-6}$	b	$1{,}32 \cdot 10^{-6}$	$1{,}36 \cdot 10^{-6}$	c			
11	$1{,}04 \cdot 10^{-5}$	$4{,}19 \cdot 10^{-6}$	$2{,}81 \cdot 10^{-6}$	c	$1{,}20 \cdot 10^{-6}$	$1{,}18 \cdot 10^{-6}$	c			
12	$9{,}51 \cdot 10^{-6}$	$3{,}84 \cdot 10^{-6}$	$2{,}49 \cdot 10^{-6}$	c	$1{,}10 \cdot 10^{-6}$	$1{,}04 \cdot 10^{-6}$	c			
13	$8{,}78 \cdot 10^{-6}$	$3{,}55 \cdot 10^{-6}$	$2{,}23 \cdot 10^{-6}$	c	$1{,}02 \cdot 10^{-6}$	$9{,}21 \cdot 10^{-7}$	d			
15	$7{,}61 \cdot 10^{-6}$	$3{,}08 \cdot 10^{-6}$	$1{,}82 \cdot 10^{-6}$	c	$8{,}83 \cdot 10^{-7}$	$7{,}44 \cdot 10^{-7}$	d			
16	$7{,}13 \cdot 10^{-6}$	$2{,}88 \cdot 10^{-6}$	$1{,}67 \cdot 10^{-6}$	c	$8{,}28 \cdot 10^{-7}$	$6{,}76 \cdot 10^{-7}$	d			
18	$6{,}34 \cdot 10^{-6}$	$2{,}56 \cdot 10^{-6}$	$1{,}41 \cdot 10^{-6}$	c	$7{,}36 \cdot 10^{-7}$	$5{,}67 \cdot 10^{-7}$	d			
20	$5{,}71 \cdot 10^{-6}$	$2{,}31 \cdot 10^{-6}$	$1{,}22 \cdot 10^{-6}$	c	$6{,}62 \cdot 10^{-7}$	$4{,}85 \cdot 10^{-7}$	d			
22	$5{,}19 \cdot 10^{-6}$	$1{,}92 \cdot 10^{-6}$	$1{,}07 \cdot 10^{-6}$	c	$5{,}57 \cdot 10^{-7}$	$4{,}21 \cdot 10^{-7}$	d			
24	$4{,}76 \cdot 10^{-6}$	$1{,}62 \cdot 10^{-6}$	$9{,}47 \cdot 10^{-7}$	d	$4{,}76 \cdot 10^{-7}$	$3{,}70 \cdot 10^{-7}$	d			
27	$4{,}23 \cdot 10^{-6}$	$1{,}29 \cdot 10^{-6}$	$9{,}80 \cdot 10^{-7}$	d	$3{,}85 \cdot 10^{-7}$	$3{,}10 \cdot 10^{-7}$	d			
30	$3{,}81 \cdot 10^{-6}$	$1{,}05 \cdot 10^{-6}$	$6{,}94 \cdot 10^{-7}$	d	$3{,}20 \cdot 10^{-7}$	$2{,}65 \cdot 10^{-7}$	d	$1{,}00 \cdot 10^{-7}$	$9{,}54 \cdot 10^{-8}$	e
33	$3{,}46 \cdot 10^{-6}$	$8{,}75 \cdot 10^{-7}$	$5{,}94 \cdot 10^{-7}$	d	$2{,}71 \cdot 10^{-7}$	$2{,}30 \cdot 10^{-7}$	d	$8{,}93 \cdot 10^{-8}$	$8{,}57 \cdot 10^{-8}$	e
36	$3{,}17 \cdot 10^{-6}$	$7{,}40 \cdot 10^{-7}$	$5{,}16 \cdot 10^{-7}$	d	$2{,}33 \cdot 10^{-7}$	$2{,}01 \cdot 10^{-7}$	d	$8{,}03 \cdot 10^{-8}$	$7{,}77 \cdot 10^{-8}$	e
39	$2{,}93 \cdot 10^{-6}$	$6{,}35 \cdot 10^{-7}$	$4{,}53 \cdot 10^{-7}$	d	$2{,}03 \cdot 10^{-7}$	$1{,}78 \cdot 10^{-7}$	d	$7{,}30 \cdot 10^{-8}$	$7{,}11 \cdot 10^{-8}$	e
43	$2{,}65 \cdot 10^{-6}$	$5{,}27 \cdot 10^{-7}$	$3{,}87 \cdot 10^{-7}$	d	$1{,}72 \cdot 10^{-7}$	$1{,}54 \cdot 10^{-7}$	d	$6{,}50 \cdot 10^{-8}$	$6{,}37 \cdot 10^{-8}$	e
47	$2{,}43 \cdot 10^{-6}$	$4{,}46 \cdot 10^{-7}$	$3{,}35 \cdot 10^{-7}$	d	$1{,}48 \cdot 10^{-7}$	$1{,}34 \cdot 10^{-7}$	d	$5{,}85 \cdot 10^{-8}$	$5{,}76 \cdot 10^{-8}$	e
51	$2{,}24 \cdot 10^{-6}$	$3{,}82 \cdot 10^{-7}$	$2{,}93 \cdot 10^{-7}$	d	$1{,}29 \cdot 10^{-7}$	$1{,}19 \cdot 10^{-7}$	d	$5{,}32 \cdot 10^{-8}$	$5{,}26 \cdot 10^{-8}$	e
56	$2{,}04 \cdot 10^{-6}$	$3{,}20 \cdot 10^{-7}$	$2{,}52 \cdot 10^{-7}$	d	$1{,}11 \cdot 10^{-7}$	$1{,}03 \cdot 10^{-7}$	d	$4{,}78 \cdot 10^{-8}$	$4{,}73 \cdot 10^{-8}$	e
62	$1{,}84 \cdot 10^{-6}$	$2{,}65 \cdot 10^{-7}$	$2{,}13 \cdot 10^{-7}$	d	$9{,}39 \cdot 10^{-8}$	$8{,}84 \cdot 10^{-8}$	e	$4{,}25 \cdot 10^{-8}$	$4{,}22 \cdot 10^{-8}$	e
68	$1{,}68 \cdot 10^{-6}$	$2{,}23 \cdot 10^{-7}$	$1{,}84 \cdot 10^{-7}$	d	$8{,}10 \cdot 10^{-8}$	$7{,}68 \cdot 10^{-8}$	e	$3{,}83 \cdot 10^{-8}$	$3{,}80 \cdot 10^{-8}$	e

Tabelle 10.4 PFH_D-Werte: Vergleich zwischen DIN EN 62061 (**VDE 0113-50**) und DIN EN ISO 13849-1 mit einer zweikanaligen Architektur mit Diagnose

$MTTF_D$ in Jahre	λ_D in 1/h	Zweikanalig mit Diagnose (Kategorie 3)						Zweikanalig mit Diagnose (Kategorie 4)		
		DIN EN 62061 (VDE 0113-50)	DIN EN ISO 13849-1		DIN EN 62061 (VDE 0113-50)	DIN EN ISO 13849-1		DIN EN 62061 (VDE 0113-50)	DIN EN ISO 13849-1	
		$DC = 60\ \%$	$DC_{avg, niedrig}$	PL	$DC = 90\ \%$	$DC_{avg, mittel}$	PL	$DC = 99\ \%$	$DC_{avg, high}$	PL
75	$1{,}52 \cdot 10^{-6}$	$1{,}86 \cdot 10^{-7}$	$1{,}57 \cdot 10^{-7}$	d	$6{,}94 \cdot 10^{-8}$	$6{,}62 \cdot 10^{-8}$	e	$3{,}43 \cdot 10^{-8}$	$3{,}41 \cdot 10^{-8}$	e
82	$1{,}39 \cdot 10^{-6}$	$1{,}58 \cdot 10^{-7}$	$1{,}35 \cdot 10^{-7}$	d	$6{,}05 \cdot 10^{-8}$	$5{,}79 \cdot 10^{-8}$	e	$3{,}11 \cdot 10^{-8}$	$3{,}08 \cdot 10^{-8}$	e
91	$1{,}25 \cdot 10^{-6}$	$1{,}31 \cdot 10^{-7}$	$1{,}14 \cdot 10^{-7}$	d	$5{,}16 \cdot 10^{-8}$	$4{,}94 \cdot 10^{-8}$	e	$2{,}77 \cdot 10^{-8}$	$2{,}74 \cdot 10^{-8}$	e
100	$1{,}14 \cdot 10^{-6}$	$1{,}11 \cdot 10^{-7}$	$1{,}01 \cdot 10^{-7}$	d	$4{,}48 \cdot 10^{-8}$	$4{,}29 \cdot 10^{-8}$	e	$2{,}50 \cdot 10^{-8}$	$2{,}47 \cdot 10^{-8}$	e

Tabelle 10.4 (*Fortsetzung*) PFH_D-Werte: Vergleich zwischen DIN EN 62061 (**VDE 0113-50**) und DIN EN ISO 13849-1 mit einer zweikanaligen Architektur mit Diagnose

Die PFH_D-Werte beider Normen sind vergleichbar.

Die nennenswertesten Abweichungen entstehen bei einem Diagnosedeckungsgrad „niedrig", insbesondere bei $MTTF_D < 30$ Jahre. Auch das ist mit der Markov-Modellierung der DIN EN ISO 13849-1 zu erklären – wie bereits vorher festgestellt und in Bild 10.2 „Diskussion, mit der Kategorie 3 und abhängig von $MTTF_D$ eines Kanals in der informativen Tabelle K.1 der DIN EN ISO 13849-1" veranschaulicht wurde.

10.8 Die Einstufung des Risikos einmal anders vornehmen

Wer sagt denn, dass der Anhang A der DIN EN ISO 13849-1:2016-06 verbindlich ist?

Im informativen Anhang A der DIN EN ISO 13849-1:2016-06 wird der W-Parameter, also die Eintrittswahrscheinlichkeit, nicht explizit erwähnt, wie es aber in der DIN EN 62061 (**VDE 0113-50**) der Fall ist. Dies ist damit begründet, dass die DIN EN ISO 13849-1 den W-Parameter als Worst Case angenommen hat, was einem „häufig" in der DIN EN 62061 (**VDE 0113-50**) entsprechen würde (siehe auch Kapitel 5.13).

Für eine einheitliche Ermittlung eines geforderten SIL oder PL gilt Folgendes:

SIL 3 = PL e mit einem $PFH_D \geq 1 \cdot 10^{-8}$ bis $< 1 \cdot 10^{-7}$,
SIL 2 = PL d mit einem $PFH_D \geq 1 \cdot 10^{-7}$ bis $< 1 \cdot 10^{-6}$,
SIL 1 = PL c mit einem $PFH_D \geq 1 \cdot 10^{-6}$ bis $< 3 \cdot 10^{-6}$,
SIL 1 = PL b mit einem $PFH_D \geq 3 \cdot 10^{-6}$ bis $< 1 \cdot 10^{-5}$,
AM = PL a mit einem $PFH_D \geq 1 \cdot 10^{-5}$ bis $< 1 \cdot 10^{-4}$ (andere Maßnahmen).

Aufgrund der PFH_D-Werte kann grundsätzlich eine tabellarische Zuordnung erfolgen, die insbesondere bei PL c und PL b durch die Grenzwerte gerechtfertigt werden kann.

Das Schadensausmaß beider Normen kann folgendermaßen gegenübergestellt werden:

DIN EN ISO 13849-1	**DIN EN 62061 (VDE 0113-50)**
S1, reversibel	S = 1 und S = 2
S2, irreversibel	S = 3 und S = 4

Damit ergibt sich eine alternative Möglichkeit den geforderten PL auf Basis der Einstufung der Risikoelemente gemäß dem Anhang A der DIN EN 62061 (**VDE 0113-50**):2016-05 zu ermitteln (Tabelle 10.5).

<table>
<tr><th rowspan="2">Auswirkungen</th><th rowspan="2">Schadens-
ausmaß
S</th><th colspan="13">Klasse K = F + W + P</th></tr>
<tr><th>3</th><th>4</th><th>5</th><th>6</th><th>7</th><th>8</th><th>9</th><th>10</th><th>11</th><th>12</th><th>13</th><th>14</th><th>15</th></tr>
<tr><td rowspan="2">Tod,
Verlust von
Auge oder Arm</td><td rowspan="2">4</td><td colspan="2">SIL 2</td><td colspan="3">SIL 2</td><td colspan="3">SIL 2</td><td colspan="3">SIL 3</td><td colspan="2">SIL 3</td></tr>
<tr><td colspan="2">PL d</td><td colspan="3">PL d</td><td colspan="3">PL d</td><td colspan="3">PL e</td><td colspan="2">PL e</td></tr>
<tr><td rowspan="2">Permanent,
Verlust von
Fingern</td><td rowspan="2">3</td><td colspan="2"></td><td colspan="3">AM</td><td colspan="3">SIL 1</td><td colspan="3">SIL 2</td><td colspan="2">SIL 3</td></tr>
<tr><td colspan="2"></td><td colspan="3">PL a</td><td>PL b</td><td colspan="2">PL c</td><td colspan="3">PL d</td><td colspan="2">PL e</td></tr>
<tr><td rowspan="2">Reversibel,
medizinische
Behandlung</td><td rowspan="2">2</td><td colspan="5"></td><td colspan="3">AM</td><td colspan="3">SIL 1</td><td colspan="2">SIL 2</td></tr>
<tr><td colspan="5"></td><td colspan="3">PL a</td><td>PL b</td><td colspan="2">PL c</td><td colspan="2">PL d</td></tr>
<tr><td rowspan="2">Reversibel,
Erste Hilfe</td><td rowspan="2">1</td><td colspan="8" rowspan="2">keine Anforderungen</td><td colspan="3">AM</td><td colspan="2">SIL 1</td></tr>
<tr><td colspan="3">PL a</td><td>PL b</td><td>PL c</td></tr>
<tr><td colspan="15">AM: andere Maßnahmen</td></tr>
</table>

Häufigkeit und/oder Aufenthaltsdauer **F**		Eintrittswahrscheinlichkeit des Gefährdungsereignisses **W**				Möglichkeit zur Vermeidung **P**	
≥ 1 pro h	5	häufig	5				
< 1 pro h bis ≥ 1 pro Tag	5	wahrscheinlich	4				
< 1 pro Tag bis ≥ 1 pro 14 Tage	4	möglich	3			unmöglich	5
< 1 pro 2 Wochen bis ≥ 1 pro Jahr	3	selten	2			möglich	3
< 1 pro Jahr	2	vernachlässigbar	1			wahrscheinlich	1

Tabelle 10.5 Alternativer Vorschlag für eine einheitliche SIL- und PL-Zuordnung

Anmerkung: Diese Alternative wird bei wichtigen Mitgliedern des VDW, Verein Deutscher Werkzeugmaschinenfabriken e. V., diskutiert.

10.9 Den Prozess als Hilfsmittel nutzen

Prozessdaten und Prozesszustände sinnvoll nutzen, aber nicht missbrauchen.

Im Anhang E „Abschätzungen des Diagnosedeckungsgrads (*DC*) für Funktionen und Module“ der DIN EN ISO 13849-1:2016-06 werden Hinweise und Beispiele gegeben, wie auf praktische Weise der Diagnosedeckungsgrad abgeschätzt werden kann.

Dort findet sich auch der Eintrag „Fehlererkennung durch den Prozess“, der mit „0 % bis 99 %, abhängig von der Anwendung; diese Maßnahme ist allein nicht ausreichend für den erforderlichen Performance Level ‚e‘!“ umschrieben wird.

Leider ist diese Umschreibung auf den ersten Blick nicht wirklich hilfreich für den Anwender der Norm, jedoch ist diese Formulierung zu Recht so vage gehalten: Die Nutzung der Prozessinformationen muss mit Vorsicht betrachtet werden – das ist die eigentliche Botschaft dieser Formulierung.

Die Maschinenfunktionen können sehr wohl in die Diagnosefunktionen einfließen: Denn würde der Prozess so unsicher sein, unabhängig von der integrierten Sicherheitstechnik, dann würde die Verfügbarkeit der Maschine erbärmlich darunter leiden. Genau das ist aber nicht der Fall. Also warum den Prozess mit seinen wertvollen Daten nicht auch für die Sicherheitstechnik nutzen?

Das Prinzip der „Erwartungshaltung“ (siehe auch Kapitel 9.5) kann sinnvoll zur Plausibilisierung einer Diagnose verwendet werden. Es wird aber grundsätzlich immer eine sicherheitsgerichtete Auswertung vorausgesetzt. Beispiele sind: die Erfassung der Zustände der Leistungsschütze mittels „Standard“-Eingabebaugruppen, eine Zustandsüberwachung einer Zuhaltung einer Verriegelungseinrichtung durch den Prozess, eine Überwachung der Regelung Gefahr bringender Bewegungen, …

Erfolgt die Auswertung dieser Prozesszustände jedoch über eine nicht sicherheitsgerichtete Auswertung, dann wird die Geschichte sehr schnell recht komplex, abhängig von der geforderten Sicherheitsintegrität. Diese Lösungen können nicht exemplarisch bewertet und als Kochbuchlösung vermittelt werden: Hier spielt die verwendete Hardware als auch die Anwendersoftware eine sehr entscheidende Rolle. Deshalb werden oft benannte Stellen als neutrale Beobachter beigezogen (siehe Kapitel 9.6).

Einer Tatsache muss man sich aber immer bewusst sein: Die Sicherheit der Maschine darf nicht darunter leiden, weil Komponenten aus angeblichen Kostengründen nicht verwendet werden, und der Prozess in sich doch so zuverlässig ist – Verfügbarkeit versus Sicherheit, sodass es keiner genauen Betrachtungen mehr bedarf.

11 Die Mathematik und das Warum

11.1 Definition der Wahrscheinlichkeit Gefahr bringender Ausfälle

Die Wahrscheinlichkeit aufgrund von zufälligen Hardwareausfällen wird in der Funktionalen Sicherheit mit der Wahrscheinlichkeit Gefahr bringender Ausfälle pro Stunde (PFH_D) beschrieben. Im Englischen steht die Abkürzung PFH_D für *probability of dangerous random hardware failure per hour.*

Es wird von einer „hohen Anforderungsrate" ausgegangen, die größer als ein Mal pro Jahr ist. Damit ist z. B. ein Betätigungsintervall von elektromechanischen Komponenten gemeint, das in der Praxis kleiner ein Jahr ist.

Anmerkung: In der Prozessindustrie wird von einer „niedrigen Anforderungsrate" ausgegangen, die somit max. ein Mal pro Jahr ist.

Basierend auf den Ausfallraten von Komponenten kann in Abhängigkeit einer ausgewählten Architektur ihre Wahrscheinlichkeit Gefahr bringender Ausfälle ermittelt werden.

11.1.1 Teilsystemelemente und Teilsysteme

Ein Teilsystemelement wird durch eine Komponente dargestellt. Mehrere Teilsystemelemente, in der Praxis max. zwei, bilden ein Teilsystem.

Ein Teilsystem, bestehend aus einem einzigen oder in Serie geschalteten Teilsystemelementen, wird als eine einkanalige Architektur bezeichnet. Ein Teilsystem, bestehend aus zwei parallel geschalteten Teilsystemelementen wird als eine zweikanalige Architektur.

11.1.2 Ausfallraten

Es gilt immer für die Ausfallrate einer einzelnen Komponente

$$\lambda = \lambda_S + \lambda_D,$$

mit:

λ_S Ausfallrate ungefährlicher Ausfälle,

λ_D Ausfallrate gefährlicher Ausfälle.

Die Ausfallrate hat die Dimension 1/h (d. h. Ausfälle pro Stunde). Für die Funktionale Sicherheit ist die Gefahr bringende Ausfallrate maßgeblich.

11.1.3 Definition des PFH_D

Unabhängig von der gewählten Architektur kann die Wahrscheinlichkeit Gefahr bringender Ausfälle pro Stunde PFH_D wie folgt definiert werden:

$$PFH_D = \frac{1}{T} \cdot \int_0^T \left(\frac{dP_D(t)}{dt} \right) dt = \frac{1}{T} \cdot P_D(T), \quad \text{mit}$$

$$P(t) = 1 - e^{-\lambda t} \quad \text{und} \quad \lambda = \text{const.}$$

Wenn angenommen wird, dass $(\lambda \cdot T) \ll 1$ ist, dann kann die Wahrscheinlichkeit Gefahr bringender Ausfälle P_D mit $P_D(t) \approx \lambda_D \cdot t$ durch die MacLaurin'sche Reihenentwicklung genähert werden. Dies ist in der Praxis zulässig, da T größer oder gleich zehn Jahre ist und λ kleiner als 10^{-5}.

11.2 Einkanalige Architektur

11.2.1 Annahmen

Es gilt ein Kanal mit einer Ausfallrate λ.

Die Gefahr bringende Ausfallrate dieses Kanals beschreibt sich wie folgt:

$$\lambda_D = \lambda_{DU} + \lambda_{DD}.$$

Weiter gilt die Zeit

T_1, als max. Zeit bis zur Aufdeckung unerkannter, gefährlicher Ausfälle (relevant für λ_{DU}) (Gebrauchsdauer) und

T_2, als max. Zeit bis zur Aufdeckung eines erkannten, gefährlichen Ausfalls (relevant für λ_{DD}) (Diagnose-Testintervall).

11.2.2 Logische Darstellung

In der DIN EN 62061 (**VDE 0113-50**):2016-05 wird in Abschnitt 6.7.8.2.2 die Basis-Teilsystemarchitektur A (Nullfehlertoleranz ohne Diagnosefunktion) und im Absatz 6.7.8.2.4 die Basis-Teilsystemarchitektur C (Nullfehlertoleranz mit Diagnosefunktion) beschrieben.

Anmerkung: Die Basis-Teilsystemarchitektur A leitet sich von der Basis-Teilsystemarchitektur C ab (**Bild 11.1**), indem keine Diagnosefähigkeit (bzw. -funktion) verwendet wird, d. h., der Diagnosedeckungsgrad wird mit $DC = 0$ angenommen.

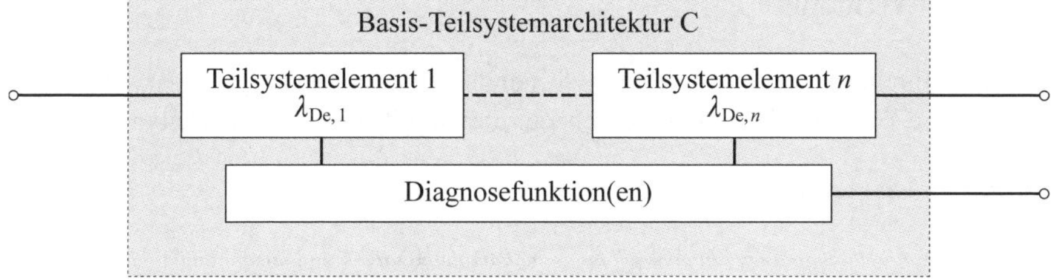

Bild 11.1 Logische Darstellung der Basis-Teilsystemarchitektur C (DIN EN 62061 (**VDE 0113-50**):2016-05, Bild 8)

11.2.3 Wahrscheinlichkeitsblockdiagramm

Die Gefahr bringende Ausfallrate eines Kanals und eines einzigen Teilsystemelements kann wie in **Bild 11.2** gezeigt abgebildet werden.

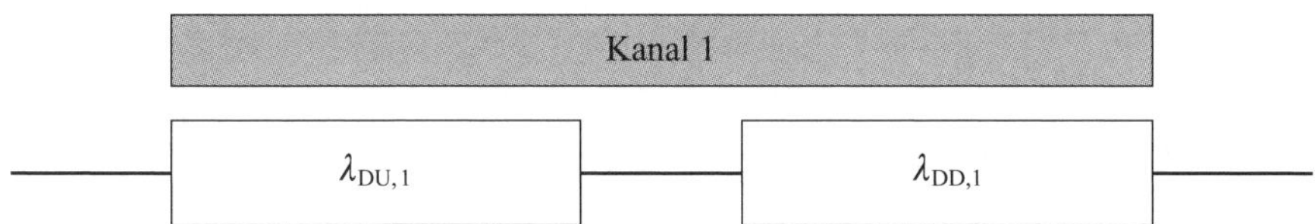

Bild 11.2 Blockdiagramm der Ausfallrate der Basis-Teilsystemarchitektur C

Die höchste Wahrscheinlichkeit $P(t)$ der erkannten Ausfälle kann zum Zeitpunkt T_2 bestimmt werden, und die höchste Wahrscheinlichkeit $P(t)$ der unerkannten Ausfälle zum Zeitpunkt T_1.

Das Zustandsdiagramm bezogen auf diese höchste Wahrscheinlichkeit Gefahr bringender Ausfälle kann wie in **Bild 11.3** gezeigt abgebildet werden.

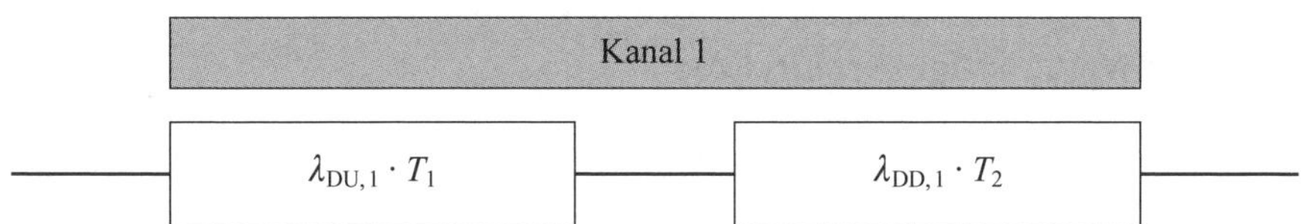

Bild 11.3 Wahrscheinlichkeitsblockdiagramm der Wahrscheinlichkeit Gefahr bringender Ausfälle der Basis-Teilsystemarchitektur C

11.2.4 Berechnung

Mit der Annahme $P(t) \approx \lambda \cdot t$ können folgende Gleichungen aufgestellt werden, die die höchste Wahrscheinlichkeit zu den Zeitpunkten T_1 und T_2 beschreiben:

$P_{\mathrm{D}} = P_{\mathrm{DU}} + P_{\mathrm{DD}}$, mit

$P_{\mathrm{DU}}(T_1) \approx \lambda_{\mathrm{DU}} \cdot T_1 = (1 - DC) \cdot \lambda_{\mathrm{D}} \cdot T_1$ (zum Zeitpunkt T_1) und

$P_{\mathrm{DD}}(T_2) \approx \lambda_{\mathrm{DD}} \cdot T_2 = DC \cdot \lambda_{\mathrm{D}} \cdot T_2$ (zum Zeitpunkt T_2).

Dabei stellt der Diagnosedeckungsgrad DC die Rate der erkannten gefährlichen Ausfälle zu allen gefährlichen Ausfällen im Zeitintervall T_2 dar.

Die Wahrscheinlichkeit Gefahr bringender Ausfälle ermittelt sich mit der Annahme $P(t) \approx \lambda \cdot t$ durch

$$PFH_{\mathrm{D}} \approx \frac{1}{T_1} \cdot P_{\mathrm{D}}(T_1) = (1 - DC) \cdot \lambda_{\mathrm{D}} + \frac{T_2}{T_1} \cdot DC \cdot \lambda_{\mathrm{D}}.$$

11.2.5 PFH_{D} der Teilsystemarchitektur C

Mit der Annahme, dass wenn $T_1 \gg T_2$ ist, kann der zweite Term gegenüber dem ersten vernachlässigt werden.

Die Wahrscheinlichkeit Gefahr bringender Ausfälle ist somit gleich:

$$PFH_{\mathrm{D\,(Basis\text{-}Teilsystemarchitektur\,C)}} \approx \frac{P_{\mathrm{D}}(T_1)}{T_1} \approx (1 - DC) \cdot \lambda_{\mathrm{D}}.$$

11.3 Zweikanalige Architektur

11.3.1 Annahmen

Es werden zwei Kanäle angenommen, deren Gefahr bringende Ausfallraten sich wie folgt beschreiben:

$\lambda_{\mathrm{D,1}} = \lambda_{\mathrm{DU,1}} + \lambda_{\mathrm{DD,1}}$,

$\lambda_{\mathrm{D,2}} = \lambda_{\mathrm{DU,2}} + \lambda_{\mathrm{DD,2}}$.

Weiter gelten die Zeiten:

T_1 als max. Zeit bis zur Aufdeckung unerkannter, gefährlicher Ausfälle (relevant für λ_{DU}) (Gebrauchsdauer),

T_2 als max. Zeit bis zur Aufdeckung erkannter, gefährlicher Ausfälle durch eine Diagnose(-funktion) (relevant für λ_{DD}) (Diagnose-Testintervall).

Es wird davon ausgegangen, dass Fehler rechtzeitig erkannt werden, spätestens aber zum Zeitpunkt T_2. Das gleichzeitige Versagen beider Kanäle innerhalb von T_2 wird ausgeschlossen.

Mit der Annahme $P(t) \approx \lambda \cdot t$ können folgende Gleichungen aufgestellt werden, die die höchste Wahrscheinlichkeit Gefahr bringender Ausfälle zu den Zeitpunkten T_1 und T_2 beschreiben:

$$P_D = P_{DU} + P_{DD},$$

mit:

$$P_{DU}(T_1) \approx \lambda_{DU} \cdot T_1 = (1 - DC) \cdot \lambda_D \cdot T_1 \qquad \text{(zum Zeitpunkt } T_1\text{) und}$$

$$P_{DD}(T_2) \approx \lambda_{DD} \cdot T_2 = DC \cdot \lambda_D \cdot T_2 \qquad \text{(zum Zeitpunkt } T_2\text{).}$$

Dabei stellt der Diagnosedeckungsgrad DC die Rate der erkannten (Gefahr bringenden) Ausfälle zu allen gefährlichen Ausfällen λ_{DD}/λ_D im Zeitintervall T_2 dar.

Der Faktor der Gefahr bringenden Ausfälle infolge gemeinsamer Ursache wird mit $\beta = \beta_D$ festgelegt.

11.3.2 Logische Darstellung

In der DIN EN 62061 (**VDE 0113-50**):2016-05 wird im Abschnitt 6.7.8.2.3 die Basis-Teilsystemarchitektur B (Einfehlertoleranz ohne Diagnosefunktion) und im Abschnitt 6.7.8.2.5 die Basis-Teilsystemarchitektur D (Einfehlertoleranz mit Diagnosefunktion) beschrieben.

Anmerkung: Die Basis-Teilsystemarchitektur B leitet sich von der Basis-Teilsystemarchitektur D (**Bild 11.4**) ab, indem keine Diagnosefähigkeit (bzw. -funktion) verwendet wird, d. h., der Diagnosedeckungsgrad wird mit $DC = 0$ angenommen.

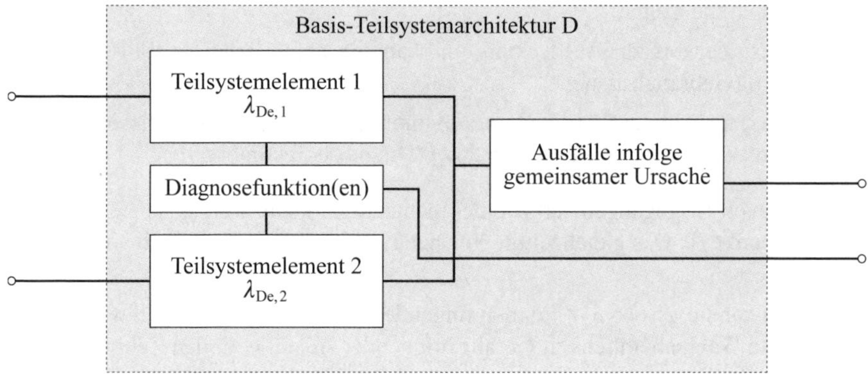

Bild 11.4 Logische Darstellung der Basis-Teilsystemarchitektur D (DIN EN 62061 (**VDE 0113-50**):2016-05, Bild 9)

11.3.3 Wahrscheinlichkeitsblockdiagramm

Die Ausfallraten der beiden Kanäle können wie in **Bild 11.5** gezeigt abgebildet werden.

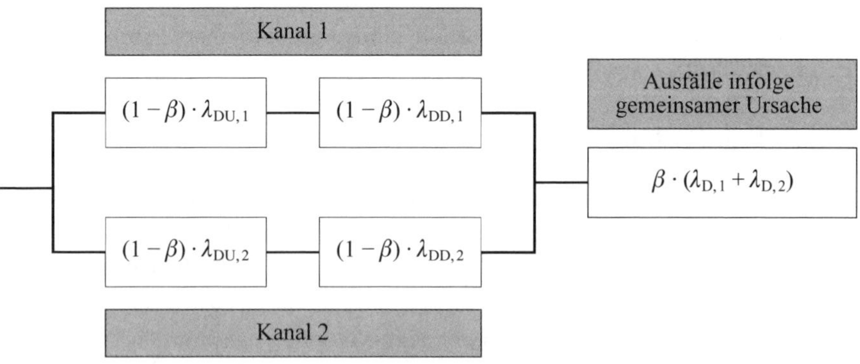

Bild 11.5 Blockdiagramm der Ausfallrate der Basis-Teilsystemarchitektur D

Die höchste Wahrscheinlichkeit $P(t)$ der erkannten Ausfälle kann zum Zeitpunkt T_2 bestimmt werden, und die höchste Wahrscheinlichkeit $P(t)$ der unerkannten Ausfälle zum Zeitpunkt T_1.

Das Zustandsdiagramm bezogen auf diese höchsten Wahrscheinlichkeiten Gefahr bringender Ausfälle kann wie in **Bild 11.6** gezeigt abgebildet werden.

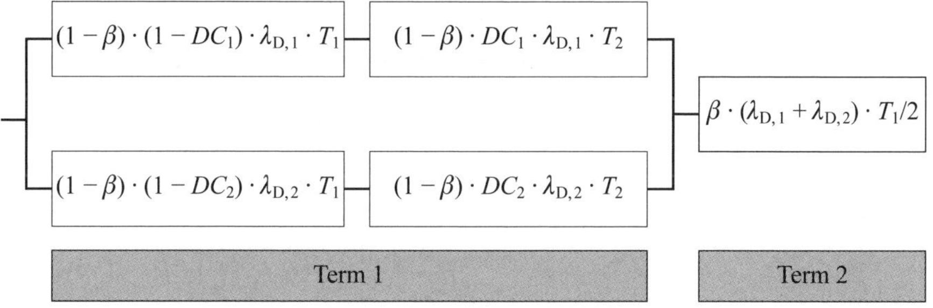

Bild 11.6 Wahrscheinlichkeitsblockdiagramm der Wahrscheinlichkeit Gefahr bringender Ausfälle der Basis-Teilsystemarchitektur D

11.3.4 Berechnung

Die höchste Wahrscheinlichkeit Gefahr bringender Ausfälle pro Stunde errechnet sich mit den höchsten Wahrscheinlichkeiten aus Sicht des Kanals 1 und aus Sicht des Kanals 2 (siehe oben genannten Annahmen). Es kann der Mittelwert genommen (mit 1/2).

Herleitung des *PFH*-Werts

Wenn ein Markov-Modell mit einem absorbierenden Zustand für zwei Komponenten vorausgesetzt wird, dann kann die Wahrscheinlichkeit Gefahr bringender Ausfälle mit einer Laplace-Transformation erklärt werden.

Das führt dann zu folgender Gleichung:

$$P_D(t)=\frac{\lambda_1}{(\lambda_1-\lambda_2)}\cdot e^{\lambda_2 t}+\frac{\lambda_2}{(\lambda_1-\lambda_2)}\cdot e^{\lambda_1 t}.$$

Wenn $\lambda_1=\lambda_2$, dann ist $P_D(t)=1+e^{-\lambda t}\approx 1+\lambda_D t$.

Das Integral $PFH_D=\frac{1}{T}\cdot\int_0^T\left(\frac{dP_D(t)}{dt}\right)dt=\frac{\lambda_D}{2}$.

Herleitung des Terms 1

Folgende höchste Wahrscheinlichkeit Gefahr bringender Ausfälle kann definiert werden:

$$(1-\beta)\cdot\left[P_{\text{DU},1}(T_1)\cdot\left(P_{\text{DU},2}(T_1)+P_{\text{DD},2}(T_1)\right)\cdot\frac{1}{T_1}+P_{\text{DD},1}\cdot\left(P_{\text{DU},2}(T_1)+P_{\text{DD},2}(T_2)\right)\cdot\frac{1}{T_2}\right.$$

$$\left.+P_{\text{DU},2}(T_1)\cdot\left(P_{\text{DU},1}(T_1)+P_{\text{DD},1}(T_2)\right)\cdot\frac{1}{T_1}+P_{\text{DD},2}\cdot\left(P_{\text{DU},1}(T_1)+P_{\text{DD},1}(T_2)\right)\cdot\frac{1}{T_2}\right]\cdot\frac{1}{2},$$

mit:

$$P_{\text{DU},1}(T_1)=(1-DC_1)\cdot\lambda_{\text{D},1}\cdot T_1,$$

$$P_{\text{DU},2}(T_1)=(1-DC_2)\cdot\lambda_{\text{D},2}\cdot T_1,$$

$$P_{\text{DD},1}(T_2)=DC_1\cdot\lambda_{\text{D},1}\cdot T_2,$$

$$P_{\text{DD},2}(T_2)=DC_2\cdot\lambda_{\text{D},2}\cdot T_2.$$

<u>Auflösung des Terms 1</u>

$$P_{\text{DU},1}(T_1)\cdot\left[P_{\text{DU},2}(T_1)+P_{\text{DD},2}(T_1)\right]\cdot\frac{1}{T_1}+P_{\text{DD},1}\cdot\left[P_{\text{DU},2}(T_1)+P_{\text{DD},2}(T_2)\right]\cdot\frac{1}{T_2}$$

$$=\left[(1-DC_1)\cdot(1-DC_2)\cdot T_1+(1-DC_1)\cdot DC_2\cdot T_2+DC_1\cdot(1-DC_2)\cdot T_1+DC_1\cdot DC_2\cdot T_2\right]\cdot\lambda_{\text{D},1}\cdot\lambda_{\text{D},2}$$

$$=\left[(1-DC_2)\cdot T_1+DC_2\cdot T_2\right]\cdot\lambda_{\text{D},1}\cdot\lambda_{\text{D},2}$$

und

$$P_{\text{DU},2}(T_1)\cdot\left[P_{\text{DU},1}(T_1)+P_{\text{DD},1}(T_2)\right]\cdot\frac{1}{T_1}+P_{\text{DD},2}\cdot\left[P_{\text{DU},1}(T_1)+P_{\text{DD},1}(T_2)\right]\cdot\frac{1}{T_2}$$

$$=\left[(1-DC_2)\cdot(1-DC_1)\cdot T_1+(1-DC_2)\cdot DC_1\cdot T_2+DC_2\cdot(1-DC_1)\cdot T_1+DC_2\cdot DC_1\cdot T_2\right]\cdot\lambda_{\text{D},1}\cdot\lambda_{\text{D},2}$$

$$=\left[(1-DC_1)\cdot T_1+DC_1\cdot T_2\right]\cdot\lambda_{\text{D},1}\cdot\lambda_{\text{D},2}.$$

<u>Wahrscheinlichkeit Gefahr bringender Ausfälle des Terms 1</u>

$$PFH_{\text{D (Term 1)}}\approx(1-\beta)^2\cdot\left[(2-DC_1-DC_2)\cdot\frac{T_1}{2}+(DC_1+DC_2)\cdot\frac{T_2}{2}\right]\cdot\lambda_{\text{D},1}\cdot\lambda_{\text{D},2}.$$

Herleitung des Terms 2

Die höchste Wahrscheinlichkeit aufgrund der Ausfälle infolge gemeinsamer Ursache lautet:

$$P_{\mathrm{D}} = \frac{\beta \cdot \left(P_{\mathrm{D},1} + P_{\mathrm{D},2}\right)}{2},$$

mit:

$$P_{\mathrm{D},1} = \lambda_{\mathrm{D},1} \cdot T_1,$$
$$P_{\mathrm{D},2} = \lambda_{\mathrm{D},2} \cdot T_1.$$

Wahrscheinlichkeit Gefahr bringender Ausfälle des Terms 2

$$PFH_{\mathrm{D\,(Term\,2)}} \approx \frac{P_{\mathrm{D}}(T_1)}{T_1} = \frac{\beta \cdot \left(\lambda_{\mathrm{D},1} + \lambda_{\mathrm{D},2}\right)}{2}.$$

11.3.5 PFH_{D} der Teilsystemarchitektur D

Die gesamte Wahrscheinlichkeit Gefahr bringender Ausfälle ergibt sich aus:

$$PFH_{\mathrm{D\,(Basis\text{-}Teilsystemarchitektur\,D)}} = PFH_{\mathrm{D\,(Term\,1)}} + PFH_{\mathrm{D\,(Term\,2)}}$$
$$= (1-\beta)^2 \cdot \left[\left(2 - DC_1 - DC_2\right) \cdot \frac{T_1}{2} + \left(DC_1 + DC_2\right) \cdot \frac{T_2}{2}\right] \cdot \lambda_{\mathrm{D},1} \cdot \lambda_{\mathrm{D},2} + \frac{\beta \cdot \left(\lambda_{\mathrm{D},1} + \lambda_{\mathrm{D},2}\right)}{2}$$

11.4 Diskussion der Ergebnisse der einkanaligen Architektur

Die numerische Darstellung der Ergebnisse der *PFH*-Berechnung einer zweikanaligen Architektur zeigt einige Besonderheiten. Welche? Es gilt dies genauer zu betrachten.

11.4.1 Diagnosedeckungsgrad 60 %

Die Wahrscheinlichkeit Gefahr bringender Ausfälle wird durch die Ausfallrate und *DC* geprägt.

Die mit Pfeilen in **Tabelle 11.1** gekennzeichneten Terme/Spalten liefern den Hauptanteil des *PFH*-Werts. Die weiteren Anteile können vernachlässigt werden.

$\boldsymbol{DC}$ = **60,0 %**
β = irrelevant
$\boldsymbol{T_1}$ = **175 200**
T_2 = 1

	$MTTF_D$ (a)	λ_D (1/h)	PFH_D (%)	$(1 - DC) \cdot \lambda_D$	+	$(T_2/T_1) \cdot DC \cdot \lambda_D$
	10	$1{,}14 \cdot 10^{-5}$	$4{,}57 \cdot 10^{-6}$	$4{,}57 \cdot 10^{-6}$		$3{,}91 \cdot 10^{-11}$
	11	$1{,}04 \cdot 10^{-5}$	$4{,}15 \cdot 10^{-6}$	$4{,}15 \cdot 10^{-6}$		$3{,}55 \cdot 10^{-11}$
	12	$9{,}51 \cdot 10^{-6}$	$3{,}81 \cdot 10^{-6}$	$3{,}81 \cdot 10^{-6}$		$3{,}26 \cdot 10^{-11}$
	13	$8{,}78 \cdot 10^{-6}$	$3{,}51 \cdot 10^{-6}$	$3{,}51 \cdot 10^{-6}$		$3{,}01 \cdot 10^{-11}$
	15	$7{,}61 \cdot 10^{-6}$	$3{,}04 \cdot 10^{-6}$	$3{,}04 \cdot 10^{-6}$		$2{,}61 \cdot 10^{-11}$
SIL 1	16	$7{,}13 \cdot 10^{-6}$	$2{,}85 \cdot 10^{-6}$	$2{,}85 \cdot 10^{-6}$		$2{,}44 \cdot 10^{-11}$
	18	$6{,}34 \cdot 10^{-6}$	$2{,}54 \cdot 10^{-6}$	$2{,}54 \cdot 10^{-6}$		$2{,}17 \cdot 10^{-11}$
	20	$5{,}71 \cdot 10^{-6}$	$2{,}28 \cdot 10^{-6}$	$2{,}28 \cdot 10^{-6}$		$1{,}95 \cdot 10^{-11}$
	22	$5{,}19 \cdot 10^{-6}$	$2{,}08 \cdot 10^{-6}$	$2{,}08 \cdot 10^{-6}$		$1{,}78 \cdot 10^{-11}$
	24	$4{,}76 \cdot 10^{-6}$	$1{,}90 \cdot 10^{-6}$	$1{,}90 \cdot 10^{-6}$		$1{,}63 \cdot 10^{-11}$
	27	$4{,}23 \cdot 10^{-6}$	$1{,}69 \cdot 10^{-6}$	$1{,}69 \cdot 10^{-6}$		$1{,}45 \cdot 10^{-11}$

$\boldsymbol{DC}$ = **60,0 %**
β = irrelevant
$\boldsymbol{T_1}$ = **175 200**
T_2 = 1

	$MTTF_D$ (a)	λ_D (1/h)	PFH_D (%)	$(1 - DC) \cdot \lambda_D$	+	$(T_2/T_1) \cdot DC \cdot \lambda_D$
	30	$3{,}81 \cdot 10^{-6}$	$1{,}52 \cdot 10^{-6}$	$1{,}52 \cdot 10^{-6}$		$1{,}30 \cdot 10^{-11}$
	33	$3{,}46 \cdot 10^{-6}$	$1{,}38 \cdot 10^{-6}$	$1{,}38 \cdot 10^{-6}$		$1{,}18 \cdot 10^{-11}$
	36	$3{,}17 \cdot 10^{-6}$	$1{,}27 \cdot 10^{-6}$	$1{,}27 \cdot 10^{-6}$		$1{,}09 \cdot 10^{-11}$
	39	$2{,}93 \cdot 10^{-6}$	$1{,}17 \cdot 10^{-6}$	$1{,}17 \cdot 10^{-6}$		$1{,}00 \cdot 10^{-11}$
	43	$2{,}65 \cdot 10^{-6}$	$1{,}06 \cdot 10^{-6}$	$1{,}06 \cdot 10^{-6}$		$9{,}09 \cdot 10^{-12}$
	47	$2{,}43 \cdot 10^{-6}$	$9{,}72 \cdot 10^{-7}$	$9{,}72 \cdot 10^{-7}$		$8{,}32 \cdot 10^{-12}$
SIL 1	51	$2{,}24 \cdot 10^{-6}$	$8{,}95 \cdot 10^{-7}$	$8{,}95 \cdot 10^{-7}$		$7{,}67 \cdot 10^{-12}$
	56	$2{,}04 \cdot 10^{-6}$	$8{,}15 \cdot 10^{-7}$	$8{,}15 \cdot 10^{-7}$		$6{,}98 \cdot 10^{-12}$
	62	$1{,}84 \cdot 10^{-6}$	$7{,}36 \cdot 10^{-7}$	$7{,}36 \cdot 10^{-7}$		$6{,}31 \cdot 10^{-12}$
	68	$1{,}68 \cdot 10^{-6}$	$6{,}72 \cdot 10^{-7}$	$6{,}72 \cdot 10^{-7}$		$5{,}75 \cdot 10^{-12}$
	75	$1{,}52 \cdot 10^{-6}$	$6{,}09 \cdot 10^{-7}$	$6{,}09 \cdot 10^{-7}$		$5{,}21 \cdot 10^{-12}$
	82	$1{,}39 \cdot 10^{-6}$	$5{,}57 \cdot 10^{-7}$	$5{,}57 \cdot 10^{-7}$		$4{,}77 \cdot 10^{-12}$
	91	$1{,}25 \cdot 10^{-6}$	$5{,}02 \cdot 10^{-7}$	$5{,}02 \cdot 10^{-7}$		$4{,}30 \cdot 10^{-12}$
	100	$1{,}14 \cdot 10^{-6}$	$4{,}57 \cdot 10^{-7}$	$4{,}57 \cdot 10^{-7}$		$3{,}91 \cdot 10^{-12}$

Tabelle 11.1 PFH_D-Entwicklung, einkanalige Architektur mit einem $DC = 60$ %

11.4.2 Diagnosedeckungsgrad 90 %

Die Wahrscheinlichkeit Gefahr bringender Ausfälle wird vorwiegend durch die unerkannten Ausfälle während des Zeitintervalls T_1 bestimmt. Dabei spielen nur noch die Ausfälle infolge gemeinsamer Ursache eine entscheidende Rolle. Die Diagnoseaufdeckung im Zeitintervall T_2 kann vernachlässigt werden (**Tabelle 11.2**).

DC =	**90,0 %**
β =	irrelevant
$\boldsymbol{T_1}$ =	**175 200**
T_2 =	1

	$MTTF_D$ (a)	λ_D (1/h)	PFH_D (%)	$(1 - DC) \cdot \lambda_D$	+	$(T_2/T_1) \cdot DC \cdot \lambda_D$
SIL 1	10	$1{,}14 \cdot 10^{-5}$	$1{,}14 \cdot 10^{-6}$	$1{,}14 \cdot 10^{-6}$		$5{,}86 \cdot 10^{-11}$
	11	$1{,}04 \cdot 10^{-5}$	$1{,}04 \cdot 10^{-6}$	$1{,}04 \cdot 10^{-6}$		$5{,}33 \cdot 10^{-11}$
	12	$9{,}51 \cdot 10^{-6}$	$9{,}51 \cdot 10^{-7}$	$9{,}51 \cdot 10^{-6}$		$4{,}89 \cdot 10^{-11}$
	13	$8{,}78 \cdot 10^{-6}$	$8{,}78 \cdot 10^{-7}$	$8{,}78 \cdot 10^{-7}$		$4{,}51 \cdot 10^{-11}$
	15	$7{,}61 \cdot 10^{-6}$	$7{,}61 \cdot 10^{-7}$	$7{,}61 \cdot 10^{-7}$		$3{,}91 \cdot 10^{-11}$
	16	$7{,}13 \cdot 10^{-6}$	$7{,}13 \cdot 10^{-7}$	$7{,}13 \cdot 10^{-7}$		$3{,}67 \cdot 10^{-11}$
	18	$6{,}34 \cdot 10^{-6}$	$6{,}34 \cdot 10^{-7}$	$6{,}34 \cdot 10^{-7}$		$3{,}26 \cdot 10^{-11}$
	20	$5{,}71 \cdot 10^{-6}$	$5{,}71 \cdot 10^{-7}$	$5{,}71 \cdot 10^{-7}$		$2{,}93 \cdot 10^{-11}$
	22	$5{,}19 \cdot 10^{-6}$	$5{,}19 \cdot 10^{-7}$	$5{,}19 \cdot 10^{-7}$		$2{,}67 \cdot 10^{-11}$
	24	$4{,}76 \cdot 10^{-6}$	$4{,}76 \cdot 10^{-7}$	$4{,}76 \cdot 10^{-7}$		$2{,}44 \cdot 10^{-11}$
	27	$4{,}23 \cdot 10^{-6}$	$4{,}23 \cdot 10^{-7}$	$4{,}23 \cdot 10^{-7}$		$2{,}17 \cdot 10^{-11}$

DC =	**90,0 %**
β =	irrelevant
$\boldsymbol{T_1}$ =	**175 200**
T_2 =	1

	$MTTF_D$ (a)	λ_D (1/h)	PFH_D (%)	$(1 - DC) \cdot \lambda_D$	+	$(T_2/T_1) \cdot DC \cdot \lambda_D$
SIL 1	30	$3{,}81 \cdot 10^{-6}$	$3{,}81 \cdot 10^{-7}$	$3{,}81 \cdot 10^{-7}$		$1{,}95 \cdot 10^{-11}$
	33	$3{,}46 \cdot 10^{-6}$	$3{,}46 \cdot 10^{-7}$	$3{,}46 \cdot 10^{-7}$		$1{,}78 \cdot 10^{-11}$
	36	$3{,}17 \cdot 10^{-6}$	$3{,}17 \cdot 10^{-7}$	$3{,}17 \cdot 10^{-7}$		$1{,}63 \cdot 10^{-11}$
	39	$2{,}93 \cdot 10^{-6}$	$2{,}93 \cdot 10^{-7}$	$2{,}93 \cdot 10^{-7}$		$1{,}50 \cdot 10^{-11}$
	43	$2{,}65 \cdot 10^{-6}$	$2{,}65 \cdot 10^{-7}$	$2{,}65 \cdot 10^{-7}$		$1{,}36 \cdot 10^{-11}$
	47	$2{,}43 \cdot 10^{-6}$	$2{,}43 \cdot 10^{-7}$	$2{,}43 \cdot 10^{-7}$		$1{,}25 \cdot 10^{-11}$
	51	$2{,}24 \cdot 10^{-6}$	$2{,}24 \cdot 10^{-7}$	$2{,}24 \cdot 10^{-7}$		$1{,}15 \cdot 10^{-11}$
	56	$2{,}04 \cdot 10^{-6}$	$2{,}04 \cdot 10^{-7}$	$2{,}04 \cdot 10^{-7}$		$1{,}05 \cdot 10^{-11}$
	62	$1{,}84 \cdot 10^{-6}$	$1{,}84 \cdot 10^{-7}$	$1{,}84 \cdot 10^{-7}$		$9{,}46 \cdot 10^{-12}$
	68	$1{,}68 \cdot 10^{-6}$	$1{,}68 \cdot 10^{-7}$	$1{,}68 \cdot 10^{-7}$		$8{,}62 \cdot 10^{-12}$
	75	$1{,}52 \cdot 10^{-6}$	$1{,}52 \cdot 10^{-7}$	$1{,}52 \cdot 10^{-7}$		$7{,}82 \cdot 10^{-12}$
	82	$1{,}39 \cdot 10^{-6}$	$1{,}39 \cdot 10^{-7}$	$1{,}39 \cdot 10^{-7}$		$7{,}15 \cdot 10^{-12}$
	91	$1{,}25 \cdot 10^{-6}$	$1{,}25 \cdot 10^{-7}$	$1{,}25 \cdot 10^{-7}$		$6{,}44 \cdot 10^{-12}$
	100	$1{,}14 \cdot 10^{-6}$	$1{,}14 \cdot 10^{-7}$	$1{,}14 \cdot 10^{-7}$		$5{,}86 \cdot 10^{-12}$

Tabelle 11.2 PFH_D-Entwicklung, einkanalige Architektur mit einem $DC = 90$ %

11.4.3 Schlussfolgerung

Der *DC* und die Ausfallrate prägen generell die Ergebnisse.

11.5 Diskussion der Ergebnisse der zweikanaligen Architektur

Die zweikanalige Architektur zeigt einige Besonderheiten in der numerischen Darstellung der Ergebnisse. Es gilt dies genauer zu betrachten.

11.5.1 Diagnosedeckungsgrad 60 %

Die Wahrscheinlichkeit Gefahr bringender Ausfälle wird vorwiegend durch die unerkannten Ausfälle während des Zeitintervalls T_1 bestimmt. Dabei spielen nur noch die Ausfälle infolge gemeinsamer Ursache eine entscheidende Rolle. Die Diagnoseaufdeckung im Zeitintervall T_2 kann vernachlässigt werden (**Tabelle 11.3**).

11.5.2 Diagnosedeckungsgrad 90 %

Die Wahrscheinlichkeit Gefahr bringender Ausfälle wird vorwiegend durch die unerkannten Ausfälle während des Zeitintervalls T_1 bestimmt. Dabei spielen nur noch die Ausfälle infolge gemeinsamer Ursache eine entscheidende Rolle. Die Diagnoseaufdeckung im Zeitintervall T_2 kann vernachlässigt werden (**Tabelle 11.4**).

11.5.3 Diagnosedeckungsgrad 99 %

Die Wahrscheinlichkeit Gefahr bringender Ausfälle wird vorwiegend durch die Ausfälle infolge gemeinsamer Ursache bestimmt. Dabei spielen nur noch die unerkannten Ausfälle im Zeitintervall T_1 eine entscheidende Rolle. Die Diagnoseaufdeckung im Zeitintervall T_2 kann vernachlässigt werden (**Tabelle 11.5**).

11.5.4 Schlussfolgerung

Das Diagnose-Testintervall T_2 ist nicht maßgeblich für die Wahrscheinlichkeit Gefahr bringender Ausfälle, solange dieses bedeutend kleiner ist als die Zeit bis zur Aufdeckung unerkannter Ausfälle (Gebrauchsdauer) T_1. Das heißt im Umkehrschluss, dass auf das Testen verzichtet werden kann und eine Diagnose unwichtig ist?

Der *DC* prägt generell die Ergebnisse. Je höher der *DC* ist, desto wichtiger werden die Ausfälle infolge gemeinsamer Ursache: Dies bestätigt die Wichtigkeit der systematischen Integrität bei einer SIL-3-Applikation. Das heißt auch, dass Fehlerausschlüsse für SIL 2 und SIL 3 sehr kritisch sind, und für SIL 3 letztendlich nicht zulässig sein dürfen.

DC = 60,0 %
β = 2,0 %
T_1 = 175200
T_2 = 1

	$MTTF_D$ (a)	λ_D (1/h)	PFH_D (%)	$\beta \cdot (\lambda_1 + \lambda_2)/2$	+	$(1-\beta)^2 \cdot \lambda_1 \cdot \lambda_2 \cdot (2 - DC_1 - DC_2) \cdot T_{1/2}$	+	$(1-\beta)^2 \cdot \lambda_1 \cdot \lambda_2 \cdot (DC_1 + DC_2) \cdot T_{2/2}$
SIL 1	10	$1{,}14 \cdot 10^{-5}$	$9{,}00 \cdot 10^{-6}$	$2{,}28 \cdot 10^{-7}$		$8{,}77 \cdot 10^{-6}$		$7{,}51 \cdot 10^{-11}$
SIL 1	11	$1{,}04 \cdot 10^{-5}$	$7{,}46 \cdot 10^{-6}$	$2{,}08 \cdot 10^{-7}$		$7{,}25 \cdot 10^{-6}$		$6{,}21 \cdot 10^{-11}$
SIL 1	12	$9{,}51 \cdot 10^{-6}$	$6{,}28 \cdot 10^{-6}$	$1{,}90 \cdot 10^{-7}$		$6{,}09 \cdot 10^{-6}$		$5{,}21 \cdot 10^{-11}$
SIL 1	13	$8{,}78 \cdot 10^{-6}$	$5{,}37 \cdot 10^{-6}$	$1{,}76 \cdot 10^{-7}$		$5{,}19 \cdot 10^{-6}$		$4{,}44 \cdot 10^{-11}$
SIL 1	15	$7{,}61 \cdot 10^{-6}$	$4{,}05 \cdot 10^{-6}$	$1{,}52 \cdot 10^{-7}$		$3{,}90 \cdot 10^{-6}$		$3{,}34 \cdot 10^{-11}$
SIL 1	16	$7{,}13 \cdot 10^{-6}$	$3{,}57 \cdot 10^{-6}$	$1{,}43 \cdot 10^{-7}$		$3{,}43 \cdot 10^{-6}$		$2{,}93 \cdot 10^{-11}$
SIL 1	18	$6{,}34 \cdot 10^{-6}$	$2{,}83 \cdot 10^{-6}$	$1{,}27 \cdot 10^{-7}$		$2{,}71 \cdot 10^{-6}$		$2{,}32 \cdot 10^{-11}$
SIL 1	20	$5{,}71 \cdot 10^{-6}$	$2{,}31 \cdot 10^{-6}$	$1{,}14 \cdot 10^{-7}$		$2{,}19 \cdot 10^{-6}$		$1{,}88 \cdot 10^{-11}$
SIL 1	22	$5{,}19 \cdot 10^{-6}$	$1{,}92 \cdot 10^{-6}$	$1{,}04 \cdot 10^{-7}$		$1{,}81 \cdot 10^{-6}$		$1{,}55 \cdot 10^{-11}$
SIL 2	24	$4{,}76 \cdot 10^{-6}$	$1{,}62 \cdot 10^{-6}$	$9{,}51 \cdot 10^{-8}$		$1{,}52 \cdot 10^{-6}$		$1{,}30 \cdot 10^{-11}$
SIL 2	27	$4{,}23 \cdot 10^{-6}$	$1{,}29 \cdot 10^{-6}$	$8{,}46 \cdot 10^{-8}$		$1{,}20 \cdot 10^{-6}$		$1{,}03 \cdot 10^{-11}$

DC = 60,0 %
β = 2,0 %
T_1 = 175200
T_2 = 1

	$MTTF_D$ (a)	λ_D (1/h)	PFH_D (%)	$\beta \cdot (\lambda_1 + \lambda_2)/2$	+	$(1-\beta)^2 \cdot \lambda_1 \cdot \lambda_2 \cdot (2 - DC_1 - DC_2) \cdot T_{1/2}$	+	$(1-\beta)^2 \cdot \lambda_1 \cdot \lambda_2 \cdot (DC_1 + DC_2) \cdot T_{2/2}$
SIL 2	30	$3{,}81 \cdot 10^{-6}$	$1{,}05 \cdot 10^{-6}$	$7{,}61 \cdot 10^{-8}$		$9{,}75 \cdot 10^{-7}$		$8{,}34 \cdot 10^{-12}$
SIL 2	33	$3{,}46 \cdot 10^{-6}$	$8{,}75 \cdot 10^{-7}$	$6{,}92 \cdot 10^{-8}$		$8{,}05 \cdot 10^{-7}$		$6{,}90 \cdot 10^{-12}$
SIL 2	36	$3{,}17 \cdot 10^{-6}$	$7{,}40 \cdot 10^{-7}$	$6{,}34 \cdot 10^{-8}$		$6{,}77 \cdot 10^{-7}$		$5{,}79 \cdot 10^{-12}$
SIL 2	39	$2{,}93 \cdot 10^{-6}$	$6{,}35 \cdot 10^{-7}$	$5{,}85 \cdot 10^{-8}$		$5{,}77 \cdot 10^{-7}$		$4{,}94 \cdot 10^{-12}$
SIL 2	43	$2{,}65 \cdot 10^{-6}$	$5{,}27 \cdot 10^{-7}$	$5{,}31 \cdot 10^{-8}$		$4{,}74 \cdot 10^{-7}$		$4{,}06 \cdot 10^{-12}$
SIL 2	47	$2{,}43 \cdot 10^{-6}$	$4{,}46 \cdot 10^{-7}$	$4{,}86 \cdot 10^{-8}$		$3{,}97 \cdot 10^{-7}$		$3{,}40 \cdot 10^{-12}$
SIL 2	51	$2{,}24 \cdot 10^{-6}$	$3{,}82 \cdot 10^{-7}$	$4{,}48 \cdot 10^{-8}$		$3{,}37 \cdot 10^{-7}$		$2{,}89 \cdot 10^{-12}$
SIL 2	56	$2{,}04 \cdot 10^{-6}$	$3{,}20 \cdot 10^{-7}$	$4{,}08 \cdot 10^{-8}$		$2{,}80 \cdot 10^{-7}$		$2{,}39 \cdot 10^{-12}$
SIL 2	62	$1{,}84 \cdot 10^{-6}$	$2{,}65 \cdot 10^{-7}$	$3{,}68 \cdot 10^{-8}$		$2{,}28 \cdot 10^{-7}$		$1{,}95 \cdot 10^{-12}$
SIL 2	68	$1{,}68 \cdot 10^{-6}$	$2{,}23 \cdot 10^{-7}$	$3{,}36 \cdot 10^{-8}$		$1{,}90 \cdot 10^{-7}$		$1{,}62 \cdot 10^{-12}$
SIL 2	75	$1{,}52 \cdot 10^{-6}$	$1{,}86 \cdot 10^{-7}$	$3{,}04 \cdot 10^{-8}$		$1{,}56 \cdot 10^{-7}$		$1{,}33 \cdot 10^{-12}$
SIL 2	82	$1{,}39 \cdot 10^{-6}$	$1{,}58 \cdot 10^{-7}$	$2{,}78 \cdot 10^{-8}$		$1{,}30 \cdot 10^{-7}$		$1{,}12 \cdot 10^{-12}$
SIL 2	91	$1{,}25 \cdot 10^{-6}$	$1{,}31 \cdot 10^{-7}$	$2{,}51 \cdot 10^{-8}$		$1{,}06 \cdot 10^{-7}$		$9{,}07 \cdot 10^{-13}$
SIL 2	100	$1{,}14 \cdot 10^{-6}$	$1{,}11 \cdot 10^{-7}$	$2{,}28 \cdot 10^{-8}$		$8{,}77 \cdot 10^{-8}$		$7{,}51 \cdot 10^{-13}$

Tabelle 11.3 PFH_D-Entwicklung, zweikanalige Architektur mit einem $DC = 60$ %

DC = 90,0 %
β = 2,0 %
T_1 = 175 200
T_2 = 1

	$MTTF_D$ (a)	λ_D (1/h)	PFH_D (%)	$\beta \cdot (\lambda_1 + \lambda_2)/2$	+	$(1-\beta)^2 \cdot \lambda_1 \cdot \lambda_2 \cdot (2 - DC_1 - DC_2) \cdot T_{1/2}$	+	$(1-\beta)^2 \cdot \lambda_1 \cdot \lambda_2 \cdot (DC_1 + DC_2) \cdot T_{2/2}$
SIL 1	10	$1{,}14 \cdot 10^{-5}$	$2{,}42 \cdot 10^{-6}$	$2{,}28 \cdot 10^{-7}$		$2{,}19 \cdot 10^{-6}$		$1{,}13 \cdot 10^{-10}$
	11	$1{,}04 \cdot 10^{-5}$	$2{,}02 \cdot 10^{-6}$	$2{,}08 \cdot 10^{-7}$		$1{,}81 \cdot 10^{-6}$		$9{,}31 \cdot 10^{-11}$
	12	$9{,}51 \cdot 10^{-6}$	$1{,}71 \cdot 10^{-6}$	$1{,}90 \cdot 10^{-7}$		$1{,}52 \cdot 10^{-6}$		$7{,}82 \cdot 10^{-11}$
SIL 2	13	$8{,}78 \cdot 10^{-6}$	$1{,}47 \cdot 10^{-6}$	$1{,}76 \cdot 10^{-7}$		$1{,}30 \cdot 10^{-6}$		$6{,}66 \cdot 10^{-11}$
	15	$7{,}61 \cdot 10^{-6}$	$1{,}13 \cdot 10^{-6}$	$1{,}52 \cdot 10^{-7}$		$9{,}75 \cdot 10^{-7}$		$5{,}01 \cdot 10^{-11}$
	16	$7{,}13 \cdot 10^{-6}$	$9{,}99 \cdot 10^{-7}$	$1{,}43 \cdot 10^{-7}$		$8{,}57 \cdot 10^{-7}$		$4{,}40 \cdot 10^{-11}$
	18	$6{,}34 \cdot 10^{-6}$	$8{,}04 \cdot 10^{-7}$	$1{,}27 \cdot 10^{-7}$		$6{,}77 \cdot 10^{-7}$		$3{,}48 \cdot 10^{-11}$
	20	$5{,}71 \cdot 10^{-6}$	$6{,}62 \cdot 10^{-7}$	$1{,}14 \cdot 10^{-7}$		$5{,}48 \cdot 10^{-7}$		$2{,}82 \cdot 10^{-11}$
	22	$5{,}19 \cdot 10^{-6}$	$5{,}57 \cdot 10^{-7}$	$1{,}04 \cdot 10^{-7}$		$4{,}53 \cdot 10^{-7}$		$2{,}33 \cdot 10^{-11}$
	24	$4{,}76 \cdot 10^{-6}$	$4{,}76 \cdot 10^{-7}$	$9{,}51 \cdot 10^{-8}$		$3{,}81 \cdot 10^{-7}$		$1{,}96 \cdot 10^{-11}$
	27	$4{,}23 \cdot 10^{-6}$	$3{,}85 \cdot 10^{-7}$	$8{,}46 \cdot 10^{-8}$		$3{,}01 \cdot 10^{-7}$		$1{,}55 \cdot 10^{-11}$

DC = 90,0 %
β = 2,0 %
T_1 = 175 200
T_2 = 1

	$MTTF_D$ (a)	λ_D (1/h)	PFH_D (%)	$\beta \cdot (\lambda_1 + \lambda_2)/2$	+	$(1-\beta)^2 \cdot \lambda_1 \cdot \lambda_2 \cdot (2 - DC_1 - DC_2) \cdot T_{1/2}$	+	$(1-\beta)^2 \cdot \lambda_1 \cdot \lambda_2 \cdot (DC_1 + DC_2) \cdot T_{2/2}$
SIL 2	30	$3{,}81 \cdot 10^{-6}$	$3{,}20 \cdot 10^{-7}$	$7{,}61 \cdot 10^{-8}$		$2{,}44 \cdot 10^{-7}$		$1{,}25 \cdot 10^{-11}$
	33	$3{,}46 \cdot 10^{-6}$	$2{,}71 \cdot 10^{-7}$	$6{,}92 \cdot 10^{-8}$		$2{,}01 \cdot 10^{-7}$		$1{,}03 \cdot 10^{-11}$
	36	$3{,}17 \cdot 10^{-6}$	$2{,}33 \cdot 10^{-7}$	$6{,}34 \cdot 10^{-8}$		$1{,}69 \cdot 10^{-7}$		$8{,}69 \cdot 10^{-12}$
	39	$2{,}93 \cdot 10^{-6}$	$2{,}03 \cdot 10^{-7}$	$5{,}85 \cdot 10^{-8}$		$1{,}44 \cdot 10^{-7}$		$7{,}41 \cdot 10^{-12}$
	43	$2{,}65 \cdot 10^{-6}$	$1{,}72 \cdot 10^{-7}$	$5{,}31 \cdot 10^{-8}$		$1{,}19 \cdot 10^{-7}$		$6{,}09 \cdot 10^{-12}$
	47	$2{,}43 \cdot 10^{-6}$	$1{,}48 \cdot 10^{-7}$	$4{,}86 \cdot 10^{-8}$		$9{,}93 \cdot 10^{-8}$		$5{,}10 \cdot 10^{-12}$
	51	$2{,}24 \cdot 10^{-6}$	$1{,}29 \cdot 10^{-7}$	$4{,}48 \cdot 10^{-8}$		$8{,}43 \cdot 10^{-8}$		$4{,}33 \cdot 10^{-12}$
	56	$2{,}04 \cdot 10^{-6}$	$1{,}11 \cdot 10^{-7}$	$4{,}08 \cdot 10^{-8}$		$6{,}99 \cdot 10^{-8}$		$3{,}59 \cdot 10^{-12}$
SIL 3	62	$1{,}84 \cdot 10^{-6}$	$9{,}39 \cdot 10^{-8}$	$3{,}68 \cdot 10^{-8}$		$5{,}70 \cdot 10^{-8}$		$2{,}93 \cdot 10^{-12}$
	68	$1{,}68 \cdot 10^{-6}$	$8{,}10 \cdot 10^{-8}$	$3{,}36 \cdot 10^{-8}$		$4{,}74 \cdot 10^{-8}$		$2{,}44 \cdot 10^{-12}$
	75	$1{,}52 \cdot 10^{-6}$	$6{,}94 \cdot 10^{-8}$	$3{,}04 \cdot 10^{-8}$		$3{,}90 \cdot 10^{-8}$		$2{,}00 \cdot 10^{-12}$
	82	$1{,}39 \cdot 10^{-6}$	$6{,}05 \cdot 10^{-8}$	$2{,}78 \cdot 10^{-8}$		$3{,}26 \cdot 10^{-8}$		$1{,}68 \cdot 10^{-12}$
	91	$1{,}25 \cdot 10^{-6}$	$5{,}16 \cdot 10^{-8}$	$2{,}51 \cdot 10^{-8}$		$2{,}65 \cdot 10^{-8}$		$1{,}36 \cdot 10^{-12}$
	100	$1{,}14 \cdot 10^{-6}$	$4{,}48 \cdot 10^{-8}$	$2{,}28 \cdot 10^{-8}$		$2{,}19 \cdot 10^{-8}$		$1{,}13 \cdot 10^{-12}$

Tabelle 11.4 PFH_D-Entwicklung, zweikanalige Architektur mit einem $DC = 90$ %

$\boldsymbol{DC}$ = **99,0 %**
β = 2,0 %
$\boldsymbol{T_1}$ = **175 200**
T_2 = 1

	$MTTF_D$ (a)	λ_D (1/h)	PFH_D (%)	$\beta \cdot (\lambda_1 + \lambda_2)/2$	+	$(1-\beta)^2 \cdot \lambda_1 \cdot \lambda_2 \cdot (2 - DC_1 - DC_2) \cdot T_{1/2}$	+	$(1-\beta)^2 \cdot \lambda_1 \cdot \lambda_2 \cdot (DC_1 + DC_2) \cdot T_{2/2}$
SIL 3	30	$3{,}81 \cdot 10^{-6}$	$1{,}00 \cdot 10^{-7}$	$7{,}61 \cdot 10^{-8}$		$2{,}44 \cdot 10^{-8}$		$1{,}38 \cdot 10^{-11}$
	33	$3{,}46 \cdot 10^{-6}$	$8{,}93 \cdot 10^{-8}$	$6{,}92 \cdot 10^{-8}$		$2{,}01 \cdot 10^{-8}$		$1{,}14 \cdot 10^{-11}$
	36	$3{,}17 \cdot 10^{-6}$	$8{,}03 \cdot 10^{-8}$	$6{,}34 \cdot 10^{-8}$		$1{,}69 \cdot 10^{-8}$		$9{,}56 \cdot 10^{-12}$
	39	$2{,}93 \cdot 10^{-6}$	$7{,}30 \cdot 10^{-8}$	$5{,}85 \cdot 10^{-8}$		$1{,}44 \cdot 10^{-8}$		$8{,}15 \cdot 10^{-12}$
	43	$2{,}65 \cdot 10^{-6}$	$6{,}50 \cdot 10^{-8}$	$5{,}31 \cdot 10^{-8}$		$1{,}19 \cdot 10^{-8}$		$6{,}70 \cdot 10^{-12}$
	47	$2{,}43 \cdot 10^{-6}$	$5{,}85 \cdot 10^{-8}$	$4{,}86 \cdot 10^{-8}$		$9{,}93 \cdot 10^{-9}$		$5{,}61 \cdot 10^{-12}$
	51	$2{,}24 \cdot 10^{-6}$	$5{,}32 \cdot 10^{-8}$	$4{,}48 \cdot 10^{-8}$		$8{,}43 \cdot 10^{-9}$		$4{,}76 \cdot 10^{-12}$
	56	$2{,}04 \cdot 10^{-6}$	$4{,}78 \cdot 10^{-8}$	$4{,}08 \cdot 10^{-8}$		$6{,}99 \cdot 10^{-9}$		$3{,}95 \cdot 10^{-12}$
	62	$1{,}84 \cdot 10^{-6}$	$4{,}25 \cdot 10^{-8}$	$3{,}68 \cdot 10^{-8}$		$5{,}70 \cdot 10^{-9}$		$3{,}22 \cdot 10^{-12}$
	68	$1{,}68 \cdot 10^{-6}$	$3{,}83 \cdot 10^{-8}$	$3{,}36 \cdot 10^{-8}$		$4{,}74 \cdot 10^{-9}$		$2{,}68 \cdot 10^{-12}$
	75	$1{,}52 \cdot 10^{-6}$	$3{,}43 \cdot 10^{-8}$	$3{,}04 \cdot 10^{-8}$		$3{,}90 \cdot 10^{-9}$		$2{,}20 \cdot 10^{-12}$
	82	$1{,}39 \cdot 10^{-6}$	$3{,}11 \cdot 10^{-8}$	$2{,}78 \cdot 10^{-8}$		$3{,}26 \cdot 10^{-9}$		$1{,}84 \cdot 10^{-12}$
	91	$1{,}25 \cdot 10^{-6}$	$2{,}77 \cdot 10^{-8}$	$2{,}51 \cdot 10^{-8}$		$2{,}65 \cdot 10^{-9}$		$1{,}50 \cdot 10^{-12}$
	100	$1{,}14 \cdot 10^{-6}$	$2{,}50 \cdot 10^{-8}$	$2{,}28 \cdot 10^{-8}$		$2{,}19 \cdot 10^{-9}$		$1{,}24 \cdot 10^{-12}$

Tabelle 11.5 PFH_D-Entwicklung, zweikanalige Architektur mit einem $DC = 99$ %

12 Ausblick

Aktuell gibt es mehrere wichtige Tendenzen und Bestrebungen.

Zahlen sind nicht alles auf dieser Welt

Das Sich-Zurück-Besinnen auf die qualitativen Aspekte hat mehrere Ursachen. Zum einen werden die Zahlen und Fakten im Umfeld der Wahrscheinlichkeitsbetrachtungen überbewertet. Die meisten Anwendungen, also Sicherheitsfunktionen, erreichen rein rechnerisch meistens die gefordert niedrigen Wahrscheinlichkeiten. Hier liegt selten das Problem der erreichbaren Sicherheitsintegrität. Im Gegenteil: Was früher eine „gute Kategorie“ war, bleibt auch heute noch eine.

Problematisch sind der Entwurfsprozess und die dann davon abgeleitet technischen Schutzmaßnahmen in Gänze. Im Entwurf werden systematische Fehler gemacht, z. B.:

- Verwendung falscher Komponenten;
- Missachtung des Ruhestromprinzips;
- das Sich-Fokussieren auf Sicherheitsfunktionen, die gar keine sind;
- Auswahl einer fragwürdigen Architektur bezogen auf die Applikation mit dem Ziel bestehende Lösungen schön zu reden – das haben wir schon immer so gemacht;
- zweikanalig als überdimensioniert zu empfinden, obwohl der Kostenmehraufwand heutzutage bei Weitem nicht mehr vergleichbar mit früher ist;
- Unterschätzung des Manipulationsgedankens von Sicherheitsfunktionen;
- Nichtbeachtung der Wartungsintervalle und der sich daraus ergebenden Sicherheitsfunktionen und organisatorischen Maßnahmen;
- das Änderungsmanagement – ist das, was auch angedacht war auf der Baustelle während der Inbetriebsetzung umgesetzt oder gar verändert worden?

Eine neue Norm muss her – nur gemeinsam sind wir stark

Die Tatsache für sich allein, dass es überhaupt zwei Normen zur Auswahl für den Anwender, also den Maschinenbauer, gibt, ist unlogisch und nicht nachvollziehbar. Dass es historische Wurzeln für diese unschöne Situation gibt, ist jedoch nachvollziehbar und auch legitim.

Langfristig ist dieser Zustand aber für den Anwender nicht tragbar und bedarf einer Verbesserung. Es wird etwas Neues kommen und es kann nur besser werden für Sie als Anwender.

13 Terminologie

Allgemeine Erläuterungen zu den Normen

AK (WG) Arbeitskreis in Deutschland (Working Group)

EN europäische Norm (gilt für alle europäischen Länder)

DIN EN Deutsches Institut für Normung, Übersetzung der entsprechend EN in die Landessprache Deutsch, gilt somit auch für alle europäischen Länder

DIN IEC nationale Übernahme einer IEC-Norm, die nicht zur europäischen Norm erklärt worden war (ist die IEC-Norm zur europäischen Norm erklärt, wird deren deutsche Fassung mit DIN-EN-Nummer ohne die Buchstabenfolge IEC veröffentlicht)

DIN ISO nationale Übernahme einer ISO-Norm, die nicht zur europäischen Norm erklärt worden war (ist die ISO-Norm zur europäischen Norm erklärt, wird deren deutsche Fassung mit DIN-EN-ISO-Nummer veröffentlicht, also inklusive der Buchstabenfolge ISO)

DIN VDE DIN-Norm mit VDE-Klassifikation. Eine reine DIN-VDE-Nummer ohne zusätzliche Buchstaben wie EN, ISO oder IEC hinter der DIN-Nummer steht für eine rein nationale sicherheitsrelevante deutsche Norm im Bereich der Elektrotechnik, Elektronik, Informationstechnik oder Anwendungen davon – oder für eine modifizierte Übernahme einer IEC-Norm, die nicht zur europäischen Norm erklärt worden war (letzteres ist in den Identitätsvermerken unterhalb des Normtitels ersichtlich)

IEC International Engineering Committee, elektronische Systeme, vorwiegend für Normen von elektronischen Systemen verantwortlich (aber auch z. B. für Schütze)

ISO International Organisation for Standardization, vorwiegend für Normen von elektromechanischen Systemen verantwortlich

pr project, zeigt den Entwurfsstatus einer Norm

Beispiel:

prEN ISO 13849-1

→ Ein Normentwurf prEN ISO 13849-1, den die ISO vorschlägt und in den nationalen Gremien berät, und der nach Verabschiedung zur Norm EN ISO 13849-1 wird.

Erläuterungen zum Gebrauch

Im ersten Teil sind die Seiten mit Begriffserklärungen alphabetisch aufgebaut:

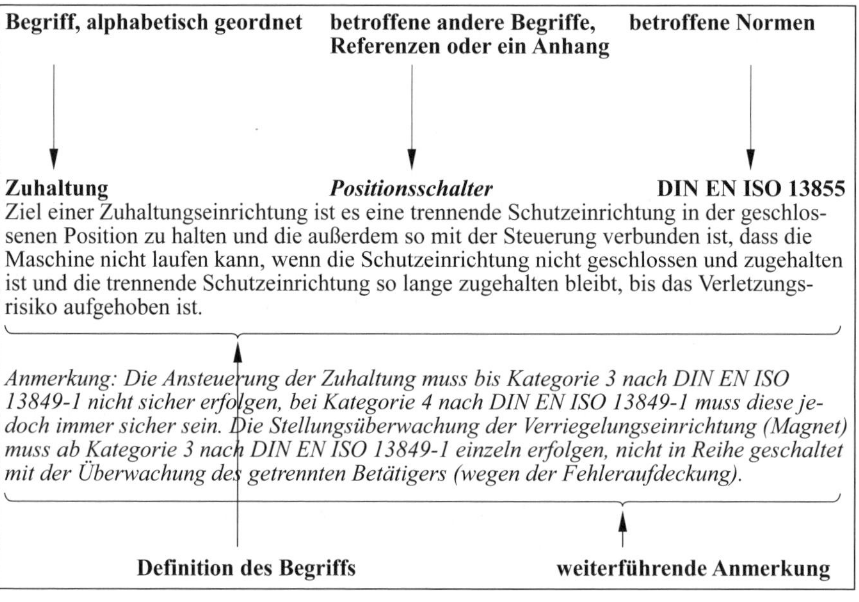

AOPD — *Sicherheitsbauteil, BWS* — **DIN EN ISO 12100**
AOPDDR

Active **o**ptoelectronic **p**rotection **d**evice responsive to **d**iffuse **r**eflection

Aktor — *Zwangsgeführte Kontakte*

Stellglied, z. B. Motor, Ventil, Signalleuchten, Relais, Motorschütze mit zwangsgeführten Kontakten usw.

Anforderungsklasse — *Kategorien* — **(nicht mehr gültig) DIN 19250**

Die Zuordnung von Anforderungen für die Realisierung der Schutzeinrichtung, die zu einer dem Risiko angemessenen sicherheitsbezogenen Leistungsfähigkeit der Einrichtung führen sollen. Die Anforderungsklasse ergibt sich aus dem Produkt des Schadensausmaßes und der Eintrittswahrscheinlichkeit.

Anlaufsperre ***Sicherheitsschaltgerät***

Durch die Anlaufsperre wird die Freigabe des Sicherheitsschaltgeräts verhindert, wenn die Versorgungsspannung eingeschaltet oder unterbrochen und wieder eingeschaltet wird.

Anlauftestung ***Sicherheitsschaltgerät***

Ein manueller oder automatischer Test, der durchgeführt wird, um das sicherheitsbezogene Steuerungssystem zu testen, nachdem die Versorgungsspannung an das Sicherheitsschaltgerät angelegt wurde. Ein Beispiel für eine Anlauftestung ist das manuelle Öffnen und Schließen einer trennenden Schutzeinrichtung nach dem Einschalten der Versorgungsspannung.

Ansteuerung ***Sicherheitsschaltgerät*** **DIN EN ISO 13849-1**

Einkanalige Ansteuerung:
Das Sicherheitsschaltgerät wird über einen einzelnen Signalgeberkontakt bzw. Ausgang angesteuert.

Anmerkung: Bei dieser Art der Ansteuerung erreicht die Sicherheitseinrichtung max. die Kategorie 2 nach DIN EN ISO 13849-1.

Zweikanalige Ansteuerung:
Das Sicherheitsschaltgerät wird über zwei Signalgeberkontakte bzw. Ausgänge angesteuert.

Anmerkung: Bei dieser Art der Ansteuerung erreicht die Sicherheitseinrichtung max. die Kategorie 4 nach DIN EN ISO 13849-1, wenn das Sicherheitsschaltgerät über eine Querschlusserkennung verfügt, wobei die zwei Signalgeber Teil einer Schutzeinrichtung (Not-Halt-Einrichtung, trennende Schutzeinrichtung) sein müssen. Wird ein zweikanaliges Sicherheitsschaltgerät einkanalig angesteuert, so muss der Signalgeber-Kontakt bzw. Ausgang beide Kanäle des Sicherheitsschaltgeräts schalten (z. B. Sirius 3SK1 Elektronik).

ANSI B11 ***OSHA, NFPA 79***

Unter ANSI B11 gibt es eine Reihe weiterer Standards zur Sicherheit in der Industrie, die eine zusätzliche Anleitung zum Erzielen der geforderten Sicherheit bieten (USA).

ASIsafe ***PROFIsafe***

Neue Namensgebung für „AS-Interface Safety at Work“.

Ansprechzeit *Sicherheitsschaltgerät*

Die Zeit vom Anlegen des Steuerkommandos (z. B. Not-Halt, Ein-Taster) bis zum Schließen der Freigabekreise (Freigabestrompfade).

Ausschalten im Notfall ***Not-Aus, Stillsetzen im Notfall, Stoppfunktion*** **DIN EN 60204-1 (VDE 0113-1):2019-06, Anhang E**

Eine Handlung im Notfall, die dazu bestimmt ist, die Versorgung mit elektrischer Energie zu einer ganzen oder einem Teil einer Installation abzuschalten, falls ein Risiko für elektrischen Schlag oder ein anderes Risiko elektrischen Ursprungs besteht. Sie soll aufkommende oder bestehende Gefahren für Personen und Schäden an der Maschine, am Arbeitsgut oder der Umwelt abwenden oder mindern.

Anmerkung: Gefahren sind u. a. funktionale Unregelmäßigkeiten, Fehlfunktionen der Maschine, nicht hinnehmbare Eigenschaften des zu bearbeitenden Materials und menschliche Fehler.

Auswerteeinheit ***Sicherheitsschaltgerät*** **DIN EN ISO 13849-1**

Eine sicherheitsgerichtete Auswerteeinheit erzeugt, abhängig vom Zustand angeschlossener, Signalgeber entweder nach einer festen Zuordnung oder nach programmierten Anweisungen ein sicherheitsgerichtetes Ausgangssignal.

Automatischer Start ***Start*** **DIN EN ISO 13850**

Diese Funktion wird auch als dynamischer Betrieb bezeichnet. Überwachter Start, der keine bewusste Handlung durch eine Person voraussetzt. Für Not-Halt-Funktionen und hintertretbare Schutztüren ist diese Startart nicht zulässig.

A-Norm ***MRL, harmonisierte Norm*** **DIN EN ISO 12100**

Sind europäische *Grundnormen* (Typ A), die in der Maschinenrichtlinie gelistet sind:

Gestaltungsgrundsätze, Begriffe, Risikobeurteilung.

β ***PFH*** **DIN EN 62061 (VDE 0113-50)**

Common cause failure factor (0,1 – 0,05 – 0,02 – 0,01).

B_{10} ***PFH*** **DIN EN 62061 (VDE 0113-50), IEC 61810-2**

Anzahl Betätigungszyklen, nach denen 10 % der Geräte ausgefallen sind.

Basisgerät *Grundgerät, Erweiterungsgerät, Sicherheitsschaltgerät* **DIN EN ISO 13849-1**

Ersatzbegriff für Grundgerät.

Befehlsgeräte *Not-Halt* **DIN EN ISO 13850**

Betätiger *Getrennter Betätiger, Positionsschalter*

Mehrfach codiertes mechanisches Betätigungselement, das bei Herausziehen aus dem Positionsschalter (Kopf) die zwangsöffnenden Kontakte öffnet.

B-Norm *MRL, harmonisierte Norm*

Sind europäische *Gruppennormen* (Typ B), die in der Maschinenrichtlinie gelistet sind:

Typ B1 zu allgemeinen Sicherheitsaspekten (z. B. Ergonomie, Sicherheitsabstände DIN EN ISO 13855),

Typ B2 zu Systeme und Schutzeinrichtungen (z. B. DIN EN ISO 13849-1).

BWS *AOPD, OSSD, Laserscanner, Lichtgitter, Lichtvorhänge* **DIN EN 61496-1 (VDE 0113-201)**

Berührungslos **w**irkende **S**chutzeinrichtung, die sich im Wesentlichen aus der Sensorfunktion und der dazugehörigen Steuerungs-/Überwachungsfunktion mit Ausgangsschaltelement, auch OSSD genannt, zusammensetzt.

BWP *Positionsschalter*

Berührungslos **w**irkende **P**ositionsschalter (z. B. Magnetschalter).

C-Norm *MRL, harmonisierte Norm*

Sind europäische *Produktnormen* (Typ C), die in der Maschinenrichtlinie gelistet sind:

Fachnormen – spezifische Anforderungen an bestimmte Maschinen (z. B. Pressen EN 692).

C *B_{10}, PFH* **IEC 61508, DIN EN 62061 (VDE 0113-50)**

Duty **C**ycle: Betätigungszyklus (pro Stunde) eines elektromechanischen Bauteils.

CCF *PFH* **IEC 61508, DIN EN 62061 (VDE 0113-50)**

Common **c**ause **f**ailure: Ausfall gemeinsamer Ursache (z. B. Kurzschluss).

CE *MRL, Konformitätserklärung* **MRL Art. 12, Anhang III**

Der Maschinenhersteller muss eine CE-Kennzeichnung durchführen, wenn er die Maschine in Verkehr bringen möchte (MRL, „Schutz vor Willkür").

CEN *MRL*

Committee **E**uropean de **N**ormalization (Europäisches Komitee für Normung).

***DC* (niedrig, mittel, hoch)** *PFD, PFH* **IEC 61508, DIN EN 62061 (VDE 0113-50)**

Diagnostic **C**overage (Diagnose Aufdeckungsgrad): $\Sigma\,\lambda_{DD}/\lambda_{D,total}$, mit

- λ_{DD} rate of detected dangerous hardware failures (Ausfallrate gefährlicher Hardwareausfälle),
- $\lambda_{D,total}$ rate of total dangerous hardware failures (gesamte Ausfallrate gefährlicher Hardwareausfälle).

Diagnostic test interval (T_2) *PFH, B_{10}, CCF* **IEC 61508, DIN EN 62061 (VDE 0113-50)**

Diagnose-Testintervall zur Aufdeckung möglicher Hardwarefehler.

Diskrepanzzeitüberwachung *Gleichzeitigkeit, Synchronisationszeit*

Die Diskrepanzzeitüberwachung toleriert durch ein definiertes Zeitfenster die Ungleichzeitigkeit zusammengehöriger Signale.

Diversität **DIN EN 62061 (VDE 0113-50)**

Systemdesign mit unterschiedlichen Maßnahmen für das gleiche Ziel zur Vermeidung von systematischen Fehlern (z. B. mit zwei Schützen unterschiedlicher Baugröße sicher abschalten).

Drehzahlüberwachung *Sichere reduzierte Geschwindigkeit*

Überwachung der Drehzahl einer mechanischen Bewegung (z. B. Antrieb) in einem definierten Geschwindigkeitsfenster. Diese kann sensorlos (Strom, Frequenz) oder mittels Geber (in der Regel inkrementell) erfolgen.

E/E/PE *Funktionale Sicherheit* **IEC 61508**

Electrical and/or **e**lectronic and/or **p**rogrammable **e**lectronic technologies of safety related systems.

Einfehlersicherheit *Kategorie, SIL* **DIN EN ISO 13849-1, DIN EN 62061 (VDE 0113-50)**

Bedeutet, dass auch nach Auftreten **eines** Fehlers die vereinbarte sichere Funktion gewährleistet ist (entspricht z. B. der Kategorie 3 nach DIN EN ISO 13849-1 oder SIL 2 nach IEC 61508).

Einschaltzyklus *Selbstüberwachung zyklisch*

Automatische zyklische Überwachung der Funktionsfähigkeit der Bauteile durch zyklische Testung.

Erdschlusserkennung *Querschluss, Kurzschluss*

Eine Erkennung von Erdschlüssen sofort oder im Rahmen einer zyklischen Selbstüberwachung, wobei das Gerät nach Erkennung des Fehlers einen sicheren Zustand einnimmt.

Erstfehlereintrittszeit (EEZ) *Anforderungsklasse*

Ist die Zeitspanne, in der die Wahrscheinlichkeit für das Auftreten eines sicherheitskritischen Erstfehlers für die betrachtete Anforderungsklasse hinreichend gering ist. Fehlerbeherrschende Maßnahmen bleiben dabei unberücksichtigt. Die Zeitspanne beginnt mit dem letzten Zeitpunkt, an dem sich das betrachtete System in einem nach der betrachteten Anforderungsklasse als fehlerfrei angenommenen Zustand befunden hat.

Erweiterungsgerät *Grundgerät, Sicherheitsschaltgerät*

Ein Erweiterungsgerät ist ein Sicherheitsschaltgerät, welches nur in Verbindung mit einem Basisgerät (Grundgerät) zum Zwecke der Kontaktvervielfachung einsetzbar ist.

Eintrittszeit für Mehrfachfehler (MEZ) *Anforderungsklasse* **(nicht mehr gültig) DIN 19250**

Ist die Zeitspanne, in der die Wahrscheinlichkeit für das Auftreten von in Kombination sicherheitskritischen Mehrfachfehlern für die betrachtete Anforderungsklasse hinreichend gering ist. Die Zeitspanne beginnt mit dem letzten Zeitpunkt, an dem sich das betrachtete System in einem nach der betrachteten Anforderungsklasse als fehlerfrei angenommenen Zustand befunden hat.

Federkraftverriegelt *Positionsschalter, Zuhaltung*

Die Verriegelung erfolgt mit dem Ruhestromprinzip (die Feder verriegelt, der Magnet entriegelt).

Fehlertoleranzzeit *Sicherheitsschaltgerät*

Ist eine Eigenschaft des Prozesses und beschreibt die Zeitspanne, in der der Prozess durch fehlerhafte Steuersignale beaufschlagt werden kann, ohne dass ein gefährlicher Zustand eintritt.

Fehlerreaktionszeiten *Sicherheitsschaltgerät*

Benötigte Zeit bis zur Reaktion auf einen aufgedeckten Fehler.

Freigabekreis, Freigabestrompfad *Sicherheitsschaltgerät*

Ein Freigabekreis dient der Erzeugung eines sicherheitsgerichteten Ausgangssignals. Freigabekreise wirken nach außen wie Schließer (funktional aber wird immer das sichere Öffnen betrachtet).

Ein einzelner Freigabekreis, der intern im Sicherheitsschaltgerät redundant (zweikanalig) aufgebaut ist, kann für Kategorie 3/4 nach DIN EN ISO 13849-1 eingesetzt werden.

Anmerkung: Freigabestrompfade können auch für Meldezwecke eingesetzt werden.

Funktionale Sicherheit *SIL* **IEC 61508, DIN EN 62061 (VDE 0113-50)**

IEC 61508: Funktionale Sicherheit sicherheitsbezogener elektrischer/elektronischer/ programmierbarer elektronischer Systeme:

Zielsetzung der Anforderungen an (Teil-)Systeme ist es, Fehler in der Steuerung zu vermeiden oder zu beherrschen und die Wahrscheinlichkeit gefährlicher Ausfälle auf definierte Werte zu begrenzen. Als Maß für das erreichte Niveau der sicherheitsbezogenen Leistungsfähigkeit sind Safety Integrity Level (SIL) definiert.

Funktionsprüfung **DIN EN 60204-1 (VDE 0113-1)**

Die Funktionsprüfung kann entweder automatisch durch das Steuerungssystem oder von Hand durch Überwachung oder Prüfung beim Ablauf und nach festgelegten Zeitabständen oder als Kombination, je nach Erfordernis, ausgeführt werden.

Gefahrenbewertung *Gefahrenanalyse, Risikobeurteilung, MRL* **DIN EN ISO 12100**

Bewertung einer Gefahr für den Anwender, resultierend aus einer Gefährdung.

Gefährdung *Gefahrenanalyse, Risikobeurteilung, MRL* **DIN EN ISO 12100**

Die Gefährdung stellt eine Gefahr für den Anwender dar und kann zu einer Verletzung führen.

Getrennter Betätiger *Positionsschalter, Zuhaltung*

Codiertes, mechanisches Betätigungselement, das bei Herausziehen aus dem Positionsschalter(kopf) die zwangsöffnenden Kontakte öffnet.

Gleichzeitigkeits-überwachung *Diskrepanzzeit-überwachung, Zweihandschaltung* **DIN EN ISO 13851**

Die Gleichzeitigkeitsüberwachung von Signalgebern durch das Sicherheitsschaltgerät wird zur Erhöhung der funktionalen Sicherheit der Schutzeinrichtung angewendet. Die Überwachung erfolgt, indem der Signalwechsel der Signalgeber innerhalb der vorgegebenen Zeit, der Synchronüberwachungszeit, überprüft wird. Wird diese Zeit überschritten, erfolgt kein Freigabesignal. Für einige Sicherheitseinrichtungen ist eine Gleichzeitigkeitsüberwachung vorgeschrieben.

Grundgerät *Erweiterungsgerät, Sicherheitsschaltgerät* **DIN EN ISO 13849-1**

Ist ein Sicherheitsschaltgerät, das alle Funktionen enthält, die in den jeweiligen Sicherheitseinrichtungen vorhanden sein müssen.

Harmonisierte Norm *MRL, A-, B-, C-Norm*

Die Typ A (Grundnormen), Typ B (Gruppennormen) und Typ C (Produktnormen) sind in der Maschinenrichtlinie gelistet und erlauben somit die Vermutungswirkung.

Kaskadiereingang *Sicherheitsschaltgerät* **DIN EN ISO 13849-1**

Sicherer einkanaliger Eingang eines Sicherheitsschaltgeräts, der intern wie ein Sensorsignal ausgewertet wird: logische UND-Verknüpfung mit den anderen Signalgebereingängen.

Wenn keine Spannung anliegt, schaltet das Sicherheitsschaltgerät die Freigabekreise (Ausgänge) sicher ab.

Anmerkung: Durch Fehlerausschluss (Kurzschluss) im Schaltschrank kann Kategorie 4 nach DIN EN ISO 13849-1 erreicht werden; durch geschützte Verlegung kann dieser Fehler ebenfalls außerhalb des Schaltschranks ausgeschlossen werden.

Kategorie *Harmonisierte Norm (B-Norm)* **DIN EN ISO 13849-1**

Die Kategorien der DIN EN ISO 13849-1 (B, 1, 2, 3 und 4) erlauben eine Beurteilung der Leistungsfähigkeit sicherheitsbezogener Teile einer Steuerung bei Auftreten von Fehlern, siehe auch Tabelle 10 der DIN EN ISO 13849-1.

Kategorie B:

Die Steuerung muss so konzipiert sein, dass sie den zu erwartenden Einflüssen standhalten kann, mit keinem DC_{avg} und mit $MTTF_D$ von niedrig bis mittel.

Systemverhalten: Ein Fehler kann zum Verlust der Sicherheitsfunktion führen.

Kategorie 1:

Anforderung von B muss erfüllt sein; Verwendung von sicherheitstechnisch bewährten Bauteilen und Prinzipien, mit keinem DC_{avg} und mit $MTTF_D$ von hoch.

Systemverhalten: wie Systemverhalten von B, doch mit höherer sicherheitsbezogener Zuverlässigkeit als in Kategorie B.

Kategorie 2:

Anforderung von B muss erfüllt sein; zusätzliche Prüfung der Sicherheitsfunktion in geeigneten Zeitabständen, mit DC_{avg} von niedrig bis mittel und mit $MTTF_D$ von niedrig bis hoch.

Systemverhalten: Das Auftreten eines Fehlers kann zum Verlust der Sicherheitsfunktion zwischen den Prüfabständen führen. Der Verlust der Sicherheitsfunktion wird durch den Test erkannt.

Kategorie 3:

Anforderung von B muss erfüllt sein, ein einzelner Fehler darf nicht zum Verlust der Sicherheitsfunktion führen; einzelne Fehler müssen aufgedeckt werden, mit DC_{avg} von niedrig bis mittel und mit $MTTF_D$ von niedrig bis hoch.

Systemverhalten: Die Sicherheitsfunktion bleibt beim Auftreten einzelner Fehler immer erhalten. Einige, aber nicht alle Fehler werden erkannt. Eine Anhäufung von unbekannten Fehlern kann zum Verlust der Sicherheitsfunktion führen.

Kategorie 4:

Anforderung von B muss erfüllt sein; der einzelne Fehler muss vor oder bei der nächsten Anforderung der Sicherheitsfunktion erkannt werden, mit DC_{avg} von hoch und mit $MTTF_D$ von hoch.

Systemverhalten: Wenn Fehler auftreten, bleibt die Sicherheitsfunktion immer erhalten; die Fehler werden rechtzeitig erkannt. Die Erkennung von Fehleranhäufungen reduziert die Wahrscheinlichkeit des Verlustes der Sicherheitsfunktion (hohe DC). Die Fehler werden rechtzeitig erkannt, um einen Verlust der Sicherheitsfunktion zu verhindern.

Reihenschaltung von Sensoren bei Kategorie 3

→ Not-Halt: dürfen immer in Reihe geschaltet werden: Das Versagen und gleichzeitige Drücken der Befehlsgeräte kann ausgeschlossen werden.

→ Schutztürüberwachung: Positionsschalter dürfen in Reihe geschaltet werden, wenn nicht mehrere Schutztüren gleichzeitig und regelmäßig geöffnet werden, da sonst keine Fehleraufdeckung erfolgen kann.

Reihenschaltung von Sensoren bei Kategorie 4

→ Not-Halt: dürfen immer in Reihe geschaltet werden: Das Versagen und gleichzeitige Drücken der Befehlsgeräte kann ausgeschlossen werden.

→ Schutztürüberwachung: Positionsschalter dürfen nie in Reihe geschaltet werden, weil immer jeder gefährliche Fehler aufgedeckt werden muss (unabhängig vom Bedienpersonal).

Konformitätserklärung *CE, MRL* **MRL Art. 12, Anhang III**

Bescheinigung des Maschinenherstellers, dass die Maschine alle relevanten Vorschriften der Maschinenrichtlinie erfüllt und somit in Verkehr gebracht werden darf. Mit der CE-Kennzeichnung wird dies dem Anwender gezeigt.

Achtung: Eine Konformität kann auch zu anderen Richtlinien erklärt werden, z. B. wird ein Schaltschrank konform zur Niederspannungsrichtlinie erklärt.

λ *PFH* **DIN EN 62061 (VDE 0113-50)**

Rate of failure: Ausfallrate bei sicheren (λ_s) und gefährlichen (λ_d) Fehlern.

Laserscanner *BWS, AOPD, OSSD* **DIN EN 61496-1 (VDE 0113-201)**

Ein Sicherheitslaserscanner dient im stationären wie auch im mobilen Einsatzbereich dem Personenschutz an Maschinen, Robotern, Förderanlagen, Fahrzeugen. Dieser ist ein optischer Flächenscanner und arbeitet berührungslos mit periodisch ausgesendeten Lichtimpulsen, die ein integrierter Drehspiegel in den Arbeitsbereich streut. Dabei werden Personen oder Objekte, die in das definierte Schutzfeld eindringen, durch Reflexion dieser Lichtimpulse erkannt. Aus der Lichtlaufzeit werden die Koordinaten des „Hindernisses“ errechnet. Die zu überwachende Fläche kann über einen PC innerhalb bestimmter Grenzen frei definiert werden. Befindet sich das „Hindernis“ im definierten Schutzfeld, schaltet der Scanner seine sicherheitsgerichteten Ausgänge ab und löst damit eine sichere Stoppfunktion aus.

Lichtgitter, Lichtvorhang *BWS, AOPD, OSSD* **DIN EN 61496-1 (VDE 0113-201)**

Ändert bei Unterbrechung eines oder mehrerer Lichtstrahlen ihren Schaltzustand.

Lichtschranke *BWS, AOPD, OSSD* **DIN EN 61496-1 (VDE 0113-201)**

Ändert bei Unterbrechung ihres Lichtstrahls ihren Schaltzustand.

Life time interval (T_2) *PFH, B_{10}, C, CCF* **IEC 61508, DIN EN 62061 (VDE 0113-50)**

Die Lebenserwartungszeit einer Komponente, die für eine Sicherheitsfunktion benötigt wird, in 1/h (z. B. 100 000 h bis 10 Jahre).

Magnetkraftverriegelt *Positionsschalter, Zuhaltung*

Die Verriegelung erfolgt mit dem Arbeitsstromprinzip (der Magnet verriegelt, die Feder entriegelt).

Magnetschalter *BWP, Reedkontakte*

Besteht aus einer codierten Anordnung mehrerer Reedkontakte, die unter dem Einfluss des zugehörigen Magnetfelds ihren Schaltzustand ändern. Durch die Codierung ist eine Manipulation ausgeschlossen.

Manueller Start (en: Monitored Start) *Start* **DIN EN ISO 13850, DIN EN 60204-1 (VDE 0113-1)**

Diese Funktion wird auch als statischer Betrieb bezeichnet. Überwachter Start, der eine bewusste Handlung durch eine Person voraussetzt. In der Regel mit einer dynamischen Signalauswertung bzw. Flankenauswertung.

Maschine, Maschinenrichtlinie *MRL* **DIN EN ISO 12100**

Die Maschine, mit beweglichen Teilen, stellt eine mögliche Gefahr für den Anwender dar.

Mehrfehlersicherheit *Kategorie, SIL, Einfehlersicherheit* **DIN EN ISO 13849-1, DIN EN 62061 (VDE 0113-50)**

Bedeutet, dass auch nach Auftreten **mehrerer** Fehler die vereinbarte sichere Funktion gewährleistet ist.

Meldekreis
Meldestrompfad

Ein Meldestrompfad dient der Erzeugung eines nicht sicherheitsgerichteten Ausgangssignals. Meldestrompfade können als Öffner oder Schließer realisiert werden.

Mindestbetätigungszeit ***Sicherheitsschaltgerät***

Die kürzeste Zeit für das Steuerkommando, um das Gerät zu starten.

MRL ***Harmonisierte Norm, NSR***

Maschinenrichtlinie in Europa (2006/42/EG): Vereinbarung zwischen den EU-Mitgliedstaaten, die sich verpflichten, diese in ein nationales Recht zu überführen.

MTTF/MTTF*$_D$** ***PL **DIN EN ISO 13849-1**

Mean **T**ime **t**o **f**ailure/**M**ean **T**ime **t**o **f**ailure **d**angerous: (Zeit bis zu einem Ausfall).

Statistisch gesehen kann angenommen werden, dass nach Ablauf der *MTTF* 63,2 % der betreffenden Komponenten ausgefallen sind.

Muting ***BWS*** **DIN EN 61496-1 (VDE 0113-201)**

Überbrückungsfunktion: ein zeitlich begrenztes bestimmungsgemäßes Aufheben der Sicherheitsfunktion mit zusätzlicher Sensorik.

Anmerkung: Dies dient der Unterscheidung von Personen und Gegenständen.

Muting-Sensoren ***Muting, BWS*** **DIN EN 61496-1 (VDE 0113-201)**

Signalgeber, die für einen Muting-Betrieb eingesetzt werden, um Körper zu erkennen, bei denen eine BWS nicht abschalten soll.

Näherungsschalter

(induktiv, kapazitiv oder optisch) ist ein Schaltelement, welches bei der Annäherung von Körpern oder Flüssigkeiten seinen Schaltzustand ändert (je nach Ausführung). Näherungsschalter sind überwiegend mit Halbleiterausgängen ausgerüstet.

Netzausfall Überbrückung	***Sicherheitsschaltgerät, BWS***	

Maximale Zeit für Kurzzeitunterbrechungen der Versorgungsspannung, welche nicht zu einer Fehlfunktion oder zum Rücksetzen des Geräts führt.

NFPA 79 (USA)	***OSHA***	

Electrical Standard for industrial Machinery in den USA:

Dieser Standard gilt für die elektrische Ausrüstung von Industriemaschinen mit Nennspannungen kleiner 600 V. Die Neufassung NFPA 79-2002 enthält grundlegende Anforderungen für programmierbare Elektronik und Busse, wenn diese zur Ausführung sicherheitsrelevanter Funktionen eingesetzt werden. Bei Erfüllung dieser Anforderungen dürfen elektronische Steuerungen und Busse auch für Not-Halt-Funktionen der Stopp-Kategorien 0 und 1 verwendet werden (siehe NFPA 79-2002, 9.2.5.4.1.4). Im Unterschied zu DIN EN 60204-1 (**VDE 0113-1**) verlangt NFPA 79 bei Not-Halt-Funktionen, die elektrische Energie durch elektromechanische Mittel abzutrennen.

Not-Aus (heute irrtümlich für Not-Halt verwendet)	***Ausschalten im Notfall, Not-Halt***	**DIN EN ISO 13850, DIN EN 60204-1 (VDE 0113-1):2019-06, Anhang E**

Eine Handlung im Notfall, die dazu bestimmt ist, die Versorgung mit elektrischer Energie zu einer ganzen oder zu einem Teil einer Installation abzuschalten, falls ein Risiko für elektrischen Schlag oder ein anderes Risiko elektrischen Ursprungs besteht:

Die Gefahr soll schnellstmöglich beendet werden, z. B. durch einen „Trenner“ in einer Haupteinspeisung.

Not-Halt-Befehlsgerät	***Pilzdrucktaster, Not-Halt, Seilzugschalter***	**DIN EN ISO 13850, DIN EN 60204-1 (VDE 0113-1)**

Schaltelement, welches in Gefahrensituationen betätigt, ein Stillsetzen des Prozesses oder der Maschine bzw. Anlage bewirkt. Dieser muss über zwangsöffnende Kontakte verfügen und sollte leicht erreichbar und überlistungssicher sein.

Not-Halt-Einrichtung	***Not-Halt***	**DIN EN ISO 13850, DIN EN 60204-1 (VDE 0113-1)**

Eine Not-Halt-Einrichtung ist eine Schutzeinrichtung für die Handlung im Notfall.

Not-Halt (wird den heutigen Begriff Not-Aus ersetzen) *Stillsetzen im Notfall Not-Aus* **DIN EN ISO 13850, DIN EN 60204-1 (VDE 0113-1):2019-06, Anhang E**

Eine Handlung im Notfall, die dazu bestimmt ist, einen Prozess oder eine Bewegung anzuhalten, der (die) Gefahr bringen würde (Stillsetzen).

Anmerkung: Durch eine einzige Handlung einer Person wird die Funktion Not-Halt ausgelöst. Diese muss nach DIN EN ISO 13849-1 zu jeder Zeit verfügbar und funktionsfähig sein. Die Betriebsart bleibt dabei unberücksichtigt.

NRTL *NFPA 79*

National **R**ecognized **T**est **L**aboratories: Hier können Produkte gelistet werden, damit diese in den USA zweckgemäß (nach der NFPA 79) verwendet werden dürfen.

Eine NRTL-Listung entspricht einer Zertifizierung.

NSR *MRL* **DIN EN 61439-1 (VDE 0660-600-1), DIN EN 60204-1 (VDE 0113-1)**

Nieder**s**pannungs**r**ichtlinie in Europa (2014/35/EU) (für den Schaltschrankbau in der DIN EN 61439-1 (**VDE 0660-600-1**) umgesetzt). Die DIN EN 60204-1 (**VDE 0113-1**) ist unter der NSR gelistet.

OSHA *NFPA79*

Occupational **S**afety and **H**ealth **A**ct www.osha.gov

Ein wesentlicher Unterschied bei den gesetzlichen Anforderungen zur Sicherheit am Arbeitsplatz zwischen USA und Europa ist, dass es in den USA keine einheitliche Bundesgesetzgebung zur Maschinensicherheit gibt, welche die Verantwortlichkeit des Herstellers/Lieferers abdeckt. Vielmehr besteht die generelle Anforderung, dass der Arbeitgeber einen sicheren Arbeitsplatz bieten muss.

Die OSHA-Regeln unter 29 CFR 1910 enthalten allgemeine Anforderungen für Maschinen (1910.121) und eine Reihe spezifischer Anforderungen für bestimmte Maschinentypen. Die Anforderungen darin sind sehr spezifisch, aber technisch wenig detailliert.

Neben den OSHA-Regeln ist es wichtig, die aktuellen Standards von Organisationen wie NFPA und ANSI sowie die in USA bestehende umfassende Produkthaftung zu beachten.

OSSD *BWS* **DIN EN 61496-1 (VDE 0113-201)**

Output **S**ignal **S**witching **D**evice, Ausgangsschaltelement – der Teil der BWS, der in den Aus-Zustand übergeht, wenn die Sicherheitslichtschranke, der Sicherheitslichtvorhang, das Sicherheitslichtgitter oder die Überwachungseinrichtungen ansprechen.

PL Performance Level *MTTF, MTBF* **DIN EN ISO 13849-1**

Das Zielmaß der Versagenswahrscheinlichkeit für die Ausführung der risikoreduzierenden Funktionen:

von **PL a** (höchste Ausfallwahrscheinlichkeit) bis **PL e** (niedrigste Ausfallwahrscheinlichkeit).

PFD *PFH* **DIN EN 61508 (VDE 0803), DIN EN 62061 (VDE 0113-50)**

Probability of **f**ailure on **d**emand: Ausfallwahrscheinlichkeit bei Auslösen/Anfrage der Sicherheitsfunktion.

PFH B_{10}*, C, CCF* **DIN EN 61508 (VDE 0803), DIN EN 62061 (VDE 0113-50)**

Probability of **f**ailure per **h**our: Ausfallwahrscheinlichkeit pro Stunde, zur Ermittlung der „random integrity“.

Pilzdrucktaster *Not-Halt-Befehlsgeräte* **DIN EN ISO 13850, DIN EN 60204-1 (VDE 0113-1)**

Not-Halt-Befehlsgerät, das die Form eines Pilzes aufweist (hat nichts mit der gleichnamigen Firma zu tun).

Prellzeit *Positionsschalter*

Zeitdauer vom ersten bis zum letzten Schließen bzw. Öffnen eines Kontakts (bei Standardschaltern mit Sprungkontakten ca. 2 ms bis 4 ms).

Proof time interval (T_1)	***PFH, B_{10}, C, CCF***	**DIN EN 61508 (VDE 0803), DIN EN 62061 (VDE 0113-50)**

Zu erwartendes Überwachungsintervall der auszulösenden Sicherheitsfunktion in 1/h (z. B. alle 8 h wird ein Not-Halt möglicherweise gedrückt).

PROFIsafe	***ASIsafe***	

Sicherheitsgerichtete Kommunikation über Profibus (schwarzer Kanal).

Positionsschalter	***Standard-Positionsschalter, Zuhaltung, getrennter Betätiger***	**EN 50041, EN 50047**

Teil der Verriegelungseinrichtung einer trennenden Schutzeinrichtung, der seinen Schaltzustand in Abhängigkeit von einem mechanisch gegebenen Steuerbefehl ändert. Es gibt Positionsschalter mit und ohne Zuhaltung, mit und ohne getrennten Betätiger.

Überwiegend werden Standard-Positionsschalter gemäß (EN 50047 und EN 50041) eingesetzt.

Querschluss	***Kurzschluss, Kategorien***	**DIN EN ISO 13849-1, DIN EN 62061 (VDE 0113-50)**

Kann nur bei mehrkanaliger Geräteansteuerung auftreten und ist ein Schluss zwischen Kanälen (z. B. im zweikanaligen Sensorkreis).

Querschlusserkennung	***Kategorien (insbesondere 3/4)***	**DIN EN ISO 13849-1, DIN EN 62061 (VDE 0113-50)**

Die Fähigkeit eines Sicherheitsschaltgeräts, Querschlüsse sofort oder im Rahmen einer zyklischen Überwachung zu erkennen, wobei das Gerät nach Erkennung des Fehlers einen sicheren Zustand einnimmt.

Redundanz *Kategorien (insbesondere 3/4)* **DIN EN ISO 13849-1, DIN EN 62061 (VDE 0113-50)**

Redundanz ist das Vorhandensein von mehr als für den Normalbetrieb notwendigen Mitteln.

Anmerkung: Bei Redundanz werden für die gleiche Funktion mehrere Funktionsgruppen eingesetzt (z. B. mehrkanaliger Aufbau). Dies kann zur Erhöhung der Sicherheit und/oder Verfügbarkeit genutzt werden.

Reedkontakt *BWP, Magnetschalter*

Reedkontakte werden durch einen Magneten geschlossen und öffnen sich, sobald der Magnet wieder weg ist, sie reagieren also auf ein magnetisches Feld.

Reihenschaltung *Kategorien* **DIN EN ISO 13849-1**

Sensoren, z. B. Not-Halt-Befehlsgeräte, werden in Reihe geschaltet und mittels eines Sicherheitsschaltgeräts ausgewertet.

Relais *Sicherheitsschaltgerät*

Sicherheitsrelais sind redundant und mit zwangsgeführten Kontakten ausgeführt (Hersteller z. B. Matsushita, NAIS), und werden als Freigabekreis(e) im Sicherheitsschaltgerät verwendet.

Reset *Start, Sicherheitsschaltgerät*

Einschaltfunktion (Ein), die eine Wiederanlaufsperre darstellt.

Reset-Taster *Start, Sicherheitsschaltgerät*

Der Ein-Taster stellt in einem Sicherheitsschaltgerät eine Wiederanlaufsperre dar, welche erst durch Betätigung aufgehoben wird.

Risiko *Risikobeurteilung* **DIN EN ISO 12100, DIN EN ISO 13849-1**

Die Kombination der Wahrscheinlichkeit eines Schadeneintritts und des Schadenausmaßes.

Risikobeurteilung **DIN EN ISO 12100**

Die Norm DIN EN ISO 12100 enthält Verfahren, die für die Durchführung einer Risikobeurteilung notwendig sind. Die Risikobeurteilung umfasst demnach zunächst eine Risikoanalyse und eine anschließende Risikobewertung.

Rückfallzeit ***Sicherheitsschaltgerät***

Die Zeit vom Abschalten des Steuerkommandos oder der Versorgungsspannung bis zum Öffnen der Freigabekreise (Freigabestrompfade).

Rückführkreis ***Sicherheitsschaltgerät*** **DIN EN ISO 13849-1**

Dient der Überwachung angesteuerter Aktoren (z. B. Relais oder Lastschütze mit zwangsgeführten Kontakten). Die Auswerteeinheit kann nur bei geschlossenem Rückführkreis aktiviert werden.

Anmerkung: In Reihe geschaltete Öffner (zwangsgeführte Kontakte) der zu überwachenden Lastschütze werden in den Rückführkreis des Sicherheitsschaltgeräts integriert. Verschweißt ein Kontakt im Freigabekreis, so ist ein erneutes Aktivieren des Sicherheitsschaltgeräts nicht mehr möglich, weil der Rückführkreis geöffnet bleibt. Die (dynamische) Überwachung des Rückführkreises muss nicht sicher sein, weil diese nur der Fehleraufdeckung dient: Der Ein-Taster wird meistens mit den zwangsgeführten Kontakten der Aktoren in Reihe geschaltet (Fehleraufdeckung bei Start).

Safety Performance ***SIL, PL, (PFH), SILCL*** **DIN EN 61508 (VDE 0803), DIN EN ISO 13849, DIN EN 62061 (VDE 0113-50)**

Das Zielmaß zur Bestimmung der Leistungsfähigkeit einer Sicherheitsfunktion (Funktionale Sicherheit) – *„Sicherheitsleistungsfähigkeit“* – der Begriff wurde in der englischen Fassung der IEC 61508 eingeführt:

In der DIN EN 62061 (**VDE 0113-50**) wird mit dem SILCL (Safety Integrity claim limit) und

in DIN EN ISO 13849 mit dem PL (Performance Level) die Safety Performance ermittelt.

Schaltmatten, Schaltleisten, Schaltkanten, Schaltpuffer *Sicherheitsbauteil* **EN 1760-1/-2/-3**

Sind Signalgeber, die bei Betreten (Schaltmatte) bzw. bei Verformung (Schaltleisten, Schaltkanten) ihren Schaltzustand ändern. Schaltmatten erzeugen einen Querschluss bei Betreten.

Schutztürwächter *Sicherheitsschaltgerät* **DIN EN ISO 13849-1**

Eine Auswerteeinheit, welche die Stellung von Positionsschaltern an einer trennenden Schutzeinrichtung überwacht. Sie erzeugt ein sicherheitsgerichtetes Ausgangssignal, wenn diese Schutztür geschlossen wird.

Herkömmliche Sicherheitsschaltgeräte übernehmen diese Funktion heute (z. B. 3SK1).

Seilzugschalter *Standard-Positionsschalter, Zuhaltung, getrennter Betätiger* **EN 50043, EN 50047**

Wird meist in Not-Halt-Einrichtungen verwendet und ist ein Signalgeber, der seinen Schaltzustand ändert, wenn eine an ihm befestigte Reißleine gezogen wird bzw. das Seil reißt. Dient der Überwachung ausgedehnter Anlagen (z. B. Förderstrecken).

Selbstüberwachung *Proof Time* **DIN EN 62061 (VDE 0113-50)**

Automatische zyklische Überwachung der Funktionsfähigkeit der Bauteile durch zyklische Testung.

Sensitive Schutzeinrichtung (SPE) **DIN EN ISO 12100**

Sensitive **p**rotection **e**quipment: mechanisch behaftete Betriebsmittel (nicht berührungslos).

Sicher begrenzte Geschwindigkeit — **DIN EN 60204-1 (VDE 0113-1), DIN EN 61800-5-2 (VDE 0160-0105-2)**

Die Funktion erlaubt die Überwachung einer Achse oder Spindel auf eine vorgegebene Geschwindigkeit. Beim Einrichten sind z. B. die Geschwindigkeitsgrenzen entsprechend der geltenden C-Norm anzuwenden, z. B. 2 m/min für Achsen. In vielen Maschinen kommt eine sicher überwachte Geschwindigkeit aber auch während der automatischen Bearbeitung zur Anwendung. Um Schaden an der Maschine oder am Produktionsgut zu vermeiden, kann so die Überschreitung bestimmter Höchstdrehzahlen und Geschwindigkeiten sicher verhindert werden.

Durch den Antriebshersteller müssen Schutzmaßnahmen vorgesehen werden, die das Ändern der Geschwindigkeitsgrenzwerte nur dem Maschinenhersteller erlauben. Nach jeder Neueinstellung oder Änderung von Geschwindigkeitsgrenzwerten muss außerdem ein Abnahmetest durchgeführt werden. Der Inbetriebnehmer muss während des Abnahmetests den Geschwindigkeitsgrenzwert anfahren und einwandfreie sicherheitsgerichtete Reaktion in einem vom Antriebshersteller vorgesehenen Formblatt dokumentieren.

Sicherheitsabstand — ***BWS*** — **DIN EN ISO 13855**

Definiert die notwendigen Abstände und Geschwindigkeiten einer Person, die als Eingangsgröße für eine Gefahrenbetrachtung dienen (z. B. für Lichtvorhänge, Laserscanner, …).

Sicherer Betriebshalt — ***Sicheres Stillsetzen*** — **DIN EN 60204-1 (VDE 0113-1), DIN EN 61800-5-2 (VDE 0160-105-2)**

Im Gegensatz zum sicheren Halt bleiben die Antriebe beim sicheren Betriebshalt voll in Regelung. Die übergeordnete zweikanalige Sicherheitssteuerung wird permanent mit den Positionswerten versorgt und leitet bei Abweichungen von der Stillstandsposition eine sicherheitsgerichtete Reaktion ein.

Der sichere Betriebshalt wird immer dort benötigt, wo häufig manuell in den Prozess eingegriffen werden muss, eine hardwaremäßige Trennung von der Energieversorgung aber aus technologischen Gründen nicht praktikabel ist. Anwendungsbeispiele sind der Einrichtbetrieb und das Einfahren von CNC-Programmen.

Sicherer Halt *Sicheres Stillsetzen* **DIN EN 60204-1 (VDE 0113-1), DIN EN 61800-5-2 (VDE 0160-105-2)**

Beim sicheren Halt ist die Energieversorgung zum Antrieb sicher unterbrochen. Der Antrieb darf kein Drehmoment und somit keine gefährliche Bewegung erzeugen können. Eine Überwachung der Stillstandsfunktion muss nicht erfolgen. Eine kontaktbehaftete Trennung zur Energieversorgung kann, muss jedoch nicht verwendet werden.

Externe Ansteuerung:
Einige Antriebssysteme bieten die Möglichkeit, den sicheren Halt (SH) von extern über Klemmen anzusteuern. Hierbei ist anhand der Herstellerunterlagen zu prüfen, ob eine Weiterverarbeitung des Rückmeldekontakts in der Maschinensteuerung notwendig ist. Das Kleben oder Nichtanziehen kann auch bei einem Sicherheitsrelais nicht ausgeschlossen werden. Erst die sichere Weiterverarbeitung des zwangsgeführten Rückmeldekontakts ergibt schließlich eine sichere Schaltung. Die achsweise ansteuerbaren SH-Relais überbrücken bei einwandfreier Funktion des sicheren Halts den Freigabepfad der Relaiskombination für die Schutztüren. Bei Versagen des SH-Relais wird das übergeordnete Netzschütz abgeschaltet.

Interne Ansteuerung:
Wird der sichere Halt intern angesteuert, z. B. durch das redundante Rechnersystem der Antriebssteuerung, ist bereits durch den Antriebshersteller zu gewährleisten, dass das Relais sicher zurückgelesen wird. Beispiele für eine interne Ansteuerung sind z. B. die Abschaltung nach einer Fehlerreaktion, z. B. nach Überschreitung von Geschwindigkeits- oder Positionsgrenzwerten bzw. bei der Durchführung der Zwangsdynamisierung des Abschaltpfads (Teststopp).

Sichere Trennung *Sicher Verlegen, Positionsschalter* **IEC 61140, EN 50187**

Ziel der Maßnahmen ist der Fehlerausschluss der Spannungsverschleppung auf sicher freigeschaltete Betriebsmittel:

- Leitungsisolierung zwischen zwei Leitern unterschiedlicher Potentiale: bei Überspannungskategorie 3 (Industrieumgebung) ca. 3 mm Luft- und Kriechstrecke bei 400 V;
- AS-i-Module müssen zwischen AS-Interface und U_{hilf} die Anforderungen gemäß EN 50187 bezüglich der Luft- und Kriechstrecken und der Spannungsfestigkeit der Isolation der relevanten Bauteile erfüllen.

Sicheres Stillsetzen **DIN EN 60204-1 (VDE 0113-1), DIN EN 61800-5-2 (VDE 0160-105-2)**

Beim sicheren Stillsetzen erfolgt ein der Gefahrensituation entsprechendes Stillsetzen des Antriebs.

Dabei müssen die elektrischen, elektronischen, elektromechanischen Einrichtungen, die für die Verzögerung des Antriebs notwendig sind, in die Sicherheitsbetrachtungen mit einbezogen werden, unter Berücksichtigung weiterer Schutzmaßnahmen. Geeignet sind z. B.:

- gesteuertes Stillsetzen mit sicher überwachter Verzögerungszeit,
- gesteuertes Stillsetzen mit sicherer Überwachung der Bremsrampe,
- ungesteuertes Stillsetzen mit mechanischen Bremsen.

Anwendungsbeispiele sind z. B.: Zustimmungsschalter, elektrische Verriegelung von beweglichen Schutzeinrichtungen oder Reaktion nach Erkennen von Fehlern.

Sicherheitsbauteil ***MRL*** **MRL Anhang IV**

Sind im Anhang IV der Maschinenrichtlinie gelistet, z. B.:

- sensorgesteuerte Personenschutzeinrichtungen (Lichtschranken, Schaltmatten, elektromagnetische Detektoren),
- selbsttätige bewegliche Schutzeinrichtungen an Maschinen, gemäß Buchstabe A, Nrn. 9, 10 und 11
  - Zweihandschaltungen,
  - Überrollschutzaufbau,
  - Schutzaufbau gegen herabfallende Gegenstände.

Sicherheitseinrichtung **MRL**

Ist überall da notwendig, wo Gefahren für Mensch, Maschinen und Umwelt auftreten können.

Sicherheitskombination ***Auswerteeinheit***

Alter Begriff für Sicherheitsschaltgerät oder Auswerteeinheit.

Sicherheitsschaltgerät	*Auswerteeinheit*	**DIN EN ISO 13849-1**

Neuer Begriff für Sicherheitskombination oder Auswerteeinheit.

Eine sicherheitsgerichtete Auswerteeinheit erzeugt, abhängig vom Zustand angeschlossener Signalgeber, entweder nach einer festen Zuordnung oder nach programmierten Anweisungen ein sicherheitsgerichtetes Ausgangssignal.

Sicher Verlegen (geschützt)	*Sichere Trennung*	**DIN EN 60204-1 (VDE 0113-1)**

Basisisolierte Leiter nicht auf scharfe Kanten oder z. B. in Stahlrohr verlegen (Schutzklasse 2):

dient dem Fehlerausschluss.

SIL (Safety Integrity Level) SILCL (claim limit)	*PFD, PFH, Safety Performance*	**DIN EN 61508 (VDE 0803), DIN EN 62061 (VDE 0113-50)**

Das Zielmaß der Versagenswahrscheinlichkeit für die Ausführung der risikoreduzierenden Funktionen.

SILCL ist das max. zu erreichende Zielmaß bei der Bestimmung z. B. durch die DIN EN 62061 (**VDE 0113-50**).

Standard Positionsschalter	*Zuhaltung, getrennter Betätiger*	**EN 50041, EN 50047**

Die Bauformen der Standard-Positionsschalter sind in klein (EN 50047) und groß (EN 50041) aufgeteilt.

Start (manuell, überwacht oder automatisch)	*Tasterüberwachung*	**DIN EN ISO 13850, DIN EN 60204-1 (VDE 0113-1)**

Ein Sicherheitsschaltgerät kann manuell, überwacht oder automatisch gestartet werden.

Bei einem manuellen oder überwachten Start wird durch das Betätigen des Ein- oder Reset-Tasters, nach Prüfung des Eingangsabbilds und nach positivem Test des Sicherheitsschaltgeräts, ein Freigabesignal erzeugt.

Diese Funktion wird auch als *statischer Betrieb* bezeichnet und ist für Not-Halt-Einrichtungen vorgeschrieben (DIN EN 60204-1 (**VDE 0113-1**), bewusste Handlung).

Der überwachte Start wertet einen Signalwechsel des Ein-Tasters aus. Somit kann die Bedienung des Ein-Tasters nicht überlistet werden.

Bei einem automatischen Start wird ohne manuelle Zustimmung, aber nach Prüfung des Eingangsabbilds und positivem Test des Sicherheitsschaltgeräts ein Freigabesignal erzeugt. Diese Funktion wird auch als *dynamischer Betrieb* bezeichnet und ist für Not-Halt-Einrichtungen unzulässig.

Nicht begehbare trennende Schutzeinrichtungen arbeiten mit dem automatischen Start.

Stellungsüberwachung ***Positionsschalter***

Stellungsüberwachung ist die Überwachung der Position einer Schutzeinrichtung, z. B. einer Schutztür, mithilfe dafür geeigneter Signalgeber und Sicherheitsschaltgeräte.

Stillsetzen im Notfall	***Not-Halt, Ausschalten im Notfall, Stoppfunktion***	**DIN EN ISO 13850, DIN EN 60204-1 (VDE 0113-1):2019-06, Anhang E**

Eine Handlung im Notfall, die dazu bestimmt ist, einen Prozess oder eine Bewegung anzuhalten, der (die) Gefahren bringen würde.

Das Stillsetzen im Notfall muss entweder als ein Stopp der Kategorie 0 oder 1 wirken. Die Kategorie für das Stillsetzen im Notfall muss anhand der Risikobeurteilung für die Maschine festgelegt werden.

Stillstandsüberwachung	***Stoppfunktion, sichere reduzierte Geschwindigkeit, sicheres Stillsetzen***	**DIN EN ISO 13850, DIN EN 60204-1 (VDE 0113-1)**

Geberlose oder geberbehaftete Überwachung einer Antriebsfunktion mit einer definierten Drehzahl:

Dies entspricht einer Drehzahlüberwachung mit $n = 0\ \text{min}^{-1}$.

Stoppfunktion *Ausschalten im Notfall, Stillsetzen im Notfall* **DIN EN ISO 13850, DIN EN 60204-1 (VDE 0113-1)**

Stopp-Kategorie 0
Ungesteuertes Stillsetzen durch sofortiges Abschalten der Energie zu den Maschinenantriebselementen.

Stopp-Kategorie 1
Gesteuertes Stillsetzen, bei dem die Energiezufuhr erst dann unterbrochen wird, wenn der Stillstand erreicht ist.

Stopp-Kategorie 2
Gesteuertes Stillsetzen, bei dem die Energiezufuhr im Stillstand erhalten bleibt.

Subsystem (de: Teilsystem) *PFH* **DIN EN 61508 (VDE 0803), DIN EN 62061 (VDE 0113-50)**

Einheit, bestehend aus einem oder mehreren Elementen, die ein in sich geschlossenes Sicherheitssystem darstellt, z. B. eine Auswerteeinheit oder zwei Positionsschalter.

Synchronüberwachungszeit *Zweihandschaltung, Diskrepanzzeitüberwachung, ASIsafe* **DIN EN ISO 13851**

Ist die Zeit, in der eine gleichzeitige Betätigung erfolgen muss, um ein sicheres Ausgangssignal zu erzeugen (in der Regel < 0,5 s).

Tasterüberwachung *Start, überwachter Start* **DIN EN ISO 13849-1**

Die Funktion des Tasters wird durch einen dynamischen Signalwechsel beim Betätigen des Tasters überwacht.

Anmerkung: Dadurch wird beispielsweise ein Einschalten der Anlage verhindert, das durch einen kurzgeschlossenen Taster (z. B. durch Manipulation) verursacht würde.

Teilsystem (en: subsystem) **DIN EN 62061 (VDE 0113-50)**

Einheit, bestehend aus einem oder mehreren Elementen (Teilsystemelementen), die ein in sich geschlossenes Sicherheitssystem darstellt, z. B. eine Auswerteeinheit oder zwei Positionsschalter. Ein Teilsystem der DIN EN 62061 (**VDE 0113-50**) entspricht einem SRP/CS der DIN EN ISO 13849-1.

Testung *Querschluss* **DIN EN ISO 13849-1**

Testpuls mit entsprechender Dunkelzeit zur Fehleraufdeckung.

Trennende Schutzeinrichtung *Positionsschalter* **DIN EN ISO 12100, DIN EN 953**

Schutzeinrichtung oder der Teil der Maschine, der speziell als körperliche Sperre zum Schutz vor Gefährdung eingesetzt wird.

Anmerkung: Sie kann, je nach Bauart, durch Schutzgitter, Schutztür, Gehäuse, Abdeckung, Verkleidung, Verdeckung, Umzäunung, Schirm usw. realisiert werden.

Typ-A-Norm, Typ-B-Norm, Typ-C-Norm *A-Norm B-Norm C-Norm, harmonisierte Norm, Vermutungswirkung* **MRL**

Sind in der Maschinenrichtlinie gelistet und sind somit harmonisiert.

Überwachter Start *Start* **DIN EN ISO 13850, DIN EN 60204-1 (VDE 0113-1)**

Statischer Betrieb: für eine Not-Halt-Einrichtung zulässig, ein Muss bei Kategorie 4 nach DIN EN ISO 13849-1.

Vermutungswirkung *MRL, Typ-A-, Typ-B-, Typ-C-Normen*

Mit Erfüllung der gelisteten, harmonisierten Normen (in der Maschinenrichtlinie) kann vermutet werden, dass die Maschinenrichtlinie erfüllt wurde.

Verriegelungseinrichtungen *Schutzeinrichtung, Positionsschalter, Zuhaltung* **DIN EN ISO 14119**

Ist eine mechanische, elektrische oder andere Verriegelungseinrichtung, deren Zweck es ist, den Betrieb eines Maschinenelements unter bestimmten Bedingungen zu verhindern (üblicherweise, solange eine trennende Schutzeinrichtung nicht geschlossen ist).

Wiederanlaufsperre *Start, überwachter Start* **DIN EN ISO 13850, DIN EN 60204-1 (VDE 0113-1)**

Durch die Wiederanlaufsperre wird die Freigabe der Auswerteeinheit nach einem Abschalten, nach einer Änderung der Betriebsart der Maschine oder nach einem Wechsel der Betätigungsart verhindert. Die Wiederanlaufsperre wird erst durch einen externen Befehl (z. B. Ein-Taster) aufgehoben.

Wiederbereitschaftszeit *Sicherheitsschaltgerät* **DIN EN ISO 13849-1**

Die minimal notwendige Zeit, um das Gerät neu zu starten, nachdem das Steuerkommando oder die Versorgungsspannung unterbrochen wurde.

Zuhaltung *Positionsschalter* **DIN EN ISO 14119**

Ziel einer Zuhaltungseinrichtung ist es, eine trennende Schutzeinrichtung in der geschlossenen Position zu halten, und die außerdem so mit der Steuerung verbunden ist, dass die Maschine nicht anlaufen kann, wenn die Schutzeinrichtung nicht geschlossen und zugehalten ist, und die trennende Schutzeinrichtung so lange zugehalten bleibt, bis das Verletzungsrisiko aufgehoben ist.

Anmerkung: Die Ansteuerung der Zuhaltung muss bis Kategorie 3 nach DIN EN ISO 13849-1 nicht sicher erfolgen, bei Kategorie 4 nach DIN EN ISO 13849-1 muss diese jedoch immer sicher sein. Die Stellungsüberwachung der Verriegelungseinrichtung (Magnet) muss ab Kategorie 3 nach DIN EN ISO 13849-1 einzeln erfolgen, nicht in Reihe geschaltet mit der Überwachung des getrennten Betätigers (wegen mangelnder Fehleraufdeckung).

Zustimmungsschalter *Auswerteeinheit*

Ein Zustimmungsschalter ist ein manuell betätigter Signalgeber, mit der die Schutzwirkung von Schutzeinrichtungen bei Betätigung des Signalgebers aufgehoben werden kann. Mit dem Zustimmschalter allein dürfen keine Gefahren bringenden Zustände eingeleitet werden, dafür ist ein „zweiter, bewusster“ Startbefehl erforderlich.

Zwangsgeführte Kontakte	*Aktor, Relais*	**DIN EN 50205 (VDE 0435-2022), DIN EN 60947 (VDE 0660-100)**

Bei zwangsgeführten Kontakten eines Relais/Schütz dürfen Öffner und Schließer über die Lebensdauer niemals gleichzeitig geschlossen sein. Dies gilt auch für den fehlerhaften Zustand der Relais/Schütze. Beispiel: Ist ein Schließer verschweißt, so bleiben alle anderen Öffnerkontakte des betroffenen Relais/Schütz geöffnet, egal, ob das Relais/Schütz erregt wird oder nicht.

Zwangsöffnung ⊝	***Positionsschalter, Not-Halt-Taster***	**DIN EN 60204-1 (VDE 0113-1), DIN EN 60947-5-1 (VDE 0660-200)**

Ist eine Ausführung einer Kontakttrennung als direktes Ergebnis einer festgelegten Bewegung des Bedienteils des Schalters über nicht federnde Teile. Für die elektrische Ausrüstung von Maschinen wird die gesicherte Öffnung von Öffnerkontakten in allen Sicherheitskreisen ausdrücklich vorgeschrieben.

*Anmerkung: Die Zwangsöffnung ist nach DIN EN 60947-5-1 (**VDE 0660-200**) durch das Zeichen (Pfeil im Kreis) signalisiert (Personenschutzfunktion).*

Zweifehlersicherheit	***Kategorie, SIL, Einfehlersicherheit***	**DIN EN ISO 13849-1, DIN EN 62061 (VDE 0113-50)**

Bedeutet, dass auch nach Auftreten **zweier** Fehler die vereinbarte sichere Funktion gewährleistet ist.

Zweihandschaltung ***Synchronüberwachungszeit*** **DIN EN ISO 13851**

Eine Einrichtung, die mindestens die gleichzeitige Betätigung (in der Regel < 0,5 s) durch beide Hände erfordert, um den Betrieb einer Maschine einzuleiten und aufrechtzuerhalten, solange eine Gefährdung besteht, um auf diese Weise eine Maßnahme zum Schutz nur der betätigenden Person zu erreichen.

Anmerkung: Zum Auslösen des gefährlichen Arbeitsgangs müssen die beiden Bedienteile (Zweihandtaster) gleichzeitig betätigt werden. Bei Loslassen auch nur eines der beiden Bedienteile während der gefährlichen Bewegung wird die Freigabe aufgehoben. Die Fortsetzung des gefährlichen Arbeitsgangs kann erst wieder eingeleitet werden, wenn beide Bedienteile in ihre Ausgangslage zurückgekehrt sind und erneut betätigt werden.

Zweihandbedienpult ***Synchronüberwachungszeit, Zweihandschaltung*** **DIN EN ISO 13851**

Ein Gerät zur Realisierung der Zweihandschaltung.

Zweikanaligkeit ***Redundanz, Kategorien*** **DIN EN ISO 13849-1**

14 Fachwörterbuch

Deutsch	Englisch
A	
Abweisende Schutzeinrichtung (Barriere)	Impeding device
Aktive optoelektronische Schutzeinrichtung	Active opto-electronic protective device (AOPD)
Annäherungsreaktion	Tripping (function)
Antriebselement	Actuator (Machine)
Anweisungen	Instructions
Anwendungsbereich	Range of applications
Anzeige	Display
Arbeitsteil	Working part
Arbeitsumgebung	Work environment
Aufbau/Einbau (der Maschine)	Installation (of the machine)
Ausbildung	Training
Ausfall	Failure
Ausfälle aufgrund gemeinsamer Ursache	Common cause failures
Außerbetriebnahme	De-commissioning
B	
Bau	Construction
Bauteil mit definiertem Ausfallverhalten	Oriented failure mode component
Be-/Entladearbeit (Beschickungs- und Entnahmearbeiten)	Loading (feeding)/ unloading (removal) operations
Bedienperson	Operator
Befehlseinrichtung mit selbsttätiger Rückstellung (Tippschalter)	Hold-to-run control device
Befestigungspunkt	Application point
Befreiung und Rettung (einer Person)	Escape and rescue (of a person)
Begrenzungseinrichtung	Limiting device

Beleuchtung	Lighting
Benutzer	User
Benutzerfreundlichkeit (einer Maschine)	Usability (of a machine)
Benutzerinformation	Information for use
Berührungslos wirkende Schutzeinrichtung	Sensitive protective equipment
Bestimmungsgemäße Verwendung einer Maschine	Intended use of a machine
Betreiben	Operation
Betriebsanleitung	Instruction handbook
Betriebsarten	Operating modes
Betriebsartenschalter	Mode selector
Betriebsteil	Operative part
Bewegliche Elemente/Teile	Movable elements/parts
Bewegliche trennende Schutzeinrichtung	Movable guard
Bühne/Arbeitsbühne	Platform

D

Dampf, Gas	Vapour, gas
Demontage (einer Maschine)	Dismantling (of a machine)
Diagnosesystem	Diagnostic system
Direktes Berühren	Direct contact
Druckentlastung	Depressurizing
Durch Formschluss wirkende Schutzeinrichtung	Mechanical restraint device

E

Einricht-/Einstellungspunkt	Setting point
Einrichten/Einstellen	Setting
Einrichtung zum Stillsetzen im Notfall	Emergency stop device
Einstellbare trennende Schutzeinrichtung	Adjustable guard
Elektrische Ausrüstung	Electrical equipment
Elektrische Gefährdung	Electrical hazard
Elektrischer Schlag	Electric shock
Elektromagnetische Verträglichkeit	Electromagnetic compatibility

Emissionen	Emissions
Emissionswert	Emission value
Energietrennung und -abbau	Isolation and energy dissipation
Energieübertragungselement	Power transmission element
Energieversorgung/Energiequelle	Power supply
Ent-/Beladearbeit (Entnahme- und Beschickungsarbeiten)	Unloading (removal)/ loading (feeding) operations
Entsorgung (einer Maschine)	Disposal (of a machine)
Entsprechende Risikominderung	Adequate risk reduction
Ergänzende Schutzmaßnahmen	Complementary protective measures
Ergonomischer Grundsatz	Ergonomic principle
Explosionsfähige Atmosphäre	Explosive atmosphere

F

Farbe	Colour
Fehler	Fault
Fehlerbehebung	Rectification (Fault-)
Fehlersuche	Fault finding
Fehlfunktion	Malfunction (malfunctioning)
Fehlverhalten (menschliches)	Error (Human)
Feststehende trennende Schutzeinrichtung	Fixed guard
Feuchtigkeit	Moisture
Fundament	Foundation
Fußgängerwege/Laufstege	Walkways

G

Gefahr	Danger
Gefahr bringender Ausfall	Failure to danger
Gefährdung	Hazard
Gefährdung durch Abschneiden	Severing hazard
Gefährdung durch Ausrutschen	Slipping hazard
Gefährdung durch Durchstich/Einstich	Stabbing/puncture hazard
Gefährdung durch Einziehen/Fangen	Drawing-in/trapping hazard

Gefährdung durch Erfassen	Entanglement hazard
Gefährdung durch Fehlfunktion(en)	Hazardous malfunctioning
Gefährdung durch Herausspritzen von Flüssigkeiten unter hohem Druck	High pressure fluid ejection hazard
Gefährdung durch Lärm	Hazards generated by noise
Gefährdung durch Materialien und Substanzen	Hazards generated by materials and substances
Gefährdung durch Quetschen	Crushing hazard
Gefährdung durch Reibung/Abrieb	Friction/abrasion hazard
Gefährdung durch Scheren	Shearing hazard
Gefährdung durch Schneiden	Cutting/severing hazard
Gefährdung durch Stolpern	Trip/tripping hazard
Gefährdung durch Stoß	Impact hazard
Gefährdung durch Strahlung	Hazards generated by radiation
Gefährdung durch Vernachlässigung ergonomischer Grundsätze	Hazards generated by neglecting ergonomic principles
Gefährdung durch Vibration	Hazards generated by vibration
Gefährdungsbereich	Danger zone (see also: hazard zone)
Gefährdungsbereich	Hazard zone (see also: danger zone)
Gefährdungsexposition (Begrenzung der)	Exposure to hazards (Limiting)
Gefährdungsexposition/Aussetzung einer Gefährdung	Exposure to hazard
Gefährdungskombination	Hazard combination
Gefährdungssituation/gefährdende Situation	Hazardous situation
Gefahrstoffe	Hazardous substances
Gehbereich	Walking area
Geräusch	Noise
Geschwindigkeit	Speed
Gesundheitsschädigung	Damage to health
Gleichartige Ausfälle	Common mode failures
Grenze	Limit

H

Handhabung	Handling
Handlung im Notfall	Emergency operation
Handsteuerung	Manual control (function)
Hebevorrichtung	Lifting equipment
Hebezeug	Lifting gear
Hitze	Heat
Hydraulische Ausrüstung	Hydraulic equipment

I

Identifizierung der Gefährdungen	Hazard identification
Immissionswert	Exposure value
Inbetriebnahme	Commissioning
Indirekte Berührung	Indirect contact
Inspektion	Inspection
Inspektion (Häufigkeit der)	Inspection (Frequency of)
Instandhaltbarkeit (einer Maschine)	Maintainability (of a machine)
Instandhaltung	Maintenance
Instandhaltungspersonal	Maintenance staff
Isolationsfehler	Insulation failure

K

Kapselung/Fernhaltung (von Stoffen, usw.)	Containment (of materials, etc.)
Kennzeichnungen	Markings
Konstrukteur/Entwickler	Designer
Konstruktion (einer Maschine)	Design (of a machine)
Konstruktionsfehler	Design error
Kritisches Bauteil	Critical component

L

Lagerung (einer Maschine)	Storage (of a machine)
Last	Load
Lebensdauer einer Maschine	Life limit of a machine
Leistungssteuerelement	Power control element

M

Maschine	Machine/machinery
Maschinenanlage	Assembly of machines
Masseschwerpunkt	Centre of gravity
Maßnahme zur eigensicheren Konstruktion	Inherent design measure
Maximale Drehzahl rotierender Teile	Maximum speed of rotating parts
Mechanisch zwangsläufige Wirkung	Positive mechanical action
Mechanische Beanspruchung	Stress (Mechanical)
Mechanische Gefährdung	Mechanical hazard
Menschliches Verhalten	Human behaviour
Messmethoden	Measurement methods

N

Nichttrennende Schutzeinrichtung	Protective device
Normaler Betrieb	Normal operation
Notfall	Emergency situation

P

Piktogramm	Pictogram
Pneumatische Ausrüstung	Pneumatic equipment
Programmierbares elektronisches Steuersystem	Programmable electronic control system

R

Räumliche Grenze	Space limit
Redundanz	Redundancy
Reinigung	Cleaning
Relevante Gefährdung	Relevant hazard
Restrisiko	Residual risk
Rettung und Befreiung (einer Person)	Rescue and escape (of a person)
Risiko	Risk
Risikoanalyse	Risk analysis
Risikobeurteilung	Risk assessment
Risikobewertung	Risk evaluation

Risikoeinschätzung	Risk estimation
Risikominderung	Risk reduction
Risikovergleich	Risk comparison
Rückhaltung (von gespeicherter Energie)	Containment (of stored energy)

S

Schaden	Harm
Schaltmatte	Pressure sensitive mat
Scharfe Kante	Edge (sharp)
Schmierung	Lubrication
Schneidelement	Cutting element
Schnittstelle „Bedienperson-Maschine" oder Mensch-Maschine	Operator-machine interface
Schnittstelle „Maschine-Energieversorgung"	Machine-power supply interface
Schriftlicher Warnhinweis	Written warning
Schrittschaltung	Limited movement control device
Schutzeinrichtung	Safeguard
Schutzeinrichtung mit Annäherungsreaktion	Trip/tripping device
Schutzmaßnahme	Protective measure
Schwenkarmschalttafel (Tragbare Steuereinheit/Tragbares Steuergerät)	Teach pendant (portable control unit)
Sensor/Messfühler	Sensor
Sicherheitsfunktion (direkt wirkende)	Safety function (safety critical function)
Signal	Signal
Signifikante Gefährdung	Significant hazard
Sirene	Siren
Software	Software
Software (Zugriff auf/zur)	Software (Access to the)
Span	Chip
Spannungsführendes Teil (der elektrischen Ausrüstung)	Live part (of electrical equipment)

Sperre	Barrier
Spitzes Teil	Angular part
Sprache	Language
Sprache (der Betriebsanleitung)	Language (of the instruction handbook)
Standfestigkeit/Standsicherheit	Stability
Statische Elektrizität	Static electricity
Staub	Dust
Stellteil	Actuator/manual control
Stellteil	Manual control (Actuator)
Stellteil zum Stillsetzen im Notfall	Emergency stop control
Steuereinrichtung, Steuerungseinrichtung	Control device
Steuernde trennende Schutzeinrichtung (siehe auch: trennende Schutzeinrichtung mit Startfunktion)	Control guard (see also: interlocking guard with a start function)
Steuersystem/Steuerung	Control system
Steuerung	Control
Steuerungsart	Control mode
Steuerungsart zum Einstellen	Setting (Control mode for)
Stichwortverzeichnis (in der Betriebsanleitung)	Index (of the instruction handbook)
Stillsetzen	Stopping
Stillsetzen im Notfall (Funktion zum)	Emergency stop (function)
Störung(en)	Disturbance(s)
Stoß	Impact
Strahlung	Radiation
Stress	Stress (human)
Sturzgefährdung	Falling hazard
Symbol	Symbol
Symbol (in der Betriebsanleitung)	Symbol (in the instruction handbook)

T

Technische Schutzmaßnahmen	Safeguarding
Thermische Gefährdung	Thermal hazard

Tragbare Steuereinheit/Tragbares Steuergerät (Schwenkarmschalttafel)	Portable control unit (teach pendant)
Transport	Transport
Trennende Schutzeinrichtung	Guard
Trennende Schutzeinrichtung mit Startfunktion (siehe auch: steuernde trennende Schutzeinrichtung)	Interlocking guard with a start function (see also: control guard)
Treppen	Stairs
Tür	Door

U

Überdrehzahl	Over speed
Überlast (elektrische)	Overloading (electrical)
Überlastung (elektrische)	Electrical overloading
Überlastung (mechanische)	Overloading (mechanical)
Umgebung	Environment
Umgebungseinflüsse	Environmental conditions
Umgehen (einer Schutzeinrichtung)	Defeating (of a protective device)
Umgehen (einer Warneinrichtung)	Defeating (of a warning device)
Umrüsten	Process changeover
Umweltbeanspruchung	Stress (Environmental)
Unerwarteter/unbeabsichtigter Anlauf	Unexpected/unintended start-up
Unterweisung/Programmierung/Eingeben	Teaching (programming)

V

Ventil	Valve
Verbotene Anwendung	Prohibited usage/application
Verbrennung	Burn
Verbrühung	Scald
Vergleichende Emissionsdaten	Comparative emission data
Verhinderung des Zugangs	Prevention of access
Verhütung elektrischer Gefährdung	Electrical hazard (Preventing)
Verminderte Geschwindigkeit	Reduced speed

Vernünftigerweise vorhersehbarer Missbrauch	Reasonably foreseeable misuse
Verpacken (Tätigkeit)	Packaging (action)
Verpackung	Packaging
Verriegelte trennende Schutzeinrichtung	Interlocking guard
Verriegelte trennende Schutzeinrichtung mit Zuhaltung	Interlocking guard with guard locking
Verriegelungseinrichtung (Verriegelung)	Interlocking device (interlock)
Verwendung (einer Maschine)	Use (of a machine)
Vibration	Vibration
Vorstehendes Teil	Protruding part

W

Wärmequelle	Heat source
Warneinrichtung	Warning device
Warnhinweis	Warning
Wartungsstelle	Maintenance point
Werkstoff/Material	Material
Wiederanlauf	Restart/restarting

Z

Zeichen	Marking
Zugang zu einem Gefährdungsbereich	Access to a hazard zone (to a danger zone)
Zugänge	Access means
Zugänglichkeit	Accessibility
Zugangsbeschränkung	Restriction of access
Zugangscode	Access code
Zuhalteeinrichtung	Guard locking device
Zustimmungseinrichtung	Enabling device
Zuverlässigkeit	Reliability
Zuverlässigkeit (einer Maschine)	Reliability (of a machine)
Zwangsläufig (verbunden)	Positive mode (Connected in the)
Zweihandschaltung	Two-hand control device

Literatur

[1] *Börcsök, J.*: Elektronische Sicherheitssysteme. Heidelberg: Hüthig, 2007. – ISBN 978-3-7785-4021-3

[2] *Defren, W.*; *Kreutzkampf, F.*: Personenschutz in der Praxis. Schmersal GmbH (Hrsg.). Ratingen: Ameln, 2001. – ISBN 3-926069-11-2

[3] *Defren, W.*; *Wickert, K.*: Sicherheit für den Maschinen- und Anlagenbau. Schmerlsal GmbH (Hrsg.). Ratingen: Ameln, 2001. – ISBN 3-926069-10-4

[4] *Dorra, M.*; *Reinert, D.*: STSARCES Standards for Safety Related Complex Electronic Systems Annex 6 – quantitative analysis of complex electronic systems using fault tree analysis and Markov modeling. Final Report of WP 2.1. Sankt Augustin: BIA Berufsgenossenschaftliches Institut für Arbeitssicherheit, 2013. – Online-Dokument unter www.industry-finder.com/download/STSARCES/WP21_Annex6_quantitative_analysis.pdf

[5] *Hauke, M.*: Funktionale Sicherheit von Maschinensteuerungen – Anwendung der DIN EN ISO 13849. Deutsche Gesetzliche Unfallversicherung (DGUV) (Hrsg.). BGIA-Report 2/2008e. Berlin: DGUV, 2009. – ISBN 978-3-88383-793-2, Online-Dokument: www.dguv.de/ifa/13849e

[6] *Höfle-Isphording, U.*: Zuverlässigkeitsrechnung – Einführung in ihre Methoden, Berlin (u. a.): Springer, 1978. – ISBN 3-540-08412-6

[7] *Horstkotte, J.*: Maschinenrichtlinie-Schnellübersicht – Maschinenrichtlinie, Gefährdungsanalyse und Konformitätserklärung. Baden-Baden: Eigenverlag, 2001. – ISBN 3-8311-0894-3

[8] *Kleinbreuer, W.*: Kategorien für sicherheitsbezogene Steuerungen nach EN 954-1. BIA-Report 6/97. BIA Berufgenossenschaftliches Institut für Arbeitsschutz (Hrsg.). Sankt Augustin: BIA, 1997. – ISBN 3-88383-445-9

[9] *Kleinbreuer, W.*: Beiträge zum 11. BIA-Fachgespräch „Maschinen- und Gerätesicherheit". BIA-Report 6/98. BIA Berufgenossenschaftliches Institut für Arbeitsschutz (Hrsg.). Sankt Augustin: BIA, 1998. – ISBN 3-88383-510-2

[10] *Montenegro, S.*: Sichere und fehlertolerante Steuerungen. München · Wien: Hanser, 1999. – ISBN 3-446-21235-3

[11] DGUV-Information 203-003 (vormals BGI 575) Auswahl und Anbringung elektromechanischer Verriegelungseinrichtungen für Sicherheitsfunktionen. Köln: Carl Heymanns Verlag, 2003

[12] DIN 820-12:2014-06 Normungsarbeit – Teil 12: Leitfaden für die Aufnahme von Sicherheitsaspekten in Normen. Berlin: Beuth

[13] DIN EN 954-1:1997-03 (zurückgezogen) Sicherheit von Maschinen – Sicherheitsbezogene Teile von Steuerungen – Teil 1: Allgemeine Gestaltungsleitsätze. Berlin: Beuth

[14] DIN EN 60073 (**VDE 0199**):2003-05 Grund- und Sicherheitsregeln für die Mensch-Maschine-Schnittstelle, Kennzeichnung – Codierungsgrundsätze für Anzeigengeräte und Bedienteile. Berlin · Offenbach: VDE VERLAG

[15] DIN EN 60204-1 (**VDE 0113-1**):2019-06 Sicherheit von Maschinen – Elektrische Ausrüstung von Maschinen – Teil 1: Allgemeine Anforderungen. Berlin · Offenbach: VDE VERLAG

[16] DIN EN 60947-5-8 (**VDE 0660-215**):2007-08 Niederspannungsschaltgeräte – Teil 5-8: Steuergeräte und Schaltelemente – Drei-Stellungs-Zustimmschalter. Berlin · Offenbach: VDE VERLAG

[17] DIN EN 61078:2018-03 Zuverlässigkeitsblockdiagramme. Berlin: Beuth

[18] DIN EN 61496-1 (**VDE 0113-201**):2014-05 Sicherheit von Maschinen – Berührungslos wirkende Schutzeinrichtungen – Teil 1: Allgemeine Anforderungen und Prüfungen. Berlin · Offenbach: VDE VERLAG

[19] DIN EN 61508-1 (**VDE 0803-1**):2011-02 Funktionale Sicherheit sicherheitsbezogener elektrischer/elektronischer/programmierbarer elektronischer Systeme – Teil 1: Allgemeine Anforderungen. Berlin · Offenbach: VDE VERLAG

[20] DIN EN 61508-4 (**VDE 0803-4**):2011-02 Funktionale Sicherheit sicherheitsbezogener elektrischer/elektronischer/programmierbarer elektronischer Systeme – Teil 4: Begriffe und Abkürzungen. Berlin · Offenbach: VDE VERLAG

[21] DIN EN 62061 (**VDE 0113-50**):2016-05 Sicherheit von Maschinen – Funktionale Sicherheit sicherheitsbezogener elektrischer, elektronischer und programmierbarer elektronischer Steuerungssysteme. Berlin · Offenbach: VDE VERLAG

[22] E DIN EN 62061 (**VDE 0113-50/A2**):2017-10 (Entwurf) Sicherheit von Maschinen – Funktionale Sicherheit sicherheitsbezogener elektrischer, elektronischer und programmierbarer elektronischer Steuerungssysteme. Berlin · Offenbach: VDE VERLAG

[23] DIN EN ISO 11161:2010-10 Sicherheit von Maschinen – Integrierte Fertigungssysteme – Grundlegende Anforderungen. Berlin: Beuth

[24] DIN EN ISO 12100:2011-03 Sicherheit von Maschinen – Grundbegriffe, allgemeine Gestaltungsleitsätze – Teil 1: Grundsätzliche Terminologie, Methodologie. Berlin: Beuth

[25] DIN EN ISO 13849-1:2016-06 Sicherheit von Maschinen – Sicherheitsbezogene Teile von Steuerungen – Teil 1: Allgemeine Gestaltungsleitsätze. Berlin: Beuth

[26] E DIN EN ISO 13849-1:2020-08 (Entwurf) Sicherheit von Maschinen – Sicherheitsbezogene Teile von Steuerungen – Teil 1: Allgemeine Gestaltungsleitsätze. Berlin: Beuth

[27] DIN EN ISO 13849-2:2013-02 Sicherheit von Maschinen – Sicherheitsbezogene Teile von Steuerungen – Teil 2: Validierung. Berlin: Beuth

[28] DIN EN ISO 13850:2016-05 Sicherheit von Maschinen – Not-Halt – Gestaltungsleitsätze. Berlin: Beuth

[29] DIN EN ISO 13855:2010-10 Sicherheit von Maschinen – Anordnung von Schutzeinrichtungen im Hinblick auf Annäherungsgeschwindigkeiten von Körperteilen. Berlin: Beuth

[30] DIN EN ISO 14119:2014-03 Sicherheit von Maschinen – Verriegelungseinrichtungen in Verbindung mit trennenden Schutzeinrichtungen – Leitsätze für Gestaltung und Auswahl. Berlin: Beuth

[31] DIN EN ISO 23125:2015-04 Werkzeugmaschinen – Sicherheit – Drehmaschinen. Berlin: Beuth

[32] DIN EN 61165:2007-02 Anwendung des Markoff-Verfahrens. Berlin: Beuth

[33] IEC 60204-1:2016-10 Safety of machinery – Electrical equipment of machines – Part 1: General requirements. Genf/Schweiz: Bureau de la Commission Electrotechnique Internationale. – ISBN 978-2-8322-3621-5

[34] IEC 62061:2005-01 Safety of machinery – Functional safety of safety-related electrical, electronic and programmable electronic control systems. Genf/Schweiz: Bureau de la Commission Electrotechnique Internationale. – ISBN 2-8318-7818-7

[35] VDI 2854:1991-06 Sicherheitstechnische Anforderungen an automatisierte Fertigungssysteme. Berlin: Beuth

[36] VDI 4008 Blatt 3:1999-04 (zurückgezogen) Markoff-Zustandsänderungsmodelle mit endlich vielen Zuständen. Berlin: Beuth

[37] VDI/VDE 3698:1995-07 (zurückgezogen) Konzepte fehlertolerierender Automatisierungssysteme. Berlin: Beuth

[38] Handlungsleitfaden Maschinen- und Anlagensicherheit. Berufsgenossenschaft Nahrungsmittel und Gaststätten (BGN) (Hrsg.). Mannheim: BGN, 2013

[39] Leitfaden für die Anwendung der Maschinenrichtlinie 2006/42/EG. Europäische Kommission, Generaldirektion Unternehmen und Industrie (Hrsg.). Berlin (u. a.): Beuth, 2010. – ISBN 978-3-410-23835-5

[40] Maschinenrichtlinie. Richtlinie 2006/42/EG des Europäischen Parlaments und des Rates vom 17. Mai 2006 über Maschinen und zur Änderung der Richtlinie 95/16/EG (Neufassung). Amtsblatt der Europäischen Union 49 (2006) Nr. L 157, S. 24–86. – ISSN 1725-2539

[41] *Bollier, M.*: Risiken beurteilen und mindern – Methode Suva für Maschinen. Suva Schweizerische Unfallversicherungsanstalt Arbeitssicherheit (Hrsg.). Luzern/Schweiz: Suva, 2016. – Suva-Infoschrift Bestell-Nr. 66037.d

[42] Produktsicherheitsgesetz (ProdSG). Gesetz zur Neuordnung der Sicherheit von technischen Arbeitsmitteln und Verbraucherprodukten. BGBl I 63 (2011) Nr. 57, S. 2178–2208. – ISSN 0341-1095

[43] Siemens-Norm SN 29500-7:2005-11 Ausfallraten Bauelemente – Teil 7: Erwartungswerte für Relais. München · Erlangen: Siemens AG, CT SR Corporate Standardization & Regulation

Stichwortverzeichnis

Symbole
β Faktor der Ausfälle infolge gemeinsamer Ursache, CCF-Faktor 160, 174

A
Architekturen 221
Ausfall 65, 102
– Gefahr bringender 105
– systematischer 109
Ausfallrate 110, 155

B
Basis-Teilsystemarchitekturen A bis D 160
Betreiber 34
BGV A3 *siehe* DGUV-Vorschrift 3

C
CE-Einbauerklärung 57
CE-Kennzeichnung 32
CE-Konformitätserklärung 56

D
Diagnosedeckungsgrad 103, 125, 285, 341, 345

E
elektromagnetische Verträglichkeit 34, 36
Erwartungshaltung 227, 262, 263, 265, 272, 311, 314, 342, 352

F
Fehler 103
Fehlertoleranz der Hardware, *HFT* 92
Funktion 65
Funktionale Sicherheit 5, 20, 75, 78, 91, 103

G
Gebrauchsdauer 104
Gefahr bringender Ausfall 105, 118, 153

H
harmonisierte Normen 32
Hersteller 32

I
informativ 173

K
Kategorien 92, 221, 241

M
Maschine 33
Maschinenrichtlinie (2006/42/EG) 17, 29, 31, 33, 34, 35, 42, 48, 85

N
Niederspannungsrichtlinie 34, 36
Not-Halt 71, 327

P
Performance Level 107
PFH_D 110, 118, 155, 198, 246, 249, 254, 345, 353
Plan der Funktionalen Sicherheit 113
PL, geforderter 170
Produkt 33
Proof-Test 107

R
RAPEX 171
RDF 208
Risiko 65
Risikograph 170, 350
Risikominderung 77

S
Schaltschrank 85, 86
SFF, Anteil sicherer Ausfälle 92, 110, 151, 169, 189, 258, 260, 264
Sicherheitsbauteil 80, 82, 83, 85, 87
Sicherheitsfunktion 63, 67, 69, 77, 82, 160, 202, 238, 239, 285
Sicherheitsintegrität der Hardware 138
Sicherheitsintegritätslevel (SIL) 107
SILCL, SIL-Anspruchsgrenze 108, 110, 139, 146, 221
SIL-Zuordnung 172, 350
Spezifikation, SRS 110, 117
SRECS 110
strukturelle Einschränkungen 139
STSARCES 21, 242
systematische Integrität 139
systematischer Ausfall 109

T
T_2 Diagnose-Testintervall 166
Teilsystem 109, 131, 139, 143, 155, 160, 202, 249, 264, 353
Teilsystemelement 109, 131, 135, 146, 151, 155, 353
Typ-A-Normen 50
Typ-B-Normen 50
Typ-C-Normen 50

V
Validierung 179
Validierungsplan 114
VDMA-Einheitsblatt 79, 203
Vermutungswirkungswirkung 32

X
XML 215